Peter Schierbock

Prüfungsvorbereitung

Metalltechnik für Industrie und Handwerk

27. Auflage

Bestellnummer 7210

Bildungsverlag EINS – Stam

Haben Sie Anregungen oder Kritikpunkte zu diesem Buch?
Dann senden Sie eine E-Mail an BV7210@bv-1.de
Autoren und Verlag freuen sich auf Ihre Rückmeldung.

www.bildungsverlag1.de

Dähmlow, Gehlen, Kieser und Stam sind unter dem Dach des Bildungsverlags EINS zusammengeführt.

Bildungsverlag EINS
Sieglarer Straße 2, 53842 Troisdorf

ISBN 3-8237-**7210**-4

© Copyright 2002: Bildungsverlag EINS GmbH, Troisdorf
Das Werk und seine Teile sind urheberrechtlich geschützt. Jede Verwertung in anderen als den gesetzlich zugelassenen Fällen bedarf deshalb der vorherigen schriftlichen Einwilligung des Verlages. Hinweis zu § 52a UrhG: Weder das Werk noch seine Teile dürfen ohne eine solche Einwilligung eingescannt und in ein Netzwerk eingestellt werden. Die gilt auch für Intranets von Schulen und sonstigen Bildungseinrichtungen.

Hinweis für den Benutzer

Dieses Prüfungsbuch Metall dient der Kenntnisvorbereitung von Klassenarbeiten in Berufs- und Berufsfachschulen und bietet Auszubildenden und Meisteranwärtern der industriellen und handwerklichen Metallberufe die Chance, sich optimal auf die Zwischen- und Abschlussprüfungen vorzubereiten.

Der Inhalt dieses Werkes umfasst den gesamten Prüfungsstoff für die Metallberufe. Das Buch ist nach Themengebieten strukturiert. Somit ist gesichert, Schwerpunkte bei den Wissensgebieten gezielt auszuwählen und zu üben.

In diesem Buch sind die Aufgaben so gewählt, wie sie in ihrem Schwierigkeitsgrad in der Prüfung auch gestellt werden.

Dem zu Prüfenden wird gezeigt, welche Anforderungen an ihn gerichtet und welche Fragetechniken verwendet werden. Damit eignet sich das Buch bevorzugt:

① **zur Arbeit in den Grund- und Fachstufen der Berufsschule, Berufskollegs,**
① **für die innerbetriebliche Berufsausbildung,**
① **für die Vorbereitungskurse der überbetrieblichen Aus- und Weiterbildung,**
① **für Test- und Klassenarbeiten.**

Das Besondere zu diesem Buch ist ein dazugehörendes **Lösungsbuch** mit **Lösungsschritten** bzw. ausführlichen **Lösungswegen**. Damit der Lernende alle Aufgaben selbstständig nachvollziehen kann, z.B. in der Technischen Mathematik oder in den integrierten Prüfungen der Arbeitsplanung 2 (AP2), ist stets ein Lösungsweg mit Formeln, Ziffern, Einheiten und Endergebnissen im **Lösungsbuch** vorzufinden.

Das Buch hat über **2000 Prüfungsaufgaben** und ist in programmierte und ungebundene Aufgaben sowie in integrierte Prüfungseinheiten (AP2) projektbezogen untergliedert. Die projektbezogenen, integrierten Prüfungseinheiten (AP2) enthalten die Technologie, die technische Mathematik und die Arbeitsplanung. Ein Stichwortverzeichnis befindet sich am Ende dieses Buches.

Sie finden **Prüfungsaufgaben**:

1 Technologie
1.1 Grundlagen
1.2 Längen- und Prüftechnik
1.3 Fertigungstechnik
1.4 Werkstofftechnik
1.5 Maschinen- und Gerätetechnik
1.6 Informationstechnik
1.7 Elektrotechnik

2 Technische Mathematik

3 Arbeitsplanung 1 / Technische Kommunikation
3.1 Prüfung 1
3.2 Prüfung 2
3.3 Prüfung 3
3.4 Prüfung 4

4 Arbeitsplanung 2 (AP2) / Integrierte Prüfungseinheiten
4.1 Prüfung 5 / Exzenterpresse
4.2 Prüfung 6 / Schneidwerkzeug
4.3 Prüfung 7 / Stirnrad-Schneckengetriebe
4.4 Prüfung 8 / Stirnradgetriebe
4.5 Prüfung 9 / Doppelexzenter
4.6 Prüfung 10 / Kegelradgetreibe
4.7 Prüfung 11 / Vertikaldruckeinheit

5 Wirtschafts- und Betriebslehre / Sozialkunde
5.1 Prüfung 1   5.6 Prüfung 6
5.2 Prüfung 2   5.7 Prüfung 7
5.3 Prüfung 3   5.8 Prüfung 8
5.4 Prüfung 4   5.9 Prüfung 9
5.5 Prüfung 5   5.10 Prüfung 10

Musterprüfung / Kopiervorlage / Klassenarbeiten
Stichwortverzeichnis

Lösungen zu **allen Aufgaben** finden Sie in dem dazugehörenden **Lösungsbuch** !

Für die freundliche Überlassung von technischen Zeichnungen danken Autor und Verlag den Kugellagerfabriken GmbH, Schweinfurt, Maschinenfabrik Marbaise GmbH & Co KG, Dortmund und Firma Lenze GmbH & Co KG, Extertal

Inhaltsverzeichnis

1 Technologie

1.1 Grundlagen Seite

1.1.1 Chemische und physikalische Grundlagen 3
1.1.2 Sicherheitstechnik 4

1.2 Längen- und Prüftechnik

1.2 Messen und Prüfen 5

1.3 Fertigungstechnik

1.3.1 Anreißen 11
1.3.2 Biegen 12
1.3.3 Bohren 12
1.3.4 Drehen, Gewinde, Kegeldrehen 14
1.3.5 Erodieren 18
1.3.6 Fräsen und Teilen 19
1.3.7 Hobeln und Stoßen 24
1.3.8 Kleben 25
1.3.9 Läppen und Honen 26
1.3.10 Löten 27
1.3.11 Meißeln 29
1.3.12 Passungen, ISO-Passungen 30
1.3.13 Räumen 35
1.3.14 Reiben 36
1.3.15 Schaben 37
1.3.16 Schleifen 37
1.3.17 Schmieden 40
1.3.18 Schweißen 41
1.3.19 Winkel an der Schneide 47

1.4 Werkstofftechnik

1.4.1 Gusswerkstoffe 48
1.4.2 Härteprüfung 50
1.4.3 Hartmetalle 51
1.4.4 Hochofen und Erzeugnisse 52
1.4.5 Korrosion 54
1.4.6 Kunststoffe, Kunststoffverarbeitung 54
1.4.7 Nichteisenmetalle 57
1.4.8 Oberflächenhärten 58
1.4.9 Stahleigenschaften, Legierungselemente 61
1.4.10 Stahlgewinnung 62
1.4.11 Stahlnormung 62
1.4.12 Wärmebehandlung 64
1.4.13 Werkstoffprüfung 69

1.5 Maschinen- und Gerätetechnik

- 1.5.1 Getriebe 71
- 1.5.2 Gewinde 73
- 1.5.3 Hydraulik 76
- 1.5.4 Kupplungen 80
- 1.5.5 Maschinenelemente (Lager, Getriebe, Baueinheiten) 83
- 1.5.6 Lager, Lagerdichtungen 91
- 1.5.7 Pneumatik, Elektro-Pneumatik 96/103
- 1.5.8 Schmierung, Reibung 107
- 1.5.9 Schneidstoffe, Standzeit, Schnittgeschwindigkeit 108
- 1.5.10 Verbindungstechnik 109
- 1.5.11 Vorrichtungsbau 115
- 1.5.12 Werkzeugbau 115
- 1.5.13 Zahnräder, Verzahnung 117

1.6 Informationstechnik

- 1.6.1 CNC-Technik 120
- 1.6.2 Computertechnik 127

1.7 Elektrotechnik

- 1.7 Grundlagen 131

2 Technische Mathematik

- 2.1 Rechnen mit Einheiten 135
- 2.2 Dreisatzaufgaben 135
- 2.3 Prozentrechnen 136
- 2.4 Formelumwandlungen 137
- 2.5 Flächenberechnungen 138
- 2.6 Körperberechnungen 142
- 2.7 Massenberechnungen 143
- 2.8 Rechnen mit Winkelfunktionen 145
- 2.9 Kräfte 147
- 2.10 Flaschenzüge, Seilwinde 149
- 2.11 Schiefe Ebene, Keil, Winkel, Neigung 151
- 2.12 Kraftwirkung durch Gewinde 153
- 2.13 Reibungskräfte, Gleit- und Haftreibung 157
- 2.14 Mechanische Arbeit 160
- 2.15 Arbeit, Leistung, Wirkungsgrad 161
- 2.16 Geschwindigkeit, Weg, Zeit 165
- 2.17 Riementrieb, Übersetzungen 166
- 2.18 Zahnradberechnungen, Getriebe, Übersetzungen 170
- 2.19 Zahnstange und Zahnrad 174
- 2.20 Kegelradgetriebe 175
- 2.21 Direktes und indirektes Teilen 175
- 2.22 Differential- und Ausgleichsteilen 177
- 2.23 Hauptnutzungszeiten und Geschwindigkeiten beim Sägen 178
- 2.24 Hauptnutzungszeiten und Geschwindigkeiten beim Bohren, Reiben, Senken ... 180
- 2.25 Hauptnutzungszeiten und Geschwindigkeiten beim Hobeln ... 181
- 2.26 Hauptnutzungszeiten und Geschwindigkeiten beim Drehen ... 183
- 2.27 Hauptnutzungszeiten und Geschwindigkeiten beim Fräsen ... 184
- 2.28 Hauptnutzungszeiten und Geschwindigkeiten beim Schleifen ... 186

2.29	Festigkeitsberechnungen	187
2.30	Flächenpressung	189
2.31	Elektrische Arbeit, Leistung	190
2.32	Hydraulik	191
2.33	Autogentechnik	192
2.34	Längen- und Raumausdehnung	192
2.35	Gasdruck-Temperatur-Raum	192
2.36	Streckenteilung	193
2.37	Volumenstrom	193
2.38	Mittlere Geschwindigkeit bei Kurbeltrieben	193
2.39	Hookesches Gesetz	193
2.40	Kegeldrehen, Einstellwinkel	194
2.41	Maschinentechnische Berechnungen zur CNC-Technik	194

3 Arbeitsplanung 1 / Technische Kommunikation

3.1	Prüfung 1	198
3.2	Prüfung 2	209
3.3	Prüfung 3	219
3.4	Prüfung 4	228

4 Arbeitsplanung 2 (AP 2) / Integrierte Prüfungseinheiten

4.1	Prüfung 5 - Exzenterpresse	238
4.2	Prüfung 6 - Schneidwerkzeug	248
4.3	Prüfung 7 - Stirnrad-Schneckengetriebe	256
4.4	Prüfung 8 - Stirnradgetriebe	265
4.5	Prüfung 9 - Doppelexzenter	271
4.6	Prüfung 10 - Kegelradgeriebe	276
4.7	Prüfung 11 - Vertikaldruckeinheit	284

5 Wirtschafts- und Betriebslehre / Sozialkunde

5.1	Prüfung 1	292
5.2	Prüfung 2	296
5.3	Prüfung 3	300
5.4	Prüfung 4	304
5.5	Prüfung 5	308
5.6	Prüfung 6	312
5.7	Prüfung 7	316
5.8	Prüfung 8	319
5.9	Prüfung 9	322
5.10	Prüfung 10	325

Musterprüfung / Kopiervorlage

Musterprüfung	328
Kopiervorlage Prüfungsvorbereitung / Klassenarbeiten	330

Stichwortverzeichnis

Stichwortverzeichnis	332

Grundlagen   Chemische und physikalische Grundlagen

1 Technologie

1.1 Grundlagen

1.1.1 Chemische und physikalische Grundlagen

1. Welches der genannten Metalle ist giftig?

① Aluminium
② Kupfer
③ Blei
④ Chrom
⑤ Molybdän

2. Welche chemische Verbindung der genannten Karbide ist keine Verbindung aus Kohlenstoff und Metall?

① TiC   ③ WC   ⑤ SiC
② TaC   ④ Fe_3C

3. Welches Kurzzeichen folgender Elemente ist falsch?

① Chrom, Cr   ④ Zink, Zn
② Titan, Ti   ⑤ Zinn, Sn
③ Vanadium, Va

4. Welches der genannten Elemente ist kein Metall?

① Kobalt   ④ Magnesium
② Kadmium   ⑤ Kohlenstoff
③ Nickel

5. Welches der genannten Elemente ist ein Metall?

① C   ③ P   ⑤ V
② Si   ④ S

6. Wie heißt das Eisenerz mit der chemischen Formel Fe_3O_4?

① Magneteisenstein
② Roteisenstein
③ Brauneisenstein
④ Spateisenstein
⑤ Schwefelkies

7. Wodurch haften Endmaße aneinander?

① Durch die Adhäsion
② Durch die Kohäsion
③ Durch die Erosion
④ Durch die Oxidation
⑤ Durch Magnetkräfte

8. Welche der hier genannten Kohlenstoffverbindungen ist die häufigste Verbindung in unlegierten Stählen?

① Fe_3C ③ TiC   ⑤ WC
② SiC   ④ TaC

9. Wie lautet die chemische Formel für Salzsäure?

① H_2SO_4 ③ H_2CO_3 ⑤ HNO_3
② HCl   ④ H_3PO_4

10. Wie nennt man die chemische Verbindung mit Sauerstoff?

① Analyse   ④ Reduktion
② Oxidation   ⑤ Reaktion
③ Synthese

11. Was versteht man unter der Dichte eines Stoffes?

12. Welche Arten der Wärmeausbreitung unterscheidet man?

13. Beschreiben Sie den Unterschied von Kohäsion und Adhäsion.

14. Geben Sie die chemischen Kurzzeichen folgender Elemente an: Eisen, Kupfer, Aluminium, Chrom, Nickel, Zink und Zinn.

1.1.2 Sicherheitstechnik

15. Geben Sie für die Abkürzungen folgender chemischer Elemente (Nichteisenmetalle) die richtigen Bezeichnungen an: S, P, Si, N, H, O.

16. Woraus besteht ein Atom, und wie ist es aufgebaut?

17. Was versteht man unter einem Newton?

18. Was versteht man unter Beschleunigung und Verzögerung?

19. Was versteht man unter dem Schwerpunkt eines Körpers?

20. Was versteht man unter einem Drehmoment?

21. Welche physikalische Größe wird in
    a) kg
    b) Nm
    c) N/mm² angegeben?

22. Welche Größen (Angabe in Maßeinheiten) sind zur Bestimmung der mechanischen Leistung nötig?

23. Was versteht man in der Chemie unter den Begriffen:
    a) Analyse
    b) Synthese
    c) Legierung?

1. Mit welchem Gefahrensymbol sind Stoffe der Gruppe „leicht entzündliche Arbeitsstoffe" gekennzeichnet?

①
T +

②
F +

③
O

④
Xi

⑤
Xn

2. In welcher Zeile der Tabelle sind die vier Bilder den Begriffen Verbots-, Warn-, Gebots- und Rettungszeichen richtig zugeordnet?

	Verbotszeichen	Warnzeichen	Gebotszeichen	Rettungszeichen
①	A	B	C	D
②	D	A	C	B
③	B	A	C	D
④	A	C	D	B
⑤	C	D	A	B

A

B

C

D

1.2 Längen- und Prüftechnik
1.2 Messen und Prüfen

3. Was bedeutet dieses Zeichen? (Dreieck ist gelb hinterlegt)

① Warnung vor Sonneneinstrahlung
② Warnung vor elektrischem Strom
③ Warnung vor Laserstrahl
④ Offenes Licht verboten
⑤ Allgemeine Gefahr

4. Was bedeutet dieses Zeichen? (Dreieck ist gelb hinterlegt)

① Warnung vor intensiven Geräuschen
② Warnung vor gefährlicher elektrischer Spannung
③ Warnung vor feuergefährlichen Stoffen
④ Warnung vor explosionsgefährlichen Stoffen
⑤ Warnung vor ätzenden Stoffen

5. Nennen Sie Schutzvorrichtungen an Pressen.

1. Wozu dient die Ratsche einer Messschraube?

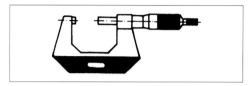

① Zum Festklemmen der Messergebnisse
② Als Transportmittel der Mantelhülse
③ Zur Grobeinstellung
④ Um einen gleichmäßigen Andruck der Messflächen zu gewährleisten
⑤ Zur Feingewindeaufnahme

2. Auf einer Mantelhülse einer Messschraube sind 50 Teilstriche. Bei einer Umdrehung dieser Messtrommel beträgt der Spindelvorschub 0,5 mm. Wie groß ist die Spindelsteigung?

① 0,01 mm
② 0,02 mm
③ 0,1 mm
④ 0,2 mm
⑤ 0,5 mm

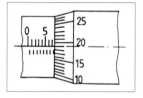

3. Welche Aussage ist falsch?

① Messwerkzeuge dürfen nicht mit Feilen in Berührung kommen
② Die Messspitzen eines Messschiebers (Schieblehre) dürfen zum Anreißen benutzt werden
③ Nach beendeter Arbeit sind die Messwerkzeuge zu reinigen
④ Wellen dürfen nicht während des Drehvorganges gemessen werden
⑤ Wärmeausdehnungen verfälschen Messwerte

4. Wie werden Schraublehren mit einem Messbereich von 25 bis 50 mm auf Maßgenauigkeit geprüft?

① Mit einem genauen Messschieber
② Mit einem Grenzlehrdorn
③ Mit Endmaßen
④ Mit selbstgefertigten Passstücken
⑤ Durch Zusammendrehen bis zur Endstellung

5. Der 90°- Winkel eines Werkstückes wird auf Winkligkeit geprüft. Mit welchem Messwerkzeug kann am genauesten geprüft werden?

① Mit dem Universalwinkelmesser
② Mit dem Winkelmesser
③ Mit dem Flachwinkel
④ Mit der Schmiege
⑤ Mit dem Haarwinkel

6. Welches Messwerkzeug ermöglicht eine messkraftfreie Messung?

① Strichmaßstab
② Messuhr
③ Tiefenmessschraube
④ Messmikroskop
⑤ Messschieber

7. Es soll in einer Platte der Abstand zweier geschliffener Bohrungen gemessen werden. Welche Messwerkzeuge sind die geeignetsten?

① Messschieber (Schieblehre)
② Fühlerlehre
③ Grenzlehrdorne und Rachenlehre
④ Grenzlehrdorne und Endmaße
⑤ Grenzlehrdorne und Messuhr

8. Welcher der genannten Begriffe gehört nicht zum pneumatischen Messverfahren?

① Differenzdruckmessung
② Messwertaufnehmer
③ Induktion
④ Düsenmessdorn oder -ring
⑤ Staudruck

9. Wie groß ist der Winkel α bei den im Bild zusammengesetzten Winkelendmaßen?

① 16° 23´
② 17° 43´
③ 22° 17´
④ 22° 23´
⑤ 23° 37´

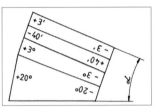

10. Wie groß ist der Winkel α bei den im Bild zusammengesetzten Winkelendmaßen?

① 36° 23´
② 37° 47´
③ 38° 43´
④ 38° 47´
⑤ 39° 23´

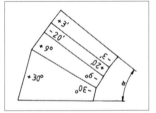

11. Ein Ausschnitt eines Universalwinkelmessers mit Strichskala und Nonius zeigt einen bestimmten Winkel α an. Wie groß ist dieser Winkel?

① 9° 5´   ② 15° 5´   ③ 30° 25´
④ 32° 35´   ⑤ 57° 23´

Längen- und Prüftechnik — Messen und Prüfen

12. Wozu dient diese Messschraube?

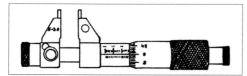

① Zum Überprüfen von Bohrungsabständen
② Zum Prüfen von Einstichen an Wellen
③ Zum Messen von Gewinde-Kerndurchmessern
④ Zum Messen von Rohrgewinden
⑤ Zum Messen von Nutbreiten und Durchmessern von Bohrungen

13. Bei welchen Messverfahren wird diese Art Strichmaßstäbe eingesetzt?

① Direkt absolut
② Indirekt absolut
③ Induktiv
④ Indirekt-Inkremental
⑤ Direkt-Inkremental

14. Durch welches der genannten Verfahren erhalten Endmaße ihre genaue Planparallelität und Oberflächenqualität?

① Feinschleifen
② Honen
③ Läppen
④ Funkenerodieren
⑤ Elektrochemische Bearbeitung

15. Will man das Spiel bei Schlittenführungen, Lagern, das Spiel zwischen Buchsen auf einer Welle oder das Ventilspiel überprüfen, benötigt man dafür ein Gerät. Welches Gerät ist geeignet?

① Haarlineal
② Grenzrachenlehre
③ Grenzlehrdorn
④ Innenmessschraube
⑤ Fühlerlehre (Spion, Spaltlehre)

16. Welche Aussage über die Grenzrachenlehre ist falsch?

① Sie wird zum Prüfen in der Serienfertigung verwendet
② Es werden damit nur Außenmaße geprüft
③ Die Ausschussseite ist angeschrägt
④ Die Gutseite ist rot gekennzeichnet
⑤ Die Prüfflächen der Gutseite werden auch mit Hartmetallplättchen bestückt.

17. Welche Aussage ist falsch?

① Mit Grenzlehrdornen werden Bohrungen geprüft
② Die Gutseite hat einen roten Farbring
③ Die Gutseite muss ohne Kraftaufwendung in die Bohrung gehen, während die Ausschussseite nur anschnäbeln darf
④ Grenzlehrdorne sind teuer
⑤ Keine der Aussagen ist falsch

18. Warum sollten durch die Bearbeitung noch relativ warme Werkstücke nicht mit Grenzrachenlehren geprüft werden?

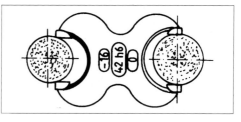

① Die Grenzrachenlehre könnte beschädigt werden
② Um Verletzungen vorzubeugen
③ Da die Werkstücke alle zu klein sind
④ Da die Aussparungen Untermaße haben
⑤ Da sich durch die Temperatur die Werkstücke ausdehnen

Messen und Prüfen   Längen- und Prüftechnik

19. Grenzlehrdorne eignen sich zum Prüfen von Nuten in der Serienfertigung. Was wird geprüft?

① Das Istmaß
② Das obere Abmaß
③ Das untere Abmaß
④ Das tolerierte Maß
⑤ Das Übermaß

20. Mit welchem Gegenstand prüft man ebene Flächen nach dem Lichtspaltverfahren?

① Mit dem Anschlagwinkel
② Mit der Messuhr
③ Mit dem Haarlineal
④ Mit dem Messschieber
⑤ Mit dem Tuschierlineal

21. Wann sind in Serie gefertigte Bohrungen gut, die ständig mit einem Grenzlehrdorn kontrolliert werden?

① Wenn die Gutseite des Grenzlehrdorns mit Kraftanstrengung hineingeht
② Wenn die Ausschussseite nicht hineingeht
③ Wenn Gutseite und Ausschussseite hineingehen
④ Wenn die Gutseite saugend ohne größeren Kraftaufwand hineingeht und die Ausschussseite anschnäbelt
⑤ Wenn Gut- und Ausschussseite nicht hineingehen

22. Die Nut 30H7 zur Nut 40H7 soll auf Symmetrie geprüft werden. Welcher der genannten Gegenstände ist dafür am besten geeignet?

① Messschieber
② Grenzlehrdorn
③ Messuhr
④ Innenmessschraube
⑤ Parallelendmaße

23. Wie ist die fachgerechte Bezeichnung für das im Bild dargestellte Teil?

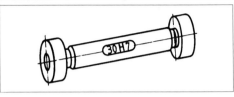

① Prüflehre
② Prüfdorn
③ Grenzrachenlehre mit einstellbarem Lehrbereich
④ Grenzrachenlehre
⑤ Grenzlehrdorn

24. Es werden in Serie Bohrungen als hochgenaue Sacklöcher für Vakuumteile hergestellt und mit einem Grenzlehrdorn 40H7 auf Genauigkeit geprüft.
Wie entweicht die Luft beim Prüfen aus diesen Sacklöchern?

① Die Teile werden von unten nochmals mit einem sehr kleinen Bohrer aufgebohrt
② Die Teile bekommen seitlich extra eine Bohrung, die später wieder verschlossen wird
③ Die Luft stört beim Prüfen nicht
④ Die Luft kann seitlich an der Gutseite abziehen
⑤ In dem Grenzlehrdorn ist eine kleine Bohrung eingearbeitet

25. Wie lautet die fachgerechte Bezeichnung für diese Prüfmittel?

① Vergrößerungsscheiben
② Mikroskopscheiben
③ Planglasplatten
④ Lichtwellenscheiben
⑤ Oberflächenprüflinge

26. Wozu dient dieser Gewinde-Grenzlehrdorn?

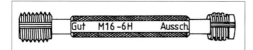

① Zum Messen des Nenndurchmessers des Gewindes
② Zum Prüfen des Flankendurchmessers von Innengewinde
③ Zum Prüfen der Lehrenhaltigkeit von Innengewinde
④ Zum Messen der Formgenauigkeit von Innengewinde
⑤ Zum Messen der Flankenwinkel von Außen- und Innengewinde

27. Welche Aussage über die Gewinde-Grenzrachenlehre bzw. -Rollenlehre ist nicht richtig?

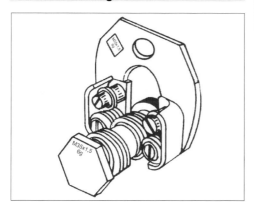

① Man prüft damit längere Außengewinde
② Gut- und Ausschusslehrung wird damit geprüft
③ Das vordere Rollenpaar hat weniger Gewindegänge als das hintere Rollenpaar
④ Die Rollenabnutzung ist äußerst gering
⑤ Die wenigen, nicht voll ausgebildeten Gewindegänge dienen zur Ausschusslehrung

28. Wie heißt die fachgerechte Bezeichnung für den im Bild dargestellten Gegenstand?

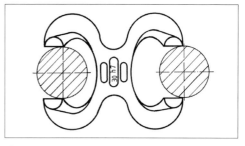

① Einseitige Grenzrachenlehre
② Grenzlehrdorn
③ Grenzrachenlehre
④ Endmaß
⑤ Prüflehre

29. Welches der genannten Dinge lässt sich mit Grenzrachenlehren nicht prüfen?

① Bohrungen
② Wellen
③ Buchsen
④ Zylinder
⑤ parallele Flächen

Messen und Prüfen — Längen- und Prüftechnik

30. Auf beiden Kegellehren steht die Angabe Morsekegel 5 DIN 230. Welche Aussage ist richtig zum Kegellehren?

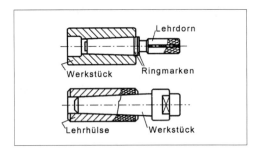

① Mit dem Lehrdorn wird die Gradzahlabweichung gemessen
② Mit der Kegellehrhülse werden Werkzeugkegel von Fräsern geprüft
③ Mit Kegellehrdornen prüft man Werkstück-Außenkegel
④ Morsekegel 5 bedeutet Kegel mit 5° Kegelwinkel
⑤ Die Ringmarken bestimmen das Höchst- und Mindestmaß

31. Der Rundlauf der nebenstehenden Bohrbuchse soll geprüft werden. Welche Prüfmittel sind am besten geeignet?

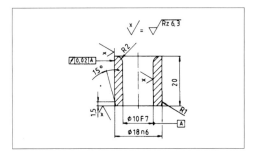

① Rundlaufprüfgerät
② Rundlaufprüfgerät, Messuhr
③ Rundlaufprüfgerät, Schleifdorn, Messuhr
④ Messuhr, Fühlerlehre
⑤ Messuhr, Schleifdorn

32. Welche Aussage über die Grenzrachenlehre ist falsch?

① Mit ihr lassen sich flache Werkstücke prüfen
② Das zulässige Höchstmaß einer Grenzrachenlehre ist auf der Ausschussseite
③ Die Ausschussseite hat einen roten Farbanstrich
④ Die Gutseite muss beim Prüfen durch das Eigengewicht über das Prüfwerkstück gleiten

33. Woran erkennt man die Ausschussseite eines Grenzlehrdornes und einer Grenzrachenlehre?

34. Wofür verwendet man das Sinuslineal?

35. Was garantiert bei einer Messschraube die Ratsche?

36. Wie viele Umdrehungen sind bei einer Messschraube mit 0,5 mm Spindelsteigung vorzunehmen, um sie von 16,00 mm auf 24,75 mm zu verstellen?

Fertigungstechnik

1.3 Fertigungstechnik

1.3.1 Anreißen

1. Welches Anreißwerkzeug ist zum Anreißen von Mittelpunkten an Wellenstirnflächen am besten geeignet?

① Zentrierwinkel
② Prisma und Flachwinkel
③ Universalwinkelmesser
④ Anschlagwinkel und Prisma
⑤ Haarwinkel und Prisma

2. Welche Arbeiten sollten nicht auf einer Anreißplatte ausgeführt werden?

① Anreißarbeiten ④ Ausrichten
② Ankörnern ⑤ Nachmessen
③ Richten

3. Welcher Werkstoff soll wegen der Bruchgefahr mit einem Bleistift angerissen werden?

① Alle Bleche ④ Stahlgussteile
② Stahlbleche ⑤ Aluminiumbleche
③ Graugussteile

4. Wann verwendet man Anreißschablonen?

① In der Massenfertigung
② Wenn schwierigste Formen auf z. B. Schnittstempel und Platten zu übertragen sind, die anders kaum angerissen werden können
③ Beim Anfertigen geringer Stückzahlen gleicher Werkstücke
④ Bei der Einzelfertigung
⑤ Bei der Serienfertigung

5. Vor dem Anreißen von Werkstücken werden diese häufig mit verschiedenen Mitteln bestrichen.
Für welchen Werkstoff wird Kupfervitriol verwendet?

① Aluminiumblech ④ Blanke Stahlteile
② Kunststoffteile ⑤ Gussteile
③ Messingblech

6. Welches Anreißwerkzeug ist zum Anreißen der Linien 1 und 2 am besten geeignet?

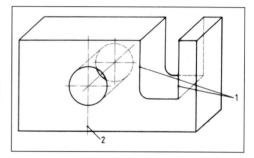

① Haarlineal ④ Messschieber
② Anschlagwinkel ⑤ Stahlbandmaß
③ Winkelmesser

1.3.2 Biegen

1. Beim Biegen werden die Fasern des Biegematerials verändert. Welche Aussage ist falsch?

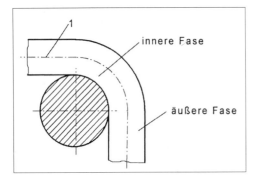

① Die neutrale Faser wird nicht verändert
② Die äußere Faser wird gestaucht
③ Die innere Faser wird auf Druck beansprucht
④ Die äußere Faser wird auf Zug beansprucht
⑤ Bei harten Werkstoffen soll die Biegung stets quer zur Walzrichtung erfolgen

2. Wie wird beim Biegen die im Bild mit 1 gekennzeichnete Linie bezeichnet?

① Mittellinie
② Innere Faser
③ Gestreckte Faser
④ Gestauchte Faser
⑤ Neutrale Faser

3. Welcher der genannten Werkstoffe bricht, wenn er parallel zur Walzrichtung gebogen wird?

① Zinkblech   ④ Tiefziehblech
② Messingblech ⑤ Federbandstahl
③ PVC-Streifen

1.3.3 Bohren

1. Welche Aussage zum Wendelbohrer ist falsch?

① Für harte Werkstoffe ist der Drallwinkel groß
② Für weiche Werkstoffe ist der Drallwinkel groß
③ Die Größe des Spitzenwinkels richtet sich nach dem Werkstoff des Werkstückes
④ Durch den Drall eines Bohrers ist der Spanwinkel gegeben
⑤ Die Querschneide stellt die Seele des Bohrers dar

2. Warum werden große Wendelbohrer ausgespitzt?

① Damit die Hauptschneide länger scharf bleibt
② Damit der axiale Schnittdruck sich vermindert
③ Um den Bohrer mehr belasten zu können
④ Damit der Bohrer nicht verläuft
⑤ Um eine bessere Spanbildung zu ermöglichen

3. Wie groß soll etwa für Duroplaste und Hartgummi der Spitzenwinkel eines Wendelbohrers sein?

① 130°   ③ 80°   ⑤ 160°
② 118°   ④ 140°

4. Welchen Winkel soll die Querschneide eines Wendelbohrers zur Hauptschneide haben?

① 80°   ③ 70°   ⑤ 55°
② 60°   ④ 45°

Fertigungstechnik — Bohren

5. Wie lautet die fachgerechte Bezeichnung für das mit 1 gekennzeichnete Teil?

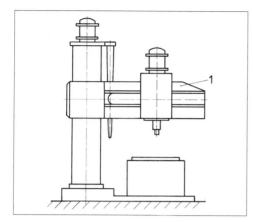

① Arm
② Anschluss
③ Bett
④ Schlitten
⑤ Ausleger

6. Wie lautet die fachgerechte Bezeichnung der im Bild dargestellten Maschine?

① Lehrenbohrwerk
② Auslege- oder Radialbohrmaschine
③ Mehrspindelbohrmaschine
④ Ständerbohrmaschine
⑤ Waagerecht - Bohrmaschine

7. An welcher Stelle wird ein Wendelbohrer ausgespitzt

① An der Querschneide
② An den äußeren Hauptschneidekanten
③ An den Spanbrechnuten
④ An den Nebenschneiden
⑤ An der Freifläche

8. Wie heißt die Werkzeugaufnahme an einer Bohrmaschine für große Bohrerdurchmesser?

9. Wozu werden in der Regel Mehrspindelbohrmaschinen verwendet?

① Zum Bohren von Stufenbohrungen
② Zum Bohren von Tiefenbohrungen
③ Zum Bohren von Langlöchern
④ Zum Bohren von Passlöchern
⑤ Zum gleichzeitigen Bohren mehrerer Bohrungen an einem Werkstück

10. Welches der genannten Werkzeuge wird für Langlochbohrungen verwendet?

① Tiefbohrkopf
② Bohrer mit kegligem Schaft
③ Wendelbohrer
④ Stufenbohrer
⑤ Zentrierbohrer

11. Warum benutzt man Bohrvorrichtungen?

① Um den Bohrer nicht ständig neu zu wechseln
② Um höhere Standzeiten zu erzielen
③ Um Rüstzeiten für die Werkstücke bei Serien zu sparen
④ Um eine bessere Führung des Bohrers zu erreichen
⑤ Um Langlochbohrungen zu ermöglichen

12. Wann wird einen Bohrung im Durchmesser zu groß?

① Zu starke Drehzahl
② Zu starke Schnittkräfte
③ Vorschub zu gering
④ Hauptschneiden ungleich lang
⑤ Bohrerquerschneide nicht ausgespitzt

13. Was führt am wenigsten zu einem Bohrerbruch?

① Bohren in gehärtetes Material
② Bohren an einer falschen Stelle
③ Zu großer Vorschub
④ Zu hohe Drehzahl
⑤ Werkstück nicht fest genug eingespannt

1.3.4 Drehen, Gewinde, Kegeldrehen

1. Welche der genannten beiden Teile einer Drehmaschine müssen beim Gewindeschneiden zusammenwirken?

   ① Reitstock und Pinole
   ② Zugspindel und Fallschnecke
   ③ Leitspindel und Schlossmutter
   ④ Schnecke und Schneckenrad

2. Welche von den genannten Kurzbezeichnungen für Drehmeißel mit Hartmetallschneide ermöglicht die höchste Schnittgeschwindigkeit?

   ① PO 1
   ② P 10
   ③ M 10
   ④ M 40
   ⑤ K 30

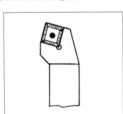

3. Welches der genannten Teile einer Drehmaschine wird zum Gewindeschneiden benötigt?

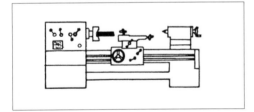

   ① Der Planzug
   ② Die Zugspindel
   ③ Die Leitspindel
   ④ Der Reitstock
   ⑤ Die Zahnstange

4. Welcher Werkstoff wird bei Drehmeißeln als Schneidstoff keine Verwendung finden?

   ① Baustahl
   ② Werkzeugstahl
   ③ Hartmetall
   ④ Oxidkeramische Schneidstoffe
   ⑤ Legierter Werkzeugstahl

5. Wovon ist die Schnittgeschwindigkeit bei Dreharbeiten nicht abhängig?

   ① Werkstoff des Werkstückes
   ② Werkstoff des Schneidstoffes
   ③ Von der Oberflächengüte
   ④ Von der Steifigkeit der gesamten Maschine
   ⑤ Maßgenauigkeit des Werkstückes

6. Welches der genannten Teile einer Drehmaschine berührt nicht den Werkzeugschlitten?

   ① Spindelstock
   ② Schlossmutter
   ③ Leitspindel
   ④ Zugspindel
   ⑤ Schneckengetriebe

7. Wozu dient beim Drehen der im Bild dargestellte feststehende Setzstock?

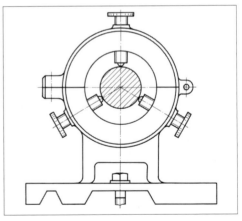

   ① Zum Drehen dünner Wellen
   ② Zum Drehen sehr langer Wellen
   ③ Zum Drehen dünner und langer Gewindespindeln
   ④ Zum Schleifen von Gewinden auf der Drehmaschine
   ⑤ Zum Abstützen schwerer Werkstücke, die lange Bohrungen erhalten

Fertigungstechnik — Drehen, Gewinde

8. Wie sind Späne an der Drehmaschine zu entfernen?
① Von Hand
② Mit dem Spanhaken
③ Mit dem Pinsel
④ Mit Pressluft
⑤ Mit dem Putzlappen

9. Was bedeutet die Angabe Kegel 1 : 30?
① Auf 30 mm Länge ändert sich der Radius um 1 mm
② Auf 30 mm Länge ändert sich der Durchmesser um 1 mm
③ Bei 30 mm Kegellänge neigt sich je eine Seite des Kegels um 1 mm
④ Es ist ein Kegel von 30 mm Durchmesser
⑤ Der große ⌀ ist 30 mm, der kleine ⌀ ist 1 mm

10. Wozu dienen Drehdorne?
① Zur Aufnahme von Teilen, bei denen die Innenbohrung genau zentrisch zur Außenkontur laufen muss
② Zum Zerspanen von Kunststoffen
③ Zum Spannen von Werkstücken, die genau plangedreht werden
④ Zum Spannen von Wellen mit Gewinden
⑤ Zum Spannen von Werkstücken, die bereits Gewinde haben

11. Welche Aussage über das Spannen eines Drehmeißels ist falsch?
① Drehmeißel werden beim Gewindeschneiden mit der Spitze auf Höhe der Wellenmitte gespannt
② Liegt die Spitze des Drehmeißels über der Mitte der Welle, wird der Freiwinkel und die Reibung kleiner
③ Liegt die Spitze des Drehmeißels unter der Mitte der Welle, wird der Freiwinkel größer und die Reibung verringert sich
④ Beim Formdrehen steht der Drehmeißel mit seiner Spitze auf Mitte
⑤ Steht der Drehmeißel mit der Spitze über der Mitte, wird der Spanwinkel größer

12. Welche der genannten Maßnahmen ist zu ergreifen, wenn beim Drehen zwischen Spitzen die Drehteile nicht exakt zylindrisch werden?

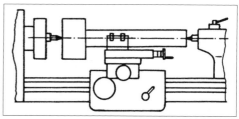

① Die Spitzen an Arbeitsspindel und Reitstock auf genaues Fluchten überprüfen
② Den Reitstock fester klemmen
③ Den Druck auf das Werkzeug erhöhen
④ Teile wenden und nochmals überdrehen
⑤ Den Drehmeißel neu anschleifen

13. Welchen Nachteil hat es, wenn die Hauptschneide eines Drehmeißels an der Umfangsfläche einer kleinen Schleifscheibe geschärft wird?
① Der Meißel wird schneller heiß
② Die Spitze erhält einen Hohlschliff
③ Der Spanwinkel wird zu groß
④ Der Einstellwinkel wird zu groß
⑤ Die Schleifscheibe wird zu schnell abgenutzt

14. Welcher Spanwinkel ist für Form- und Gewindedrehmeißel richtig?
① -2°   ③ 2°   ⑤ 7°
② 0°   ④ 3°

15. Eine schwere Rechteckplatte soll auf einer Drehmaschine zum Ausdrehen einer Bohrung gespannt werden. Womit wird die Platte am besten gespannt?
① Dreibackenfutter und ausrichten
② Vierbackenfutter und ausrichten
③ Planscheibe und ausrichten
④ Zweibackenfutter und ausrichten
⑤ Lässt sich nicht auf einer Drehmaschine spannen

Drehen, Kegeldrehen — Fertigungstechnik

16. Auf welche Art wird in dem Bild ein Kegel gedreht?

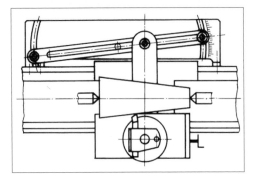

① Durch Verstellen des Oberschlittens
② Mit dem Leitlineal
③ Durch Reitstockverstellung
④ Durch Kopierdrehen
⑤ Durch eine numerische Kopiereinrichtung

17. Aus welchem Guss bestehen Drehmaschinenbetten?

① Aus Schalenhartguss
② Aus Vollhartguss
③ Aus weißem Temperguss
④ Aus schwarzem Temperguss
⑤ Aus Gusseisen mit Lamellengraphit

18. Warum werden in einem Spindelstock einer modernen Drehmaschine die nachstellbaren Lager zeitweise nachgestellt?

① Damit die Schlossmutter genau bleibt
② Damit die Leitspindel genau bleibt
③ Um Rattererscheinungen an der Arbeitsspindel zu vermeiden
④ Um den Verschleiß der Fallschnecke auszugleichen
⑤ Um den Verschleiß der Zugspindel auszugleichen

19. Welche Aussage über das Drehen von Kegeln ist richtig?

① Beim Kegeldrehen mit dem geschwenkten Oberschlitten wird der Längszug betätigt
② Beim geschwenkten Oberschlitten wird die Leitspindel eingeschaltet
③ Beim Kegeldrehen mit dem Oberschlitten erfolgt der Vorschub von Hand
④ Mit dem Oberschlitten können sehr lange Kegel gedreht werden
⑤ Die seitliche Reitstockverstellung ermöglicht nur eine Fertigung von kurzen Kegeln

20. Die Spitzenweite einer Drehmaschine wird bestimmt durch:

① Größter Abstand zwischen Maschinenbett und Arbeitsspindel
② Größter Abstand zwischen Arbeitsspindel und Körnerspitzen des Reitstocks
③ Gesamte Drehmaschinenlänge
④ Abstand zwischen Arbeitsspindel und Werkzeugschlitten
⑤ Den größtmöglichen Durchmesser, der bearbeitet werden kann

21. Mit welcher der genannten Möglichkeiten lassen sich keine Kegel auf der Drehmaschine fertigen?

① Drehen mit dem Leitlineal bzw. Kegellineal
② Schwenken des Oberschlittens
③ Reitstock-Verstellung
④ Mit Hilfe eines schräg eingespannten Drehmeißels und Längsvorschub
⑤ Mit Hilfe einer Kopiereinrichtung

22. Welche Gewindeart hat in der Regel die Leitspindel einer Drehmaschine?

① Flachgewinde
② Trapezgewinde
③ Sägengewinde
④ Rundgewinde
⑤ Rohrgewinde

Fertigungstechnik — Drehen

23. Welche Aussage über Größen und Zusammenhänge beim Drehen ist falsch?

① Günstig ist ein kleiner Vorschub mit großer Schnittiefe
② Große Vorschübe und kleine Schnittiefe belasten nur eine kleine Spitze des Drehmeißels und verschleißen eher
③ Je größer der Spanungsquerschnitt, um so größer werden die Schnittkräfte
④ Je größer die Zerspanungsarbeit, um so größer ist die Standzeit des Drehmeißels
⑤ Mit steigender Reibungswärme sinkt die Standzeit

24. Welchen Vorteil bietet die Fallschnecke bei einer Drehmaschine?

① Sie schützt die Maschine vor Überlastung
② Sie ermöglicht das Gewindeschneiden
③ Sie schützt die Leitspindel
④ Sie mindert den Verschleiß der Schlossmutter
⑤ Sie unterstützt die Schlossmutter

25. Welche von den genannten Kurzbezeichnungen für Drehmeißel mit Hartmetallschneiden zeichnet sich durch sehr hohe Verschleißfestigkeit aus?

① P50   ③ K01   ⑤ K30
② P01   ④ K20

26. Woraus ergibt sich beim Drehen der Spanungsquerschnitt?

① Aus Vorschub und Spantiefe
② Allein aus dem Vorschub
③ Aus der Zustellung
④ Aus der Drehzahl und dem Vorschub
⑤ Aus der Schnittgeschwindigkeit und der Spantiefe

27. Diese Teile sollen auf einer CNC-Drehmaschine gefertigt werden. Für welche Teilefertigung ist eine Bahnsteuerung erforderlich?

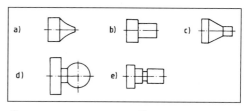

① Teil a, b, c   ④ Teil c, d, e
② Teil a, d, e   ⑤ Teil a, e, d
③ Teil a, c, e

28. Mit welchen Einrichtungen lassen sich Drehzahlen ändern?

29. Wie verändert sich die Schnittgeschwindigkeit bei konstanter Drehzahl beim Plandrehen von innen nach außen?

30. Nennen Sie die Möglichkeiten der Kegelherstellung.

Erodieren — Fertigungstechnik

1.3.5 Erodieren

1. Welche Aussage zum Schneiderodieren ist falsch?

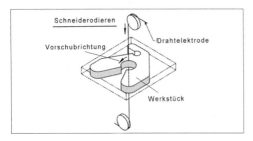

① Beim Schneiderodieren wird nur das Volumen zwischen dem herzustellenden Werkstück und dem Ausfallteil abgetragen

② Schneiderodieren gehört nicht zu den abtragenden Verfahren

③ Die Drahtelektrode steht unter Axialzug

④ Durch die Drahtführungsköpfe wird der Entladestrom zugeführt

⑤ Der Erodierdraht wird nur einmal wegen geringfügiger Querschnittsabnutzung verwendet

2. Welche Aussage zum Senkerodieren ist falsch?

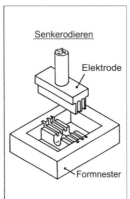

① Der Erodierprozess vollzieht sich in einem Dielektrikum

② Beim Erodieren entsteht ein Funkenspalt

③ Der Erodierprozess bewirkt eine thermische Oberflächenbeeinflussung des Werkstücks

④ Bevorzugter Elektrodenwerkstoff ist Elektrolytkupfer

⑤ Hartmetallwerkzeuge werden mit Wolfram/Kupfer-Elektroden bearbeitet

3. Welche Aufgabe muss die Filteranlage der Arbeitsflüssigkeit für eine Erodiermaschine erfüllen?

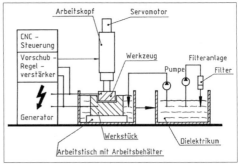

4. Wozu benötigt man die überlagerte Bewegungsmöglichkeit von Tisch- und Drahtführung mit fünf Achsen beim Drahterodieren?

5. Nennen Sie Anwendungsfälle für die Verwendung der Funkenerosion.

6. Beschreiben Sie das Prinzip der Funkenerosion.

Fertigungstechnik — Fräsen und Teilen

1.3.6 Fräsen und Teilen

1. Wie wird beim Fräser der mit α gekennzeichnete Winkel fachgerecht bezeichnet?

① Spanwinkel
② Schneidenwinkel
③ Scherwinkel
④ Freiwinkel
⑤ Keilwinkel

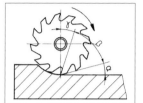

2. Wie wird beim Fräser der mit β gekennzeichnete Winkel fachgerecht bezeichnet? (Abb. Aufg. 1)

① Scherwinkel   ④ Freiwinkel
② Schneidenwinkel ⑤ Keilwinkel
③ Spanwinkel

3. Wie wird beim Fräser der mit γ gekennzeichnete Winkel fachgerecht bezeichnet? (Abb. Aufg. 1)

① Freiwinkel   ④ Spanflächenwinkel
② Spanwinkel   ⑤ Schnittwinkel
③ Keilwinkel

4. An welcher Stelle kann der in Aufgabe 1 dargestellte stumpfe Fräser nachgeschliffen werden?

① Überhaupt nicht
② An der Spanfläche
③ An der Freifläche
④ Die Fräser sind unbrauchbar und kommen in den Schrott
⑤ An den Seitenflächen

5. Bei welcher Fräsart verwendet man Wendeschneidplatten? Bei:

① Walzenfräsern
② Kreissägen
③ Schaftfräsern
④ Scheibenfräsern
⑤ Messerköpfen

6. Auf einer Universalfräsmaschine mit Teilkopf, verlängerter und angeschlossener Tischspindel über Wechselräder zum Teilkopf, wird ein drallgenuteter Fräser wie im Bild gefräst. Welche der angegebenen Bewegungen sind dafür nötig?

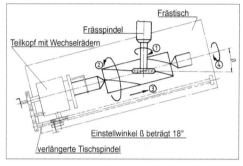

① Bewegung 1 und 3
② Bewegung 1, 3 und 4
③ Bewegung 1, 2 und 3
④ Bewegung 1, 2 und 4
⑤ Bewegung 1 und 2

7. Welche Einheit gilt für die Vorschubgeschwindigkeit beim Fräsen?

① m/s   ③ cm/min   ⑤ mm/s
② m/min   ④ mm/min

8. Welcher der genannten Fräser ist für die Fräsarbeit des im Bild dargestellten Werkstückes geeignet?

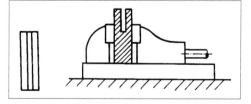

① Walzenfräser
② Messerkopf
③ Kreissäge (Scheibenfräser)
④ Nutenfräser
⑤ Formfräser

Die Lösungen finden Sie im Lösungsteil auf Seite 5.

9. Welchen Vorteil haben spiralverzahnte Walzenfräser?

① Sie sind wegen ihrer Spiralform stabiler
② Sie haben einen schälenden Schnitt, weil sie allmählich in das Werkstück eingreifen
③ Sie sind billig
④ Sie lassen sich scharf schleifen
⑤ Sie haben eine Bohrung für die Aufspannung

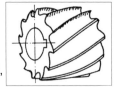

10. Was ist ein Nachteil spiralverzahnter Fräser?

① Es schneiden stets mehrere Zähne gleichzeitig
② Die einzelnen Zähne greifen nicht alle sofort ein.
③ Die Maschine arbeitet ruhig
④ Das Rattern beim Zahneingriff wird stark gemindert
⑤ Durch die Spiralverzahnung verursacht die Schnittkraft Axialschub

11. Was ist beim Einspannen spiralverzahnter Fräser besonders zu beachten?

① Dass die Axialkräfte beim Fräser von dem Axiallager der Arbeitsspindel aufgenommen werden können
② Dass sie auf einen Fräserdorn gespannt und geklemmt werden
③ Dass sie ohne Unwucht laufen
④ Dass alle Zähne noch einwandfrei schneiden müssen

12. Fräser mit Hartmetallschneiden sind wirtschaftlicher in der Schnittleistung. Welche Schnittgeschwindigkeiten gegenüber SS-Stahl wird etwa erreicht?

① Das Doppelte
② Das 5fache
③ Das 10fache
④ Das 20fache
⑤ Das 50fache

13. Welche Aussage über das Spannen beim Fräsen ist falsch?

① Fräsdorne zum Spannen sind genormt
② Walzenfräser, die auf Fräsdorne gespannt werden, werden mit Zwischenringen in die richtige Lage zum Werkstück gebracht
③ Walzenfräser werden mit Passfedern zur Mitnahme auf Fräsdorne gespannt
④ Werkstücke möglichst hoch aus dem Schraubstock spannen, um ein Verspannen ganzer Flächen zu vermeiden

14. Auf einer Universalfräsmaschine werden Wendelbohrer, Fräser, schräg verzahnte Reibahlen und Schneckenräder gefräst. Welche Einrichtung ermöglicht erst diese Fertigung?

① Der Frästisch muss bis 45° seitlich schwenkbar sein
② Die Frässpindel muss schwenkbar sein
③ Ein Sinusschraubstock
④ Der Teilkopf
⑤ Der Teilkopf muss sich mit der verlängerten Tischspindel durch Wechselräder verbinden lassen

15. An welchem der genannten Fräser entsteht bei Betrieb das größte Drehmoment?

① Messerkopf ⌀ 250 mm
② Kreissäge ⌀ 150 mm
③ Langlochfräser ⌀ 18 mm
④ Schaftfräser ⌀ 10 mm
⑤ Nutenfräser ⌀ 150 mm

16. Welches der genannten Fräswerkzeuge ist für das Fräsen einer ebenen Fläche eines Schiffdieselmotors mit Dichteigenschaften am besten geeignet?

① Messerkopf
② Prismenfräser
③ Walzenfräser
④ Schaftfräser
⑤ Walzenstirnfräser

Fertigungstechnik — Fräsen und Teilen

17. Welcher der genannten Begriffe gehört nicht zum Aufbau einer CNC-Fräsmaschine?

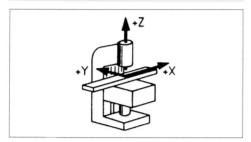

① Automatische Wegmesssysteme, Genauigkeit 0,001 mm
② Gleichstrom- und oder Drehstrom-Motoren mit größter Positioniergenauigkeit
③ Wälzkörperlagerungen
④ Spanquerschnitte
⑤ Achseinzelantriebe

18. Was ist ein Nachteil von Fräswerkzeugen?

① Sie sind vielschneidig
② Jeder Zahn ist kurzzeitig im Eingriff und kühlt vor dem neuen Eingriff wieder ab

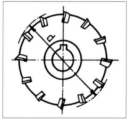

③ Sie werden, falls sie stumpf sind, nachgeschliffen
④ Sie gehören in jeden modernen Schlossereibetrieb
⑤ Sie sind teuer in der Herstellung

19. Welche der drei von denen im Bild dargestellten Bewegungen wirken beim Gleichlauffräsen?

① 1, 2 und 3
② 1, 2 und 5
③ 2, 4 und 6
④ 1, 3 und 5
⑤ 1, 2 und 4

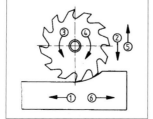

20. Welche drei von denen im Bild dargestellten Bewegungen wirken beim Gegenlauffräsen?

① 3, 5 und 2
② 1, 2 und 3
③ 2, 3 und 5
④ 1, 3 und 4
⑤ 1, 4 und 5

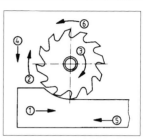

21. Wofür wird der Teilkopf nicht benötigt?

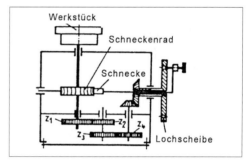

① Schrägverzahnte Reibahlen fertigen
② Wendelbohrer fräsen
③ Grundkörper für Drehmeißel fräsen
④ Schrägverzahnte Wälzfräser herstellen
⑤ Schraubenförmige Nuten fräsen

22. Welche Aussage über das Teilen ist falsch? (Abb. Aufg. 21)

① Beim »Direkten Teilen« entspricht die Teilung auf der Teilscheibe den möglichen Teilungen am Werkstück
② Das »Indirekte Teilen« erfolgt über den Teilkopf
③ Im Teilkopf ist ein Schneckentrieb eingebaut
④ Das Differentialteilen ist ein Ausgleichsteilen
⑤ Beim Differentialteilen benötigt man keine Teilscheibe

23. Wovon ist die Zustellung beim Fräsen nicht abhängig?

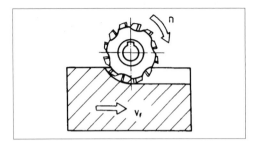

① Fräserqualität
② Werkstoff des Werkstückes
③ Einspannung
④ Zerspanbarkeit
⑤ Zulässige Schnittgeschwindigkeit

24. Welche Maßnahmen an der Fräsmaschine ermöglicht das Gleichlauffräsen?

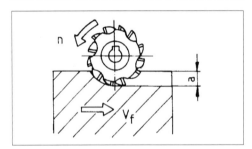

① Den Tisch festklemmen und Vorschub einstellen
② Es gibt keine Möglichkeit
③ Möglichst dicke Spanzustellung und Vorschub einstellen
④ Ausgleichsmutter einbauen, die das Flankenspiel aufhebt
⑤ Die Schnittgeschwindigkeit drastisch erhöhen

25. Welche Behauptung über das Gleichlauffräsen ist falsch?

① Vorschub und Schnittbewegung sind entgegengerichtet
② Der Fräser greift bei Betrieb sofort einen vollen Span
③ Die Reibung ist geringer als beim Gegenlauffräsen
④ Die Standzeit der Fräser ist höher als beim Gegenlauffräsen
⑤ Die Vorschubeinrichtung muss spielfrei sein; sonst Fräserbruch

26. Welche Behauptung über das Gegenlauffräsen ist falsch?

① Es kann auf jeder modernen Fräsmaschine erfolgen
② Schnittbewegung und Vorschubbewegung sind gleichgerichtet
③ Der Fräser greift nicht sofort einen vollen Span
④ Erst bei weiterer Drehung des Fräsers und Vorschub wird der Span zunehmend dicker
⑤ Die Fräser werden beim Gegenlauffräsen eher stumpf als beim Gleichlauffräsen

27. In das im Bild dargestellte Werkstück soll ein Schlitz mit einem Scheibenfräser gefräst werden.
Welches Bild zeigt eine fachgerechte Werkstück-Einspannung?

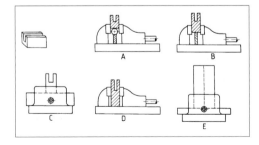

① Bild A   ③ Bild C   ⑤ Bild E
② Bild B   ④ Bild D

Fertigungstechnik — Fräsen und Teilen

28. Wie wird der im Bild mit 2 gekennzeichnete Fräser fachgerecht bezeichnet?

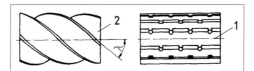

① Prismenfräser
② Scheibenfräser
③ Schaftfräser
④ Spiralverzahnter Fräser
⑤ Formfräser

29. Wie wird der im Bild mit 1 gekennzeichnete Fräser fachgerecht bezeichnet?

① Messerkopf
② Walzenfräser mit Spanbrechnuten
③ Walzenfräser
④ Walzenfräser mit Spiralverzahnung
⑤ Formfräser

30. Welchen Spanwinkel haben, wie im Bild dargestellt, hinterdrehte Formfräser?

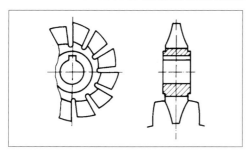

① 1°
② 2°
③ 0°
④ 3°
⑤ Sie haben einen negativen Spanwinkel von 2°

31. Warum dürfen hinterdrehte Fräser nur an der Spanfläche nachgeschliffen werden?

① Damit der Durchmesser nicht so schnell kleiner wird
② Weil diese Fräser keine Freifläche haben
③ Um die Schneidenform des Fräsers genau zu erhalten
④ Um den Keilwinkel nicht zu schwächen

32. Welche Aussage stimmt nicht?

① Bei großen Fräsern, wie z. B. bei Messerköpfen sind die wirkenden Drehmomente groß
② Bei kleinen Fräsern, wie z. B. bei Schaftfräsern sind die wirkenden Drehmomente klein
③ Große Fräser sollten mit Mitnehmersteinen oder mit Passfedern gespannt werden
④ Kleine Fräser spannt man in Spannzangen
⑤ Sehr lang aus der Spannzange herausragende Fräser werden mit großen Vorschüben gefahren

33. Welche Aussage über die Schnittkraft beim Fräsen ist falsch?

① Mit steigender Werkstoffestigkeit nimmt die Schnittkraft zu
② Je geringer der Vorschub, um so kleiner wird die Schnittkraft
③ Mit steigender Fräserbreite steigt die Schnittkraft
④ Mit zunehmender Frästiefe steigt die Schnittkraft
⑤ Die erreichbare Schnittkraft ist vom Antrieb an der Frässpindel abhängig

1.3.7 Hobeln und Stoßen

34. Welche Aufgaben haben der Gegenhalter zusammen mit dem Gegenhaltearm einer Fräsmaschine?

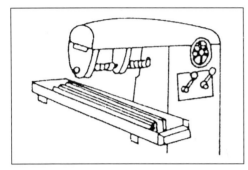

① Das Scharfschleifen eines Fräsers zu ermöglichen

② Den Fräsdorn zu ersetzen

③ Der durch die Schnittkraft entstehenden Durchbiegung des Fräsdorns entgegenwirken

④ Den Teilkopf aufzunehmen

⑤ Das ausschließliche Arbeiten mit Satzfräsern zu ermöglichen.

35. Wo werden
   a) hinterdrehte Fräser
   b) spitzgezahnte Fräser geschärft?

36. Auf einer Universalfräsmaschine werden Spiralbohrer (Wendelbohrer), Fräser und schräg verzahnte Reibahlen gefräst.
Welche Einrichtung ermöglicht erst diese Fertigung?

1. Welche Aussage über den Rückhub beim Stoßen ist nicht richtig?

① Der Rückhub ist schneller als der Arbeitshub

② Das Werkzeug wird vorzeitig stumpf, falls die Rückhubeinrichtung defekt ist

③ Der Rückhub ist erheblich langsamer als der Arbeitshub

④ Die Stoßmaschine hebt den Meißel selbsttätig ab

2. Welche Aussage über das Stoßen von Nuten in Zahnradnaben ist falsch?

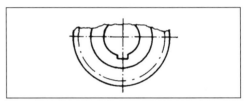

① Das Werkzeug macht die Hauptbewegung

② Das Werkstück macht die Vorschubbewegung

③ Stoßarbeiten sind für die Serienfertigung sehr wirtschaftlich

④ Stoßmeißel können mit Hartmetallschneidplatten bestückt sein

⑤ Beim Rückhub wird das Werkzeug abgehoben

3. Wie wird der Hub einer Waagerecht-Stoßmaschine mit mechanischer Kurbelschwinge vergrößert?

① Durch Verstellen der Stößelspindel

② Durch Verstellen des Kulissensteines weg vom Mittelpunkt des Kulissenrades

③ Durch Festklemmen der Kurbelschwinge

④ Durch Vergrößern der Hubgeschwindigkeit

⑤ Durch Erhöhen der Motordrehzahl

Fertigungstechnik — Kleben

4. Welche der genannten Teile im nachstehenden Bild führt die Hauptbewegung aus?

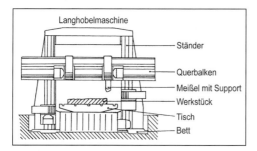

① Bett
② Werkstück am Tisch
③ Meißel
④ Support
⑤ Querbalken

5. Das Bild zeigt im Prinzip den Aufbau einer Hobelmaschine.
Welches der genannten Teile bewegt sich nicht, wenn die Fläche des Werkstückes einmal glatt gehobelt wird?

① Meißel
② Support
③ Tisch
④ Werkstück
⑤ Querbalken

1.3.8 Kleben

1. Was ist ein Zwei-Komponenten-Kleber?

① Es können nur zwei verschiedene Werkstoffe verklebt werden
② Es ist ein Thermoplast, mit dem Duroplaste verklebt werden
③ Es ist ein Kleber ohne Topfzeit
④ Es ist ein Kleber, der durch Reaktion der beiden Komponenten (durch Zufuhr von Wärme oder Kälte) gleich schnell aushärtet
⑤ Es ist ein Kleber mit einer großen Wärmeleitfähigkeit

2. Welchen Vorteil bietet das Kleben von Metallen gegenüber dem Hartlöten oder dem Schweißen?

① Die geklebten Stellen haben eine höhere Festigkeit
② Die geklebten Stellen haben keinerlei Gefügeveränderungen
③ Die Verbindungsstellen sind in jedem Falle gleichzeitig Isolierstellen
④ Selbst kleinste Klebeflächen ergeben höchste Festigkeit
⑤ Das Kleben erfordert keine Vorarbeit der Klebestellen

3. Welche Aussage über das Kleben von Metallen ist falsch?

① Vor dem Kleben die Flächen reinigen
② Je dicker die Klebeschicht, um so höher die Festigkeit
③ Die höchsten Festigkeitswerte gekerbter Flächen ergibt die Beanspruchung auf Scherung
④ Zu stark aufgerauhte Oberflächen der Klebestelle können die Dauerfestigkeit mindern
⑤ Kaltklebern wird vor dem Kleben ein Härter beigemischt

4. Welche Vorteile haben Klebeverbindungen von Metallen?

1.3.9 Läppen und Honen

1. Welches der genannten Mittel ist kein Läppmittel?

① Sand
② Siliziumkarbid
③ Diamant
④ Edelkorund
⑤ Borkarbid

2. Welche Aussage über das Läppen ist falsch?

① Es können keine runden Teile geläppt werden
② Zum Läppen werden Läppmittel wie Siliziumkarbid und Borkarbid verwendet
③ Als Schmiermittel verwendet man u. a. Petroleum
④ Auch Hartmetalle werden geläppt
⑤ Die Läppscheibe besteht aus Gusseisen

3. Welche Aussage über das Läppen ist falsch?

① Es gibt ein Innen- und Außenläppen
② Beim Außenläppen sind die Werkstücke in einem Käfig gehalten
③ Der Käfig besteht oft aus Kunststoff
④ Die Läppscheiben laufen beide auf derselben Welle und in dieselbe Richtung
⑤ Ein bewährtes Läppmittel ist Edelkorund

4. Durch welches der genannten Verfahren erhalten Endmaße ihre genaue Planparallelität und Oberflächenqualität?

① Feinschleifen
② Honen
③ Läppen
④ Funkenerodieren
⑤ Elektrochemische Bearbeitung

5. Mit welchen Werkzeugen wird die Feinbearbeitung der Innenwände z. B. der Zylinder von Motoren durchgeführt?

① Mit Graphitelektroden
② Mit Honsteinen
③ Mit Innenschleifscheiben
④ Mit Läppscheiben
⑤ Innendrehmeißeln aus Hartmetall

6. Nach welchem Verfahren werden die Innenwände von Laufbuchsen sowie Zylinderwände von Motoren feinbearbeitet? Durch:

① Feindrehen
② Honen
③ Elektrochemische Bearbeitung
④ Funkenerodieren
⑤ Schleifen

7. Welche notwendigen Voraussetzungen müssen gewährleistet sein, um Feinbearbeitung mit Schneidwerkzeugen durchführen zu können?

Fertigungstechnik — Löten

1.3.10 Löten

1. Welche Behauptung über das Löten ist nicht richtig?

① Löten gehört zur Gruppe der lösbaren Verbindungen

② Das Lot hat einen nierdrigeren Schmelzpunkt als die zu verbindenden Teile

③ Lötstellen sind elektrisch leitend

④ Zum Hartlöten werden höhere Temperaturen als zum Weichlöten benötigt

⑤ Das Lot fließt bei richtiger Vorbereitung durch die Kapillarwirkung in den Lötspalt

2. Was versteht man unter der Arbeitstemperatur beim Löten

① Die Temperatur, die zum Schmelzen des Lotes benötigt wird

② Die Oberflächentemperatur des Werkstücks an der zu lötenden Stelle bei der das Lot benetzt, fließt und legiert

③ Die Temperatur, bei der keine Oxidschichtbildung auftreten kann

④ Die Temperatur zum Schmelzen des Flussmittels

3. Welche Behauptung ist falsch?

① Die Lötstelle muss nicht metallisch rein sein

② Während des Lötvorgangs muss die Bildung einer Oxidschicht vermieden werden

③ Zum Löten werden Flussmittel zur Vermeidung von Oxidschichten verwendet

④ Je dünner der Lötspalt, um so fester wird die Lötstelle

⑤ Zum Benetzen und Fließen des Lotes ist die richtige Arbeitstemperatur nötig

4. Beim Löten mit Weichlot spricht man von Weichlöten.
Bis zu welcher Arbeitstemperatur spricht man von Weichlöten?

① 650° C   ③ 450° C   ⑤ 300° C
② 550° C   ④ 350° C

5. Auf einen Werkzeugschaft wird eine Hartmetallschneideplatte aufgelötet. Was ist dafür nicht geeignet?

① Die Acetylen - Sauerstoff - Flamme

② Der elektrische Kupferlötkolben

③ Der Elektroofen

④ Der Gasofen

⑤ Der Propangasbrenner für Lötarbeiten

6. Was hat keinerlei Einfluss auf den Lötvorgang?

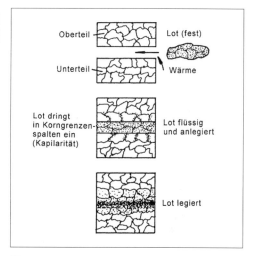

① Schmelzpunkt des Lotes

② Schmelzpunkt des Werkstückes

③ Die Legierungsfähigkeit des Lotes mit dem Werkstück

④ Die Wirkung des Flussmittels

⑤ Die Energiequelle

7. Warum werden Lötkolben aus Kupfer hergestellt?

① Weil Kupfer viel Wärme aufnimmt und nicht schnell oxidiert

② Weil Kupfer billig ist

③ Kupfer hat einen kleinen Ausdehnungskoeffizienten

④ Weil Kupfer weich ist

⑤ Weil bei anderen Werkstoffen das Lot nicht fließt

Löten   Fertigungstechnik

8. Welches der genannten Flussmittel wird zum Hartlöten verwendet?

① Streuborax
② Lötfett
③ Lötwasser
④ Lötöl
⑤ Kolophonium

9. Aus welchem Grund lassen sich Aluminiumteile sehr schlecht weichlöten?

① Die Oxidschicht an der Lötstelle lässt sich nur schlecht entfernen
② Die Wärmeleitfähigkeit des Aluminiums ist zu groß
③ Weil das Flussmittel verdampft
④ Die Ausdehnungskoeffizienten des Weichlots und des Aluminiums sind zu unterschiedlich
⑤ Im Aluminium treten Spannungen auf, die die Lötstelle wieder zerstören

10. Welches der genannten Lote ist ein Hartlot?

① L - Ms 60
② L - Sn 60 Pb
③ L - Sn 60 Pb Cu
④ L - Pb Sn 40
⑤ L - Pb Sn 25 Sb

11. Welche Aussage über den Bereich Löten ist falsch?

① Je höher der Zinngehalt bei Zinn-Blei-Loten, um so größer ist die Härte und die Festigkeit des Lotes
② Zum Löten an Geräten, die mit Nahrungsmitteln in Berührung kommen, darf der Bleigehalt des Lotes 10% nicht übersteigen
③ Bleirohre werden häufig mit Weichloten gelötet, die einen breiigen Zustand haben
④ Weichlote benötigen eine höhere Arbeitstemperatur als Hartlote
⑤ L - Sn 60 Pb ist ein Weichlot

12. Welche Aufgabe hat das Flussmittel beim Hartlöten?

① Die Oxidschicht an der Lötstelle aufzulösen und die Bildung einer neuen Oxidschicht während des Lötens zu verhindern
② Die Lötstelle zu reinigen
③ Das Lot zur Lötstelle zu transportieren
④ Das Lot schneller breiig werden zu lassen
⑤ Die Verbindung zwischen Lot, Flussmittel und Werkstück herzustellen

13. Ab welcher Arbeitstemperatur spricht man von Hartlöten?

① 1000° C
② 900° C
③ 750° C
④ 550° C
⑤ 450° C

14. Welches der genannten Lote ist ein Weichlot?

① L - Pb Sn2
② L - Ms 42
③ L - Ag 75
④ L - Cu P 8
⑤ L - S Cu

15. Welche Aufgaben hat das Flussmittel beim Löten?

16. Woraus bestehen Hartlote? Benennen Sie die Grundwerkstoffe und den Arbeitstemperaturbereich.

17. Warum soll der Lötspalt etwa das Maß zwischen 0,03 - 0,2 mm haben?

Fertigungstechnik — Meißeln

1.3.11 Meißeln

1. Welche Folgen hat ein zu kleiner Anstellwinkel beim Meißeln?

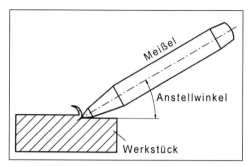

① Der Freiwinkel wird zu klein, die Reibung zwischen Werkstück und Werkzeug wird zu groß und der Meißel dringt nicht in das Werkstück ein

② Der Meißel dringt zu tief in das Werkstück ein

③ Der Keilwinkel wird zu groß und der Kraftaufwand für die Meißelarbeit steigt an

④ Der Freiwinkel wird zu groß und der Span wird zu dick

⑤ Der Spanwinkel wird sehr klein, und es kann sich kein Fließspan ausbilden

2. Welche Aussage über das Meißeln ist falsch?

① Beim Meißeln sind keine größeren Schutzmaßnahmen vor den Spänen zu treffen

② Meißelköpfe dürfen keinen Bart haben

③ Die Schneide des Meißels muss hart und der Kopf muss weich sein

④ Beim Meißeln den Blick auf die Schneide und nicht auf den Meißelkopf richten

⑤ Keine dieser Aussagen

3. Welche Aussage über den Keilwinkel beim Meißeln ist falsch?

① Je größer der Keilwinkel, um so schwieriger geht der Meißel in den Werkstoff

② Je kleiner der Keilwinkel, um so leichter kann der Meißel ausbrechen

③ Je härter das zu meißelnde Werkstück, um so größer muss der Keilwinkel des Meißels sein

④ Der Keilwinkel ändert sich mit der Haltung des Meißels beim Arbeiten

1.3.12 Passungen, ISO-Passungen

1. Zu jeder Spielpassung gehört:

① Eine Mindestpassung
② Eine Höchstpassung
③ Das ISO-Passsystem Einheitsbohrung
④ Ein Höchst- und ein Mindestspiel
⑤ Nur ein Höchstspiel

2. Bei den ISO-Passsystemen geben die Kleinbuchstaben an:

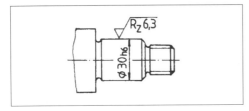

① Die ISO-Toleranzklasse der Passung
② Das ISO-Passsystem der Einheitsbohrung
③ Das Übergangstoleranzfeld
④ Die Lage des ISO-Toleranzfeldes zur Nullinie für Außenpassteile
⑤ Die Toleranz

3. Welche der genannten ISO-Passungen gehört zum ISO-Passsystem der Einheitswelle?

① 70 H8/e9
② 70 F8/g7
③ 70 Z9/a9
④ 70 H7/j6
⑤ 70 N7/h8

4. Zu jeder Übermaßpassung gehört:

① Eine Höchstpassung
② Eine Höchstpassung und eine Mindestpassung
③ Das ISO-Passsystem Einheitswelle
④ Nur ein Mindestübermaß
⑤ Ein Mindestübermaß und ein Höchstübermaß

5. Welche der angegebenen ISO-Passungen ist eine Spielpassung?

① ⌀ 60 H7/r6
② ⌀ 60 H8/e8
③ ⌀ 60 F7
④ ⌀ 60 H8/s7

6. Wie wird das im Bild dargestellte Maß bezeichnet?

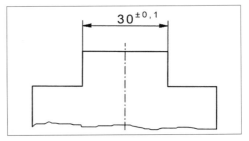

① Toleranzmaß
② Abmaß
③ Nennmaß
④ Grenzmaß
⑤ Passmaß

7. Mindestspiel einer ISO-Spielpassung ergibt sich, wenn zusammentreffen:

① Mindestmaß der Bohrung und Istmaß der Welle
② Mindestmaß der Bohrung und Höchstmaß der Welle
③ Höchstmaß der Bohrung und Höchstmaß der Welle
④ Istmaß der Bohrung und Istmaß der Welle
⑤ Nennmaß der Bohrung und Nennmaß der Welle

8. Welche der genannten ISO-Passungen ist eine Übergangspassung?

① 45 P8
② 45 F8/h7
③ 45 H8/d7
④ 45 H7/j6
⑤ 45 H8/r6

Fertigungstechnik — Passungen, ISO-Passungen

9. Das im Bild dargestellte Werkstück soll nach Zeichnung gefertigt werden. In der Kontrollabteilung werden verschiedene Istmaße für das Nennmaß ⌀ 32 festgestellt. Es wird die Toleranzklasse (grob) zugrunde gelegt. Welches Werkstück ist außerhalb der Maßtoleranz?

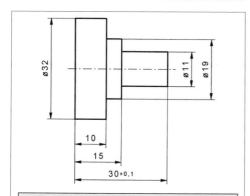

① Werkstück 1   32,8
② Werkstück 2   32,1
③ Werkstück 3   31,7
④ Werkstück 4   31,2
⑤ Werkstück 5   32,9

10. Welche Aussage beim Prüfen von Werkstücken mit der Rachengrenzlehre ist falsch?

① Die rot gekennzeichnete Seite ist die Ausschussseite
② Bei dem Prüfen wird das Istmaß bestimmt
③ Das Passmaß z.B. von 30h 6 ist auf der Grenzlehre angegeben
④ Die beiden Abmaße sind auf der Gutseite und auf der Ausschussseite in mm angegeben
⑤ Keine Aussage ist falsch

11. Höchstspiel einer ISO-Spielpassung ergibt sich, wenn folgendes zusammentrifft:

① Mindestmaß der Bohrung und Mindestmaß der Welle
② Mindestmaß der Welle und unteres Grenzabmaß der Bohrung
③ Mindestmaß der Welle und Istmaß der Bohrung
④ Mindestmaß der Welle und Höchstmaß der Bohrung
⑤ Höchstmaß der Welle und Höchstmaß der Bohrung

12. Welche der folgenden Aussagen zu ⌀ 40 H8/e7 ist richtig?

① Außen-⌀ 40 mm, ISO-Passsystem der Einheitswelle, Übermaßtoleranz
② Nenn-⌀ 40 mm, ISO-Passsystem der Einheitswelle, Spielpassung
③ Nenn-⌀ 40 mm, ISO-Passsystem der Einheitswelle, Übergangspassung
④ Nennmaß 40 mm, ISO-Passsystem der Einheitsbohrung, Übergangspassung
⑤ Nenn-⌀ von 40 mm, ISO-Passsystem Einheitsbohrung, Spielpassung

13. Im nebenstehenden Bild ist eine bestimmte Passungsart dargestellt. Wie heißt diese?

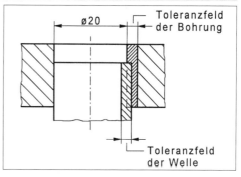

① Übermaßtoleranzfeld
② Übermaßpassung
③ Spieltoleranzfeld
④ Spielpassung
⑤ Übergangspassung

14. Es soll das Höchstspiel für 45H8/e8 bestimmt werden:

① 0,178
② 0,039
③ 0,128
④ 0,089

15. Ein Höchstübermaß bei einer Übermaßpassung ergibt sich, wenn zusammentreffen:

① Istmaß der Welle und Istmaß der Bohrung
② Istmaß der Welle und Nennmaß der Bohrung
③ Mindestmaß der Bohrung und Höchstmaß der Welle
④ Höchstmaß der Welle und Höchstmaß der Bohrung
⑤ ISO-Passsystem der Einheitswelle mit dem oberen Grenzabmaß

16. Welche Aussage für das ISO-Passsystem der Einheitswelle ist richtig?

① Das obere Grenzabmaß = 0
② Das untere Grenzabmaß = 0
③ Das Mindestmaß der Welle ist um die Maßtoleranz größer als das Nennmaß
④ Das Istmaß entspricht dem Nennmaß
⑤ Alle Außenpassflächen erhalten einheitlich H-Buchstaben

17. Was versteht man unter Nennmaß?

① Das Höchstmaß
② Das am Werkstück gemessene Maß
③ Unterschied zwischen den Grenzabmaßen
④ Das in der Zeichnung angegebene Maß ohne Angabe der Maßtoleranz
⑤ Das Mindestmaß

18. Das im Bild dargestellte Teil soll mit dem richtigen Passmaß gefertigt worden.
Welche Eintragung ist richtig?

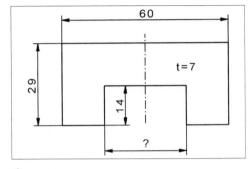

① 36 h8
② 36 e8
③ 36 8H
④ 36,0
⑤ 36 H8

19. Was versteht man unter Istmaß?

① Das Nennmaß
② Den Nennmaßbereich
③ Die Stellung des Passtoleranzfeldes zur Nulllinie
④ Das am Werkstück durch Messen festgestellte Maß
⑤ Das in der Zeichnung angegebene Maß

20. Wenn bei einer ISO-Passung das Maß der Welle kleiner als das Maß der Bohrung ist, so erhält man:

① Übermaß
② Toleranzklasse
③ Höchstübermaß
④ Mindestübermaß
⑤ Spiel

21. Wie viele ISO-Toleranzklassen gibt es bei der ISO-Passung?

① 01 bis 7
② 01 bis 10
③ 01 bis 15
④ 01 bis 18
⑤ 01 bis 21

Fertigungstechnik — Passungen, ISO-Passungen

22. Was bedeutet bei der Maßangabe 70,4$^{+0,1}$ der hochgestellte Wert + 0,1?

① Das Werkstück muss das Maß von mindestens 70,5 mm haben
② Das ist das zulässige untere Grenzabmaß
③ Das Höchstmaß
④ Das obere Grenzabmaß
⑤ Das Werkstück darf auch das Maß 70,1 mm haben

23. Wenn man die Teile 1 und 2 im Bild getrennt bemaßt, welche Bezeichnung bekommt Teil 2?

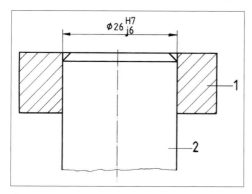

① ⌀ 26
② ⌀ 26 H7
③ ⌀ 26 j
④ ⌀ 26 j6
⑤ ⌀ 26 H7/j6

24. Was geben die Großbuchstaben bei den ISO-Passungen an?

① Sie machen eine Aussage zu den Toleranzklassen
② Sie geben die Lage des ISO-Toleranzfeldes zur Nullinie für die Außenpassflächen an
③ Sie geben die Lage des ISO-Toleranzfeldes zur Nullinie für die Innenpassflächen an
④ Sie geben an, dass nach dem ISO-Passsystem der Einheitswelle gefertigt werden soll
⑤ Sie geben die Größe der Passtoleranz an

25. Welche der angegebenen Bezeichnungen gibt eine Übermaßpassung an?

① 35 H7/f7
② 35 H8/e8
③ 35 H9
④ 35 F8/h7
⑤ 35 H8/s6

26. Bestimmen Sie das obere Grenzabmaß von 26 H7!

Paßmaß	Grenzabmaße
31 H7	+0,025 / 0
26 H7	keine Angaben
26 f7	-0,020 / -0,041

① -0,042
② +0,042
③ 0,000
④ -0,021
⑤ +0,021

27. Welche Aussage für das ISO-Passsystem der Einheitsbohrung ist richtig?

① Das Nennmaß entspricht dem oberen Grenzabmaß
② Das obere Grenzabmaß = 0
③ Das untere Grenzabmaß = 0
④ Dieses System wird mit h gekennzeichnet
⑤ Das Höchstmaß entspricht dem Istmaß

28. Welche Aussage für das ISO-Passsystem der „Einheitswelle" ist richtig?

① Das untere Grenzabmaß = 0
② Das obere Grenzabmaß = 0
③ Die Maßtoleranz = 0
④ Das System wird mit dem Buchstaben H gekennzeichnet
⑤ Das Nennmaß entspricht dem unteren Grenzabmaß

Passungen, ISO-Passungen — Fertigungstechnik

29. Bestimmen Sie aus der Angabe 43 H8/r6 das Höchstmaß für die Welle (Außenpassfläche).

① 43,039
② 43,000
③ 43,034
④ 43,100
⑤ 43,050

Passmaß	Grenzabmaße
43 H8	+ 0,039 0
43 r6	+ 0,050 + 0,034

30. Bestimmen Sie aus der Angabe 46 N7/h6 das Mindestmaß der Bohrung (Innenpassfläche):

① 45,967
② 45,992
③ 45,984
④ 45,000
⑤ 45,934

Passmaß	Grenzabmaße
46 N7	− 0,008 − 0,033
46 h6	0 − 0,016

31. Welche Aussage zu den ISO-Passungen ist falsch?

① Die Ziffer hinter den Buchstaben, z. B. H7, ist ein Maß für die Größe des Toleranzgrades
② Die Toleranzgrade sind mit den Ziffern 01 bis 18 festgesetzt
③ Das Toleranzfeld liegt um so weiter von der Nulllinie entfernt, je weiter ein Buchstabe von H bzw. h entfernt ist
④ Beim ISO-Passsystem Einheitsbohrung werden alle Maße der Innenpassflächen nach dem H-Toleranzfeld hergestellt
⑤ Das ISO-Passsystem Einheitsbohrung wird dort angewendet, wo man gezogene oder geschaffene Wellen ohne wesentliche Nacharbeit einsetzt

32. Wodurch wird bei dem ISO-Passsystem Einheitsbohrung die Lage der Toleranzfelder zur Nulllinie gekennzeichnet?

① Durch das Passungsspiel
② Durch die Ziffern, z. B. 6, 7, 8 usw.
③ Durch die Größe der ISO-Toleranzklassen
④ Durch die Buchstaben, z. B. F, G, H usw.
⑤ Durch die Art der Passung, z. B. Spielpassung

33. Wovon ist bei Allgemeintoleranzen nach DIN 7168 die Größe der Maßtoleranz abhängig?

34. Was versteht man unter Maßtoleranz?

35. Welche drei ISO-Passungsarten unterscheidet man? Geben Sie je ein Beispiel nach dem ISO-Passsystem Einheitsbohrung an.

Fertigungstechnik — Räumen

1.3.13 Räumen

1. Welche Aussage zum Räumen ist falsch?

① Beim Räumen muss gut geschmiert und gekühlt werden

② Beim Innenräumen werden die Werkstücke über die Räumnadel gesteckt

③ Beim Außenräumen werden die Werkstücke nicht festgespannt

④ Moderne Räummaschinen überwinden die Schnittkräfte hydraulisch

⑤ Räummaschinen sind einfach im Aufbau

2. Welche Aussage über den Aufbau von Räumnadeln ist falsch?

① Lange Räumnadeln haben zwei Einspannenden und dazwischen liegen die wirkenden Zähne

② Man unterscheidet Schrupp-, Schlicht- und Kalibrier-Zähne

③ Räumwerkzeuge bestehen aus Baustahl

④ Größere Räumnadeln werden aus Teilstücken zusammengesetzt

⑤ Bei Verschleiß sind Teilstücke der Räumnadeln austauschbar

3. Welche Aussage zum Räumen ist falsch?

① Räumnadeln sind in der Herstellung teuer

② Räumen ist in der Serienfertigung wirtschaftlich

③ Beim Räumen wird das Werkstück in einem Arbeitsgang fertiggestellt

④ Es gibt nur das Innenräumen

⑤ Die Maulweite von Maulschlüsseln werden häufig geräumt

4. Eine Firma baut Zahnkupplungen. Sie hat einen Großauftrag über 500.000 Stück erhalten. Nach welchem Verfahren stellt sie Innenverzahnungen wie im Bild dargestellt am wirtschaftlichsten her?

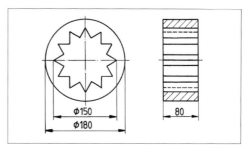

① Funkenerosion
② Fräsen
③ Räumen
④ Hobeln
⑤ Stoßen

5. Welches Fertigungsverfahren zeigt das Bild?

① Schraubräumen
② Außenräumen
③ Umfangsräumen
④ Innenräumen
⑤ Wirbeln

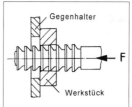

1.3.14 Reiben

1. Welchen Vorteil bieten verstellbare Reibahlen?

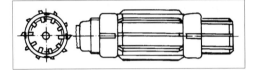

① Sie sind stabiler
② Sie werden selbst für kleine Bohrungen verwendet
③ Sie bieten einen größeren Arbeitsbereich
④ Man benötigt keine Schmiermittel
⑤ Sie sind genauer

2. Welche Reibahlen werden zum Reiben von Sacklöchern verwendet?

① Verstellbare Reibahlen
② Kegelige Reibahlen
③ Reibahlen mit Linksdrall
④ Handreibahlen
⑤ Maschinenreibahlen

3. Wie groß soll beim Reiben etwa die Werkstoffzugabe sein?

① 0,1 mm   ④ 0,8 mm
② 0,3 mm   ⑤ 1,0 mm
③ 0,5 mm

4. Warum haben Reibahlen gerade Zähnezahlen aber ungleiche Zahnteilungen?

① Dadurch wird die Spanabfuhr verbessert
② Das Rattern wird vermieden und die Oberfläche wird glatter
③ Die Bohrungen werden nicht exzentrisch
④ Die Schnittkräfte sind geringer
⑤ Es wird Schmiermittel gespart

5. Warum werden zum Reiben für Bohrungen mit Nuten schraubenförmige Reibahlen mit Linksdrall verwendet?

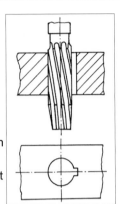

① Sie sind einfacher herstellbar
② Damit sie nicht in das Werkstück hineingezogen werden
③ Das ist für das Reiben der Bohrungen unerheblich
④ Weil die Spanabfuhr günstiger ist
⑤ Weil sie weniger rattern

6. Welche der genannten Reibahlen werden für Bohrungen verwendet, die zusätzlich Nuten in der Bohrung haben?

① Maschinenreibahle
② Handreibahle
③ Kegelreibahle
④ Schraubenförmig verzahnte Reibahle mit Rechtsdrall
⑤ Schraubenförmig verzahnte Reibahle mit Linksdrall

7. Wovon ist die Größe der Reibungskraft hauptsächlich abhängig?

8. Was ist beim Aufreiben von Bohrungen auf Passmaß alles zu beachten?

Fertigungstechnik — Schaben, Schleifen

1.3.15 Schaben

1. Welche Flächen werden nicht geschabt?

① Führungsbahnen von Drehmaschinen
② Gleitflächen mit einem hohen Tragbild
③ Dichtungsflächen
④ Große Gleitlager
⑤ Gehärtete Führungsbahnen

2. Aus welchem praktischen Grund werden Flächen geschabt?

① Weil sehr hohe Oberflächengenauigkeiten erzielt werden können
② Weil geschabte Flächen gut aussehen
③ Weil Schaben keine teuren Werkzeuge erfordert
④ Weil Schabearbeiten verhältnismäßig schnell ausgeführt sind
⑤ Weil Schabearbeiten von gelernten Kräften ausgeführt werden können

3. Welche Behauptung über das Einschaben von Gleitlagern ist falsch?

① Große Lager für Großgetriebe werden nach dem Ausdrehen eingeschabt
② Die eingeschabte Lagerschale soll über die gesamte Breite gut tragen
③ Die eingeschabte Lagerschale soll nur an den Rändern tragen
④ Trägt die Lagerschale nur an einigen Punkten, wird durch den Betrieb die Lagerschale bald zu viel Lagerspiel bekommen
⑤ Zum Einschaben von Lagerschalen wird die dazugehörige Welle verwendet

1.3.16 Schleifen

1. Nach der UVV = Unfallverhütungsvorschrift muss jede neu aufgespannte Schleifscheibe bei voller Betriebsgeschwindigkeit Probe laufen. Wie lange mindestens?

① 2 Minuten   ④ 20 Minuten
② 5 Minuten   ⑤ 30 Minuten
③ 10 Minuten

2. Welches Schleifverfahren wird im Bild gezeigt?

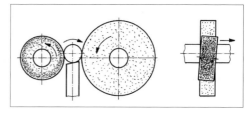

① Außen - Rundschleifen
② Einstechschleifen
③ Trennschleifen
④ Innen - Rundschleifen
⑤ Spitzenloses Rundschleifen

3. Eine Schleifscheibe mit der Härtegrad-Angabe mit dem Buchstaben „B" bedeutet:

① Äußerst hart
② Sehr hart
③ Sehr weich
④ Äußerst weich
⑤ Mittel

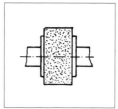

4. Welche Einheit ist für die Schnittgeschwindigkeitsangabe einer Schleifscheibe üblich?

① m/s   ④ mm/min
② m/min   ⑤ min
③ mm/s

Schleifen — Fertigungstechnik

5. Welche der genannten Unfallursachen ist die häufigste bei Schleifarbeiten mit dem Universal-Winkelschleifer?

① Verbrennungen durch defekte elektrische Leitungen
② Schleifwunden durch die Schleifscheibe selbst
③ Augenverletzungen
④ Verletzungen durch zerspringende Schleifscheiben
⑤ Verletzungen durch Erschütterungen infolge der umlaufenden Schleifscheibe

6. Welche Aussage ist falsch?

① Für harte Werkstoffe verwendet man weiche Schleifscheiben
② Für weiche Werkstoffe verwendet man harte Schleifscheiben
③ Die Härte der Schleifscheiben wird mit großen Buchstaben des Alphabets gekennzeichnet
④ Je näher die Buchstaben gegen das Ende des Alphabets streben, desto weicher ist die Härteangabe der Schleifscheibe
⑤ Schleifscheiben werden zu ihrer Herstellung gepresst und gebrannt

7. Wonach wird die Körnung einer Schleifscheibe bestimmt?

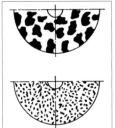

① Nach der Anzahl der Maschen auf 1 Zoll Kantenlänge des Siebes, mit dem die Körnung ausgesiebt wird
② Nach der Stückzahl, die in einen cm³ hineingeht
③ Nach der Menge der Schleifkörner, die in einem dm³ hineingehen
④ Nach der Schleifkörperform
⑤ Nach der Schnittgeschwindigkeit

8. Wie bleibt die Schleiffläche scharf?

① Durch das Abziehen mit einem Hartmetall
② Durch die Bindung, die so beschaffen sein muss, dass die stumpfen Schleifkörner sich von der Scheibe ablösen und die scharfen Schleifkörner zum Einsatz kommen
③ Dadurch, dass eine Schleifscheibe aus mehreren Schleifkörnern besteht, schneiden die scharfen, während die stumpfen Körner den Hohlraum füllen
④ Eine Schleifscheibe ist immer scharf
⑤ Die Scheibe wird einfach aufgeraut

9. Wodurch wird die Härte einer Schleifscheibe bestimmt?

① Durch die Mischung von Siliziumkarbid mit Edelkorund
② Durch die Schleifmittelkörnung
③ Durch die Festigkeit mit der die einzelnen Schleifkörner durch die Bindung gehalten werden
④ Durch die Pressung der Scheiben bei der Formgebung
⑤ Durch die Brenntemperatur

10. Welcher maximale Abstand ist zwischen Auflage und Schleifscheibe zulässig?

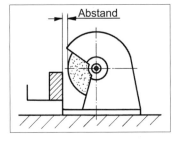

① 1 mm
② 3 mm
③ 5 mm
④ 10 mm
⑤ 15 mm

11. Das härteste Schleifmittel ist:

① Quarz
② Schmirgel
③ Diamant
④ Edelkorund
⑤ Siliziumkarbid

Fertigungstechnik — Schleifen

12. Welche Körnung der Scheibe ist für das Feinschleifen bis zu einer ISO-Qualität 3 richtig?
Die Körnung ist etwa:

① 10 - 30
② 40 - 60
③ 50 - 100
④ 100 - 200
⑤ 200 - 300

13. Welche Aussage über Schleifscheiben ist falsch?

① Schleifscheiben, die nicht ausgewuchtet sind, verursachen Schwingungen
② Unerwünschte Schwingungen an der Arbeitsspindel belasten die Lager
③ Zu große Unwucht können die Lager zerstören
④ Die Unwucht beeinträchtigt die Oberflächenqualität der Schleifarbeit
⑤ Je höher die Drehzahl, um so kleiner die gefährdeten Kräfte

14. Welche Aussage ist falsch?

① Neue Schleifscheiben sind auszuwuchten
② Abgenutzte Schleifscheiben sind abzuziehen
③ Die Klangprobe gibt Aufschluss über Risse der Schleifscheibe
④ Zerspringende Schleifscheiben während des Betriebes können wie Geschosse wirken
⑤ Die Zwischenlagen wie Filz, Leder, Blei, Gummi u. a. sind nicht notwendig

15. Welche Bindungsart haben dünne und mit großen Durchmessern hergestellte Trennscheiben?

① Gummi- oder Kunstharzbindung
② Sie sind gesintert
③ Keramische Bindung
④ Mineralische Bindung

16. Welche Aussage über die Schleifscheibenaufspannung im nebenstehenden Bild trifft zu?

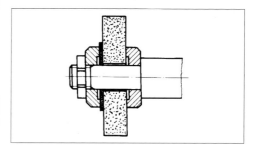

① Der rechte Flansch müsste einen größeren Durchmesser bekommen
② Beide Flanschdurchmesser haben nicht die Maße von 1/3 -1/2 des Schleifscheibendurchmessers
③ Auf der linken Seite ist die Zwischenlage überflüssig
④ Auf der rechten Seite fehlt die Zwischenlage
⑤ Die Scheibe ist nicht ausgewuchtet

17. Welcher Fehler ist hier beim Aufspannen der Schleifscheibe gemacht worden?

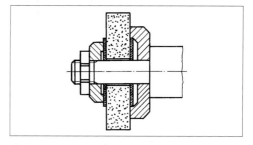

① Die Klangprobe wurde vergessen
② Die Mutter wurde zu stark angezogen
③ Die rechte Zwischenlage aus Filz wurde vom rechten Flansch abgequetscht
④ Die rechte Filzzwischenlage ist zu klein
⑤ Der rechte Flansch ist zu groß

18. Was bedeuten bei einer Schleifscheibe folgende Angaben:
    400 x 50 x 127 DIN 69120 - A 60 K 5 V-60?

19. Welche Begriffe gehören zum Aufbau einer Schleifscheibe?

20. Worauf ist beim Aufspannen einer Schleifscheibe zu achten?

21. Worauf ist bei der Auswahl von Schleifscheiben zu achten?

22. Nennen Sie Gründe für das Entstehen von Rattermarken an einem kurzen, geschliffenen Kegel!

1.3.17 Schmieden

1. Welche Aussage über das Schmieden ist falsch?

   ① Durch Schmieden steigt die Festigkeit des Werkstückes
   ② Durch den Schmiedevorgang wird der Faserverlauf unterbrochen
   ③ Durch das Erwärmen für den Schmiedevorgang nimmt der Formänderungswiderstand ab und das Werkstück kann geformt werden
   ④ Das Gefüge geschmiedeter Teile ist dichter als vor dem Schmieden
   ⑤ Mit zunehmendem C-Gehalt des Stahles sinkt die Schmiedbarkeit

2. Welches der genannten Metalle ist nicht schmiedbar?

   ① Stahl
   ② Gusseisen
   ③ Kupfer
   ④ Aluminium
   ⑤ Aluminiumknetlegierungen

3. Welche Aussage zum Gesenkschmieden ist falsch?

   ① Zu einem Gesenk gehört ein Ober- und ein Untergesenk
   ② Jedes gesenkgeschmiedete Teil muss umlaufend einen Grat ausgebildet haben
   ③ Gesenke sind für die Einzelfertigung wirtschaftlich
   ④ Gesenkschmiedeteile sind relativ maßhaltig
   ⑤ Gesenkschmiedeteile haben eine hohe Festigkeit

Fertigungstechnik — Schweißen

1.3.18 Schweißen

4. Was ist die Folge, wenn zu schmiedende Teile unter Schmiedetemperatur geschmiedet werden?

① Die nötige Umformkraft erhöht sich
② Die Teile werden maßhaltiger
③ Man hat das Überhitzen des Stoffes vermieden
④ Die Schmiedeteile haben eine höhere Zähigkeit
⑤ Die Schmiedeteile haben eine größere Elastizität

5. Welches der genannten Fertigungsverfahren ist spanlos?

① Reiben
② Fräsen
③ Drehen
④ Schmieden
⑤ Funkenerodieren

1. Was ist zu tun, wenn in der Werkstatt eine Acetylen-Flasche brennt?

① Die Werkstatt schleunigst verlassen
② Flaschenventil sofort schließen, Flaschenhals auf Erwärmung überprüfen und im Bedarfsfall mit Wasser kühlen
③ Acetylenflasche auf den Boden legen und mit Wasser löschen
④ Acetylenflasche schnell öffnen, damit das gesamte Gas ausströmen kann

2. Wie können die Gefügeveränderungen der Randzone von Schweißnähten wieder verbessert werden?

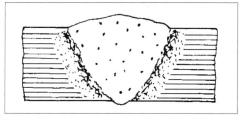

① Durch Normalglühen
② Durch Anlassen
③ Durch schnellstes Abschrecken nach dem Schweißen
④ Durch Vorsorge für eine bessere Wärmeabfuhr
⑤ Durch Stickstoffzufuhr während des Schweißens

**3. In die Zeichnung werden die Schweißpositionen nach DIN 1912 eingetragen.
Welches der angegebenen Zeichen gilt für die Steignaht, wenn von unten nach oben geschweißt wird?**

① w ③ s ⑤ g
② h ④ f

Schweißen — Fertigungstechnik

4. Die Umhüllung von Stabelektroden übernimmt beim Lichtbogenschweißen bestimmte Aufgaben. Welche Aussage stimmt nicht?

① Die Umhüllung bildet eine Schlacke
② Die gebildete Schlacke deckt die Schweißnaht ab
③ Beim Abschmelzen der Umhüllung bilden sich Gase, die die Schweißnaht schützen
④ Je dicker die Umhüllung ist, um so besser wird der Schutz der Schmelze
⑤ Bei dicken Umhüllungen dringt sehr leicht Stickstoff und Sauerstoff in die Schmelze

5. Woraus besteht u. a. ein Schneidbrenner für eine Gas-Sauerstoff-Flamme?

① Aus einer Hohlelektrode
② Aus einer nackten Elektrode
③ Aus einer Elektrode mit Umhüllung
④ Aus einer Heiz- und Schneiddüse
⑤ Aus einer Heizdüse

6. Beim Lichtbogenschweißen benötigt man eine niedrige Spannung, jedoch einen hohen Strom. In welchem Bereich etwa liegt die Spannung?

① 5 - 10 Volt   ④ 60 - 100 Volt
② 15 - 50 Volt   ⑤ 80 - 150 Volt
③ 30 - 90 Volt

7. Wovon ist die Stromstärke beim Lichtbogenschweißen unabhängig?

① Vom Durchmesser der Elektrode
② Von der Umhüllung der Elektrode
③ Von der Werkstückdicke
④ Von der Schweißposition
⑤ Von der Netzspannung

8. Wie groß soll beim Gasschweißen mit Acetylen und Sauerstoff etwa der Gasdruck sein?

① Acetylen etwa 0,25 bar und Sauerstoff etwa 2,5 bar
② Acetylen etwa 2,5 bar und Sauerstoff etwa 2,5 bar
③ Acetylen etwa 2,5 bar und Sauerstoff etwa 25 bar
④ Acetylen etwa 2,5 bar und Sauerstoff etwa 0,25 bar
⑤ Acetylen etwa 0,25 bar und Sauerstoff etwa 25 bar

9. Wie lautet die chemische Formel für Acetylen?

① H_2SO_4 ③ H_2S ⑤ C_2H_2
② HNO_3 ④ HCl

10. Worauf beruht im wesentlichen das Brennschneiden mit einer Gas-Sauerstoff-Flamme?

① Der zu schneidende Werkstoff muss unterhalb seines Schmelzpunktes zur Entzündung kommen und verbrennen.
② Es wird mehr Acetylen als Sauerstoff zugeführt
③ Brennschneiden erfolgt ausschließlich mit Stabelektroden
④ Der Lichtbogen muss so lang sein wie das Werkstück dick ist
⑤ Je dicker die verwendete Elektrode, um so dicker kann das zu trennende Werkstück sein

11. Woraus wird Acetylen hergestellt?

① Aus Wasser und Calciumkarbid
② Aus Sauerstoff und Calciumkarbid
③ Aus Stickstoff und Calciumkarbid
④ Aus Luft und Calciumkarbid
⑤ Aus Wasser und Kochsalz

Fertigungstechnik — Schweißen

12. Das Bild stellt einen Druckminderer dar, der beim Gasschweißen benötigt wird.
Was ist am mit 2 gekennzeichneten Manometer bei Betrieb abzulesen?

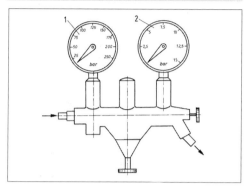

① Der reduzierte Sauerstoff-Druck, der im Schlauch dem Schweißbrenner zugeführt wird.
② Der reduzierte Acetylen-Druck, der dem Brenner zugeführt wird
③ Der Flaschendruck der Acetylenflasche
④ Der Flaschendruck der Sauerstoff-Flasche
⑤ Die verbrauchte Gasmenge

13. Was wird im Betriebszustand bei dem mit 1 gekennzeichneten Manometer angezeigt? (Abb. Aufg. 12)

① Der Druck in der Acetylenflasche
② Die durchströmende Gasmenge
③ Der Flaschendruck der Sauerstoff-Flasche
④ Die Gasmenge, die am Schweißbrenner ankommt
⑤ Die verbrauchte Acetylenmenge

14. Zum Lichtbogenschweißen wird Gleichstrom und auch Wechselstrom verwendet.
Woher erhält man den Wechselstrom?

① Aus den Gleichrichtern
② Aus dem Schweißtransformator
③ Von dem Schweißumformer
④ Vom Motor des Schweißumformers
⑤ Aus der Steckdose

15. Was ist unter der »Blaswirkung« beim Lichtbogenschweißen zu verstehen?

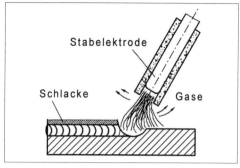

① Die aufsteigenden Gase
② Das Fließen des Werkstückmaterials
③ Das Tropfen der Stabelektrode
④ Die Schmelze der Elektrodenumhüllung
⑤ Die Ablenkung des Lichtbogens beim Schweißen durch magnetische Kräfte

16. Wie dicht können sehr stark umhüllte Stabelektroden an das Werkstück beim Lichtbogenschweißen herangeführt werden? (Abb. Aufg. 15)

① 1 - 3 mm
② 4 - 6 mm
③ Keine Vorschrift
④ Je nach Durchmesser der Seele der Elektrode
⑤ Sie dürfen auf das Werkstück aufgelegt werden

17. Welche Auswirkungen hat eine zu große Länge des Lichtbogens beim Schweißen? (Abb. Aufg. 15)

① Die Güte der Schweißnaht wird beeinträchtigt
② Die Netzspannung kann zusammenbrechen
③ Die Elektroden brennen überhaupt nicht ab
④ Der Schweißstrom wird zu hoch
⑤ Es hat keine Auswirkungen

18. Aus welchem Werkstoff besteht in der Regel beim elektrischen Widerstandsschweißen die Elektrode?

① Aluminium
② Sinterwerkstoff
③ Stahl
④ Wolfram
⑤ Kupfer

19. Wie groß ist der Druck in der Sauerstoffgasflasche für das Schweißen bei Neufüllung?

① 18 bar
② 36 bar
③ 50 bar
④ 100 bar
⑤ 150 bar

20. Zum Lichtbogenschweißen wird eine niedrige Spannung und ein hoher Gleichstrom benötigt. Woher kommt der Gleichstrom?

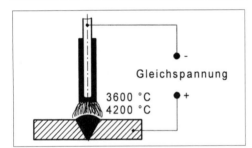

① Aus dem Schweißumformer
② Aus dem Schweißtransformator
③ Vom Lichtbogen
④ Aus dem Ortsnetz mit Gleichstrom
⑤ Von der Blaswirkung der elektrischen Felder

21. Welches der genannten Schweißverfahren gehört nicht zum elektrischen Widerstandsschweißen?

① Buckelschweißen
② Rollnahtschweißen
③ Punktschweißen
④ Abbrennstumpfschweißen
⑤ Plasmaschweißen

22. Wir groß ist der Druck in der Acetylenflasche bei Neufüllung?

① 10 bar
② 18 bar
③ 36 bar
④ 100 bar
⑤ 150 bar

23. Welche Aufgabe hat das Flussmittel beim Schweißen von NE-Metallen?

① Es löst die Oxidschicht der Schweißstelle und schützt vor neuer Oxidation
② Es lässt den Zusatzwerkstoff besser fließen
③ Es schützt die Schweißstelle vor Korrosion
④ Es vermindert die nötige Energiemenge
⑤ Es vermindert Schlackeneinschlüsse

24. Wozu dient das Pulver zum Unterpulverschweißen?

① Es ersetzt die nackte Stabelektrode
② Es zündet den Lichtbogen
③ Es erfüllt dieselben Aufgaben wie die Umhüllung einer Stabelektrode
④ Es verhindert die Blaswirkung
⑤ Es ist der Stromleiter

25. Welches Schweißverfahren zeigt das Bild?

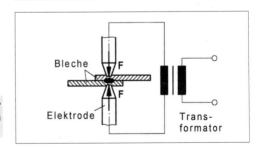

① Reibschweißen
② Punktschweißen
③ Abbrennstumpfschweißen
④ Rollnahtschweißen
⑤ WIG-Schweißen

Fertigungstechnik — Schweißen

26. Welche Aufgabe hat das Aceton in der Acetylenflasche?

① Es verdünnt das Gasgemisch

② In dem Aceton wird das Acetylengas gelöst, um es bei dem hohen Druck vor dem Zerfall zu schützen

③ Es erhöht den Heizwert des Acetylens

④ Aceton stellt den Hohlraum der festen Substanz in der Gasflasche dar

⑤ Es vermindert den Druck

27. Welche maximale Temperatur liefert die Acetylen-Sauerstoff-Flamme?

① 2000° C   ④ 3200° C
② 2600° C   ⑤ 3800° C
③ 3000° C

28. Welche Aufgabe hat das Argon beim WIG-Schweißen?

① Es zündet den Lichtbogen

② Es vermindert die Energiemenge

③ Es schützt das in Tropfenform übergehende Schweißgut vor der Stickstoffaufnahme aus der Luft

④ Es bindet chemisch den Luftsauerstoff

⑤ Es liefert die Temperatur zum Schweißen

29. An welcher Stelle hat die im Bild dargestellte Acetylen-Sauerstoff-Flamme die höchste Temperatur?

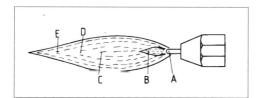

① Stelle A   ④ Stelle D
② Stelle B   ⑤ Stelle E
③ Stelle C

30. Wie hoch ist beim Lichtbogenschweißen etwa die Temperatur am Minuspol?

① 2000° C   ④ 4200° C
② 3000° C   ⑤ 5000° C
③ 3600° C

31. Was versteht man unter WIG-Schweißen?

① Schweißen mit Wasserstoff

② Schweißen mit Argon als Schutzgas mit einer sich kaum abnutzenden Wolframelektrode

③ Schweißen mit einer Stabelektrode

④ Schweißen mit einer nackten Stabelektrode aus Wolfram

⑤ Diese Bezeichnung gibt es nicht

32. Welche Kennfarbe hat beim Gasschweißen die Sauerstoff-Flasche?

① Rot   ④ Grün
② Blau   ⑤ Schwarz
③ Gelb

33. Welches Acetylen-Sauerstoffverhältnis hat die neutrale Flamme beim Gasschweißen?

① 2 : 1   ④ 1 : 1
② 3 : 1   ⑤ 1,5 : 1
③ 1 : 2

34. Wie hoch ist beim Lichtbogenschweißen etwa die Temperatur am Pluspol?

① 2500° C   ④ 4200° C
② 3000° C   ⑤ 4800° C
③ 3600° C

35. Bis zu welcher Wanddicke etwa können Stahlwände mit Spezial-Brennschneidern heute getrennt werden?

① Bis 100 mm   ④ Bis 1500 mm
② Bis 500 mm   ⑤ Bis 2000 mm
③ Bis 1000 mm

Schweißen — Fertigungstechnik

36. Welche Regel beim Lichtbogenschweißen gilt nicht?

① Bei Regen darf draußen elektrisch geschweißt werden
② Die entstehenden Gase sollen durch Lüfter abgesaugt werden
③ Beim Schweißen in feuchten Räumen isolierende Unterlagen verwenden
④ Vor dem Umpolen der Schweißleitungen die Schweißmaschine ausschalten
⑤ Augenschutz und Strahlenschutz verwenden

37. Aus Sicherheitsgründen haben die Gasflaschen zum Schweißen Farbkennzeichnungen. Welche Kennfarbe hat die Acetylenflasche?

① Gelb   ④ Grün
② Rot   ⑤ Orange
③ Blau

38. Was bewirkt die »neutrale Flamme« beim Gasschweißen?

① Sie holt sich Sauerstoff aus der Luft oder aus dem zu schweißenden Werkstück
② Sie wirkt oxidierend auf die Schweißnaht
③ Sie wirkt oxidierend auf die Randzonen
④ Sie scheidet Kohlenstoff und Phosphor ab, die in die Schweißnaht gelangen

39. Welcher der genannten Werkstoffe ist nicht schweißbar?

① Kunststoffe   ④ Hartmetall
② Aluminium   ⑤ Werkzeugstahl
③ Kupfer

40. Wie heißt die fachgerechte Bezeichnung für die mit 1 gekennzeichnete Schweißlage?

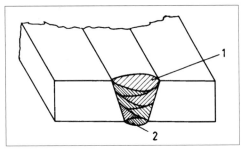

① Wurzellage   ④ Auflage
② Decklage   ⑤ V-Lage
③ Auftragslage

41. Wie lautet die fachgerechte Bezeichnung der mit 2 gekennzeichneten Schweißlage

① Erstlage   ④ Wurzellage
② Endlange   ⑤ Haftlage
③ V-Lage

42. Welcher der genannten Werkstoffe ist zum Schweißen nicht geeignet?

① Stahlguss
② Kunststoff
③ Schwarzer Temperguss
④ Stahl
⑤ NE-Metalle

43. Schweißgeräte sind aus Sicherheitsgründen farblich gekennzeichnet. Welche Farbe hat der Sauerstoffschlauch?

① Rot oder blau
② Blau oder schwarz
③ Gelb oder schwarz
④ Rot oder schwarz
⑤ Blau oder rot

Fertigungstechnik — Winkel an der Schneide

44. Welche Auswirkungen hat beim Lichtbogenschweißen eine nackte Stabelektrode?

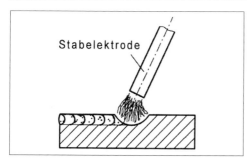

① Sie verhindert Oxidbildung in der Schmelze
② Sie schützt das Schmelzbad vor der ungebundenen Luft
③ Sie mindert die entstehenden Schrumpfspannungen
④ Es steigert die Festigkeit der Schweißnaht
⑤ Sie bietet für die Schweißnaht nicht den Schutz wie eine umhüllte Stabelektrode

45. Was ist, wenn Sauerstoff-Flaschen mit Öl oder Fett in Berührung kommen?

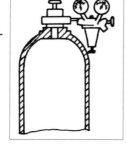

① Sie sind vor Rost geschützt
② Sie sind feuchtigkeitsabweisend
③ Auf diese Weise werden die Flaschen sauber gehalten
④ Die Armaturen lassen sich leichter an- und abschrauben
⑤ Explosionsgefahr

46. Bis zu welchem Massenanteil Kohlenstoff lässt sich Stahl gut schweißen?

① 0,1 %   ③ 0,22 %   ⑤ 2,0 %
② 1,5 %   ④ 0,8 %

1.3.19 Winkel an der Schneide

1. Wie wird der mit ß bezeichnete Winkel benannt?

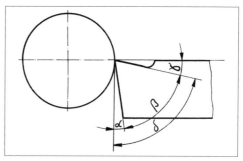

① Spanwinkel
② Freiwinkel
③ Keilwinkel
④ Abscherwinkel
⑤ Schnittwinkel

2. Welcher der genannten Winkel ist der Spanwinkel?

① Winkel γ
② Winkel α
③ Winkel ß
④ Winkel δ
⑤ Winkel α + ß + γ

3. Wann ist die Reibung beim Zerspanen zwischen Werkstück und Werkzeug groß?

① Wenn der Spanwinkel groß ist
② Bei großem Span- und großem Freiwinkel
③ Bei sehr kleinem Freiwinkel
④ Bei sehr großem Freiwinkel
⑤ Wenn Freiwinkel und Spanwinkel groß sind

Die Lösungen finden Sie im Lösungsteil auf Seite 8.

1.4 Werkstofftechnik

1.4.1 Gusswerkstoffe

4. Welche Folgen hat ein zu kleiner Freiwinkel beim Zerspanen?

① Der Keilwinkel des Werkzeugs wird geschwächt
② Die Schnittkraft wird kleiner
③ Es muss eine überhöhte Schnittgeschwindigkeit gefahren werden
④ Die Erwärmung ist geringer
⑤ Die Reibung, die Erwärmung und die Schnittkraft werden groß

5. Welche Aussage über das Zerspanen ist falsch?

① Je größer der Keilwinkel, desto kleiner ist die Schnittkraft am Werkzeug
② Mit steigender Härte des Werkstückes steigt die Schnittkraft
③ Je größer die Festigkeit eines Werkstückes, desto größer muss der Keilwinkel des Werkzeuges sein
④ Die Beschaffenheit des Spanwinkels beeinflusst die Spanbildung
⑤ Je kleiner der Keilwinkel, um so leichter dringt der Meißel in das Werkstück ein

1. Welche Kurzbezeichnung für Gusseisen mit Lamellengraphit ist richtig?

① EN-GLJ
② EN-JGL
③ EN-GTW
④ EN-GJL
⑤ EN-GJS

2. Welche Kurzbezeichnung für Stahlguss ist richtig?

① St G
② EN-GJS
③ EN-GJMB
④ EN-GJS
⑤ GS

3. Welche Kurzbezeichnung für entkohlend geglühten Temperguss ist richtig?

① EN-GST
② EN-GTS
③ EN-GJMW
④ EN-GGJ
⑤ EN-GGG

4. Was bedeutet die Kurzbezeichnung EN-GJS-450-10?

① Stahlguss mit einem C-Gehalt von 4,5 %
② Grauguss mit einer Zugfestigkeit von 450 N/mm²
③ Temperguss mit einer Dehnung von 0,45 %
④ Gusseisen mit einem Schwindmaß von 0,45 %
⑤ Gusseisen mit Kugelgraphit mit einer Zugfestigkeit von 450 N/mm², Bruchdehnung A = 10 %

5. Was bedeutet die Kurzbezeichnung EN-GJMW-400-5?

① Legierter Stahlguss mit 0,4% C
② Gusseisen mit 0,4% Dehnung
③ Gusseisen mit 0,4% Schwindung
④ Entkohlend geglühter Temperguss, mit einer Zugfestigkeit von 400 N/mm², Bruchdehnung A = 5 %
⑤ Weißer Temperguss mit 0,4%, A = 5%

Werkstofftechnik   Gusswerkstoffe

6. Was ist kein Erzeugnis des Kupolofens?

① Baustahl
② Gusseisen mit Lamellengraphit
③ Gusseisen mit Kugelgraphit
④ Bainitisches Gusseisen
⑤ EN-GJL-HB255

7. Welche Kurzbezeichnung für nicht entkohlend geglühten Temperguss mit einer Zugfestigkeit von 300 N/mm², A = 6% ist richtig?

① EN-TGS-300-6   ④ EN-TG-300-6
② EN-GJMB-300-6   ⑤ EN-GTW-300-6
③ EN-GJB-300-6

8. Welche Aussage ist falsch?

① Das Verfahren zur Herstellung von entkohlend geglühtem Temperguss nennt man auch Glühfrischen
② Bei entkohlend geglühtem Temperguss wird den Gussstücken an der Oberfläche Kohlenstoff entzogen
③ Durch den Tempervorgang erhält das entkohlte Randgefüge stahlähnliche Eigenschaften
④ Entkohlend geglühter Temperguss lässt sich nicht ober-flächenhärten
⑤ Durch den Tempervorgang wird der C-Gehalt der Randschicht auf 0,5 bis 1,8 % vermindert

9. Welche Aussage ist falsch?

① Nach dem Tempervorgang ist der C-Gehalt der Randschicht bei entkohlend geglühtem Temperguss größer
② Durch das Tempern wird der C-Gehalt vermindert
③ Die Werkstücke können durch tempern nur bis auf eine beschränkte Tiefe entkohlt werden
④ Entkohlend geglühtem Temperguss lässt sich gut spanend bearbeiten
⑤ Temperguss ist härtbar

10. Welche Aussage ist falsch?

① Durch den Tempervorgang erfolgt eine Gefügeveränderung
② Der Tempervorgang lässt die Werkstücke spröde werden
③ EN-GJMB lässt sich nicht oberflächenhärten
④ EN-GJMB ist spanend gut bearbeitbar
⑤ EN-GJMW ist spanend gut bearbeitbar

11. Welche Aussage ist falsch?

① Beim Stranggießverfahren werden Metalle kontinuierlich zu einem Strang vergossen
② Sogenannte »verlorene Köpfe« fallen durch dieses Verfahren weg
③ Eine Trennsäge sorgt für die Knüppellängen
④ Es können Strangenden mit den verschiedensten Querschnittsflächen produziert werden
⑤ Das Stranggießverfahren ist ein sehr veraltetes Verfahren

12. Was versteht man unter Gusseisen, und welche Bedeutung hat die Form der Graphiteinlagerung?

13. Welche Gusswerkstoffe unterscheidet man und geben Sie die jeweiligen Kurzzeichen an.

14. Welche wesentlichen Vor- und Nachteile haben Gusswerkstoffe?

15. Aus welchen Gefügearten neben dem Graphitanteil kann das Grundgefüge von Gusseisen bestehen?

16. Wie erhält man den entkohlend geglühten Temperguss = „Weißen Temperguss" = EN-GJMW

Die Lösungen finden Sie im Lösungsteil auf Seite 8 - 9.

Härteprüfung   Werkstofftechnik

1.4.2 Härteprüfung

1. Welches Härteprüfverfahren wird hier gezeigt?

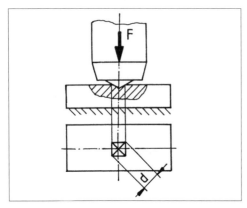

① HV   ③ HB   ⑤ HRA
② HRC   ④ HBW

2. Bei welchem der genannten Härteprüfverfahren wird eine gehärtete Stahlkugel in die Oberfläche des zu prüfenden Werkstückes gedrückt und aus dem Kugeleindruck auf die Härte geschlossen?

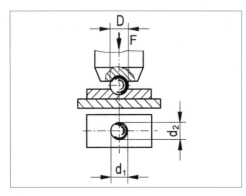

① Bei der Brinellprüfung
② Bei der Härteprüfung nach Vickers
③ Bei der Prüfung durch einen Baumann-Abdruck
④ Bei der Rückprallprüfung
⑤ Bei keinem der genannten Prüfungen

3. Bei welchem der genannten Prüfverfahren wird ein Diamantkegel in das zu prüfende Werkstück eingedrückt, um die Härte festzustellen?

① Bei der Vickers - Härteprüfung
② Bei der Rockwell - Härteprüfung
③ Bei der Brinell - Härteprüfung
④ Bei der Rückprall - Härteprüfung
⑤ Bei keinem der genannten Verfahren

4. Bei welchem Härteprüfungsverfahren wird die Spitze einer vierseitigen Pyramide aus Diamant in die Oberfläche des Werkstückes gedrückt?

① Bei der Rockwell - Härteprüfung
② Bei der Brinell - Härteprüfung
③ Bei der Vickers - Härteprüfung
④ Bei der Rückprall - Härteprüfung
⑤ Bei keinem der genannten Verfahren

5. Geben Sie die Ihnen bekannten Härteprüfverfahren mit den jeweils dazugehörenden Eindringkörpern (Prüfkörpern) an.

6. Was ist Härte?

① Die Festigkeit, die durch die Zusammenhangskräfte entstehen
② Die Zusammenhangskräfte der Stoffteilchen
③ Der Widerstand eines Stoffes, den er dem Eindringen eines anderen Körpers entgegensetzt
④ Kraft / Querschnitt
⑤ Festigkeit gegen äußere Belastungen

Werkstofftechnik — Hartmetalle

1.4.3 Hartmetalle

1. Welches der genannten Metalle wird bei der Hartmetallherstellung als Bindemittel verwendet?

① Eisen
② Wolfram
③ Titan
④ Tantal
⑤ Kobalt

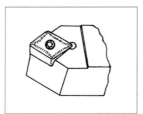

2. Wodurch erreicht man bei Hartmetallen die hohe Temperaturbeständigkeit?

① Durch das Bindemittel
② Durch die Verbindung aus Eisen und Kohlenstoff
③ Durch die Karbide
④ Durch das Sintern
⑤ Durch die Herstellungstemperatur

3. Welches der Karbide ist ein gebräuchliches Schleifmittel?

① Titankarbid
② Siliziumkarbid
③ Tantalkarbid
④ Wolframkarbid
⑤ Eisenkarbid

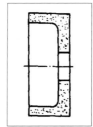

4. Wodurch wird bei Hartmetallen die hohe Verschleißfestigkeit erzielt?

① Durch die Karbide
② Durch das Bindemittel
③ Durch die Herstellungstemperatur
④ Durch den Sintervorgang
⑤ Durch die chemische Verbindung aus Kohlenstoff und Silizium

5. Welche Aussage über Hartmetalle ist falsch?

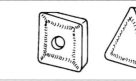

① Sie haben eine hohe Verschleißfestigkeit
② Die Härte erlangt fast die Härte eines Diamants
③ Sie haben eine geringe Wärmeempfindlichkeit
④ Sie erlauben eine hohe Schnittgeschwindigkeit beim Drehen, Fräsen und Bohren
⑤ Sie sind unempfindlich gegen Stöße

6. Welche Aussage über Hartmetalle ist falsch? (Abb. Aufg. 5)

① Sie sind hart und spröde
② Sie sind hart und verschleißfest
③ Sie sind verschleißfest und hitzebeständig
④ Sie werden mit harten Schleifscheiben geschliffen
⑤ Kobalt oder Nickel sind Bindemittel für die Hartmetallherstellung

7. Welches der genannten Karbide ist kein Metallkarbid?

① TiC   ③ WC
② TaC   ④ SiC

8. Verwendet man Hartmetall z. B. für Ziehringe, Stempel, Schneidplatten, so wird gegenüber Werkzeugen aus Werkzeugstahl eine erhöhte Lebensdauer erreicht. Wie groß ist etwa die Standzeiterhöhung?

① 2 - 4-fach   ④ 50 - 100 fach
② 10 fach   ⑤ gar keine Erhöhung
③ 20 fach

1.4.4 Hochofen und Erzeugnisse

9. Wie werden Hartmetalle hergestellt?

① Sie werden aus verschiedenen harten Metallen zusammengeschmolzen
② Auf elektronischem Wege
③ Sie werden in Pulverform aus bestimmten Metallkarbiden unter Zugabe eines Bindemittels gepresst und gesintert
④ Sie werden aus verschiedenen harten Metallpulvern unter hohem Druck bis zur Verschmelzung gepresst
⑤ Sie werden in Pulverform aus bestimmten Metallkarbiden unter höchstem Druck gepresst und nicht weiter behandelt

10. Was ist für die verschiedensten Hartmetallsorten in der Herstellung entscheidend?

① Die prozentuale Zusammensetzung der in Frage kommenden Pulver
② Das Vorsintern
③ Das Fertigsintern
④ Die Sintertemperatur
⑤ Die Sinterdauer

11. Welches der genannten Karbide wird nicht zur Hartmetallherstellung verwendet?

① Titankarbid   ③ Tantalkarbid
② Wolframkarbid ④ Siliziumkarbid

12. Was versteht man unter Sintern?

① Ein Gießen in Formen
② Eine Art Tiefziehen
③ Legieren von Leichtmetallen
④ Pressen von Teilen aus Metallpulver mit anschließender Wärmebehandlung
⑤ Pressen von Teilen aus Duroplasten

13. Welche Vorteile bietet in der Zerspanungstechnik die Anwendung von Hartmetall?

1. Was ist kein Erzeugnis des Hochofens?

① Graues Roheisen
② Schlacke
③ Weißes Roheisen
④ Stahl
⑤ Gichtgas

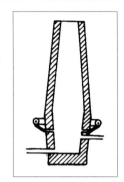

2. Wo wird weißes Roheisen normalerweise nicht weiter verarbeitet?

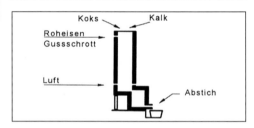

① Im Siemens-Martin-Ofen
② Im LD-Tiegel
③ Im Kupolofen
④ In der Thomasbirne
⑤ Im Lichtbogenofen

3. Welches der genannten Teile ist kein Teil des Hochofens?

① Winderhitzer
② Gicht
③ Schacht
④ Rast
⑤ Kohlensack

Werkstofftechnik   Hochofen und Erzeugnisse

4. An welches Element ist das Eisen im Eisenerz hauptsächlich gebunden? An:

① Stickstoff   ④ Kohlenstoff
② Sauerstoff   ⑤ Silizium
③ Wasserstoff

5. Wodurch wird der Schmelzpunkt des Eisens während des Hochofenprozesses wesentlich gesenkt?

① Durch die Verbindung des Eisens mit dem Kohlenstoff in der Kohlungszone
② Durch den Kalk
③ Durch das Erz
④ Durch den eingeblasenen Wind
⑤ Durch die Kühlkanäle im Hochofen

6. Durch Zusatzstoffe und Legierungselemente werden die Eigenschaften der Stähle beeinflusst. Welches Element bewirkt Zähigkeit?

① Kohlenstoff   ④ Aluminium
② Silizium   ⑤ Schwefel
③ Vanadium

7. Weißes Roheisen hat eine weiße, strahlige Bruchfläche. Bei ihm überwiegt ein metallisches Element, das auch die Verbindung des C mit dem Fe zu Fe_3C bewirkt. Um welches Element handelt es sich?

① Mangan   ④ Chrom
② Silizium   ⑤ Nickel
③ Kupfer

8. Graues Roheisen hat eine graue Bruchfläche. Bei ihm überwiegt ein Element, welches auch bewirkt, dass sich der C bei Abkühlung als Graphit ausbildet. Welches Element ist das?

① Mangan   ④ Silizium
② Wolfram   ⑤ Nickel
③ Kupfer

9. Wozu wird weißes Roheisen weiterverarbeitet?

① Zu grauem Roheisen
② Zu Stahl
③ Zu Gusseisen mit Lamellengraphit
④ Zu Gusseisen mit Kugelgraphit
⑤ Zu Gussrohren

10. Bei der Roheisengewinnung im Hochofen vollziehen sich in den verschiedenen Zonen chemische Vorgänge. Wie heißt die Zone mit folgendem Vorgang: $3\,Fe + C \rightarrow Fe_3C$?

① Vorwärmzone
② Reduktionszone
③ Kohlungszone
④ Schmelzzone
⑤ In keiner der genannten Zonen findet dieser Vorgang statt

11. Wozu wird graues Roheisen nicht weiterverarbeitet?

① Zu Gusseisen mit Lamellengraphit
② Zu Gusseisen mit Kugelgraphit
③ Zu Stahl
④ Zu Hartguss
⑤ Zu Temperguss

1.4.5 Korrosion

1. Wodurch kann Korrosion auftreten?

2. Welche Korrosionsarten kennen Sie?

3. Wovon ist die Intensität der elektrochemischen Korrosion im wesentlichen abhängig?

4. Was versteht man im Zusammenhang mit der elektrochemischen Korrosion unter einem Elektrolyten?

5. Wodurch entsteht Kontaktkorrosion?

6. Was versteht man unter interkristalliner Korrosion, und was bewirkt sie?

1.4.6 Kunststoffe, Kunststoffverarbeitung

1. Was versteht man unter Duromeren, auch Duroplaste genannt.

① Säurebeständige Kunststoffe
② Kunststoffe mit besonderer großer Härte
③ Kunststoffe mit größerer Zugfestigkeit
④ Kunststoffe, die nach der ersten Druck- und Wärmebehandlung im Werkzeug nicht wieder eingeschmolzen werden können
⑤ Kunststoffe, die besonders gut elektrisch leitend sind

2. Was versteht man unter Thermomere (Thermoplasten)?

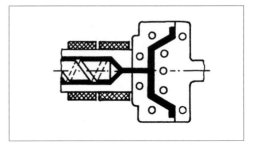

① Kunststoffe mit guten elektrischen Eigenschaften
② Kunststoffe mit einem hohen Aushärtegrad
③ Kunststoffe, die bevorzugt in Pulverform verpresst werden
④ Kunststoffe mit hoher Temperaturbeständigkeit
⑤ Kunststoffe, die nach der Druck- und Wärmebehandlung wieder eingeschmolzen, d. h. wiederverwendet werden können

3. Welche Aussage über Thermomere, Thermoplaste ist falsch?

① Sie werden im Spritzgießverfahren verarbeitet
② Sie werden bei Erwärmung plastisch weich
③ Sie lassen sich auch bei genügend hoher Erwärmung nicht verschweißen
④ Sie lassen sich bei ausreichender Wärmezufuhr verschweißen
⑤ Sie werden zum Extrudieren verwendet

4. Welche Aussage über Duroplaste (Duromere) ist falsch?

① Sie werden beim Pressen unter gleichzeitiger Erwärmung zuerst weich und plastisch und erhärten danach
② Im gehärteten Zustand sind Duroplaste nicht mehr erweichbar
③ Die Härtung ist auch ohne Erwärmung durch Zugabe von Härter erreichbar
④ Ihnen können Füllstoffe wie z. B. Gesteinsmehl, Textilfasern zur Erhöhung der Festigkeit beigemischt werden
⑤ Sie können wieder eingeschmolzen und wiederverwendet werden

5. Welche Aussage über Kunststoffe ist falsch?

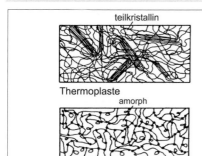

① Sie sind elektrisch isolierend
② Sie können einen galvanischen Überzug erhalten
③ Sie sind ein guter Wärmeleiter
④ Es gibt korrosionsbeständige Kunststoffe
⑤ Sie werden zum Teil aus Erdöl hergestellt

6. Kunststoffe haben einen komplizierten chemischen Aufbau. Welches der genannten chemischen Elemente ist das wichtigste Element des Kunststoffes?

① Wasserstoff
② Sauerstoff
③ Kohlenstoff
④ Stickstoff
⑤ Keines dieser Elemente

7. Welcher Rohstoff wird für die Herstellung von Kunststoff normalerweise nicht benötigt?

① Erdgas   ④ Wasser
② Kohle   ⑤ Metall
③ Erdöl

8. Welches der genannten Rohstoffe ist für die Kunststoffherstellung z. Zt. der wichtigste?

① Wasser   ④ Erdöl
② Luft   ⑤ Tierische Rohstoffe
③ Kalk

9. Welche Aussage über die Ver- und Bearbeitung der Kunststoffe ist falsch?

① Sie lassen sich spritzgießen
② Sie kann man nicht schäumen
③ Sie lassen sich schweißen
④ Manche brennen bei zu hoher Temperatur bei üblem Geruch
⑤ Sie können geklebt werden

10. Welche Aussage über Kunststoffe ist falsch?

① Es gibt einige mit Festigkeiten, die annähernd die Festigkeit von Stahl erreichen
② Sie sind korrosionsbeständig
③ Alle sind nach ihrer ersten Verarbeitung wieder einzuschmelzen und wieder verwendbar
④ Sie sind gut einfärbbar
⑤ Duroplaste sind nicht hitzebeständig

11. Welche Aussage zu diesem Bild ist falsch?

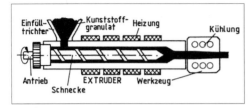

① Die Schnecke wird beheizt
② Die Schnecke dreht sich
③ Formmasse wird plastifiziert
④ Endprodukt ist ein Druckgießteil
⑤ Fertigteil ist z. B. ein Endlosstrang

12. Nach welchem der genannten Verfahren werden in der Regel die elastischen Wassereimer aus Kunststoff gefertigt?

① Stranggießen
② Extrudieren
③ Spritzgießen
④ Im Druckgussverfahren
⑤ Im Pressverfahren von Duromeren

13. Welches kunststoffverarbeitende Verfahren zeigt das Bild?

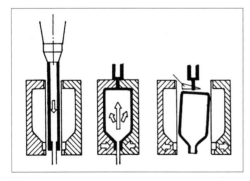

① Spritzgießen
② Spritzpressen
③ Formpressen
④ Blasformherstellung mit Extruder
⑤ Kalandrieren

14. Nennen Sie die Handelsnamen für folgende Abkürzungen von Kunststoffen: PE, PP, PA, PS, CA, PVC.

15. Was versteht man unter einer Polymerisation?

16. Geben Sie die wichtigsten Verfahrensschritte beim Spritzpressen von Kunststoffteilen an.

17. Geben Sie die wichtigsten Verfahrensschritte beim Spritzgießen von Kunststoffteilen an.

18. Geben Sie die wichtigsten Verfahrensschritte beim Pressen von Kunststoffteilen an.

19. Nennen Sie Vorteile einer Schneckenspritzgießmaschine gegenüber einer Kolbenspritzgießmaschine hinsichtlich der Qualität der Kunststoffteile.

20. Was wird bei einem Spritzling aus Kunststoff durch die Lage des Anschnitts bestimmt?

21. Nennen Sie fünf Angussarten.

22. Aus welchen chemischen Elementen bestehen fast alle Kunststoffe?

23. Welche Angussart ist für flächige Kunststoffteile geeignet?

24. Nennen Sie die Herstellverfahren für Kunststoffe.

Werkstofftechnik Nichteisenmetalle

1.4.7 Nichteisenmetalle

25. Welche Kunststoffart verwendet man beim:
    1. Tiefziehen,
    2. Formpressen,
    3. Spritzgießen,
    4. Extrudieren,
    5. Spitzpressen?

26. Welche Kunststoffe haben folgenden Aufbau:
    a) teilkristallin (teilweise geordnet),
    b) amorph (gestaltlos),
    c) engmaschig vernetzt?

27. Nennen Sie die Hauptelemente der Schließeinheit einer Spritzgießmaschine.

1. Welches der genannten Metalle ist ein Schwermetall?
   ① Beryllium   ④ Magnesium
   ② Aluminium   ⑤ Kupfer
   ③ Titan

2. Welches der genannten Metalle gehört zur Gruppe der Leichtmetalle?
   ① Pb   ③ Mg   ⑤ Cr
   ② Cu   ④ W

3. Welches der genannten Metalle ist ein Leichtmetall?
   ① Ti   ③ Co   ⑤ Hg
   ② Mn   ④ Ni

4. Welcher Werkstoff würde bei einem Zugversuch die größte Zugfestigkeit aufweisen? Der Stab aus:
   ① Blei   ④ Zink
   ② Aluminium   ⑤ Baustahl
   ③ Kupfer

5. Welche Aussage über Zink ist richtig?
   ① Die Korrosionsbeständigkeit an der Luft ist gut
   ② Die Korrosionsbeständigkeit in Säure ist groß
   ③ Zink gehört nicht in die Gruppe der NE-Metalle
   ④ Zink hat eine besonders gute elektrische Leitfähigkeit
   ⑤ Zink ist als Legierungselement ungeeignet

1.4.8 Oberflächenhärten

6. Welche Aussage über Zink ist falsch?

① Verzinkte Teile sind an der Luft korrosionsbeständig
② Es hat eine große Wärmeausdehnung
③ Es wird in der Regel als elektrischer Leiter verwendet
④ Es wird häufig in Gusslegierungen mit Zusätzen von Al und Cu verwendet
⑤ Druckgussteile werden u. a. aus Feinzink-Gusslegierungen hergestellt

7. Welche Aussage über Zinn ist falsch?

① Es ist korrosionsbeständig
② Es wird als Lot verwendet
③ Es eignet sich gut als Überzugsmetall für Stahlbleche (Weißbleche)
④ Weißbleche können von Säuren und Laugen angegriffen werden
⑤ Als Legierungsmetall wird es nicht verwendet

8. Welche Aussage über die Verwendung von Blei trifft nicht zu?

① Es ist giftig
② Es ist säurebeständig
③ Es hat einen höheren Schmelzpunkt als Eisen
④ Es hat eine über 30 %ige Dehnung
⑤ Es wird für Akkumulatorplatten verwendet

9. Woraus wird Aluminium gewonnen?

① Dolomit ④ Oxiden
② Magnesit ⑤ Bauxit
③ Erzen

10. Beschreiben Sie die Wärmebehandlung der Leichtmetalle!

1. Welches Element dringt beim Nitrieren in die Randschicht des Stahlstückes?

① Sauerstoff
② Wasserstoff
③ Kohlenstoff
④ Stickstoff
⑤ Phosphor

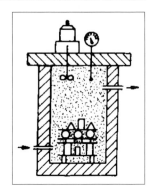

**2. Das Nitrierhärten bietet erhebliche Vorteile.
Welche der Aussage trifft nicht zu?**

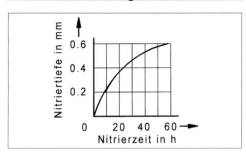

① Nach dem Nitrieren müssen die Teile abgeschreckt werden
② Beim Nitrieren verziehen sich die Teile nicht
③ Beim Nitrieren entsteht kein Zunder
④ Die gehärtete Außenschicht ist sehr dünn
⑤ Die gehärtete Nitrierschicht ist sehr hart und abriebfest

Werkstofftechnik   Oberflächenhärten

3. **Auf einer Härtemaschine werden Zapfen einer Welle in Serie oberflächengehärtet. Man verwendet das Flammenhärten. Wovon hängt die Tiefe der Härteschicht nicht ab?**

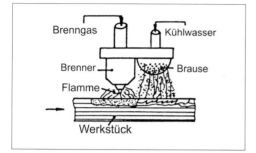

① Von der Abkühlgeschwindigkeit des Zapfens

② Von der Dauer der Flammeneinwirkung auf den Zapfen

③ Von der Dauer der Abkühlung

④ Von der Stärke der Flammeneinwirkung

4. **Welche Aussage bezüglich des Oberflächenhärtens ist falsch?**

① Durch das Oberflächenhärten bekommt das Werkstück eine harte Oberfläche

② Der Kern des Werkstücks wird hart

③ Der Kern des Werkstücks bleibt zäh

④ Die Zahnflanken von Zahnrädern werden je nach Bedarf oberflächengehärtet

⑤ Baustähle mit 0,1 bis 0,6% C können oberflächengehärtet werden

5. **Welche Aussage ist falsch?**

① Durch das Oberflächenhärten bekommt das Werkstück eine harte Oberfläche

② Der Kern des Werkstückes wird hart

③ Der Kern des Werkstückes bleibt zäh

④ Die Zahnflanken von Zahnrädern werden je nach Bedarf oberflächengehärtet

⑤ Baustähle mit 0,1 bis 0,6% C können oberflächengehärtet werden

6. **Welche Energiequelle wird für das Aufheizen beim Induktionshärten verwendet?**

① Heißes Öl

② Heißdampf

③ Hochfrequenter Wechselstrom

④ Der Schweißbrenner

⑤ Das Salzbad

7. **Bei welchem Härteverfahren wird die Härtetemperatur durch Wirbelströme in der Außenschicht des Werkstückes erzeugt? Beim:**

① Einsatzhärten   ④ Tauchhärten

② Nitrieren   ⑤ Induktionshärten

③ Flammenhärten

8. **Häufig ist es beim Einsatzhärten nötig, dass einige Stellen nach dem Härten noch weich sein müssen. Welche der genannten Maßnahmen führt nicht zu dem gewünschten Vorhaben?**

① Die nicht aufzukohlenden Stellen vorher stark einölen

② Die nicht aufzukohlenden Stellen mit einer Schutzpaste abdecken

③ Die nicht aufzukohlenden Stellen verkupfern

④ An diesen Stellen ein Aufmaß lassen und nach dem Aufkohlen diese Schicht vor dem Härten wieder entfernen

9. **Bei welchem Oberflächenhärteverfahren bilden Stickstoffverbindungen die Härteschicht?**

① Wenn die Härtetemperatur mit der Flamme erzeugt wird

② Wenn die Härtetemperatur durch hochfrequenten Wechselstrom erzeugt wird

③ Beim Einsatzhärten mit Härtepulver

④ Beim Tauchhärten

⑤ Beim Nitrierhärten

Oberflächenhärten — Werkstofftechnik

10. Bis zu welcher Schichtdicke etwa wird Einsatzstahl aufgekohlt?

① 0,15 - 1,8 mm
② 4 - 6 mm
③ 7 - 9 mm
④ 10 - 12 mm
⑤ 13 - 20 mm

11. Führungsbahnen von schweren Werkzeugmaschinen aus Gusseisen mit härtbarem Gefüge werden gehärtet. Welches Verfahren ist geeignet?

① Tauchhärten
② Nitrierhärten
③ Härten des ganzen Gestells (Vollhärtung)
④ Flammhärtung
⑤ Keines dieser Verfahren

12. Eine Welle von Ø 40 mm und 300 mm Länge soll außen sehr hart und verschleißfest, in ihrem Kern aber zäh sein. Die Welle besteht aus 16 MnCr 5. Wie erreicht man die geforderten Eigenschaften?

① Durch Härten und Anlassen von außen
② Durch Kaltverfestigen wie z. B. durch Schmieden und anschließendem Überdrehen
③ Durch Einsatzhärten
④ Durch Härten und Anlassen von innen
⑤ Durch Vergüten

13. Welcher der genannten Stähle härtet durch und verzieht sich nur wenig?

① Baustahl
② Einsatzstahl
③ Kohlenstoffstahl
④ Werkzeugstahl
⑤ Hochlegierter Werkzeugstahl

14. Einsatzstähle müssen vor dem Härten erst behandelt worden, damit sie gehärtet worden können.
Welches Element dringt in die Randschicht des Einsatzstahles?

① Sauerstoff
② Wasserstoff
③ Kohlenstoff
④ Schwefel
⑤ Phosphor

15. Beim Oberflächenhärten ist machmal je nach den technologischen Forderungen eine Doppelhärtung nötig. Bei welchem Stahl kommt das vor?

① Beim Federstahl
② Beim Einsatzstahl
③ Beim Werkzeugstahl
④ Bei hochlegiertem Werkzeugstahl
⑤ Bei Sintermetall

16. Nennen Sie fünf Oberflächenhärteverfahren.

17. Welche Elemente kann man härtbaren Stählen zuführen, um eine Oberflächenhärtung zu erreichen?

1.4.9 Stahleigenschaften, Legierungselemente

1. Durch Zusatzstoffe und Legierungselemente beeinflusst man die Eigenschaften der Stähle.
Welches Element bewirkt die Härtbarkeit?

① Mo ③ C ⑤ W
② Co ④ V

2. Durch Zusatzstoffe und Legierungselemente werden die Eigenschaften der Stähle beeinflusst.
Welches Element bewirkt Zähigkeit?

① Kohlenstoff ④ Aluminium
② Silizium ⑤ Schwefel
③ Vanadium

3. Welches der genannten Elemente ist kein Metall?

① Vanadium ④ Silizium
② Tantal ⑤ Mangan
③ Titan

4. Welches Element bewirkt im legierten Stahl insbesondere Korrosionsbeständigkeit?

① P ③ Co ⑤ Cr
② C ④ V

5. Der Einfluss der Zusatzstoffe und Legierungselemente auf die Eigenschaften des Stahles ist beträchtlich.
Welches Element bewirkt insbesondere eine hohe Hitzebeständigkeit und Schneidhaltigkeit?

① Silizium ④ Molybdän
② Wolfram ⑤ Nickel
③ Schwefel

6. Wie hoch ist der Kohlenstoffgehalt eines unlegierten Stahles, wenn man von eutektoidem Stahl spricht?
Siehe Schaubild.

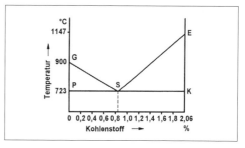

① 0,1% ④ Das gibt es nicht
② 1,0% ⑤ 0,83%
③ 0,2%

7. Die Eigenschaften von Stahl sind weitgehend von metallischen und nichtmetallischen Zusätzen abhängig.
Welches Element bewirkt Spanbrüchigkeit?

① Mn ③ Si ⑤ S
② C ④ P

8. Es soll ein Schmiedeteil hergestellt werden.
Welches Element beeinflusst am stärksten die Schmiedbarkeit?

① Mo ③ Al ⑤ C
② Mn ④ S

9. Welches der genannten Elemente bewirkt im Stahl Korrosionsbeständigkeit?

① Mn ③ Co ⑤ Cr
② V ④ W

10. Was entsteht, wenn mehrere Metalle im flüssigen Zustand gemischt werden?

1.4.10 Stahlgewinnung

1. Was wird in der Regel im Lichtbogen-Ofen hergestellt?

① Werkzeugstahl
② Baustahl
③ Weißes Roheisen
④ Siemens-Martin-Stahl
⑤ Gusseisen

2. Welche Energiequelle benützt man beim Induktions-Tiegelofen?

① Gichtgas
② Wechselstrom
③ Heizöl
④ Stadtgas
⑤ Elektrischer Lichtbogen

3. Bei welchem Verfahren der Stahlherstellung kann Schrott wiederverwendet werden?

① Beim LD-Verfahren
② Induktions-Tiegelofen
③ Beim Thomas-Verfahren
④ Beim Bessemer-Verfahren
⑤ Beim Siemens-Martin-Verfahren

1.4.11 Stahlnormung

1. Bei der Werkstoffnormung unterscheidet man die Multiplikatoren 4, 10, 100 und 1000. Welches der genannten Elemente hat nicht den Multiplikator 10?

① Al   ③ Mo   ⑤ W
② Cu   ④ Ta

2. Welcher Werkstoff wird gekennzeichnet mit X10CrNi 18-8?

① Legierter Werkzeugstahl mit 1,0% Kohlenstoff, 1,8% Chrom und 0,8% Nickel
② Werkzeugstahl mit 0,10% Kohlenstoff, 1,8% Chrom und 0,8% Nickel
③ Werkzeugstahl mit 0,10% Kohlenstoff, 180 N/mm² Mindestzugfestigkeit, 8% Chrom und Anteile Nickel
④ Nichtrostender Stahl mit 0,1% Kohlenstoff, 18% Chrom und 8% Nickel
⑤ Hochlegierter Werkzeugstahl mit 1,0% Kohlenstoff, 8% Chrom und 18% Nickel

3. Bei der Werkstoffnormung unterscheidet man die Multiplikatoren 4, 10, 100, und 1000. Welches der genannten Elemente hat nicht den Multiplikator 100?

① V   ③ P   ⑤ N
② C   ④ S

4. Bei der Werkstoffnormung unterscheidet man die Multiplikatoren 4, 10, 100 und 1000. Welches der genannten Elemente hat den Multiplikator 4?

① Al   ③ Mo   ⑤ Cr
② Cu   ④ Ta

Werkstofftechnik — Stahlnormung

5. Welcher Werkstoff wird gekennzeichnet durch X20CrNiMn 12-9?

① Werkzeugstahl mit 2% Kohlenstoff, 1% Chrom, 2% Nickel und 9% Mangan

② Stahl mit 0,02% Kohlenstoff, 12% Chrom, 9% Nickel und Anteile von Mangan

③ Hochlegierter Werkzeugstahl mit 0,2% Kohlenstoff, 3% Chrom, 2,25% Nickel und Anteile von Mangan

④ Stahl mit 0,2% Kohlenstoff, 12% Chrom, 9% Nickel und Anteile von Mangan

⑤ Stahl mit 200 N/mm² Mindestzugfestigkeit, 0,1% Kohlenstoff, 2% Chrom, 9% Nickel und Anteile von Mangan

6. Bei der Werkstoffnormung unterscheidet man die Multiplikatoren 4, 10, 100 und 1000. Welches der genannten Elemente hat den Multiplikator 100?

① C   ③ Ta   ⑤ V
② Mo ④ Ti

7. Welche der Aussagen ist falsch?

① Maschinenbaustähle haben als Hauptsymbol der Hauptgruppe 1 den Kennbuchstaben E

② Unlegierte Stähle mit einem Mn-Gehalt < 1% (ohne Automatenstähle) haben als Hauptsymbol der Hauptgruppe 2 den Kennbuchstaben C

③ HS sind die Kennbuchstaben für Schnellarbeitsstahl als Hauptsymbol für Stähle der Hauptgruppe 2

④ X ist der Kennbuchstabe für legierte Stähle, wenn der Gehalt eines Legierungselementes ≥ 5% ist

⑤ Sehr hoch legierte Stähle beginnen mit den beiden vorangestellten Buchstaben XX

8. Wann bezeichnet man einen Stahl als hoch legiert?

① Mit mehr als 7,5% Legierungselementen
② Mit mehr als 5% Legierungselementen
③ Mit mehr als 3% Legierungselementen
④ Wenn kein Buchstabe X vorangestellt ist
⑤ Mit mehr als 2% Cr

9. Welcher Werkstoff wird mit folgender Bezeichnung HS 10-4-3-10 gekennzeichnet?

① Schnellarbeitsstahl mit 10% Wolfram, 4% Molybdän, 3% Vanadium und 10% Kobald

② Schnellarbeitsstahl mit 10% Wolfram, 4% Molybdän, 10% Vanadium und 3% Kobald

③ Schnellarbeitsstahl mit 10% Wolfram, 4% Kobald, 3% Vanadium und 10% Molybdän

④ Vergütungsstahl mit 10% Wolfram, 4% Molybdän, 3% Vanadium und 10% Kobald

⑤ Edelstahl mit 10% Wolfram, 4% Vanadium, 3% Molybdän und 10% Kobald

10. Welcher Werkstoff wird gekennzeichnet durch P355NH?

① Druckbehälterstahl mit R_e = 355 N/mm², normalgeglühter Feinkornbaustahl für hohe Temperaturen

② Hochlegierter Werkzeugstahl mit 3,55% Kohlenstoff der Güteklasse 3

③ Hochlegierter Werkzeugstahl mit 0,355% Kohlenstoff und 3% Wolfram

④ Werkzeugstahl mit 355 N/mm² Mindestzugfestigkeit und 3% Wolfram

⑤ Werkzeugstahl mit 355 N/mm² Mindestzugfestigkeit, Güteklasse 3

11. Geben Sie drei Werkstoffkurzzeichen für unlegierte Stähle an.

1.4.12 Wärmebehandlung

12. Wie lauten die normgerechten Bezeichnungen für:
    a) Unlegierter Stahlguss mit einer Mindeststreckgrenze von 200 N/mm².
    b) Einsatzstahl mit 0,15% C, mit vorgeschriebenem maximalen Schwefel-Gehalt.
    c) Federstahl mit 0,55% C, 1,75% Si, kaltverfestigt?

13. Geben Sie drei Werkstoffkurzzeichen für unlegierte Baustähle an.

14. Erklären Sie die Bezeichnungen:
    a) Ck 15 nach DIN
    b) Cm 15 nach DIN
    c) 50 CrV4 nach DIN
    d) S355J2G1W nach DIN EN 10 025
    e) CuNi 12 Zn 24

1. Wenn perlitisches Stahlgefüge mit 0,82% C-Gehalt über 723° C erwärmt wird, entsteht ein Gefüge mit »fester Lösung«.
   Wie heißt dieses Gefüge?

   ① Ferrit
   ② Perlit
   ③ Zementit
   ④ Martensit
   ⑤ Austenit

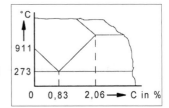

2. An einem gehärteten Werkstück hat man eine Ausfräsung vergessen. Es wird wieder weich gemacht.
   Wodurch wird das Werkstück so weich, dass eine Bearbeitung möglich ist?

   ① Durch Normalglühen
   ② Durch Windfrischen
   ③ Durch Spannungsfreiglühen
   ④ Durch Vergüten
   ⑤ Durch Weichglühen

3. Was ist Vergüten?

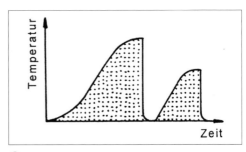

   ① Glühen und Härten
   ② Anlassen und Abschrecken
   ③ Spannungsspitzen beseitigen
   ④ Härten mit anschließendem Anlassen bei hohen Temperaturen mit der Absicht, die Zähigkeit bei einer bestimmten Zugfestigkeit zu erhöhen
   ⑤ Normalglühen und anschließendem Abschrecken

Werkstofftechnik   Wärmebehandlung

4. Wie heißt das Stahlgefüge mit 0,83% Kohlenstoff bei Raumtemperatur?

① Perlit

② Ferrit

③ Zementit

④ Austenit

⑤ Schalenzementit

5. Beim Schweißen eines unlegierten Stahles sind Spannungen in der Schweißnaht und im Grundmaterial entstanden. Wie lassen sich diese Spannungen verringern?

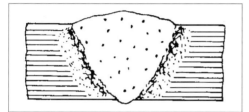

① Durch Normalglühen bei etwa 750 - 1000° C

② Durch Vergüten

③ Durch Weichglühen bei etwa 680 - 720° C

④ Durch Spannungsfreiglühen bei etwa 550 - 600° C

6. Durch einen Schmiedevorgang hat das Werkstück ein ungleichmäßiges und grobes Korn bekommen. Wodurch lässt sich wieder ein feines Korn erreichen?

① Durch Weichglühen

② Durch Anlassen

③ Durch Vergüten

④ Durch Normalglühen

⑤ Durch Spannungsfreiglühen

7. Warum werden Werkstücke vergütet?

① Um die Zähigkeit bei einer bestimmten Zugfestigkeit zu erhöhen

② Damit die Anlasstemperatur niedriger gewählt werden kann

③ Um die Werkstücke spannungsfrei zu glühen

④ Um das Normalglühen einzusparen

⑤ Um Härtefehler zu vermeiden

8. Bei einem Stahlgefüge mit mehr als 0,83% Kohlenstoff lagern sich Fe_3C-Kristalle um die Perlitkörner. Wie nennt man diese Fe_3C-Kristalle, die sich um diese Perlitkörner anlagern?

① Zementit-schalen

② Ferrit

③ Austenit

④ Martensit

⑤ Ferrit mit Perlit

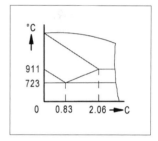

9. Um welchen Vorgang handelt es sich hierbei? Die Werkstücke werden auf eine bestimmte Temperatur erwärmt und eine bestimmte Zeit auf dieser Temperatur gehalten. Anschließend werden diese Werkstücke in der Regel langsam abgekühlt.

① Beizen   ④ Vergüten

② Glühen   ⑤ Sintern

③ Nitrieren

10. Was wird durch Vergüten von Werkstücken erzielt?

① Sie werden billiger

② Sie haben eine geringere Härte als vor dem Vergüten

③ Sie haben eine größere Zähigkeit bei einer bestimmten Zugfestigkeit

④ Das Anlassen wird überflüssig

⑤ Sie lassen sich mechanisch besser zerspanen als vor dem Vergüten

Wärmebehandlung Werkstofftechnik

11. Durch Warm- und Kaltumformen unlegierter Stähle entstehen Spannungen. Diese Spannungen können durch eine Wärmebehandlung von etwa 550 - 600° C verringert werden.
Um welche Wärmebehandlung handelt es sich?

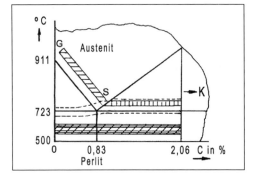

① Normalglühen
② Weichglühen
③ Spannungsfreiglühen
④ Vergüten
⑤ Anlassen

12. Welche Aussage ist falsch?

① Durch das Härten steigt die Festigkeit des Stahles
② Mit zunehmender Härte wird der Stahl spröder
③ Durch das Anlassen wird die Sprödigkeit vermindert aber die Härte nimmt zu
④ Je höher die Anlasstemperatur, um so höher wird die Zähigkeit
⑤ Mit zunehmender Anlasstemperatur sinkt die Härte

13. Ein unlegierter Stahl wird erhitzt. Das Gefüge geht vollständig in Austenit über. Anschließend wird dieser Stahl wieder langsam abgekühlt.
Welches Gefüge ist auf keinen Fall entstanden?

① Perlit   ④ Schalenzementit
② Ferrit   ⑤ Martensit
③ Perlit mit Zementit

14. Welche Aussage ist falsch?

① Anlassen ist ein Wiedererwärmen nach dem Härten
② Durch das Anlassen wird die hohe Sprödigkeit des Stahles verringert
③ Anlassen hat den Zweck, die Spannungen in den Werkstücken zu vermindern
④ Mit steigender Anlasstemperatur steigt die Härte des Werkstückes
⑤ Mit zunehmender Anlasstemperatur steigt die Zähigkeit des Werkstückes

15. Wann findet man bei einem unlegierten Stahl Schalenzementit vor?

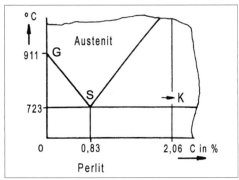

① Bei 0,2 Massenprozent Kohlenstoff
② Bei 0,4 Massenprozent Kohlenstoff
③ Bei 0,6 Massenprozent Kohlenstoff
④ Bei 0,8 Massenprozent Kohlenstoff
⑤ Bei mehr als 0,83 Massenprozent Kohlenstoff

16. Ein unlegierter Stahl mit einem C-Gehalt von 0,4% wird erhitzt. Das Gefüge geht vollständig in Austenit über. Anschließend wird der Stahl schnell in kaltem Wasser abgekühlt. Die Folge ist ein neues Gefüge.
Wie heißt dieses harte nadelige Gefüge? (Abb. Aufg. 15)

① Perlit   ④ Zementit
② Ferrit   ⑤ Schalenzementit
③ Martensit

Werkstofftechnik — Wärmebehandlung

17. Beim Härten eines unlegierten Werkzeugstahles mit z. B. 0,83% C hat die Abkühlgeschwindigkeit Einfluss auf die Gefügebildung.
Welche Aussage ist falsch?

① Bei sehr schneller Abkühlgeschwindigkeit entsteht Perlit

② Bei sehr schneller Abkühlgeschwindigkeit entsteht Martensit und Restaustenit

③ Bei nicht so schneller Abkühlgeschwindigkeit entsteht Perlit und Martensit

④ Bei sehr langsamer Abkühlgeschwindigkeit entsteht Perlit

18. Warum können unlegierte Werkzeugstähle mit großen Querschnitten nicht vollständig durchhärten?

① Sie lassen sich schlecht in ein Wasserbad tauchen

② Die Wärme kann nicht schnell genug aus dem Werkstückinneren abgeführt werden

③ Diese Stähle lassen sich überhaupt nicht härten

④ Da diese Werkstücke immer reißen

⑤ Die Härteflüssigkeit verdampft

19. Welche Eigenschaft wird durch das Anlassen von Stahl erreicht?

① Der Stahl wird härter

② Der Stahl wird leichter bearbeitbar

③ Der Stahl wird zäher

④ Der Stahl wird weich

⑤ Der Stahl wird elastisch

20. Beim Härten von Werkzeugstählen werden verschiedene Abschreckmedien verwendet.
Welches Abschreckmedium kühlt am langsamsten ab und ist für hochlegierte Stähle geeignet?

① Stickstoff   ④ Salzbad
② Luft   ⑤ Wasserbad
③ Öl

21. Welche Aussage über die Wärmebehandlung von Stahl ist falsch?

① Die gewünschte Gefügeumwandlung wird bei zu niedriger Glühtemperatur nicht erreicht

② Zu hohe Glühtemperatur führt zu Grobkornbildung

③ Zu langes Glühen mindert die Festigkeit

④ Zu langes Glühen erhöht die Festigkeit

⑤ Zu langes Glühen kann zu entkohlten Randschichten führen

22. Welches der genannten Gefüge ist am härtesten?

① Das Martensitgefüge
② Das Ferritgefüge
③ Das Perlitgefüge
④ Das Austenitgefüge
⑤ Perlit mit Zementit

23. Beim Härten wird die Werkstoffhärte u. a. durch den Kohlenstoffgehalt bestimmt.
Welcher der genannten Stähle wird die größte Härte haben?

① Stahl mit 1,5% C
② Stahl mit 1,0% C
③ Stahl mit 0,83% C
④ Stahl mit 0,7% C
⑤ Stahl mit 0,4% C

24. Welche Körner im Stahlgefüge sind sehr weich?

① Ferritkörner
② Martensitkörner
③ Perlitkörner
④ Zementitkörner
⑤ Perlit- und Zementitkörner zusammen

25. Welches Gefüge entsteht beim Härten?

① Schalenzementit   ④ Perlit
② Austenit   ⑤ Martensit
③ Ferrit

Wärmebehandlung — Werkstofftechnik

26. Aus welchem Grund wird Stahl angelassen?

① Um die Härtespannungen zu vermindern und die Zähigkeit zu erhöhen
② Um die Dehnung zu verringern
③ Um die Legierungsbestandteile auszuscheiden
④ Um den C-Gehalt zu erhöhen
⑤ Um die Grobkornbildung zu unterbinden

27. Welches der Gefüge ist das Ausgangsgefüge unmittelbar vor dem Abschrecken?

① Zementit
② Austenit
③ Martensit
④ Ferrit
⑤ Perlit

28. Bei welchem Stahl wird durch das Anlassen eine Härtesteigerung (Ausscheidungshärten) erzielt?

① Beim Einsatzstahl
② Beim Baustahl
③ Beim niedriglegierten Werkzeugstahl
④ Beim hochlegierten Werkzeugstahl
⑤ Nur beim Wasserhärter

29. Im allgemeinen bieten Anlassbäder zum Anlassen der Werkstücke Vorteile. Was ist kein Vorteil?

① Die Temperatur von Anlassbädern wird geregelt und kann überwacht werden
② Die anzulassenden Werkstücke brauchen für die Anlassfarbe nicht blank gemacht werden
③ Die Anlassfarbe wird hier nicht benötigt, da durch die Temperaturregelung die Anlasstemperatur gesichert ist
④ Die aufsteigenden Gase und Dämpfe sind umweltschädigend
⑤ Die Anlasstemperaturen können sehr genau eingehalten werden

30. Was versteht man unter Warmbadhärten?

① Härten des Werkstückes durch Abkühlen in einem Metall- oder Salzbad mit Halten bis zum Temperaturausgleich und anschließendem Abkühlen
② Härten des Werkstückes in einem angewärmten Ölbad
③ Härten des Werkstückes in einem angewärmten Wasserbad
④ Härten des Werkstückes in einem Edelgas
⑤ Härten des Werkstückes in warmer Luft

31. Was erreicht man durch das Vergüten?

32. Wie nennt man die Kristallgitterart eines eutektoiden Strahles bei Raumtemperatur, und welches Gitter hat dieser Stahl im Austenitbereich sowie bei 700°C?

33. Welchen Vorteil bieten Anlassbäder bei der Wärmebehandlung der Stähle?

34. Welches Glühverfahren wird verwendet, wenn das Gefüge durch Walzen oder Schmieden grobkörnig ist?

35. Welche Glüharten unterscheidet man, und bei welchen Temperaturbereichen erfolgt dies?

36. Warum sollen Zahnräder keine Durchhärtung erhalten?

Werkstofftechnik — Werkstoffprüfung

1.4.13 Werkstoffprüfung

1. Welche Werkstoffeigenschaft wird mit diesem Gerät geprüft?

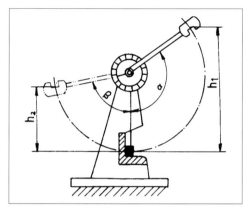

① Kerbschlagzähigkeit
② Biegefestigkeit
③ Elastizitätsverhalten
④ Zugfestigkeit
⑤ Scherfestigkeit

2. Im Bild ist das Spannungs-Dehnungs-Schaubild dargestellt. Wie wird der Spannungswert im Punkt R_m bezeichnet?

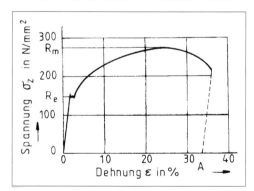

① Zugfestigkeit
② Scherfestigkeit
③ Knickpunkt
④ Dehnung
⑤ Elastizitätsgrenze

3. Wie wird der Wert für R_e genannt?

① Streckgrenze
② Zugfestigkeit
③ Dehnung
④ Druckfestigkeit
⑤ Knickpunkt

4. Welcher Versuch ergab dieses Schaubild? (Abb. Aufg. 2)

① Biegeversuch
② Zugversuch
③ Druckversuch
④ Härteprüfung
⑤ Knickversuch

5. In welcher Zeile ist die Zuordnung des richtigen Werkstoffes zu der richtigen Kurve falsch?

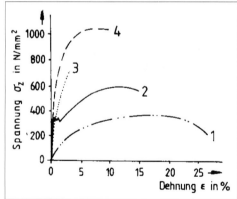

① Kurve 3: Gusseisen mit Kugelgraphit
② Kurve 2: vergüteter Stahl
③ Kurve 1: weiches Messing
④ Kurve 4: vergüteter Stahl
⑤ Kurve 2: weicher Stahl

Werkstoffprüfung | Werkstofftechnik

6. In der Materialprüfung gibt es zerstörungsfreie Materialprüfungsmethoden. Welche Materialprüfung ist zerstörungsfrei?

① Prüfung auf Zug
② Kerbschlagbiegeversuch
③ Faltversuch
④ Prüfung durch Ultraschall
⑤ Keines der genannten Prüfungen

7. Welche Werkstoffeigenschaft wird mit der im Bild gezeigten Versuchsanordnung ermittelt?

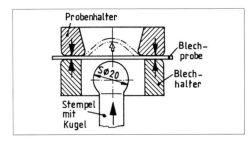

① Brinellhärte
② Tiefziehfähigkeit
③ Druckfestigkeit
④ Mindestzugfestigkeit
⑤ Streckgrenze

8. Geben Sie die Ihnen bekannten Möglichkeiten der Materialprüfung in der Werkstatt an.

9. Welche Informationen über den Werkstoff erhält man bei einem Zugversuch?

10. Bei einem Zugversuch ermittelte man die Streckgrenze für den Zugstab. Was versteht man darunter?

11. Was versteht man unter einer Spektralanalyse, und wo wird sie z. B. verwendet?

12. Was versteht man unter Härte, Festigkeit und der Elastizität eines Werkstoffes?

13. Nennen Sie sieben Beanspruchungsarten!

14. Auf einer Presse werden Ronden aus Blech von Ø 95 mm und 4 mm Blechstärke ausgestanzt. Es soll die erforderliche Schnittkraft berechnet werden.
Welche Festigkeit wird für die Berechnung zugrunde gelegt?

① Die Zugfestigkeit
② Die Scherfestigkeit
③ Die Biegefestigkeit
④ Die Knickfestigkeit
⑤ Die Druckfestigkeit

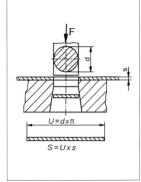

15. Welche Aufgaben haben zerstörungsfreie Prüfverfahren und welche kennen Sie?

1.5 Maschinen- und Gerätetechnik

1.5.1 Getriebe

1. Welches der genannten Getriebe ist stufenlos regelbar?

① PIV-Getriebe
② Vorgelege
③ Stufenrädergetriebe
④ Ziehkeil-Getriebe
⑤ Stirnräder-Getriebe

2. Was kann mit dem im Bild dargestellten Getriebe eingestellt werden?

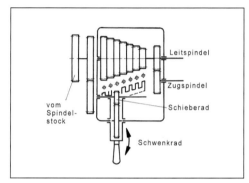

① Die Drehzahl der Arbeitsspindel
② Rechts- und Linkslauf der Arbeitsspindel
③ Es wird der Vorschub vorwärts und rückwärts eingestellt
④ Verschiedene Drehzahlen für die Zug- und Leitspindel
⑤ Es ist ein stufenloses Regelgetriebe für alle Drehzahlen der Arbeitsspindel

3. Wie wird das im Bild oben dargestellte Getriebe fachgerecht bezeichnet?

① Ziehkeilgetriebe
② Wechselgetriebe
③ Planetengetriebe
④ Vorgelegegetriebe
⑤ Nortongetriebe

4. Das im Bild dargestellte Schneckengetriebe hat ein Übersetzungsverhältnis von 60 : 1 und das Schneckenrad hat 180 Zähne. Wie groß ist die Zähnezahl der Schnecke?

① 1 Zahn
② 2 Zähne
③ 3 Zähne
④ 4 Zähne
⑤ 6 Zähne

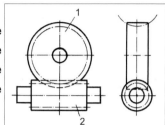

5. Wie werden die beiden ineinandergreifenden Teile 1 und 2 fachgerecht bezeichnet? (Abb. Aufg. 4)

① Schraubenräder
② Kreuzgetriebe
③ Übersetzungsgetriebe
④ Stirnradgetriebe
⑤ Schneckengetriebe

6. Wie wird das mit 2 gekennzeichnete Teil fachgerecht bezeichnet? (Abb. Aufg. 4)

① Abwälzrad
② Schraubenrad
③ Schnecke
④ Schneckenrad
⑤ Wälzrad

7. Wie wird das im Bild mit 1 gekennzeichnete Teil fachgerecht bezeichnet? (Abb. Aufg. 4)

① Schraubenrad
② Kegelrad
③ Schnecke
④ Stirnrad
⑤ Schneckenrad

Getriebe — Maschinen- und Gerätetechnik

8. Welches der genannten Werkzeugmaschinen-Getriebe ist nicht stufenlos regelbar?

① PIV-Getriebe
② Hydrogetriebe
③ PK-Getriebe
④ Kegelreibrad-Getriebe
⑤ Nortongetriebe

9. Welche Aussage trifft nicht zu?

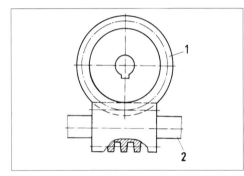

① Teil 1 ist das Schneckenrad
② Teil 2 ist die Schnecke
③ Der Antrieb von Teil 1 erfolgt in der Regel durch Teil 2
④ Teil 1 wird niemals von Teil 2 getrieben
⑤ Schneckenräder werden mit einem Schneckenfräser gefräst

10. Welche Aussage über das Schneckengetriebe ist falsch? (Abb. Aufg. 9)

① Dieses Getriebe ermöglicht nur geringe Übersetzungen
② Größte Übersetzungen ins langsame sind möglich
③ Es gibt eingängige Schnecken
④ Zum Schneckengetriebe gehört immer eine Schnecke und ein Schneckenrad
⑤ Es gibt mehrgängige Schnecken

11. Welche Aussage ist richtig? (Abb. Aufg. 9)

① Ist Teil 2 zweigängig, so ist das Übersetzungsverhältnis i nur halb so groß bei bleibender Zähnezahl von Teil 1
② Ist Teil 2 zweigängig, so ist auch Teil 1 zweigängig
③ Teil 2 ist immer aus Bronze
④ Teil 1 dreht sich immer schneller als Teil 2

12. Welche Aussage zu Gelenkwellen ist nicht richtig?

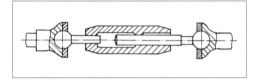

① Sie dienen zur Übertragung von Drehmomenten
② Sie werden eingesetzt, wenn An- und Abtriebswelle versetzt sind
③ Durch genutete Teleskopwellen ist eine Längsverschiebung der Gelenke möglich
④ An- und Abtriebswelle müssen immer fluchten
⑤ Die Bauart bestimmt den Beugungswinkel

13. In einer Großserie sollen Zahnräder von ⌀ 100 mm Innenverzahnung hergestellt werden. Welches der genannten Fertigungsverfahren ist das wirtschaftlichste?

① Stoßen nach dem konventionellen Teilverfahren
② Wälzschleifen
③ Wälzstoßen mit einem Schneidrad
④ Hobeln nach dem Teilverfahren
⑤ Erodieren

Maschinen- und Gerätetechnik — Gewinde

1.5.2 Gewinde

14. Warum verwendet man an modernen Werkzeugmaschinen stufenlos regelbare Getriebe?

① Um jede erforderliche Schnittgeschwindigkeit ohne Aufwand fahren zu können
② Damit man nicht ständig die Zahnräder neu wechseln muss
③ Um sich dem allgemein modernen Trend anzupassen
④ Sie sind einfacher in der Konstruktion
⑤ Sie sind billiger in der Herstellung

15. Welche Vorteile bieten stufenlose Getriebe gegenüber Stufengetrieben?

16. Erklären Sie den Unterschied der Übersetzungsverhältnisse 4:1 und 1:4!

1. Welchen Vorteil bieten beim Gewindeschneiden die drallgenuteten Gewindebohrer?

① Man braucht nicht auf den Kerndurchmesser vorzubohren
② Die Späne werden nach oben abgeführt und fallen somit nicht in die Bohrung
③ Es wird kein Schmiermittel benötigt
④ Der Gewindebohrer kann schief aufgesetzt werden und zieht sich wieder gerade in die Bohrung

2. Welche Aussage über das im Bild dargestellte Gewinde ist falsch?

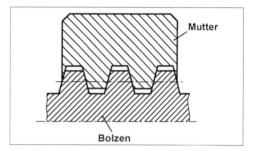

① Es wird meist als Bewegungsgewinde verwendet
② Es wird meist für axial einseitige Beanspruchung verwendet
③ Es ist Trapezgewinde
④ Es tragen in erster Linie die Gewindeflanken
⑤ Bei mehrgängigem Gewinde verwendet man Trapezgewinde

3. Welcher der genannten Begriffe gehört nicht zum Gewinde?

① Kerndurchmesser
② Steigung
③ Flankendurchmesser
④ Flankenwinkel
⑤ Modul

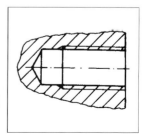

4. Mit welcher Methode lassen sich abgebrochene Gewindebohrer am besten aus dem Werkstück herausbringen?

① Gewindebohrer zerstören
② Gewindebohrer mit einem Gewindebohrerauszieher herausdrehen
③ Werkstück mit Gewindebohrer ausglühen und dann ausbohren
④ Mit einer Elektrode herauserodieren
⑤ Mit einem Widiabohrer größer bohren

5. Im Bild ist die Abwicklung eines Gewindeganges dargestellt.
Wie heißt fachgerecht die mit 1 gekennzeichnete Stelle?

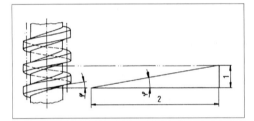

① Flankenhöhe
② Steigung P
③ Steigungswinkel φ
④ Umfang $d \cdot \pi$
⑤ Gewindedurchmesser

6. Wie groß ist die im Bild dargestellte Strecke 2?

① So groß wie die Steigung
② So groß wie die Schraubenlinie
③ Es ist der Umfang aus $d \cdot \pi$
④ Es ist die Strecke aus $r \cdot \pi$
⑤ Sie ist so groß wie der Steigungswinkel

7. Welche Aussage ist falsch?

① Beim Gewindeschneiden von Sacklöchern öfter die Späne entfernen
② Bei einem dreiteiligen Gewindebohrersatz dient der Gewindebohrer mit drei Ringen für den ersten Schnitt
③ Die Ansenkung des Gewindeloches ist größer als der Außendurchmesser des Gewindes auszuführen
④ Gewindebohrer für Leichtmetalle sollen größere Spannuten haben
⑤ Zum Schneiden von Außengewinden werden Schneideisen verwendet

8. Für welches der genannten Werkstücke ist das Gewindeschleifen nicht die Regel?

① Für Schrauben
② Für Gewindebohrer
③ Für Gewindelehren
④ Für Messspindeln
⑤ Für Abwälzfräser

9. Welche Aussage über mehrgängige Gewinde ist falsch?

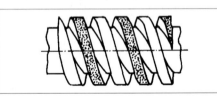

① Es ist Bewegungsgewinde
② Bei kurzer Drehung werden große Axialbewegungen erzielt
③ Eine Dreigangspindel kann höher belastet werden als eine Zweigangspindel bei gleichem ∅ und gleichem Gewindeprofil
④ Mehrgängiges Gewinde wird auf der Drehmaschine hergestellt
⑤ Es gibt noch keine Drehmaschine mit eingebauter Teilvorrichtung zum Drehen von mehrgängigem Gewinde

Maschinen- und Gerätetechnik — Gewinde

10. Welches Gewindeprofil wird für axial einseitige Belastungen verwendet?

① Sägengewinde
② Trapezgewinde
③ Rundgewinde
④ Spitzgewinde
⑤ Withworth-Gewinde

11. Nach welchem Herstellungsverfahren wird Gewinde nicht gefertigt?

① Gewindefräsen
② Gewindeschleifen
③ Gewindewalzen
④ Gewindesenken
⑤ Gewinderollen

12. Welches Gewindeprofil wird in der Regel als Bewegungsgewinde verwendet?

① Rundgewinde
② Trapezgewinde
③ Sägengewinde
④ Whitworth-Gewinde
⑤ Spitzgewinde

13. Wodurch erreicht man für die Stößelbewegung einer Spindelpresse aus einer geringen Drehbewegung der Spindel eine große Axialbewegung?

① Durch Vergrößern des Durchmessers der Führungsmutter
② Durch Mehrgängigkeit von Mutter und Stößelspindel
③ Durch Vergrößern des Flankenwinkels der Führungsmutter des Stößels
④ Durch Vergrößern des Außendurchmessers der Stößelspindel
⑤ Durch Verkleinern des Hubes

14. Bei welcher Gewindeangabe ist die Teilung 4 mm?

① M 36
② Tr 20 x 4
③ S 100 x 4
④ Tr 50 x 16 P 4
⑤ Rd 120 x 1/4"

15. Was bedeutet die Gewindeangabe Tr 30 x 6?

① Rundgewinde, Flankendurchmesser 30 mm und 6 mm Steigung
② Spitzgewinde, Außendurchmesser 6 mm, 30 mm lang
③ Trapezgewinde, 6 mm Außendurchmesser, 30 mm lang
④ Trapezgewinde mit 30 mm Durchmesser und 6 mm Steigung
⑤ Trapezgewinde mit 30° Flankenwinkel und 6 mm Länge

16. Bei welcher Gewindeangabe handelt es sich um ein mehrgängiges Gewinde?

① M 16
② Tr 30 x 6
③ Tr 60 x 12 P 4
④ S 48 x 8
⑤ Rd 20 x 1/8"

17. Nennen Sie die genormten Gewindearten und geben Sie die entsprechenden Flankenwinkel an.

18. Welchen technischen Vorteil bietet das mehrgängige Gewinde und nennen Sie Anwendungsbeispiele.

1.5.3 Hydraulik

1. Welchen wesentlichen Vorteil bieten verstellbare Hydraulikpumpen?

① Sie werden nicht so schnell heiß
② Haben eine geringere Wartung
③ Man kann ein Minimum und ein Maximum der nötigen Fördermenge einstellen
④ Sie sind ohne Lecköl

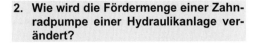

2. Wie wird die Fördermenge einer Zahnradpumpe einer Hydraulikanlage verändert?

① Durch Verstellen der Exzentrizität eines Zahnrades
② Kann nicht verändert werden
③ Durch Ändern der Drehzahl des Pumpenmotors
④ Durch Verstellen der Flügel
⑤ Durch Verstellen der Kolben

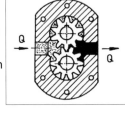

3. Welche Aussage ist falsch?

① Mit pneumatischen Anlagen erreicht man höhere Arbeitsdrücke als mit hydraulischen
② Hydrauliköle sind weitgehend inkompressibel
③ Hydraulikanlagen liefern genaue Vorschübe
④ Lecköle von Hydraulikanlagen sind umweltverschmutzend
⑤ Die Hydraulik ist eine moderne Technik im Werkzeugmaschinenbau

4. Welche der Aussagen zur strömenden Flüssigkeit ist nicht richtig?

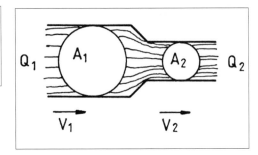

① Der Volumenstrom Q_1 ist genau so groß wie der Volumenstrom Q_2, unabhängig von der Querschnittsänderung
② Die Strömungsgeschwindigkeiten sind verschieden groß
③ Der Volumenstrom ist das Produkt aus Flächenquerschnitt, mal Geschwindigkeit, z. B. $Q_1 = A_1 \cdot v_1$
④ Die Strömungsgeschwindigkeiten sind beide gleich groß; $v_1 = v_2$
⑤ Die Viskosität der Flüssigkeit ist an jeder Stelle im Rohr gleich groß

Maschinen- und Gerätetechnik   Hydraulik

5. Welche Aussage zu dieser Steuerung ist nicht richtig?

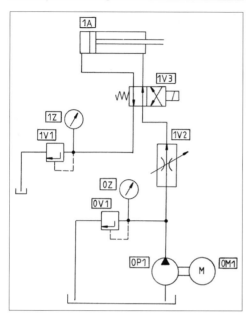

① Die Steuerung der Kolbengeschwindigkeit erfolgt durch die Zuflussstromregelung

② Die Drosselung des Hydrauliköles erfolgt im Zustrom

③ Mit dem Stromregelventil wird die Vorschubgeschwindigkeit geregelt

④ Das Druckbegrenzungsventil auf der Abflussseite verhindert das Rucken des Kolbens

⑤ Das Druckbegrenzungsventil in der Abflussseite ist als Sicherheitsssventil geschaltet

6. Welche Aussage ist richtig? (Abb. Aufg. 5)

① Das 4/2 Wegeventil ist vorgesteuert

② Der Arbeitsdruck wird vom Stromregelventil beeinflusst

③ Der Arbeitsdruck wird nicht begrenzt

④ Das Stromregelventil sorgt für konstanten Volumenstrom in dem Antriebsstrang, selbst bei Druckschwankungen

⑤ Der Kolben kann in jeder Position gehalten werden

7. Welches der genannten Bauelemente und deren Funktion ist in diesem Schaltplan nicht enthalten? (Abb. Aufg. 5)

① Druckbegrenzungsventil als Sicherheitsventil

② Druckbegrenzungsventil, um den Stick-Slip-Effekt zu verhindern

③ Stromregelventil, in der Rückleitung

④ 4/2 Wegeventil zur Steuerung des Zylinders

⑤ Konstantpumpe zur Druckölversorgung

8. Welche Aussage ist falsch?

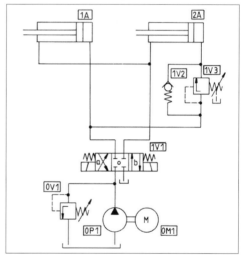

① Die Schaltung hat ein 4/3 Wegeventil

② Zylinder 1A fährt bei Schaltung b zuerst aus

③ Zylinder 2A fährt bei Schaltung b zuerst aus

④ Wenn Zylinder 1A einen gewissen Druck aufgebaut hat, fährt Zylinder 2A aus

⑤ Bei Schaltung a fahren beide Zylinder ein

9. Welche Aussage ist nicht richtig?

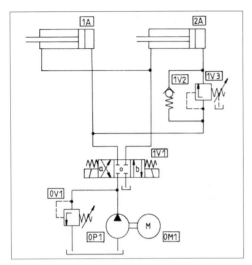

① Das 4/3 Wegeventil ist elektromagnetisch betätigt

② Das Folgeventil sorgt dafür, dass Kolben 2A nach Kolben 1A ausfährt

③ Mit einem Folgeventil kann man Folgesteuerungen aufbauen

④ Das Rückschlagventil ist entsperrbar

⑤ Rückschlagventil zusammen mit einem Folgeventil bilden einen druckabhängigen Folgestrang

10. Beschreiben Sie den Funktionsablauf und -zusammenhang bei Betätigung des 4/3 Wegeventils nach Schaltstellung b.
(Abb. Aufg. 9)

11. Welche Aussage zur Funktion dieser elektrohydraulischen Schaltung ist falsch?

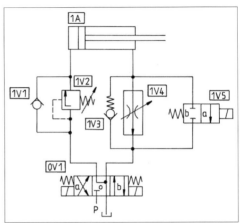

① Die Ausfahrgeschwindigkeit ist stufenlos einstellbar

② Die Kolbengeschwindigkeit ist während des Ausfahrvorganges umschaltbar

③ Soll der Kolben im Eilgang ganz ausfahren, wird das 2/2 Wegeventil von Anfang an betätigt

④ Fährt der Kolben im Eilgang an, benötigt danach aber Spanungsvorschub, so muss das 2/2 Wegeventil auf Schaltstellung b geschaltet werden

⑤ Fährt der Kolben im Eilgang an, wird nach kurzer Zeit das 2/2 Wegeventil betätigt; der Kolben fährt im Eilgang zurück

12. Zeichnen Sie das Weg-Schritt-Diagramm mit Zeitangabe, sowie das Steuerdiagramm (Funktionsdiagramm) für einen Zyklus (ohne Signallinien). (Abb. Aufg. 11)

1. Schritt: Kolben fährt im Eilgang vor 2 s

2. Schritt: Kolben bohrt mit Bohrstange (Vorschub) 4 s

3. Schritt: Kolben fährt ein 2 s

13. Welches Bauelement ist nicht in dieser Schaltung enthalten?

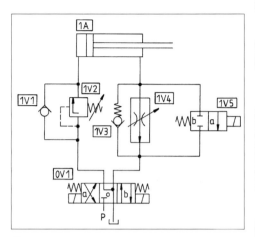

① Elektrohydraulisch betätigtes 4/3 Wegeventil
② 5/2 Wegeventil
③ 2/2 Wegeventil
④ Stromregelventil
⑤ Rückschlagventil

14. Welche Funktion hat ein Drosselrückschlagventil, und wo werden sie in der Regel eingesetzt?

15. Nennen Sie die Vorteile der Hydraulikanlagen gegenüber der Pneumatik!

16. Welche Hydraulikpumpen haben bei gleicher Antriebsdrehzahl gleichbleibende Fördermengen und welche nicht?

17. Bei welchen Hydraulikpumpen lassen sich die Fördermengen stufenlos regeln?

18. Wie kann man bei einer Flügelzellenpumpe die Fördermenge bestimmen?

19. Aus welchen Teilsystemen und dazugehörenden Bauelementen besteht eine Hydraulikanlage?

20. Welche Eigenschaften sollen Hydrauliköle aufweisen?

21. Zur Gruppe der Hydraulik-Konstantpumpen gehören Zahnradpumpen.
Bis zu welchen Flüssigkeits-Drücken und Drehzahlen werden sie eingesetzt?

22. Aus welchen wesentlichen Aufbauteilen bestehen Axialkolbenpumpen, und wie wird der Volumenstrom verändert?

23. Welche Aufgabe haben in Hydrauliksystemen die Hydrospeicher, und warum verwendet man Stickstoff für die Gasblase?

24. Welche doppeltwirkende Hydraulik-Zylinder unterscheidet man?

25. In Werkzeugmaschinen werden für hydraulische Vorschubantriebe Rollflügelmotoren eingesetzt.
Begründen Sie dies.

26. Wie lautet die fachgerechte Bezeichnung dieses Bauelementes? Wo wird es bevorzugt eingesetzt, und wie erfolgt die Rückstellung in die Mittellage?

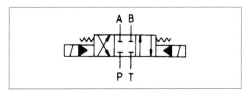

1.5.4 Kupplungen

27. Welches hydraulische Bauelement zeigt das Bild? Welche Besonderheit hat dieses Bauelement, und wo wird es eingesetzt?

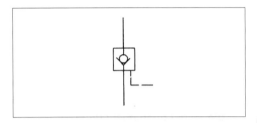

28. Welches hydraulische Bauelement zeigt nebenstehendes Bild, und wo wird es verwendet?

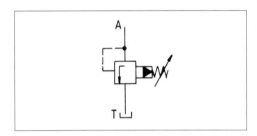

29. Welches hydraulische Bauelement ist hier sinnbildlich dargestellt? Welche Funktion erfüllt es, und wo wird es eingesetzt?

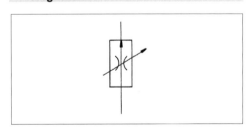

1. Die Klauenkupplung gehört zur Gruppe der beweglichen Kupplungen. Wo wird sie bevorzugt verwendet?

① Bei Wellen, die nicht fluchten
② Bei Axialverschiebungen infolge Wärmeausdehnung der Welle
③ Als kraftschlüssige Kupplung
④ Als Reibungskupplung
⑤ Bei Winkelverlagerungen der Wellen

2. Welche der genannten Maßnahmen wird in der Regel nicht verwendet, um Sollbruchstellen bei Sicherheitskupplungen zum Schutze teurer Teile in Maschinen einzubauen?

① Abscherstifte in Kupplungen einbauen
② Abscherschrauben in Kupplungen einbauen
③ Einstellbarer Federdruck, damit die Kupplung bei Überlast durchrutscht
④ Auflegen einer Schweißnaht auf die Kupplungshälften
⑤ Sicherheitskupplungen gibt es nicht

3. Welche Aussage über die Lamellenkupplungen ist falsch?

① Sie werden häufig in Werkzeugmaschinen eingebaut
② Die Lamellen bieten eine große Reibfläche
③ Sie haben wegen der Lamellenreibung nur eine relativ kleine Bauweise nötig
④ Sie lassen sich weich anfahren
⑤ Es können nur kleinste Drehmomente übertragen werden

4. Welche der genannten Kupplungen überträgt das Drehmoment formschlüssig? Die:

① Elektromagnetische Lamellenkupplung
② Kegelreibkupplung
③ Lamellenkupplung
④ Elektromagnetische Einscheibenkupplung
⑤ Zahnkupplung

5. Welche der genannten Kupplungen gehört nicht zu der Gruppe, die das Drehmoment durch Reibkräfte übertragen?

① Klauenkupplung
② Kegelkupplung
③ Lamellenkupplung
④ Einscheibenkupplung

6. Welche der genannten Kupplungen ist nicht schaltbar? Die:

① Scheibenkupplung
② Kegelkupplung
③ Zahnkupplung
④ Reibungskupplung
⑤ Klauenkupplung

7. Welche Aussage über elastische Kupplungen ist falsch?

① Sie gleichen geringfügige radiale Abweichungen der beiden Wellen aus
② Sie ermöglichen trotz geringer axialer Verschiebung der Welle den Betrieb der Maschine
③ Sie unterbrechen an den Gummipaketen die Wärmeleitung
④ Sie wirken schwingungsdämpfend
⑤ Es können nur geringe Drehmomente übertragen werden

8. Welche wesentlichen Vorteile haben elastische Kupplungen beim Anfahren?

① Sie übertragen das Drehmoment schlagartig
② Die elastischen Teile ermöglichen ein Dämpfen der Stöße beim Anfahren
③ Sie sind verschleißfester
④ Sie ermöglichen einen Leerlauf bzw. Freilauf

9. Wozu dienen bei Gelenkkupplungen die Teleskopspindeln nicht?

① Zum Übertragen des Drehmomentes
② Zur formschlüssigen Verbindung beider Wellen
③ Zum Ausgleich des Längenunterschiedes durch die Winkelbildung zwischen den beiden Wellen
④ Zum Ein- und Ausrücken der Kupplung

10. Wann werden Kreuzgelenkkupplungen verwendet?

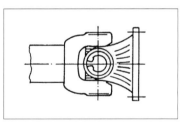

① Wenn zwischen den beiden Wellenenden häufig unterschiedliche Drehzahlen benötigt werden
② Bei Kupplungen, die nur in eine Richtung Drehmomente übertragen
③ Wenn während des Betriebes sich die Achsrichtung der angekuppelten Welle um einen bestimmten Winkelausschlag ändert
④ Bei Kupplungen, die formschlüssig wirken
⑤ Nur bei Elektromagnet-Kupplungen

11. In welcher der Zeilen steht die richtige Lösung für die im Bild gezeigte Kupplung?

① Klauenkupplung - formschlüssig
② Scheibenkupplung - stoffschlüssig
③ Schalenkupplung - formschlüssig
④ Zahnkupplung - reibschlüssig
⑤ Lamellenkupplung - stoffschlüssig

12. Welche Kupplungen schützen Getriebe eher vor Überlastung und welche Kupplungen leisten dies nicht?

13. Welche Vorteile bieten Reibungskupplungen gegenüber Klauenkupplungen?

Maschinen- und Gerätetechnik   Maschinenelemente (Lager, Getriebe, Baueinheiten)

1.5.5 Maschinenelemente

1. Wodurch erfolgt die Kraftübertragung vom Motorantrieb auf die Schleifspindel Teil 1?

① Kettenräder   ④ Flachriemen
② Kegelräder   ⑤ Zahnräder
③ Keilriemen

2. Wie lautet die fachgerechte Bezeichnung der Dichtung für Teil 2 und Teil 6?

① Ringdichtung
② Schleifringdichtung
③ Fangrillendichtung
④ Stoffbüchsendichtung
⑤ Labyrinthdichtung

3. Wie lautet die richtige Bezeichnung von Teil 3?

① Pendelkugellager
② Schulterkugellager
③ Rillenkugellager
④ Axial-Rillenkugellager
⑤ Radial-Rillenkugellager

4. Wodurch wird Teil 4 gesichert? Durch:

① Einen Simmering
② Die Feder Teil 7
③ Kontern mit Teil 5
④ Verschrauben mit Teil 1
⑤ Eine Sicherungsscheibe

5. Was passiert, wenn die Verbindung von Teil 8 und Teil 9 unterbrochen wird?

① Der Motor setzt aus
② Die Schleifspindel wird nicht mehr angetrieben
③ Es passiert gar nichts
④ Teil 4 würde sich lösen
⑤ Es ist eine unlösbare Verbindung

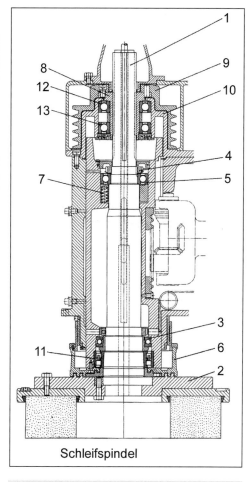

Schleifspindel

6. Welches der genannten Lager nimmt den wesentlichen axialen Schleifdruck auf?

① Teil 3   ③ Teil 11   ⑤ Teil 13
② Teil 5   ④ Teil 12

7. Welche Aussage zur Schleifspindel ist falsch?

① Während des Schleifvorganges dreht sich Teil 1
② Während der Schleifarbeit dreht sich der Außenring von Teil 12
③ Während der Schleifarbeit dreht sich der Innenring von Teil 13
④ Beim Schleifen dreht sich Teil 8
⑤ Beim Schleifen steht Teil 10 still

Die Lösungen finden Sie im Lösungsteil auf Seite 17.

Maschinenelemente (Lager, Getriebe, Baueinheiten) **Maschinen- und Gerätetechnik**

8. **Das Kegelrad Teil 1 muss erneuert werden. (Zeichnung unten) Welche Reihenfolge zum Ausbau dieses Kegelrades ist richtig?**

① Teil 7, 6, 5, 8, 2, 1
② Teil 7, 6, 9, 4, 3, Teil 5 komplett mit Lager 2 und Rad 1
③ Teil 4, 8, 3, 2, 6, 1
④ Teil 4, 3, 2, 1
⑤ Teil 7, 6, 5, 1

9. **Wie wird das dargestellte Kegelradgetriebe geschmiert? Durch:**

① Fettschmierung
② Tauchschmierung
③ Ölzentralschmierung
④ Tropföler

10. **Wie lautet die fachgerechte Bezeichnug für Teil 2?**

① Rillenkugellager
② Axiallager
③ Zweireihiges Axiallager
④ Zweireihiges Rillenkugellager
⑤ Zweireihiges Schrägkugellager

11. **Welche Behauptung über Teil 2 und Teil 10 trifft zu?**

① Es sind Rillenkugellager
② Sie nehmen nur Radialkräfte auf
③ Sie nehmen die vom Kegelradgetriebe stammenden Axial- und Radialkräfte auf
④ Es sind Axialkugellager
⑤ Es sind Pendelrollenlager

12. **Wie lautet die fachgerechte Verbindung von Teil 5 mit Teil 9?**

① Kerbverzahnung von Welle und Nabe
② Zapfenfeder
③ Keilwellen- und Keilnabenprofil
④ Querkeilverbindung
⑤ Gleitverbindung

13. **Welche Wellendichtungen sind bei dem Kegelradgetriebe zu erkennen?**

① Axiale Labyrinth - Dichtungen
② Runddichtringe
③ Stopfbuchsen
④ Wellendichtringe
⑤ Fangrillendichtungen

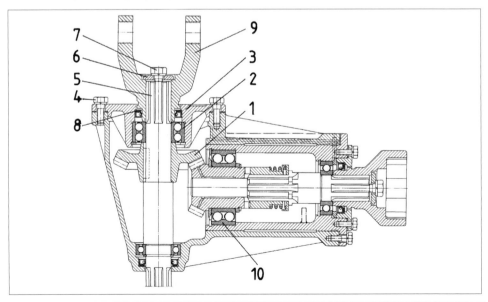

Maschinen- und Gerätetechnik   Maschinenelemente (Lager, Getriebe, Baueinheiten)

14. Wodurch wird Teil 1 geschmiert? (Zeichnung unten)

① Durch Fettzuführung
② Benötigt keine Schmierung
③ Durch das Öl, das durch die Bohrung bei Teil 14 eingefüllt wird
④ Durch Notlaufeigenschaften
⑤ Durch Tropföler

15. Wie lässt sich das Lagerspiel von Teil 6 und 7 einstellen?

① Durch eine höhere Drehzahl von Teil 1
② Durch Anziehen der Schrauben Teil 12
③ Durch eine größere Ölzufuhr
④ Durch Anpassen von Teil 8
⑤ Lässt sich nicht nachstellen

16. Wie lautet die fachgerechte Bezeichnung für Teil 15

① Labyrinthdichtung
② Simmering
③ Schleifring
④ Fangrillendichtung
⑤ Dichtring

17. Die Schnecke ist eingängig. Warum ist ein Antrieb von Teil 2 aus nicht möglich?

① Weil die Übersetzung zu groß ist
② Weil die Lagerbelastung an Teil 2 zu groß ist
③ Weil die Schnecke aus Bronze ist
④ Weil der Steigungswinkel der Schnecke zu klein ist und sie daher selbsthemmend wirkt
⑤ Weil Teil 2 und die zugehörige Welle nicht mit einem Nasenkeil verbunden sind

18. Um welches Lager handelt es sich bei Teil 16?

① Axialrillenkugellager
② Rillenkugellager
③ Pendelkugellager
④ Kegelrollenkugellager
⑤ Nadellager

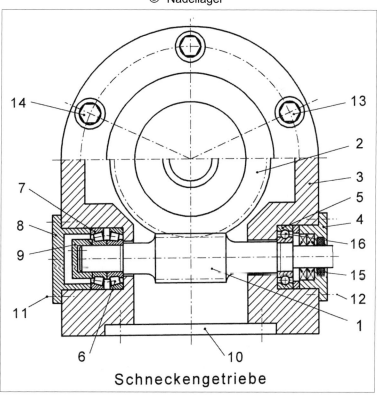

Schneckengetriebe

Maschinenelemente (Lager, Getriebe, Baueinheiten) **Maschinen- und Gerätetechnik**

19. Wodurch erfolgt die Kraftübertragung vom Antrieb auf Teil 3? Durch:

① Zahnräder
② Kettenräder
③ Keilriemen
④ Flachriemen
⑤ Reibräder

20. Wozu dient Teil 14?

① Zur Kühlflüssigkeitszuführung
② Zum Nachstellen des Lagers Teil 5
③ Zum Einstellen des gesamten Lagerspiels
④ Zur Fettschmierung der Lager
⑤ Zur Befestigung von Teil 5

21. Die Schleifscheibe muss ausgewechselt werden. Welche Reihenfolge beim Ausbau der Teile ist richtig?

① Teil 9, 8, 7, 11, 2, 4
② Teil 9, 8, 7, 2, 11, 4
③ Teil 9, 8, 7, 2, 4
④ Teil 9, 8, 16, 11, 4
⑤ Teil 9, 14, 8, 16, 4

22. Was ist beim Befestigen von Teil 2 zu beachten?

① Es muss einen Passsitz haben
② Es darf das Lager Teil 6 nicht berühren
③ Der Außendurchmesser muss ausgewuchtet werden
④ Teil 11 sollte wenigstens 10 Gewindegänge haben
⑤ Zu hohe Anpresskraft führt zum Bruch der Schleifscheibe

23. Wie ist die fachgerechte Bezeichnung für Teil 15?

① Schulterkugellager
② Axial-Rillenkugellager
③ Pendelrollenlager
④ Rillenkugellager
⑤ Zylinderrollenlager

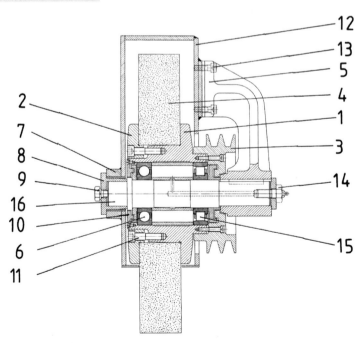

Maschinen- und Gerätetechnik Maschinenelemente (Lager, Getriebe, Baueinheiten)

24. **Wozu dienen die an Teil 1 mit A bezeichneten Wellenabsätze? (Zeichnung rechts)**

① Zum Ausgleich des Lagerspiels
② Zur Verstärkung von Teil 1
③ Zum Abschleudern des Öles
④ Zur besseren Schmiermittelzufuhr für die Lager
⑤ Das sind Sicherungsringe

25. **Welche Schmierungsart ist für die Lagerung der Wasserturbine vorgesehen?**

① Ölschmierung
② Fettschmierung
③ Die Lager besitzen Notlaufeigenschaften
④ Die Lager werden nur einmal beim Einbau mit Fett geschmiert
⑤ Die Drehzahlen sind so gering, dass keine Schmierung nötig ist

26. **Welche Funktion hat Teil 3?**

① Es dient zum Ausgleich von Wärmedehnungen
② Es sorgt für einen Drehzahlausgleich zwischen Teil 1 und Teil 6
③ Es ist ein Distanzring
④ Es nimmt radiale Kräfte auf

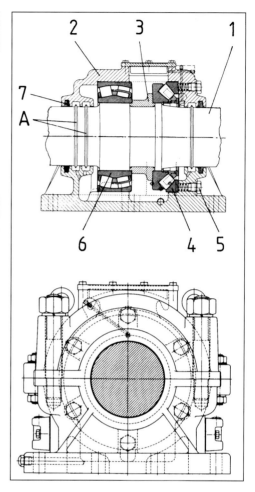

Die Lösungen finden Sie im Lösungsteil auf Seite 17.

Maschinenelemente (Lager, Getriebe, Baueinheiten)   **Maschinen- und Gerätetechnik**

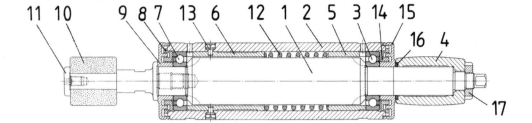

27. Welche Funktion hat Teil 12? (Zeichnung oben)

① Es gleicht axiale Schwingungen der Welle aus

② Teil 12 drückt über Teil 5 und 6 auf die Außenringe der Lager, so dass diese immer spielfrei eingestellt sind

③ Dieses Teil ermöglicht eine bessere Ölnebelschmierung von Teil 1

④ Es wirkt als Gegenkraft von Teil 17 und gestattet eine höhere Drehzahl von Teil 1

⑤ Gleicht Wärmedehnungen des gesamten Spindelsystems aus

28. Welche Aussage ist falsch?

① Zur Lagerung der Innenschleifspindel dienen zwei einreihige Rillenkugellager

② Die Außenringe der Lager stehen über Teil 5 und 6 unter Federspannung

③ Die Abdichtung der Lager erfolgt durch mehrstufige Labyrinthe

④ Der Antrieb der Welle erfolgt mit einem Keilriemen

⑤ Teil 4 wird mit Teil 17 auf Teil 1 nochmals festgezogen

29. Welche Behauptung über Teil 14 und 15 trifft zu?

① Sie nehmen radiale Schleifkräfte auf

② Sie drehen sich beide während der Schleifarbeit

③ Sie wirken wie Kühlrippen für die Lagerung

④ Sie sind axial verschiebbar und dienen zur Aufnahme der axialen Längenausdehnung

⑤ Es sind Labyrinthdichtungen

Maschinen- und Gerätetechnik Maschinenelemente (Lager, Getriebe, Baueinheiten)

30. Welche Aussage trifft nicht zu? (Zeichnung unten)

① Mit der Lochmutter Teil 16 wird der Innenring von Teil 19 auf den kegeligen Sitz der Welle gedrückt
② Teil 17 wirkt als Schleuderscheibe zum Schutz gegen das Eindringen von Schleifwasser
③ Die Teile 17 und 19 wirken als Labyrinthdichtungen
④ Die Teile 17 und 18 wirken als Labyrinthdichtungen
⑤ Um Teil 19 auszubauen, muss auch Teil 16, 17 und 18 ausgebaut werden

31. Welche Aussage über Teil 7 ist richtig?

① Dieses Teil hat Trapezgewinde
② Bei der Drehbewegung der Welle Teil 1 bewegt sich Teil 7 nicht
③ Teil 7 ist eine Keilriemenscheibe für den Antrieb
④ Es ist ein Gleitlager
⑤ Es ist eine Schnecke für kleinste Drehzahlen der Spindel

32. Wodurch wird die Welle axial geführt?

① Durch Teil 11
② Durch die Teile 14 und 15
③ Durch Teil 10
④ Durch die Teile 31 und 32
⑤ Durch Teil 19 und 25

33. Welche Behauptung über Teil 32 trifft zu?

① Teil 32 ist ein Axiallager
② Dieses Teil ist ein Radiallager
③ Teil 32 ist ein Pendelkugellager
④ Es ist ein Doppelradiallager
⑤ Es ist ein Stellring für Teil 31

34. Welche Aufgabe hat Teil 33?

① Teil 33 ist eine Dehnschraube und ermöglicht den Längenausgleich der Welle Teil 1
② Es ist ein Verbindungselement, um den Antrieb der Welle 1 zu ermöglichen
③ Teil 33 ermöglicht die Drehbewegung der beiden Außenringe der Teile 10 und 11
④ Es sichert die Bewegung von Teil 2
⑤ Verhindert die axiale Bewegung von Teil 1

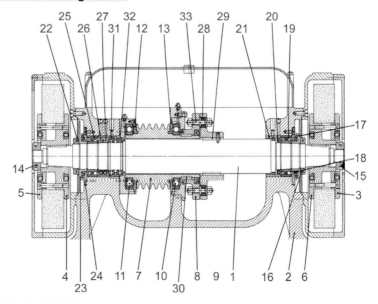

Die Lösungen finden Sie im Lösungsteil auf Seite 17.

Maschinenelemente (Lager, Getriebe, Baueinheiten)   Maschinen- und Gerätetechnik

35. Was sind die mit 2 bezeichneten beiden Teile in dem Bild?

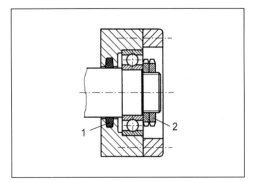

① Zwei Schleifringe
② Zwei gekonterte Nutmuttern zur Aufnahme der Axialkräfte
③ Zwei Öldichtringe
④ Zwei Tellerfedern
⑤ Zwei Abstandsbuchsen

36. Nennen Sie fünf Beispiele an Maschinenteilen, wo eine drehende Bewegung in eine geradlinige Bewegung umgewandelt wird.

37. Geben Sie vier formschlüssige Sicherungen an.

38. Geben Sie vier kraftschlüssige Sicherungen an.

39. Wann verwendet man Kettentriebe?

40. Was bedeuten folgende Angaben:
a) Zylinderschraube ISO 4762-M20 x 2 x 70-8.8
b) Bolzen ISO 2340-A-14 x 80-E335
c) Zylinderstift ISO 8734-6 x 40-C1

41. Welche Aussage über Führungen an Werkzeugmaschinen ist falsch?

① Es gibt Flachführungen an Schleifmaschinen
② Oft ist eine Flachführung und eine Prismenführung kombiniert
③ Umgriffe verhindern das Abheben von Werkzeugtischen
④ Wälzführungen haben durch die Rollreibung einen geringeren Leistungsverlust
⑤ Wälzführungen gibt es noch nicht

Maschinen- und Gerätetechnik — Lager, Lagerdichtungen

1.5.6 Lager, Lagerdichtungen

1. Was ist unter »Einlaufen« eines Gleitlagers zu verstehen?

① Das Lager ist zu stramm geworden
② Das Lager ist heiß geworden und der Lagerwerkstoff hat sich ausgedehnt
③ Das Lager wurde eingeschrumpft und ist enger geworden
④ Es werden kleinste Unebenheiten zwischen Lager und Zapfen abgetragen

2. Wie ist die richtige Bezeichnung für das dargestellte Wälzlager?

① Schrägkugellager
② Schulterlager
③ Zylinderrollenlager
④ Tonnenlager
⑤ Kegelrollenlager

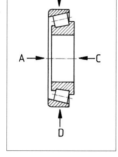

3. In welche der dargestellten Richtungen ist dieses Lager nicht zu belasten?

① A ② B ③ C ④ D

4. Bei Gleitlagern ist manchmal nicht ausreichend Öl im Lagerspalt. Was ist zu tun, dass während des Anlaufs ausreichend Öl im Lager ist?

① Lager in Öl tränken
② Ölstand vorher prüfen
③ Die Maschine nicht benutzen und eine andere Maschine verwenden
④ Stets die angebaute Schmierpumpe betätigen, damit vor dem Anlauf das Lager Öl hat
⑤ Es reicht aus, wenn die Schmierpumpe nach dem Anlauf des Lagers angeschaltet wird

5. In welche der dargestellten Richtungen ist dieses Lager nicht belastbar?

① A
② B
③ C
④ D

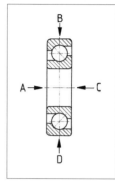

6. Wie ist die richtige Bezeichnung für das dargestellte Wälzlager?

① Nadellager
② Tonnenlager
③ Rillenkugellager
④ Schrägkugellager
⑤ Schulterkugellager

7. Welche Aufgabe hat das mit 1 bezeichnete Teil in dem Bild?

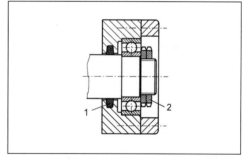

① Es ist ein Dichtring für das Wälzlager und dichtet nach links hin ab
② Es ist ein Simmering
③ Es sind 2 Tellerfedern, die das Lager auf Spannung halten
④ Es ist ein Schleifring
⑤ Es ist das Widerlager des Wälzlagers

8. Bei welchem Gleitlager verwendet man zur Schmierung auch Wasser? Bei Lagern aus:

① Sintermetall
② Kunststoff
③ Gusseisen
④ Kupfer-Zinn-Legierungen
⑤ Blei-Zinn-Legierungen

9. Welcher Arbeitsvorgang wird auf dem nebenstehenden Bild angezeigt?

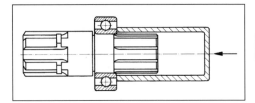

① Ein Rillenkugellager wird vermessen
② Ein Rillenkugellager wird auf den Wellenzapfen gezogen
③ Ein Rillenkugellager wird vom Wellenzapfen abgezogen
④ Ein Rillenkugellager wird abgedichtet
⑤ Ein Rillenkugellager wird mit einer Hülse festgeschraubt

10. Was ist kein Vorteil eines Gleitlagers?

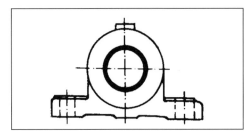

① Sie sind unempfindlicher gegen Stöße als Wälzlager
② Sie laufen geräuscharm
③ Sie eigenen sich für kleine Umfangsgeschwindigkeiten
④ Der Anlaufwiderstand ist relativ hoch
⑤ Durch ihre teilweise robuste Bauweise haben sie eine lange Lebensdauer

11. Welche Aussage über Nadellager ist falsch?

① Sie haben einen Außen- und Innenring
② Die Nadeln werden in einem Käfig gehalten
③ Sie haben für gleiche Zapfendurchmesser kleinere Außendurchmesser als Rillenkugellager
④ Nadeln dürfen auch ohne Laufringe zwischen Zapfen und Lagerbuchse gesteckt werden
⑤ Nadellager können nur Axialkräfte aufnehmen

12. Wonach darf sich die Auswahl der Öle und Fette für Wälzlager nicht richten?

① Drehzahl
② Betriebstemperatur
③ Abdichtung des Lagers
④ Nach den vorhandenen Schmiermitteln
⑤ Nach der Größe des Lagers

13. Welche Dichtung zeigt das Bild?

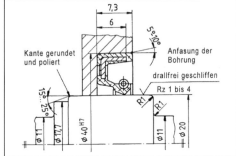

① Federungsdichtung
② Lippendichtring
③ Gleitringdichtung
④ Gummidichtring
⑤ Radial-Wellendichtring

Maschinen- und Gerätetechnik — Lager, Lagerdichtungen

14. Warum muss zwischen Welle und Gleitlager ein Lagerspiel vorhanden sein?

① Damit die Welle genau geführt wird
② Damit sich zwischen Lager und Welle ein ständiger Schmierfilm aufbaut
③ Damit das Lager leichter eingebaut werden kann
④ Um Lagergeräusche zu vermindern
⑤ Damit sich Schmiernuten einarbeiten lassen

15. Welchen wesentlichen Vorteil bieten Rollenlager gegenüber Kugellagern?

① Die Rollen übertragen den Lagerdruck nicht nur auf einen Punkt, sondern entlang einer Linie und sind höher belastbar
② Sie halten erheblich größeren Geschwindigkeiten stand
③ Sie sind billiger
④ Sie sind einfacher im Aufbau
⑤ Sie sind leichter

16. Wann verwendet man Rollenlager statt Kugellager?

① Wenn genug Platz für deren Einbau vorhanden ist
② Falls gerade ein Rollenlager vorhanden ist
③ Bei sehr großen Drehzahlen oder kleinen Druckbelastungen
④ Bei Druckbelastungen, die vom Kugellager nicht mehr aufgenommen werden
⑤ Bei Ölschmierungen

17. Für welches Anwendungsbeispiel ist die im Bild dargestellte Lagerung gut geeignet?

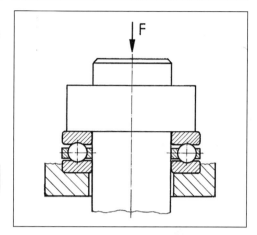

① Für eine Radiallagerung einer Schleifspindel
② Radiallagerung eines Drehtisches
③ Axiallagerung eines Drehtisches
④ Getriebewellenlagerung
⑤ Radialführung

18. Warum werden Gleitlager geteilt?

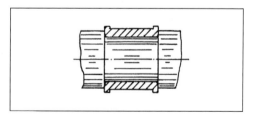

① Weil sie nicht anders gefertigt werden können
② Weil sie dadurch besser eingepasst werden können
③ Weil an den Trennstellen eine Aussage über die Qualität des Gefüges gemacht werden kann
④ Weil sich an den Trennstellen der Ölfilm aufbaut
⑤ Weil sie sich bei der Montage manchmal nicht anders über die Wellen bringen lassen

19. Wenn ein Wälzlager auf eine Welle aufgezogen wird, empfiehlt es sich, das Lager auf ca. 80° C zu erwärmen. Welcher Weg ist geeignet?

① Erwärmen im Härtebad
② Benutzen eines Schweißbrenners
③ Erwärmen im heißen Wasser
④ Im Härteofen auf Temperatur bringen
⑤ Erwärmen in einem Ölbad

20. Welche Aussage ist nicht richtig?

① Die Rollreibung bei Wälzlagern ist größer als die Gleitreibung bei Gleitlagern
② Die Wälzkörper werden von dem Käfig gehalten
③ Jedes Wälzlager hat einen Innen- und Außenring
④ Kugellager haben einen geringeren Anlaufwiderstand als Gleitlager
⑤ Wälzlager haben eine hohe Genauigkeit

21. Bis zu etwa welcher Betriebstemperatur sind normale Wälzlager nur belastbar?

① 60° C   ③ 120° C   ⑤ 300° C
② 90° C   ④ 200° C

22. Welche Aussage über Gleitlager ist falsch?

① Einfache Bauweise
② Für hohe und niedrige Geschwindigkeiten geeignet
③ Störanfällig
④ Langsamläufer werden meist mit Fett geschmiert
⑤ Es gibt Gleitlager mit Notlaufeigenschaften

23. Welches der genannten Teile gehört nicht zu einem Kegelrollenlager?

① Innenring   ④ Wälzkörper
② Außenring   ⑤ Gehäuse
③ Käfig

24. Welche Aufgabe übernimmt bei mehreren Lagern auf einer Welle das Festlager?

① Es nimmt nur die Radialkräfte auf
② Es nimmt Radial- und Axialkräfte auf
③ Es nimmt nur die Axialkräfte auf
④ Es übernimmt die Dichtung für das Öl im Getriebe

25. Welche Aussage über diese Wellenlagerung ist nicht richtig?

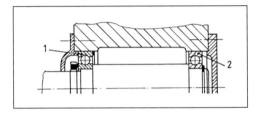

① Diese Wellenlagerung hat ein Fest- und ein Loslager
② Lager 1 ist das Festlager
③ Lager 2 ist das Loslager
④ Das Loslager stützt Axialkräfte gegenüber dem Gehäuse ab
⑤ Nur das Festlager kann Axialkräfte gegenüber dem Gehäuse abstützen

26. Welche Aussage über Gleitlager stimmt nicht?

① Einfacher Aufbau
② Hohe Belastbarkeit
③ Geringe Fertigungskosten
④ Teilung der Lagerhälften möglich
⑤ Sie sind stoßempfindlich

Maschinen- und Gerätetechnik — Lager, Lagerdichtungen

27. Was ist, wenn Innen- und Außenring eines Wälzlagers mit Presspassung in die Maschine eingebaut werden?

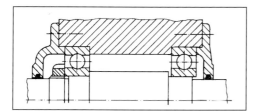

① Das Lager sitzt nach Vorschrift
② Das Lagerspiel kann zu klein werden
③ Die Welle bekommt Spiel
④ Das Lagergehäuse hat zu viel Spiel
⑤ Das Lager benötigt keine Wartung mehr

28. Diese Dichtung im Bild wird zur Abdichtung von Lagern verwendet. Wie heißt sie?

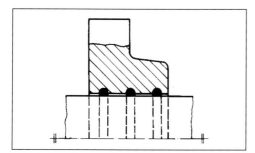

① Spaltdichtung
② Fangrillendichtung
③ Manschettendichtung
④ Filzringdichtung
⑤ Stopfbüchsendichtung

29. Wann kann ein Gleitlager nicht festfressen?

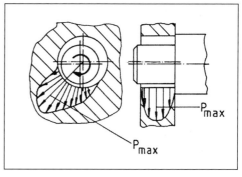

① Durch Verwendung falscher Schmiermittel
② Wenn die gleitenden Flächen alle mit Öl versorgt sind
③ Falls verschmutztes Öl oder Fett verwendet wird
④ Wenn das Lagerspiel zu gering ist
⑤ Durch falschen Lagereinbau

30. Zur Abdichtung von Lagern verwendet man verschiedene Dichtungsarten.
Wie heißt die im Bild dargestellte Dichtung?

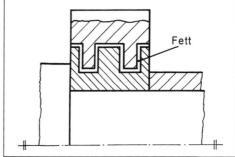

① Fangrillen-Dichtung
② Kolbenring-Dichtung
③ Manschetten-Dichtung
④ Filzring-Dichtung
⑤ Axiale Labyrinth-Dichtung

Pneumatik — Maschinen- und Gerätetechnik

1.5.7 Pneumatik, Elektro-Pneumatik

31. In welchem Zustand ist der Verschleiß eines Lagers am geringsten?

① Im Dauerbetrieb
② Bei langsamen Anlauf
③ Bei ruckartigem Anlauf mit großer Beschleunigung
④ Bei häufigem Wechsel von Stillstand und Anfahren
⑤ Bei häufigen Drehzahlschwankungen im Dauerbetrieb

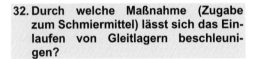

32. Durch welche Maßnahme (Zugabe zum Schmiermittel) lässt sich das Einlaufen von Gleitlagern beschleunigen?

33. Nennen Sie Lagerwerkstoffe mit Notlaufeigenschaften.

34. Welche Hauptforderungen werden an die Hauptlagerstellen einer Werkzeugmaschine gerichtet?

35. Bei welchem Lagerwerkstoff kann man Lager mit Wasser schmieren?

1. Welche Gruppen von Pneumatik-Ventilen kennen Sie?

2. Nennen Sie die Vorteile der Pneumatikanlagen gegenüber der Hydraulik!

3. Geben Sie die Bauelemente einer kompletten Pneumatik-Anlage an!

4. Welche Sperrventile unterscheidet man bei pneumatischen und hydraulischen Anlagen?

5. Welches der Sinnbilder zeigt ein Drosselrückschlagventil und welche Funktion hat dieses Ventil?

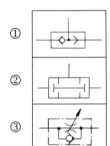
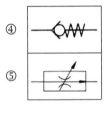

6. Welches der Sinnbilder zeigt ein Wechselventil und wie funktioniert ein Wechselventil?
Zeichnen Sie eine einfache Steuerung mit einem Wechselventil und beschreiben Sie diese!

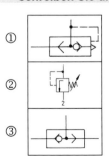
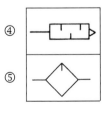

Maschinen- und Gerätetechnik — Pneumatik

7. Das dargestellte Ventil ist ein Wechselventil für pneumatische Schaltungen.

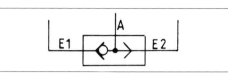

Welche Logik-Funktionen erfüllt dieses Ventil? Füllen Sie die Funktionstabelle aus!

E1	E2	A

10. Um welches Pneumatik-Ventil handelt es sich, und welche Logik-Funktion erfüllt dieses Ventil? Vervollständigen Sie die Funktionstabelle!

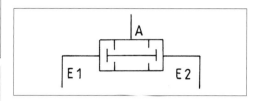

E1	E2	A
		0
0		
	0	
		1

8. Welches der Sinnbilder zeigt ein Zweidruckventil für pneumatische Schaltungen?

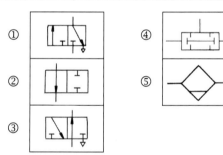

11. Die dargestellten Bildzeichen sind aus dem Bereich der Energieumformung nach DIN ISO 1219.
Welches Sinnbild zeigt einen Pneumaikschwenkmotor? Beschreiben Sie den technischen Einsatz von Pneumatikschwenkmotoren!

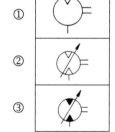
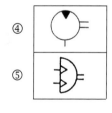

9. Wann hat dieses dargestellte Sinnbild in pneumatischen Anlagen Funktion, und wie bezeichnet man dieses Ventil?

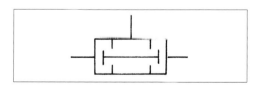

Die Lösungen finden Sie im Lösungsteil auf Seite 19 - 20.

Pneumatik — Maschinen- und Gerätetechnik

12. Die dargestellten Sinnbilder sind Schaltzeichen der Hydraulik und Pneumatik nach DIN ISO 1219. Welches der Bilder zeigt einen einfachwirkenden Zylinder?

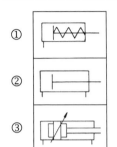 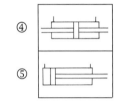

15. Welches Sinnbild zeigt ein 4/2 Wegeventil?

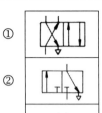 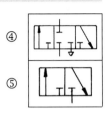

13. Welches der dargestellten Sinnbilder ist die Aufbereitungseinheit einer Pneumatik-Anlage? Begründen Sie die Notwendigkeit der Aufbereitungseinheit, und **beschriften** Sie das Sinnbild mit den dazugehörenden Begriffen.

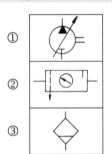 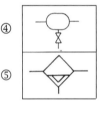

16. Welcher der sinnbildlich dargestellten Zylinder einer Pneumatikschaltung, mit einem 3/2 Wegeventil gesteuert, fährt bei Druckentlastung in die Ausgangslage zurück? Begründen Sie dies!

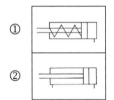 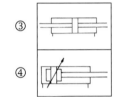

17. Welches der pneumatischen Schaltzeichen zeigt das Sinnbild "Betätigung der Rolle mit Leerrücklauf", und wann wird dieses Schaltelement verwendet?

14. Pneumatische Schaltungen beinhalten Ventile verschiedener Bauarten, die verschiedene Funktionen erfüllen. Geben Sie vier verschiedene Ventilarten an, und ordnen Sie jeweils zwei Sinnbilder den entsprechenden Ventilarten zu!

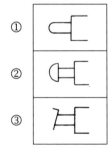 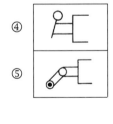

Die Lösungen finden Sie im Lösungsteil auf Seite 20 - 21.

Maschinen- und Gerätetechnik — Pneumatik

18. In pneumatischen Schaltungen unterscheidet man Ventile, die mechanisch oder durch Muskelkraft zu betätigen sind.
Welches der Ventile wird durch Muskelkraft betätigt?

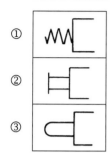

21. Tragen Sie in die Tabelle ein: Anschlussbezeichnungen von Hydraulik- und Pneumatik-Schaltungen für:

	mit Buchstaben	mit Ziffern
Anschlüsse für Arbeitsleitungen		2, 4, 6
Druckluftnetzanschluss, Druck, Zufluss		1
Entlüftung, Abfluss		3, 5, 7
Steueranschlüsse		12, 14, 16
Leckflüssigkeit		

19. Welches der dargestellten Pneumatiksinnbilder, für die Betätigung eines Ventils, erfolgt durch einen Elektromagneten und Druckluftvorsteuerung?

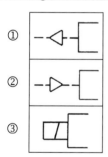

22. Vervollständigen Sie die Tabelle und benennen Sie die Bauteile eines Pneumatik-Schaltplanes.

Antriebsglieder	
Stellglieder	
Steuerglieder	
Signalglieder	
Versorgungsglieder	

20. Welches Sinnbild der Pneumatik ist ein Geräuschdämpfer?

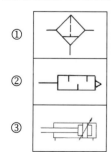

23. Welches der Pneumatik-Bauelemente zeigt das dargestellte Sinnbild?

① Drosselventil
② Schnellentlüftungsventil
③ Rückschlagventil
④ Druckregelventil mit Entlastungsöffnung
⑤ Wechselventil

Pneumatik — Maschinen- und Gerätetechnik

24. Welches Pneumatik-Bauelement ist im Bild sinnbildlich dargestellt?

① Zweidruckventil
② Schnellentlüftungsventil
③ 3/2 Wegeventil
④ Schalldämpfer
⑤ Wechselventil

25. Welches Pneumatik-Bauelement ist im Bild sinnbildlich dargestellt?

① Druckbegrenzungsventil
② Rückschlagventil
③ Drosselrückschlagventil
④ 2/2 Wegeventil
⑤ Drosselventil

26. Der Zylinder soll ausfahren, um ein Werkstück zu spannen. Das Stellglied 1V1 wird in unmittelbarer Nähe des Zylinders montiert. Von einer entfernten Stelle aus soll der Zylinder bewegt, geschaltet werden können. Das Werkstück bleibt gespannt, bis das Pedal des zu ergänzenden Ventils zurückgenommen wird.

a) Vervollständigen Sie den Schaltplan
b) Benennen Sie das einzubauende Element
c) Erstellen Sie den Schaltplan für den Zustand: Werkstück gespannt

27. Bestimmen Sie die in dieser pneumatischen Schaltung befindlichen Einzelelemente in Form einer Tabelle! (Abb. Aufg. 26)

Elemente	Benennung
1A	
1V1	
1S1	
0Z1	

28. Welche der Aussagen zu der Pneumatik-Schaltung ist nicht richtig?

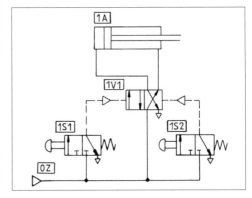

① Im Ventil 1V1 wird das Signal gespeichert
② Das Stellglied 1V1 ist ein 4/2 Wegeventil
③ Das Stellglied ist mit Federrückstellung eingebaut
④ Wird Ventil 1S1 betätigt, fährt der Kolben so lange aus, bis ein Impuls von Ventil 1S2 diesen Vorgang ändert
⑤ Das Ventil 1V1 ist das Stellglied und kann beidseitig mit Druck beaufschlagt werden

Maschinen- und Gerätetechnik — Pneumatik

29. Bei dieser pneumatischen Schaltung fährt der Kolben bis zum Ende aus. Was geschieht dadurch? Beschreiben Sie! Die Ventile 1S1 und 1S2 sind nicht mehr betätigt!
(Anstelle eines 4/2 Wegeventils kann auch ein 5/2 Wegeventil verwendet werden)

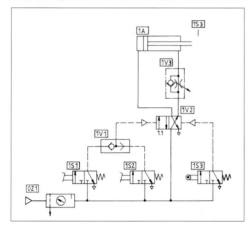

30. Wann fährt der Arbeitskolben aus? Beschreiben Sie die Schaltschritte und weisen Sie auf Besonderheiten hin! (Abb. Aufg. 29)

31. Welche Funktion hat in dem Pneumatik-Schaltplan das Bauelement unmittelbar vor dem Zylinder?

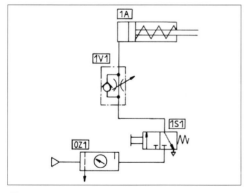

① Steuerung der Rücklaufgeschwindigkeit
② Dämpfung des Kolbens in der Endstellung
③ Steuerung der Geschwindigkeit beim Vorlauf
④ Schnellentlüftung beim Rücklauf
⑤ Regulierung des Überdruckes

32. Welche Aussage zu den beiden Steuerungen ist falsch?
(Anstelle eines 4/2 Wegeventils kann auch ein 5/2 Wegeventil verwendet werden)

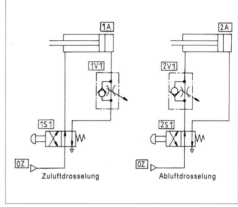

① Die Abluftregulierung liefert einen ruckfreien Kolbenvorlauf
② Die Zuluftregulierung liefert einen ruckfreien Kolbenvorlauf
③ Der Kolben ist bei der Abluftdrosselung zwischen zwei Luftpolstern eingespannt
④ Die Kolbengeschwindigkeit ist am günstigsten durch Abluftregulierung zu steuern

Pneumatik — Maschinen- und Gerätetechnik

33. a) Beschreiben Sie die nachfolgenden Schaltoperationen, wenn die Ventile 1S3 und 1S4 gleichzeitig gedrückt werden.
(Anstelle eines 4/2 Wegeventils kann auch ein 5/2 Wegeventil verwendet werden)

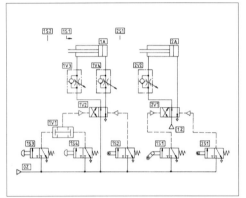

Die dargestellte Pneumatik-Steuerung soll elektropneumatisch geschaltet werden. Beide Kolben sollen hierbei allerdings nach rechts ausfahren.

b) Erstellen Sie den elektropneumatischen Schaltplan und den Stromlaufplan. Steuerteil und Leistungsteil sind getrennt zu zeichnen. Ferner ist die direkte Ansteuerung zu zeichnen.

34. Welche Funktionen haben in dieser Schaltung die Bauelemente 1V3 und 1V4? (Abb. Aufg. 33)

35. Welches Bauelement muss betätigt werden, (Kolbenstange von Zylinder 1A fuhr bereits) damit Kolbenstange von Zylinder 2A einfährt?
(Abb. Aufg. 33)

36. Fertigen Sie das Weg-Schritt-Diagramm an!
Eingefahren = 0, ausgefahren = 1.
Tragen Sie die Signallinien ein!
(Abb. Aufg. 33)

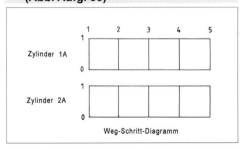

37. Welches Bauelement der dargestellten Pneumatik-Schaltung löst die Startfunktion aus?
(Anstelle eines 4/2 Wegeventils kann auch ein 5/2 Wegeventil verwendet werden)

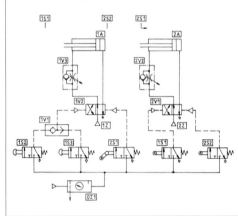

38. Zeichnen Sie für diese Pneumatik-Schaltung das Weg-Schritt-Diagramm.
Eingefahren = 0, ausgefahren = 1.
Tragen Sie die Signallinien ein.
(Abb. Aufg. 37)

39. Welches Bauelement der Pneumatikschaltung sorgt dafür, dass der Kolben des Zylinders 1A später einfährt als der Kolben des Zylinders 2A?
(Abb. Aufg. 37)

40. Geben Sie die Reihenfolge der Schaltoperationen der einzelnen Bauelemente in Form von Ziffern an, wenn Sie die Schaltung starten.
(Abb. Aufg. 37)

Maschinen- und Gerätetechnik — Elektro-Pneumatik

Elektro-Pneumatik

41. a) Unterbreiten Sie einen Lösungsvorschlag, um für diese Schaltung Dauerbetrieb einzuleiten.
b) Diese Pneumatik-Steuerung soll elektropneumatisch angesteuert werden. Verwenden Sie zwei von beiden Seiten elektropneumatisch ansteuerbare 5/2 Wegeventile. Entwickeln Sie dafür den Stromlaufplan. Steuerteil und Leistungsteil sind getrennt darzustellen. Ferner ist die direkte Ansteuerung zu zeichnen. Allerdings sollen hierbei beide Kolben nach rechts ausfahren.
(Anstelle eines 4/2 Wegeventils kann auch ein 5/2 Wegeventil verwendet werden)

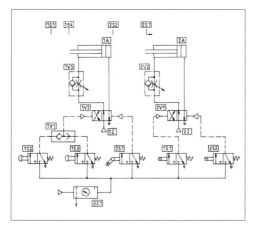

42. Welche Behauptung über die Steuerung ist nicht richtig? (Abb. Aufg. 43)

① Die 3/2 Wegeventile 1S1 und 1S2 können von verschiedenen Stellen aus den Start der Steuerung einleiten
② Das Stellglied 1V2 bleibt so lange geschaltet, bis es einen neuen Druckluftimpuls erhält, umzuschalten
③ Schaltet das Ventil 1S3, fährt der Kolben ein
④ Schaltet das Ventil 1S3, fährt der Kolben aus
⑤ Bauelement 0Z1 ist die Aufbereitungseinheit

43. Was zeigt der folgende Schaltplan nicht?
(Anstelle eines 4/2 Wegeventils kann auch ein 5/2 Wegeventil verwendet werden)

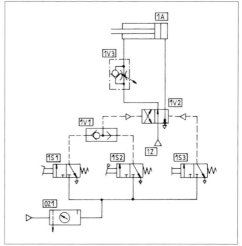

① Eine Aufbereitungseinheit
② Eine Umsteuerung durch ein Wechselventil
③ Eine Umsteuerung durch ein Zweidruckventil
④ Eine Umsteuerung durch ein 4/2 Wegeventil
⑤ Eine Geschwindigkeitsregulierung beim Ausfahren des Kolbens

44. Was geschieht, wenn das Ventil 1S3 betätigt wird? (Abb. Aufg. 43)

① Der Kolben fährt ein
② Der Kolben fährt aus
③ Das Stellglied 1V2 wird geschaltet und der Kolben fährt auf Mittelstellung
④ Die rechte Zylinderkammer wird schnellentlüftet
⑤ Das Drosselrückschlagventil wird abgesperrt

Elektro-Pneumatik Maschinen- und Gerätetechnik

45. a) Welches Bauelement befindet sich nicht in dieser Pneumatik-Schaltung?
(Anstelle eines 4/2 Wegeventils kann auch ein 5/2 Wegeventil verwendet werden)

46. Welche Aussage können Sie zur Steuerung des Vor- und Rücklaufes der Kolbenstange machen?
(Anstelle eines 4/2 Wegeventils kann auch ein 5/2 Wegeventil verwendet werden)

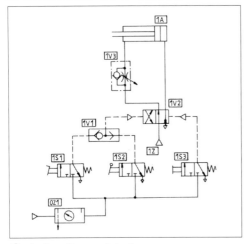

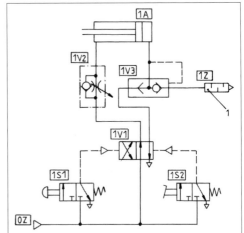

① Aufbereitungseinheit
② Doppeltwirkender Zylinder
③ Drosselrückschlagventil
④ 3/2 Wegeventil
⑤ Zweidruckventil

b) Für diese Pneumatik-Steuerung ist eine Elektropneumatik-Schaltung einzurichten.
Entwickeln Sie den pneumatischen und den elektrischen Schaltplan der Steuerung. Verwenden Sie ein beidseitig ansteuerbares elektropneumatisches 5/2 Wegeventil.
Zeichnen Sie die direkte Ansteuerung und die indirekte Ansteuerung.

47. Erklären Sie die Funktionszusammenhänge von Bauelement 1V3 und dem mit 1 bezeichneten Teil, wenn die Kolbenstange einfährt. (Abb. Aufg. 46)

48. Welches Bauelement muss betätigt werden, damit das Schnellentlüftungsventil schaltet? (Abb. Aufg. 46)

Maschinen- und Gerätetechnik — Elektro-Pneumatik

49. Welche Steuerung zeigt das folgende Schaltbild?
(Anstelle eines 4/2 Wegeventils kann auch ein 5/2 Wegeventil verwendet werden)

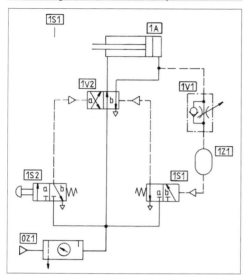

① Umsteuerung eines Zylinders durch Zweidruckventil

② Zeitverzögerte Vorlaufsteuerung

③ Zeitverzögerte Umsteuerung des Zylinders

④ Beschleunigte Impulssteuerung

50. Welche Aufgabe haben bei dieser Schaltung die drei Bauteile: Drosselrückschlagventil, Speicher und Ventil 1S1? Begründen Sie Ihre Antwort. (Abb. Aufg. 49)

51. Wodurch wird die Steuerleitung vor dem Stellglied für den Rückhub aktiviert? (Abb. Aufg. 49)

52. a) Erstellen Sie eine Tabelle. Geben Sie für alle Bauteile die fachgerechten Bezeichnungen an, und ordnen Sie den Bauelementen die Elementziffern zu.

b) Zeichnen Sie das Funktionsdiagramm für diese Schaltung!
(Anstelle eines 4/2 Wegeventils kann auch ein 5/2 Wegeventil verwendet werden)

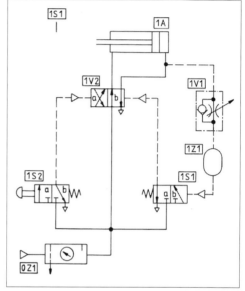

53. Ein Schieber soll mit einem einfach wirkenden Zylinder von zwei Stellen aus pneumatisch angesteuert, geöffnet und geschlossen werden können. Die Betätigung erfolgt durch einen Schalter mit Raste. Wird der Schieber durch Betätigen des ersten Schalters (1S1) bzw. (S1) geöffnet, so muss er zunächst durch Betätigen von (1S1) bzw. (S1) wieder geschlossen werden, bevor er mittels Schalter (1S2) bzw. (S2) geöffnet bzw. geschlossen werden kann.

a) Entwickeln Sie dafür einen Pneumatik-Schaltplan.

b) Erstellen Sie eine elektropneumatische Schaltung für diese Problemstellung, und zeichnen Sie dafür den Stromlaufplan mit direkter und indirekter Ansteuerung.

Elektro-Pneumatik Maschinen- und Gerätetechnik

54. Eine Spannvorrichtung soll pneumatisch geschlossen werden, wenn ein Werkstück in der Vorrichtung liegt (Kolbenstange eingefahren, Abfrage mit 1S3) und der Betätigungshebel E1 = 1S1 gedrückt wird.
Wird der Betätigungsknopf E2 = 1S2 gedrückt, öffnet sich die Spannvorrichtung unabhängig vom Zustand des anderen Schalters.
Die Schließgeschwindigkeit ist einstellbar.

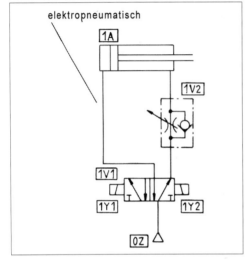

elektropneumatisch

a) Zeichnen Sie den Pneumatik-Schaltplan mit zwei verschiedenen Lösungswegen!
b) Die Spannvorrichtung wird elektropneumatisch angesteuert. Erstellen Sie für diese Problemstellung den Stromlaufplan, wobei Steuerteil und Leistungsteil getrennt darzustellen sind.

55. Ein Hoftor wird mit einem doppelt wirkenden Zylinder betätigt. Auf jeder Seite des Tores befindet sich jeweils ein Taster zum Öffnen und Schließen dieses Tores.
a) Entwickeln Sie eine pneumatische Schaltung.
b) Entwickeln Sie für diese Problemstellung eine elektropneumatische Schaltung, und zeichnen Sie dafür den Stromlaufplan.

56. Eine Presse wird pneumatisch angesteuert. Die Presse schließt sich nur, wenn der Bediener zwei 80 cm auseinander stehende Knöpfe betätigt. Beim Erreichen der Endlage öffnet sich die Presse nach einer kurzen Verzögerungszeit.
a) Entwickeln Sie die dafür erforderliche Pneumatik-Schaltung
b) Zeichnen Sie die elektropneumatische Lösung und den dafür erforderlichen Stromlaufplan mit getrenntem Steuer- und Leistungsteil.

57. Bei einer pneumatisch gesteuerten Biegemaschine wird das Werkstück von Hand in den Schraubstock gelegt. Das Spannen erfolgt über einen Fußtaster. Nach dem Spannen erfolgt automatisch der Biegevorgang, der über einen zweiten Zylinder angesteuert wird. Nach Beendigung des Biegevorganges öffnet sich die Spannvorrichtung selbsttätig.
a) Entwickeln Sie für diese Problemstellung den Pneumatik-Schaltplan.
b) Entwickeln Sie eine elektropneumatische Ablaufsteuerung mit magnetischen Grenztastern.

Maschinen- und Gerätetechnik — Schmierung, Reibung

1.5.8 Schmierung, Reibung

1. Wodurch erreicht man bei Sinterlagern die Schmierwirkung?

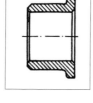

① Durch eine Zentralschmierung

② Durch eine Ringschmierung

③ Indem Sinterlager vor dem Einbau mit Öl getränkt werden und dieses Öl während des Laufes zur Schmierung abgegeben wird

④ Durch Tropföler mit Reguliernadel

⑤ Durch einen Dochtöler an der Lagerstelle

2. Welche Aussage zur nebenstehend dargestellten Buchse ist falsch?

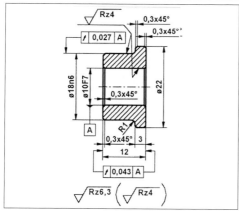

① Die Rundlaufabweichung darf höchstens 0,027 mm betragen. Bezugselement ist die Achse der Bohrung.

② Das Nennmaß mit Toleranzklasse ⌀ 10 F7 muss mit ⌀ 10 f7 bezeichnet werden.

③ Die Planlaufabweichung darf beidseitig höchstens 0,043 mm betragen. Bezugselement ist die Achse der Bohrung.

④ Die beiden Nennmaße mit Toleranzklasse dürfen eine gemittelte Rauhtiefe von R_z = 4 µm nicht überschreiten.

⑤ keine

3. Der Vorschubschlitten einer Drehmaschine wird betätigt. Wann ist der Verschleiß der gleitenden Flächen am größten?

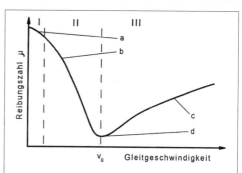

I : Gebiet der Festkörperreibung
II : Gebiet der Mischreibung (=Festkörper- und Flüssigkeitsreibung)
III : Gebiet der Flüssigkeitsreibung
$v_ü$: Übergangsgeschwindigkeit

① Bei Festkörperreibung
② Bei Mischreibung
③ Bei Flüssigkeitsreibung
④ Bei der Übergangsgeschwindigkeit von der Mischreibung in die Flüssigkeitsreibung

4. Das Bild aus Aufg. 3 stellt die Reibungskurve nach Stribeck dar. An welcher Stelle ist der Verschleiß der gleitenden Flächen am höchsten? An:

① Stelle a
② Stelle b
③ Stelle c
④ Stelle d

5. Nennen Sie je drei Beispiele, wo Reibung
a) unerwünscht
c) erwünscht ist.

6. Welche Arten der Reibung unterscheidet man?

1.5.9 Schneidstoffe, Standzeit, Schnittgeschwindigkeit

1. Bei welchem der genannten Schneidstoffe können die höchsten Schnittgeschwindigkeiten gefahren worden?

① Bei Hartmetallen
② Bei HSS-Stählen
③ Bei oxidkeramischen Schneidstoffen
④ Bei legierten Werkzeugstählen
⑤ Bei niedrig legierten Werkzeugstählen

2. Welche Voraussetzungen müssen für einen wirtschaftlichen Einsatz von oxidkeramischen Schneidstoffen zum Drehen geschaffen sein?

① Eine hohe Stückzahl der zu bearbeitenden Teile
② Viele gleiche Drehmaschinen
③ Erschütterungsfrei arbeitende und starre Werkzeugmaschinen, die sehr hohe Drehzahlen zulassen
④ Die Werkzeugmaschine muss mit einem Vorgelege ausgerüstet sein

3. Was versteht man unter Standzeit?

① Die Zeitspanne bis zum nötigen Wiederanschliff, in der die Schneide Schnittarbeit verrichtet hat
② Die Zeit, die das Werkstück zur Bearbeitung auf der Maschine stand
③ Die Zeit, in der die Maschine nicht arbeitete, sondern in Ruhe stand
④ Die Zeit, in der die Maschine umgerüstet wird und die Arbeitsspindel stand

4. Wie wird die Spanbildung durch den Spanwinkel und die Schnittgeschwindigkeit beeinflußt?

① Große Schnittgeschwindigkeit und ein großer Spanwinkel führen zu Fließspanbildung
② Kleine Schnittgeschwindigkeiten und kleiner Spanwinkel ergeben einen Fließspan
③ Große Schnittgeschwindigkeiten und ein großer Spanwinkel führt zu Reißspanbildung
④ Negative Spanwinkel und kleine Schnittgeschwindigkeiten ergeben einen Fließspan

5. Welche Aussage über oxidkeramische Schneidstoffe trifft nicht zu?

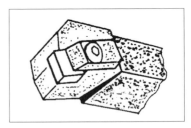

① Sie sind äußerst verschleißfest
② Sie behalten ihre chemische Beständigkeit auch bei hohen Temperaturen
③ Die hohe Härte bleibt auch bei hohen Temperaturen erhalten
④ Sie sind unempfindlich gegen Schlag- und Biegebeanspruchung
⑤ Das Arbeiten mit hohen Schnittgeschwindigkeiten ist möglich

1.5.10 Verbindungstechnik

1. Welche Verbindungsart beim Fügen gehört zu den lösbaren Verbindungen?

① Nieten
② Löten
③ Schweißen
④ Kleben
⑤ Stiften

2. Eine Sechskantschraube hat die Bezeichnung: M 16 x 80 ISO 4014 - 8.8. Was wird mit der Angabe 8.8 gekennzeichnet?

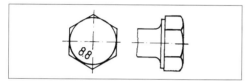

① Festigkeitsklasse
② Die Werkstoffbezeichnung
③ Die Schraubenart
④ Die Gewindelängenangabe
⑤ Daraus ist ersichtlich, dass es sich um eine Schraube aus NE-Metall handelt

3. Welche Aussage über Stiftverbindungen ist nicht richtig?

① Die Verbindung mit Kerbstiften ist preiswert, weil die Bohrung nicht aufgerieben wird
② Kerbstifte sind als Passstifte ungeeignet
③ Kegelstifte verwendet man bei Werkzeugen, die wieder gelöst werden können
④ Spannhülsen spannen erheblich genauer als Zylinderstifte
⑤ Kegelstifte mit einem Außengewindeansatz lassen sich mit einer Mutter wieder leicht aus der Bohrung ziehen

4. Welche Verbindungsart beim Fügen gehört zu den unlösbaren Verbindungen?

① Stiften
② Schrauben
③ Nieten
④ Keilen
⑤ Fügen mit Passfedern

5. Welche Verbindungsart wird für hochbeanspruchte Kraftübertragungen im Werkzeugmaschinenbau und Kraftfahrzeugbau verwendet?

① Verbindung durch Keilwellen- und Keilnabenprofil
② Verbindung durch die Zapfenfeder
③ Verbindung durch die Gleitfeder
④ Die Querkeilverbindung
⑤ Die Verbindung durch den Nasenkeil

6. Eine Sechskantschraube hat die Bezeichnung M 10 x 70 ISO 4017 - 10.9 Was bedeutet die Angabe 10.9?

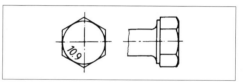

① Es ist die Angabe über die zulässige Dehnung der Schraube
② Mindestzugfestigkeit von 1000 N/mm²
③ Mindeststreckgrenze von 900 N/mm²
④ Mindestzugfestigkeit von 1000 N/mm² und Mindeststreckgrenze von 900 N/mm²
⑤ Es ist der Zahlenwert für die Mindestbruchdehnung der Schraube

7. Welche Stifte sind im nebenstehenden Bild dargestellt?

① Abscherstifte
② Spannhülsen
③ Zylinderstifte
④ Kegelstifte
⑤ Kerbstifte

Verbindungstechnik — Maschinen- und Gerätetechnik

8. Wie werden in der Regel Keilnabenprofile und Zahnnabenprofile hergestellt?

① Durch Walzfräsen
② Durch Formfräsen im Teilverfahren
③ Durch Räumen
④ Durch Funkenerodieren
⑤ Durch Hobeln

9. Welche der genannten Angaben für genormte Kegelstifte ist richtig?

① 1 : 100   ③ 1 : 30   ⑤ 1 : 10
② 1 : 50   ④ 1 : 20

10. Wann ist eine Dehnschraube richtig angezogen?

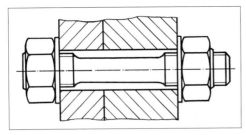

① Wenn sie unterhalb der Streckgrenze, d. h. im elastischen Bereich gespannt wird
② Wenn die Streckgrenze gering überschritten wird
③ Bis zur bleibenden Verformung der Schraube
④ Bis kurz vor den Bruch
⑤ Bis zum geringfügigen Überschreiten der Sicherheit

11. Was muss beim Verschrauben von Gehäusedeckeln und Flanschen mit mehreren Befestigungsschrauben besonders beachtet werden?

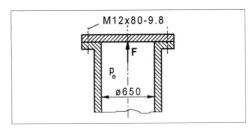

① Alle Schrauben müssen lang genug sein
② Alle Muttern sollen eine Unterlegscheibe haben
③ Alle Muttern müssen Rechtsgewinde haben
④ Die Schrauben bzw. die Muttern sollen über Kreuz und in mehreren Durchgängen angezogen werden
⑤ Die Schrauben sollten Dehnschrauben sein

12. In einem Getriebe mit großen Drehzahlen und genauem Rundlauf werden Welle und Zahnrad für die Kraftübertragung verbunden. Welches Verbindungselement ist geeignet?

① Treibkeil   ④ Einlegekeil
② Nasenkeil   ⑤ Passfeder
③ Flachkeil

13. Bei welcher Verbindung erzielt man die geringste Unwucht? Bei der Verbindung mit einem:

① Zahnprofil   ④ Hohlkeil
② Treibkeil   ⑤ Nasenkeil
③ Einlegekeil

Maschinen- und Gerätetechnik — Verbindungstechnik

14. Was kann beim Vorspannen von Schrauben nicht passieren?

① Die Schraube dehnt sich
② Die Teile werden zusammengedrückt und die Schraube dehnt sich
③ Bei zu starker Vorspannung mit bleibender Dehnung der Schraube vermindert sich die Vorspannung
④ Bei zu geringer Vorspannung der Schraube kann sich die Verbindung lösen
⑤ Kurze Schrauben können beim Vorspannen mehr gedehnt werden als lange Schrauben

15. Was erzielt man mit einem Drehmomentenschlüssel?

① Die richtige Vorspannkraft für Schrauben und Muttern
② Den richtigen Sitz für Muttern und Schrauben
③ Die erforderliche Zugspannung im Werkstück
④ Die nutzbare Belastung am Werkstück
⑤ Keine dieser Aussagen

16. Wodurch unterscheiden sich Passfedern von Keilen?

① Passfedern sind größer als Keile
② Keile bewirken eine Anpresskraft zwischen Welle und Nabe in radialer Richtung, Passfedern nicht
③ Passfedern verursachen eine Anpresskraft zwischen Welle und Nabe in axialer Richtung, Keile nicht
④ Passfedern verursachen beim Einlegen eine Unwucht, Keile beim Einziehen nicht
⑤ Keile sitzen lose in der Nabe, Federn fest

17. Welche Aussage über Nietverbindungen ist falsch?

① Sie gehören zur Gruppe der unlösbaren Verbindungen
② Die Schweißverbindungen verdrängen mehr und mehr die Nietverbindungen
③ Sie sind immer weniger belastbar als Schweißverbindungen
④ Feste und dichte Nietverbindungen findet man im Dampfkesselbau
⑤ Zweischnittige Nietverbindungen sind zweimal so hoch zu belasten wie einschnittige

18. Welche Muttern werden bei Schraubenverbindungen mit einem Splint durch den Gewindebolzen gesichert? Bei der:

① Hutmutter
② Flügelmutter
③ Kronenmutter
④ Überwurfmutter
⑤ Nutmutter

19. Was versteht man unter einem Drehmoment?

① Das Produkt aus Kraft mal Abstand zum Drehpunkt
② Die Gewichtskraft
③ Winkelbeschleunigung
④ Die Leistung
⑤ Die kinetische Energie

20. Bei welcher Keilverbindung werden gleichzeitig zwei Keile verwendet?

① Bei der Verbindung mit dem Nasenkeil
② Bei der Verbindung mit dem Flachkeil
③ Bei der Verbindung mit dem Einlegekeil
④ Bei der Verbindung mit dem Tangentkeil
⑤ Bei keiner dieser Verbindungen

Verbindungstechnik — Maschinen- und Gerätetechnik

21. Aus welchem Grund sollen Niet und Werkstück möglichst aus gleichem Werkstoff sein?

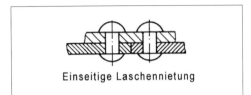

Einseitige Laschennietung

① Um Korrosion zu vermeiden
② Um die gleiche Festigkeit zu erzielen
③ Damit die Nietverbindung nicht zu viel Nietungen erfordert
④ Damit die Reibung zwischen Niet und Werkstück nicht zu groß wird
⑤ Aus keinem der genannten Gründe

22. Welche der genannten Mutternarten wird in der Regel zum Ein- und Nachstellen des axialen Spiels bei Wellen und Lagern verwendet?

① Sechskantmuttern
② Nut- oder Kreuzlochmuttern
③ Rändelmuttern
④ Hutmuttern
⑤ Kronenmuttern

23. Ein Druckgussgehäuse wird mit einem genau sitzenden Flansch verschraubt. Dieser Flansch muss sehr häufig abgenommen werden.
Welche Schraubenart ist für die Verschraubung am geeignetsten?

① Die Dehnschraube
② Die Stiftschraube
③ Die Sechskantschraube
④ Die Zylinderschraube mit Innensechskant

24. Welche Neigung haben üblicherweise genormte Keile?

① 1 : 100 ③ 1 : 70 ⑤ 1 : 30
② 1 : 80   ④ 1 : 50

25. Welche der vier dargestellten Nietverbindungen kann am höchsten belastet werden? Alle Nieten haben den Durchmesser von 6 mm.

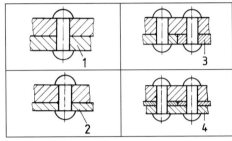

① Bild 1 ③ Bild 3
② Bild 2 ④ Bild 4

26. Um welche Art der Schraubensicherung handelt es sich bei der im Bild dargestellten Sicherung?

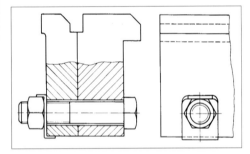

① Sicherung mit Federring
② Sicherung mit Zahnscheibe
③ Sicherung mit Kronenmutter
④ Sicherungsblech mit Nase
⑤ Sicherungsblech mit Lappen

Maschinen- und Gerätetechnik — Verbindungstechnik

27. Welche Schraube wird hier in diesem Bild verwendet?

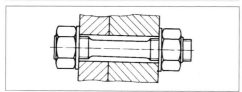

① Die Stiftschraube
② Die Passschraube
③ Die Dehnschraube
④ Die Zylinderschraube mit Innensechskant
⑤ Die Sechskantschraube

28. Welcher Keil wird für die Verbindung zum Übertragen sehr großer Drehmomente und stoßartiger Wechselbelastungen verwendet?

① Der Tangentkeil   ④ Der Einlegekeil
② Der Nasenkeil   ⑤ Der Treibkeil
③ Der Flachkeil

29. Zwei Kupferbleche sollen miteinander vernietet werden. Welcher Niet sollte verwendet werden?

① Messingniet
② Kupferniet
③ Aluminiumniet
④ Niet aus gut umformbarem Stahl
⑤ Niet aus säurebeständigem Stahl

30. Worauf beruht die Sicherungswirkung beim Sichern mit einer Gegenmutter (Kontern)?

① Die beiden Muttern bremsen sich gegenseitig
② Die Kontermutter (Gegenmutter) zieht die eigentliche Befestigungsmutter besser fest
③ Der obere Bolzenteil wird durch die Kontermutter nochmals gedehnt und dabei werden die beiden Muttern gegeneinander gepresst, wodurch eine große Reibung entsteht
④ Die Dehnung der Mutter bewirkt die Sicherung

31. Bei einem Plattenführungsschnitt werden die Platten durch eine Schraubenverbindung zusammengehalten. Die genaue Lage der Platten wird durch Stifte fixiert. Welche Stifte worden in der Regel benutzt?

① Passstifte   ④ Kerbstifte
② Kegelstifte   ⑤ Spannhülsen
③ Befestigungsstifte

32. Welche der genannten Verbindungen gewährt höchsten Rundlauf?

① Verbindung durch eine Passfeder
② Verbindung durch einen Einlegekeil
③ Verbindung durch einen Nasenkeil
④ Verbindung durch einen Tangentkeil
⑤ Verbindung durch einen Treibkeil

33. Welcher Niet kann für Nietstellen verwendet worden, die nur von einer Seite her zugänglich sind?

① Blindniet   ④ Nietstift
② Hohlniet   ⑤ Halbrundniet
③ Senkniet

34. Welche der Verbindungen ist eine Scheibenfeder-Verbindung?

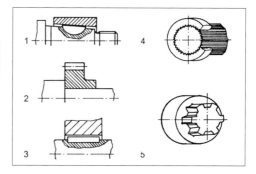

① Bild 2   ③ Bild 5   ⑤ Bild 3
② Bild 4   ④ Bild 1

Verbindungstechnik Maschinen- und Gerätetechnik

35. Welche Verbindungsart in Abb. von Aufg. 34 kann das größte Drehmoment übertragen?

① Keilwellenverbindung
② Kerbzahnverbindung
③ Passfederverbindung
④ Scheibenfederverbindung
⑤ Schrumpfverbindung

36. Wie vielschnittig ist diese Stiftverbindung?

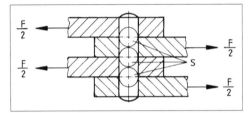

① Zweischnittig ④ Fünfschnittig
② Dreischnittig ⑤ Sechsschnittig
③ Vierschnittig

37. Welche Mutter wird zum Schützen von Bolzenenden verwendet?

① Hutmutter ④ Schweißmutter
② Kronenmutter ⑤ Sechskantmutter
③ Rändelmutter

38. Wozu dienen in erster Linie Abscherstifte?

① Zum Befestigen von Buchse und Welle
② Zum genauen Fixieren von aufeinanderliegenden Platten
③ Als Kerbstifte für Verbindungselemente im Maschinenbau
④ Für Abscherversuche bei Reihenuntersuchungen
⑤ Sie verhindern durch Abscheren z. B. eine Verbindung zwischen Antriebs- und Arbeitsspindel eine Überlastung hochwertiger und teurer Werkzeugmaschinen

39. Welche Mutternart wird in der Regel mit Feingewinde hergestellt?

① Schlitzmutter ④ Kronenmutter
② Nutmutter ⑤ Sechskantmutter
③ Flügelmutter

40. Woran ist zu erkennen, nach welchen Toleranzen Zylinderstifte gefertigt werden?

① An der Oberflächenqualität
② An den Formen der Stiftenden
③ An den Längen der Stifte
④ An den Durchmesserbereichen der Stifte
⑤ An keiner der Aussagen

41. Welche Feder wird in der Regel für Verbindungen kegeliger Wellenansätze verwendet?

① Die Scheibenfeder
② Die Gleitfeder
③ Die rundstirnige Passfeder
④ Die Passfeder mit Mittelzapfen
⑤ Die Passfeder mit Halteschrauben

42. Welche unterschiedlichen Beanspruchungsarten treten überwiegend auf
a) bei Bolzen,
b) bei Achsen,
c) bei Wellen?

Maschinen- und Gerätetechnik — Vorrichtungsbau, Werkzeugbau

1.5.11 Vorrichtungsbau

1. Worauf hat man bei dem Einsatz von Steckbohrbuchsen besonders zu achten?

2. Nennen Sie zwei Schnellspannelemente aus dem Vorrichtungsbau.

3. Nennen Sie fünf wesentliche Vorteile von Vorrichtungen.

4. Welchen Stahl verwendet man in der Regel für Spanneisen? Begründen Sie dies.

1.5.12 Werkzeugbau

1. Das nebenstehende Bild zeigt den Aufbau eines Presswerkzeuges. Welche Aussage ist falsch?

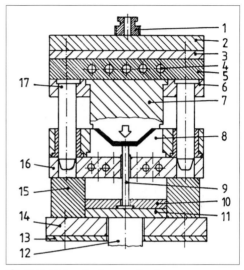

① Teil 10 ist die Auswerferplatte
② Teil 9 ist der Auswerfer
③ Teil 8 ist die Matrize
④ Teil 7 ist die Patrize
⑤ Teil 8 ist die Patrize

2. Welche Aussage zum Bild oben ist nicht richtig?

① Die Pressmasse wird vorgewärmt
② Teile 17 führen und positionieren
③ Beim Auffahren der Form bleiben die Teile 8 bis 16 unbewegt
④ Teil 7 ist der Formstempel und wird nicht erwärmt
⑤ Nach dem Pressen und Aushärten bewegen sich die Teile 9 bis 12

Werkzeugbau — Maschinen- und Gerätetechnik

3. Welcher der Werkstoffe für das Presswerkzeug im Bild oben ist nicht geeignet?

① Teil 6:   C 45 W3
② Teil 7:   S235JR
③ Teil 8:   20 MnCr5
④ Teil 10: 1 C 45
⑤ Teil 1:   E205

4. Welche Besonderheit hat ein Ausschneidstempel eines Gesamtschneidwerkzeuges?

5. Das Nachschneiden mit Nachschneidewerkzeugen gehört zu den spanenden Trennverfahren. Beschreiben Sie dieses Verfahren, und nennen Sie die Vorteile.

6. Nennen Sie Vorteile von Säulengestellen im Schneidwerkzeugbau.

7. Wie sind Schneidplatten und -stempel zu gestalten, um Schneidkräfte zu verkleinern?

8. Warum muss der Einspannzapfen eines Folgeschneidwerkzeuges im Kräftemittelpunkt angebracht werden?

9. Wovon ist die Größe des Schneidspaltes zwischen Schneidstempel und -platte abhängig?

10. Welche Vorschubbegrenzungen des Schneidstreifens im Folgewerkzeug kennen Sie, und wonach richten sich diese?

11. Welche Aufgabe hat beim Tiefziehen der Niederhalter?

12. Welche Vorteile bietet das Herstellen von Teilen mit Feinschneidwerkzeugen, und wie erreicht man dies?

13. Wie lautet die fachgerechte Bezeichnung dieser Presse?

① Kurbelpresse
② Ziehpresse
③ Exzenterpresse
④ Spindelschlagpresse
⑤ Einständerpresse

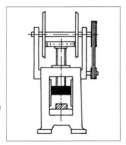

Die Lösungen finden Sie im Lösungsteil auf Seite 33.

1.5.13 Zahnräder, Verzahnung

1. Welchen Vorteil bieten u. a. schrägverzahnte Zahnräder

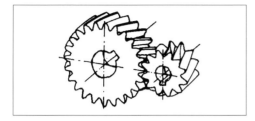

① Sie lassen sich leichter herstellen
② Sie sind preiswerter
③ Sie laufen weich und geräuscharm
④ Sie benötigen keine so gute Lagerung wie geradverzahnte Räder
⑤ Die Wartung ist geringer

2. Was wird im nachstehenden Bild mit der Zahl 2 gekennzeichnet?

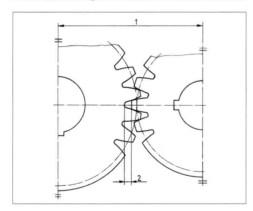

① Die Toleranz des kleinen Zahnrades
② Die Toleranz des großen Zahnrades
③ Das Kopfspiel
④ Die Teilung
⑤ Der Modul

3. Was wird im Bild mit der Zahl 4 gekennzeichnet?

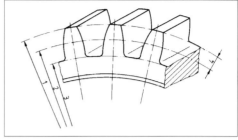

① Das Kopfspiel
② Die Kopfhöhe
③ Die Fußhöhe
④ Die Teilung
⑤ Der Kopfkreisdurchmesser

4. Was wird im Bild mit der Zahl 3 gekennzeichnet? (Abb. Aufg. 3)

① Das Kopfspiel
② Der Kopfkreisdurchmesser
③ Der Fußkreisdurchmesser
④ Der Achsabstand
⑤ Der Modul für dieses Zahnrad

5. Was wird im Bild mit der Zahl 1 gekennzeichnet? (Abb. Aufg. 3)

① Der Kopfkreisdurchmesser
② Der Teilkreisdurchmesser
③ Der nötige Achsabstand
④ Der Fußkreisdurchmesser
⑤ Der Modul

6. Wie heißt der im Bild mit 2 bezeichnete Durchmesser? (Abb. Aufg. 3)

① Außendurchmesser
② Mittendurchmesser
③ Fußkreisdurchmesser
④ Zahnradmittendurchmesser
⑤ Teilkreisdurchmesser

7. Was wird im Bild mit dem Buchstaben a gekennzeichnet?

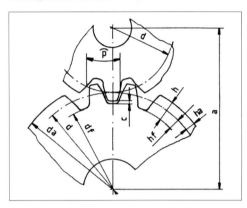

① Der Durchmesser der beiden Zahnräder
② Der Kopfkreisdurchmesser
③ Der Achsabstand
④ Das Kopfspiel
⑤ Die Zahnradteilung beider Zahnräder

8. Welche Aussage stimmt nicht?

① Zahnräder, die miteinander laufen, müssen nicht den gleichen Modul haben
② Im Maschinenbau verwendet man die Evolventenverzahnung
③ Der Teilkreisdurchmesser errechnet sich aus $d = m \cdot z$
④ Schneckengetriebe ermöglichen große Übersetzungen
⑤ Zahnräder werden auch durch Wälzfräsen gefertigt

9. Welche Aussage über die Pfeilverzahnung ist richtig?

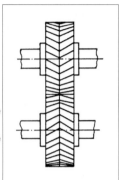

① Sie wird für kleine Zahnräder hergestellt
② Sie hat keinen Verschleiß
③ Durch diese Ausführung der Zähne heben sich die axialen Zahnkräfte gegenseitig auf
④ Für Großgetriebe ist diese Verzahnung nicht geeignet

10. Welche Aussage über schrägverzahnte Zahnräder stimmt nicht?

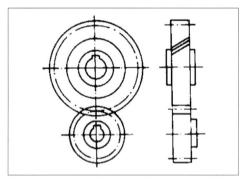

① Die Zähne greifen allmählich ineinander
② Es greifen mehrere Zähne gleichzeitig ein
③ Die Zähne können links- und rechtssteigend sein
④ Sie erzeugen nur Radialkräfte und keine Axialkräfte
⑤ Sie sind hoch belastbar und laufen geräuscharm

Maschinen- und Gerätetechnik — Zahnräder, Verzahnung

11. Welches der dargestellten Bilder zeigt eine Pfeilverzahnung?

① Bild a   ③ Bild f   ⑤ Bild b
② Bild c   ④ Bild d

12. Welche Behauptung über Zahnräder mit Pfeilverzahnung trifft nicht zu?

① Mit diesen Zahnrädern können sehr hohe Kräfte übertragen werden
② Wegen der Doppelverzahnung ist die Herstellung teuer
③ Die Lager müssen bei diesen Zahnrädern sehr hohe axiale Schubkräfte aufnehmen
④ Es treten keine axialen Schubkräfte für die Lager auf
⑤ Durch die Pfeilverzahnung sind die Axialkräfte zur Pfeilspitze hin, d. h. zur Zahnradmitte gerichtet

13. Welches der dargestellten Bilder zeigt einen Kegeltrieb?

① Bild a   ③ Bild c   ⑤ Bild b
② Bild f   ④ Bild d

14. Welches der im Bild dargestellten Getriebe wird für Planetengetriebe verwendet?

① Bild c   ③ Bild b   ⑤ Bild d
② Bild a   ④ Bild f

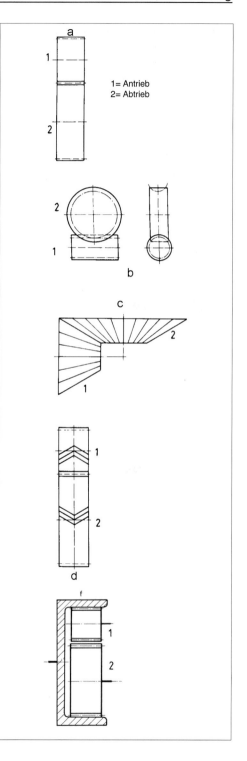

CNC-Technik Informationstechnik

1.6 Informationstechnik

1.6.1 CNC-Technik

1. **Mit welchem Adressbuchstaben wird bei der CNC-Programmierung die Zusatzfunktion angegeben?**

   ① G ③ C ⑤ M
   ② T ④ F

2. **Welche Aufgabe hat die Wegbedingung G 40 bei der Programmierung von NC-Maschinen?**

   ① Geradeninterpolation
   ② Kreisinterpolation im Uhrzeigersinn
   ③ Gewindebohren
   ④ Aufheben der Werkzeugkorrektur
   ⑤ Ebenenauswahl YZ

3. **Welche Bedeutung hat die G-Funktion G 03 bei der CNC-Programmierung?**

   ① Parabelinterpolation
   ② Kreisinterpolation im Gegenuhrzeigersinn
   ③ Ebenenauswahl XY
   ④ Kreisinterpolation im Uhrzeigersinn
   ⑤ Aufheben des Arbeitszyklus

4. **Welcher der genannten Begriffe gehört nicht in den Bereich der Steuerung von NC-Maschinen?**

   ① Programmspeicher
   ② Mikroprozessor
   ③ Kugelumlaufspindel
   ④ Rechenwerk
   ⑤ Anpasssteuerung

5. **Mit welcher Steuerungsart einer NC-Maschine ist ein Tiefziehwerkzeug eines PKW-Scheinwerfers zu fertigen? Mit:**

   ① Jeder Steuerung
   ② Der Streckensteuerung
   ③ Der Punktsteuerung
   ④ Der Bahnsteuerung
   ⑤ Der Soll-Ist-Vergleichs-Steuerung

6. **Wann bietet sich bei der Fertigung mit NC-Maschinen eine Werkstück-Nullpunktverschiebung an?**

   ① Beim Drehen von Kurven und Radien
   ② Bei Werkstücken mit sich wiederholenden Konturen wie z. B. bei Mehrfachformwerkzeugen
   ③ Zur kreisförmigen Bearbeitung
   ④ Beim Drehen von Fasen
   ⑤ Beim Drehen von Freistichen

7. **Für welche Fertigung genügt die Investition einer NC-Maschine mit Punktsteuerung?**

   ① Drahterodieren
   ② Gewinde erodieren ohne Formteilung
   ③ Kugel fräsen
   ④ Kegel drehen
   ⑤ Bohren von Sacklöchern

8. **Welche Bedeutung hat bei NC-Maschinen beim Drehen und Fräsen die Wegbedingung G 40?**

   ① Ebenenauswahl XY
   ② Ebenenauswahl XZ
   ③ Schnittgeschwindigkeit konstant
   ④ Arbeitszyklus steuern
   ⑤ Aufheben der Werkzeugkorrektur

9. **Welche Aussage zum folgenden CNC-Programmsatz ist falsch?**
   N 90 G 95 X 40 Z 30 F 0,3 S 200 T 02 M 05

   ① Satz Nr. 90, Spindelhalt
   ② In der X-Koordinate nach X 40,000 mm fahren, in der Z-Koordinate nach Z 30,000 mm fahren
   ③ Vorschub von 0,3 mm/min
   ④ Drehzahl n = 200 min^{-1}
   ⑤ Werkzeug Nr. 2

Informationstechnik — CNC-Technik

10. Die Adressenzuordnung in einem CNC-Programm ist genormt. Welche Zuordnung ist falsch?

① A Drehbewegung um X-Achse
② C Drehbewegung um Z-Achse
③ F Vorschub
④ M Zusatzfunktion
⑤ U Umfangsgeschwindigkeit

11. Die Zusatzfunktionen in einem CNC-Programm sind festgelegt. Welche Angabe ist nicht richtig?

① M 00 Programmierter Halt
② M 02 Programmende
③ M 04 Spindel im Uhrzeigersinn
④ M 05 Spindel halt
⑤ M 06 Werkzeugwechsel

12. Welche Aussage zu diesem Beispiel der Kreisprogrammierung ist falsch?

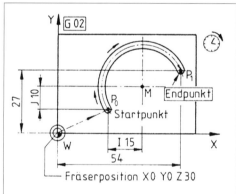

Satz Nr.	Weg-bedingung	Koordinaten			Interpolations-parameter		
N	G	X	Y	Z	I	J	K
N 40	G 02	G 17	X 54	Y 27	-	I 15	J 10	-

① Satz Nr. 40, Kreisinterpolation im Uhrzeigersinn
② Ebenenfestlegung XY-Ebene
③ Nach X 54 mm zum Endpunkt, nach Y 27 mm zum Endpunkt
④ M ist 15 mm vom Startpunkt entfernt
⑤ M ist 17 mm vom Startpunkt entfernt

13. Welche Aussage zu diesem Beispiel der Kreisprogrammierung ist nicht richtig?

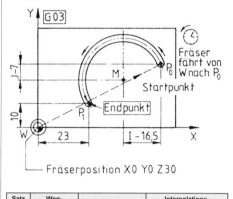

Satz Nr.	Weg-bedingung	Koordinaten			Interpolations-parameter		
N	G	X	Y	Z	I	J	K
N 40	G 03	G 17	X 23	Y 10	-	I –16,5	J –7	-

① Satz Nr. 40, Kreisinterpolation im Uhrzeigersinn
② Ebenenfestlegung XY-Ebene
③ Nach X 23 mm zum Endpunkt, nach Y 10 mm zum Endpunkt
④ Von P_0 - 16,5 mm zum Mittelpunkt M
⑤ Von P_0 - 7,0 mm zum Mittelpunkt M

14. Welche Aussage zur Kreisprogrammierung auf einer CNC-Fräsmaschine ist nicht richtig?

① Moderne CNC-Steuerungen gestatten es, den Radius R des Kreismittelpunktes M der Kreisbearbeitung direkt einzugeben, anstatt die Adressen I, J, K
② G 02 bedeutet Kreisinterpolation im Uhrzeigersinn
③ G 17 ist die Ebenenfestlegung der XY-Ebene
④ G 18 ist die Ebenenfestlegung der YZ-Ebene
⑤ Man programmiert I, J, K inkremental vom Ausgangspunkt der Kreisbearbeitung aus

Die Lösungen finden Sie im Lösungsteil auf Seite 34.

CNC-Technik — Informationstechnik

15. Welche Aussage zu CNC-Steuerungen ist falsch?

① Jede Bahnsteuerung enthält auch eine Punkt- und Streckensteuerung
② Als Verfahrwege werden beliebige Geraden, Kreisbögen und Winkel in der Ebene oder im Raum erzielt
③ Zwischen den Verfahrbewegungen in die verschiedenen Achsrichtungen besteht bei der Bahnsteuerung ein funktionaler Zusammenhang
④ Bei der Streckensteuerung erfolgt die Bearbeitung nur parallel zu den Koordinaten
⑤ Mit den neuesten Streckensteuerungen lassen sich Kurven fräsen

16. Mit welchen Buchstaben wird an einer NC-Maschine die parallele Bewegung zur Z-Koordinate bezeichnet?

① A, B   ③ V, G   ⑤ R, P
② R, W   ④ U, P

17. Mit welchem Buchstaben wird bei einer NC-Maschine die Drehbewegung um die Y-Koordinate bezeichnet?

① Q   ③ A   ⑤ C
② B   ④ V

18. Welche Aussage zur NC-Gewindeprogrammierung ist falsch?

① Die Programmierung ist abhängig von dem jeweiligen Betriebssystem der Steuerung
② Das Schneiden von Gewinden kann in Einzelschritten oder als Gewindezyklus programmiert werden
③ Gewindedrehen in Einzelschritten programmiert man mit G 53
④ Mit der Adresse K programmiert man die Gewindesteigung
⑤ Der Gewindedurchmesser muss programmiert werden

19. Welche Aussage für das NC-Drehen ist nicht richtig?

① Ändert sich der Durchmesser des Drehteils, ist eine konstante Drehzahl unwirtschaftlich
② Mit Befehl G 97 und nachfolgender Adresse S mit Angabe der Drehzahl in min^{-1} wird eine konstante Drehzahl programmiert
③ Mit G 94 oder mit G 95 wird der Vorschub in mm/min bzw. in mm je Umdrehung programmiert
④ Durch G 96 mit S 85 ist eine konstante v_c = 85 m/min programmiert
⑤ Mit G 97 ist die konstante Schnittgeschwindigkeit zu programmieren

20. Was gehört beim Programmieren von NC-Maschinen nicht in die Gruppe technologischer Daten?

① Spindeldrehzahl
② Schnittgeschwindigkeit
③ Vorschubgeschwindigkeit
④ Kühlung
⑤ Programm erstellen

21. Wodurch zeichnen sich hinsichtlich der Lagerung die Schlittenbewegungen und -führungen bei den CNC-Werkzeugmaschinen besonders aus?

22. Mit welchen Motoren werden die Achsen der CNC-Werkzeugmaschinen betrieben und welche Positioniergenauigkeiten werden erzielt?

23. Geben Sie die gravierenden Vorteile von CNC-Werkzeugmaschinen für die Produktion an.

24. Welche Nachteile haben die CNC-Werkzeugmaschinen?

25. Welche Merkmale müssen die Vorschubantriebe von CNC-Werkzeugmaschinen haben?

Informationstechnik   CNC-Technik

26. Geben Sie die wichtigsten Merkmale des Motors für den Hauptspindelantrieb von CNC-Werkzeugmaschinen an!

27. Welche Eigenschaften gewährleisten Kugelumlaufspindeln bei Achsantrieben von CNC-Werkzeugmaschinen?

28. Beschreiben Sie die Wirkungsweise dieser spiellosen Kugelumlaufspindel!

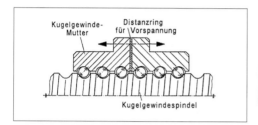

29. Welches Messverfahren wird hier an der CNC-Werkzeugmaschine verwendet? Beschreiben Sie den Vorgang!

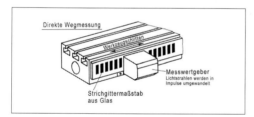

30. Beschreiben Sie den Vorgang der "indirekten Wegmessung" an einer CNC-Werkzeugmaschinen-Vorschubachse.

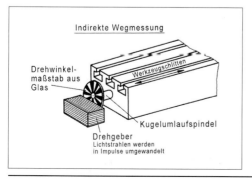

31. Beschreiben Sie die Funktionsweise der "digital-inkrementalen Wegmessung"! Wie erfolgt hierbei die Nullpunktverschiebung?

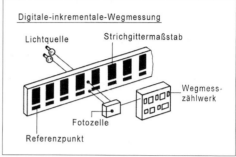

32. Welche Bedeutung hat bei CNC-Werkzeugmaschinen der Referenzpunkt und zu welcher Wegmessung ist der Referenzpunkt erforderlich?

33. Was wird an der CNC-Werkzeugmaschine bei der "digital-absoluten Wegmessung" augenblicklich gemessen?

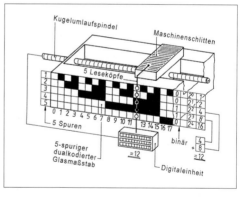

34. Wozu benötigt man den Referenzpunkt bei CNC-Werkzeugmaschinen?

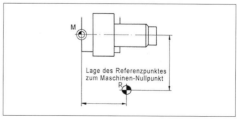

Die Lösungen finden Sie im Lösungsteil auf Seite 34 - 35.

CNC-Technik — Informationstechnik

35. Wozu dient der Werkstück-Nullpunkt und welche Bedeutung hat er zu den Zeichnungsmaßen? Zeigen Sie dies am Beispiel eines zu fräsenden Werkstückes!

36. Geben Sie fünf der wichtigsten Datenträger zur Informationsverarbeitung an!

37. Welchen Aufbau hat der Binär-Code?

38. Wie viele Zeichen sind auf dem 8-Spur-Lochstreifen mit ISO-Code nach DIN 66024 auf den sieben Spuren dargestellt und wie viele werden für die CNC-Werkzeugmaschinen-Programmierung benötigt?

39. Welche Funktion hat die 8. Spur auf dem 8-Spur-Lochstreifen mit ISO-Code nach DIN 66024?

40. Erstellen Sie für das dargestellte Werkstück das CNC-Programm!

41. Welche Bedeutung hat für den NC-Maschinen-Programmierer die Wegbedingung G 90? Zeigen Sie ein entsprechendes Bemaßungsbeispiel!

42. Welche Maßeintragungen für die NC-Programmierung unterscheidet man nach DIN 406, Teil 3? Ordnen Sie die entsprechenden Wegbedingungen zu und erklären Sie, was dies für die Maschinen-Steuerung bedeutet!

43. Was ist bei der NC-Bemaßung unter "Inkrementalbemaßung" zu verstehen und welcher Wegbedingung entspricht dies? Zeigen Sie dies an einem Bemaßungsbeispiel!

44. Das Langloch des Werkstückes wird auf einer CNC-Fräsmaschine hergestellt. Der Fräser befindet sich auf der Z-Achse in W direkt über dem Werkstück.
Tragen Sie die zu programmierenden Verfahrwege für P_1 bis P_4 in eine Tabelle ein!

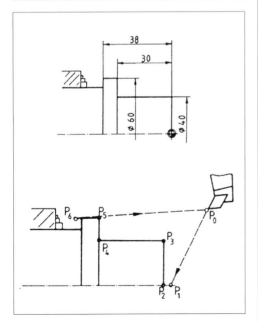

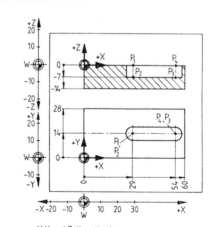

X, Y und Z-Koordinaten

Werkstückpunkte	P_1	P_2	P_3	P_4
x-Koordinate	29	29	54	54
y-Koordinate	14	14	14	14
z-Koordinate	0	-7	-7	0

Informationstechnik CNC-Technik

45. Ordnen Sie den Werkstück-Koordinaten-Ebenen jeweils die richtige Wegbedingung G zu!

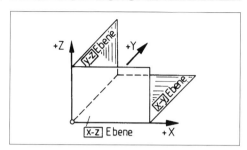

46. Welche Hilfe hinsichtlich der Maschinenkoordinaten nach DIN 66217 gibt uns die Rechte-Hand-Regel? Fertigen Sie für Ihre Erklärungen eine Skizze an!

47. Für das Programmieren komplizierterer Werkstücke z. B. in CNC-Bearbeitungszentren benötigt man neben den drei Hauptbewegungsrichtungen X, Y, Z oftmals weitere Koordinaten und Drehrichtungen. Veranschaulichen Sie alle festgelegten Bewegungsmöglichkeiten in einer Skizze und tragen Sie alle Bewegungen in diese Skizze ein! Ferner ist eine Tabelle zu erstellen, aus der diese Bewegungen mit zugehörigen Buchstaben übersichtlich zu erfassen sind!

48. Die Achsbezeichnungen von NC-Maschinen sind für das Drehen und Fräsen festgelegt.
Veranschaulichen Sie dies für das Drehen in Form einer Skizze.

49. Welche Steuerungsarten unterscheidet man bei NC-Maschinen? Ordnen Sie jeder Steuerungsart ein Maschinen-Beispiel zu!

50. Wie unterscheidet man die verschiedenen Steuerungsarten hinsichtlich ihrer steuerbaren Achsen? Ordnen Sie jeweils eine NC-Maschine als Beispiel hinzu!

51. Beschreiben Sie die technischen Möglichkeiten einer 3-D-Bahnsteuerung bei NC-Maschinen.

52. Welche Informationen können bei der Programmierung für eine CNC-Fräsmaschine in einem Satz enthalten sein?

53. Was versteht man bei einem CNC-Programm unter dem Begriff "Teileprogramm"?

54. Analysieren Sie in diesem Programmblatt den Satz N 90 und tragen Sie die Lösungen in die dafür vorgesehenen Spalten ein!

Programmblatt							
Satz Nr.	Wegbedingungen	Koordinaten Achsen			Vorschub	Spindeldrehzahl	Werkzeug	Zusatzfunktion
N	G	X	Y	Z	F	S	T	M
N 10	G 90							
N 20	G 95				F 0,2	S 200	T 01	M 04
Satz Beispiel N90	G 00	X 75		Z 20				
Erklärung Satz Nr. 90								

55. Wie lange halten die Programminformationen bei der NC-Programmierung im fortlaufenden Satz ihre Gültigkeit bei?

56. Was beinhaltet bei der NC-Programmierung alles ein "Wort"? Erklären Sie dies an einem Beispiel.

CNC-Technik — Informationstechnik

57. Welche Bedeutung hat die Werkzeugbahnkorrektur und was ist unter Äquidistante zu verstehen?

58. Geben Sie die Adressbuchstaben für die Technologiewerte der Schaltinformationen bei der NC-Programmierung an!

59. Erklären Sie die Wegbedingungen G 94 und G 95 bei der NC-Programmlerung!

60. Beschreiben Sie die Vorteile der Arbeitszyklen bei der NC-Programmierung.

61. Was versteht man bei der NC-Programmierung unter einem Unterprogramm? Welchen Vorteil haben Unterprogramme? Machen Sie dies an einem Beispiel deutlich!

62. Wodurch erfolgt an NC-Maschinen eine Werkstück-Nullpunktverschiebung und wann nutzt man diese?

63. Welche Angaben sind für die NC-Steuerung zur eindeutigen Berechnung der Kreisbahn erforderlich?

64. Was legt man bei der NC-Programmierung mit den beiden Wegbedingungen G 02 und G 03 fest?

65. Was bedeuten die Wegbedingungen G 41 und G 42?

66. Machen Sie anhand einer Skizze die Verwendung der Wegbedingungen G 41 und G 42 bei der NC-Programmierung deutlich, und geben Sie dafür die Vorteile an!

67. Was sind die Hauptvorteile der CNC-Werkzeugmaschine?

68. Was ist das "Herz" der Steuerung einer CNC-Werkzeugmaschine?

69. Welche Möglichkeiten der Programmeingabe für eine CNC-Fräsmaschine gibt es?

70. Welche Programmspeicher unterscheidet man für NC-Maschinen, und was enthalten diese Speicher?

71. Welche Steuerungsarten unterscheidet man bei NC-Steuerungen, und wie unterscheiden sich die Bearbeitungsmöglichkeiten?

72. Welchen Vorteil bieten die Einzelantriebsmotoren an einer CNC-Werkzeugmaschine?

73. Beschreiben Sie eine Kugelumlaufspindel, auch Kugelgewindespindel genannt, und nennen Sie Vorteile.

74. Wie kann die Regelung oder Steuerung einer Werkzeugmaschine erfolgen?

Die Lösungen finden Sie im Lösungsteil auf Seite 39 – 41.

Informationstechnik — Computertechnik

1.6.2 Computertechnik

75. Welche Aussage ist nicht richtig?

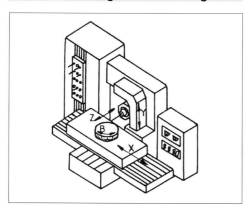

① Bearbeitungszentren besitzen eine große Flexibilität
② Das Bearbeitungszentrum hat vier Achsen
③ Die Fertigung lässt nur Werkstücke zu, die zwar komplex, aber stets gleich sind
④ Bearbeitungszentren werden bei kleinen bis mittleren Stückzahlen eingesetzt

76. Welche Aussage über Industrieroboter ist falsch?

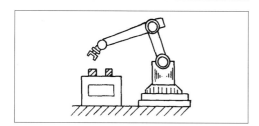

① Ein voll beweglicher Industrieroboter hat drei Hauptachsen
② Roboter produzieren nur Arbeitslose
③ Beim Lichtbogenschweißen von Nähten wird der Roboter auf der Bahnsteuerung im Raum geführt
④ Die Roboter benötigen für das Punktschweißen eine Punktsteuerung
⑤ Sensoren können Roboterbewegungen korrigieren

1. Zur Dateneingabe in einen Computer werden Eingabegeräte benötigt. Welches Gerät ist kein Eingabegerät?

① Keyboard
② Messfühler
③ Graphik-Tafeln
④ Lichtgriffel
⑤ BUS

2. Bei vielen Computern wird der "ASCII-Code" Zeichensatz verwendet. Welche der folgenden Aussagen zu diesem ASCII-Code ist falsch?

① ASCII heißt: American Standard Code for Information Interchange
② In diesem Zeichensatz werden die Buchstaben als Dezimalzahl verschlüsselt
③ In diesem Zeichensatz werden die Ziffern als Dualzahl verschlüsselt
④ In diesem Zeichensatz werden die Sender- und Steuerzeichen als Dezimal- und Dualzahl verschlüsselt
⑤ Der ASCII-Code ist die neueste Programmiersprache

3. In den Computern arbeitet man mit Speichern. Wie wird der Schreib- und Lesespeicher abgekürzt bezeichnet?

① ROM   ④ RAM-ROM
② RAM   ⑤ Steuerbus
③ CPU

4. Welche der Aussagen über den RAM-Speicher eines Computers trifft nicht zu?

① RAM ist die Abkürzung für Random Access Memory
② RAM ist ein Arbeitsspeicher
③ Wird der Strom ausgeschaltet, bleiben alle Daten erhalten
④ Wird der Strom ausgeschaltet, gehen alle Daten verloren
⑤ RAM ist ein Schreib- und Lesespeicher

Die Lösungen finden Sie im Lösungsteil auf Seite 41.

Computertechnik   Informationstechnik

5. Wie heißt die richtige Abkürzung für einen "Nur-Lese-Speicher" eines Computers, wo der Speicherinhalt beim Ausschalten der Anlage erhalten bleibt?

① READ ONLY
② MEMORY
③ CPU
④ ROM
⑤ RAM

6. Welche Aussage zum Mikroprozessor eines Computers trifft nicht zu?

① Der Mikroprozessor wird Chip genannt
② Der Chip ist die Einheit aus RAM und ROM
③ Im Chip werden die Berechnungen realisiert
④ Im Mikroprozessor werden die Programme abgearbeitet
⑤ Im Chip werden die Belegungen der Speicher verwaltet

7. Welcher der genannten Begriffe gehört nicht zu dem Bereich Peripheriegeräte einer Computer-Anlage?

① Drucker
② Plotter
③ Bildschirm
④ Maus
⑤ Mikroprozessor

8. Welcher der genannten Begriffe ist Bestandteil eines Computers?

① Nadeldrucker
② Festplatte
③ Plotter
④ Diskette
⑤ Typenraddrucker

9. Was gehört bei einer Computer-Anlage nicht zu den Ausgabegeräten?

① Drucker
② Plotter
③ Diskette
④ Monitor
⑤ Diskettenlaufwerk

10. Welche Aussage zur CPU in einem Mikro-Computer ist nicht richtig?

① Die CPU ist Central Processing Unit
② Die CPU wird Mikroprozessor genannt
③ Die CPU ist die Zentraleinheit
④ Die CPU steuert den Arbeitsablauf des Computers
⑤ Die CPU besteht aus BUS mit ROM

11. Um Daten außerhalb des Computers speichern zu können, werden mehrere Datenspeicher verwendet. Was gehört nicht dazu?

① CD-ROM
② Hard-Disk
③ MS-DOS
④ Kassette
⑤ Magnetband

12. Jeder Computer besteht aus einem Grundaufbau, um funktionstüchtig zu sein. Was gehört nicht dazu?

① Eingabeeinheit über Tastatur
② Zentraleinheit als Verarbeitungs- und Speicherteil
③ Ausgabeeinheit über Drucker
④ Ausgabe der Daten über Monitor
⑤ Programmiersprache

13. Welche Aussage ist falsch?

① Binäre Signale werden im Innern eines Computers transportiert
② Computer können elektrische Impulse in serieller oder paralleler Folge verarbeiten
③ Ein Bit besteht aus den Werten 0 oder 1
④ Eine Gruppe von 8 Bits nennt man 1 Byte
⑤ Mit einem Byte werden 365 verschiedene Werte dargestellt

Informationstechnik — Computertechnik

14. Was versteht man unter einem Byte?

① Ein Byte ist eine Signalgruppe von 8 Bits
② Es ist die kleinste Binäreinheit
③ Es ist die Zuordnung von Zeichen nach einem Code
④ Es ist eine festvereinbarte Zeit für den Rechner
⑤ Es ist die Zugriffszeit bei Festplatten

15. In welcher Antwort ist der Ablauf der Arbeitsweise eines Computers richtig?

① Verarbeitung der Daten, Eingabe der Daten, Ausgabe der Daten
② Dateneingabe, Datenausgabe, Verarbeitung der Dateni
③ Datenausgabe, Dateneingabe, Datenverarbeitung
④ Datenverarbeitung, Ausgabe der Daten, Dateneingabe
⑤ Eingabe der Daten, Verarbeitung der Daten, Ausgabe der Daten

16. Wie viele verschiedene Zeichen sind mit einem Byte darzustellen?

① 10 ③ 128 ⑤ 386
② 100 ④ 256

17. Was bedeutet in einem Struktogramm das dargestellte Sinnbild?

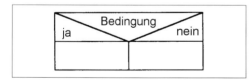

① Programm Start
② Programm Ende
③ Programmverzweigung
④ Eingabe
⑤ Verarbeitung

18. Welche Funktion hat in der Computertechnik das DOS?

① Steuerung der Daten von der Tastatur zur Festplatte
② Diskettensteuerung
③ Plottersteuerung
④ Steuerung des Druckers
⑤ Steuerung der Bildschirms

19. Welche Aussage zu den Begriffen Steuern und Regeln ist richtig?

① Es gibt keinen Unterschied zwischen Steuern und Regeln
② Nur beim Regeln hat man einen geschlossenen Wirkungskreis
③ Nur beim Steuern hat man einen geschlossenen Wirkungskreis
④ Beim Steuern arbeitet man nur mit elektrischer Energie
⑤ Beim Regeln übernimmt der Sensor die zu regelnde Größe

20. Wie groß sollte ein Arbeitsspeicher mindestens gewählt werden?

21. Durch welche Maßnahmen wird die Arbeitsgeschwindigkeit eines Computers erhöht?

22. Welche Anforderungen an ein Betriebssystem müssen erfüllt sein, damit ein Anwenderprogramm ablaufen kann?

23. In welcher Form werden die binären Signale im Computer transportiert, damit diese bearbeitet, gespeichert und in lesbare Schriftzeichen umgewandelt werden können?

24. In welchen technischen Geräten sind Mikrocomputer eingebaut?

25. Erklären Sie Hardware und Software anhand einiger bekannter Beispiele.

26. Erklären Sie den Unterschied der Begriffe Bit und Byte.

27. Welche Datenträger bei Computer-Anlagen erlauben einen schnellen Zugriff zu den Daten? Begründen Sie Ihre Antwort.

28. Was versteht man in einem Computer unter einer Festplatte und wie löst man die Speicherkapazität für große Rechenanlagen?

29. Welche Aufgabe hat die:
    a) paralle Schnittstelle
    b) serielle Schnittstelle

30. Welche Aufgaben soll ein Betriebssystem erfüllen?

31. Was bewirkt bei der Computer-Eingabe die Anweisung PRINT?

32. Was bewirkt bei einem Excel-Programm die Computer Anweisung
    $\sqrt{324}$?

33. Geben Sie die wichtigen sechs Schritte für das Erstellen eines Computer-Programms an!

34. Beschreiben Sie den Unterschied zwischen dem unverzweigten und dem verzweigten Programm-Ablaufplan.

35. Welche Suchmöglichkeiten bietet eine Internet - Suchmaschine?

36. Worin besteht der Unterschied eines Computer - Programmablaufplans zu einem Struktogramm?

37. Welche elektrischen Schutzmaßnahmen gegen gefährliche Körperströme kennen Sie und wie sind diese zu unterscheiden?

Elektrotechnik

1.7 Elektrotechnik

1.7 Grundlagen

1. Was bewirkt die hohe elektrische Leitfähigkeit bei Metallen?

① Die Reinheit der Schmelze der Metalle
② Die Gitterstruktur der Metalle
③ Die hohe Anzahl der Atome im Metallaufbau
④ Die große Anzahl freier Elektronen im Metallgitter
⑤ Die Legierfähigkeit der Metalle

2. Welches der genannten Metalle leitet am besten den elektrischen Strom?

① Al   ③ Fe   ⑤ Ni
② Cu   ④ Ag

3. Welche elektrischen Grundgrößen sind bei der Formulierung des Ohmschen Gesetzes beteiligt?

① Widerstand, Strom, Leitfähigkeit
② Kapazität, Widerstand, Spannung
③ Leitungsquerschnitt, Leiterlänge, Strom
④ Spannung, Strom, Widerstand
⑤ Spannung, Strom, spezifischer elektrischer Widerstand

4. Metallische Leiter haben unterschiedliche Leiterwiderstände. Wovon ist dieser abhängig?

① Vom spezifischen elektrischen Widerstand
② Vom spezifischen elektrischen Widerstand und der Leiterlänge
③ Vom spezifischen elektrischen Widerstand, der Leiterlänge und dem Leitungsquerschnitt
④ Von der Spannung, dem Strom und der Leitfähigkeit
⑤ Von der Leitfähigkeit und dem Leitungsquerschnitt

5. Bei welchem der genannten Vorgänge wird die elektrochemische Spannungsreihe der Metalle genutzt?

① Kathodischer Korrosionsschutz
② Induktionshärten
③ Magnetkräfte
④ Lichtbogenschweißen
⑤ Lichttechnik

6. Bei welchem der genannten Geräte wird die Wirkung des Elektromagnetismus technisch genutzt?

① Heizspirale
② Elektro-Lötkolben
③ Punktschweißen
④ Galvanotechnik
⑤ Drehstrom-Motor

7. Welches der dargestellten Zeichen gilt für einen Gleichstrom-Motor?

①   ④

②   ⑤

③

8. Welches Bild zeigt eine Foto-Diode?

① ④

② ⑤

③

Grundlagen — Elektrotechnik

9. Wie nennt man fachgerecht den nebenstehenden Plan?

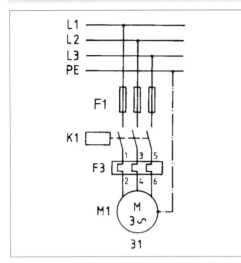

① Installationsplan
② Stromlaufplan in aufgelöster Darstellung
③ Stromlaufplan in zusammenhängender Darstellung
④ Wegeplan
⑤ Steuerungsplan

10. Welche Aufgabe hat hierbei der mit F1 bezeichnete elektrische Baustein? (Abb. Aufg. 9)

① Erdung
② Sicherung
③ Spannungsreduzierung
④ Blitzschutz
⑤ Elektrischer Verstärker

11. Wie heißt das mit K1 bezeichnete Bauteil fachgerecht? (Abb. Aufg. 9)

① Ohmscher Widerstand, Sicherung
② Schütz, Relais
③ Sicherung, Schütz
④ Schalter, Kippschalter
⑤ Magnetischer Widerstandsschalter

12. Beim Verchromen benötigt man elektrische Energie. Welcher Strom bzw. welche Spannungsart wird eingesetzt?

① Induktionsspannung
② Wechselspannung
③ Gleichstrom
④ Drehstrom
⑤ Hochfrequenter Wechselstrom

13. Wobei verwendet man die chemische Wirkung des elektrischen Stromes?

① Härteanlagen
② Induktions-Ofen
③ Legieren von Stahl
④ Brennschneiden
⑤ Galvanisieren

14. Welche der Aussagen ist nicht richtig?

① Strommessgeräte messen den Strom in Amperé
② Strommessgeräte messen den Stromdurchfluss
③ Strommessgeräte werden mit dem Verbraucher in Reihe geschaltet
④ Alle elektrischen Messgeräte schaltet man in Reihe
⑤ Strommesser werden zusammen mit einem Verbraucher geschaltet

15. Welche der genannten Aussagen ist nicht richtig?

① Beim Messen der elektrischen Spannung wird der Potentialunterschied gemessen
② Die Spannungsmessung erfolgt parallel zum Verbrauchsgerät
③ Bei der Spannungsmessung braucht die Leitung nicht aufgetrennt werden
④ Spannungsmessgeräte zeigen das Ergebnis in Ω an
⑤ Voltmeter sind Messgeräte zum Messen der elektrischen Spannung

Elektrotechnik — Grundlagen

16. Welche elektrische Größe wird an der Stelle gemessen, die mit dem Fragezeichen markiert ist?

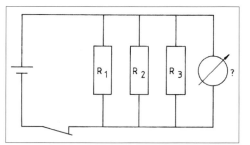

① Gesamtstrom
② Teilstrom von R_3
③ Gesamtwiderstand
④ Spannung
⑤ Leistungsabfall aufgrund des Gesamtwiderstandes

17. Welche der Aussagen ist nicht richtig?

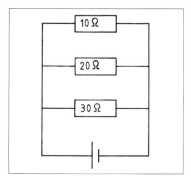

① An allen Widerständen liegt die gleiche Spannung
② Durch alle Widerstände fließt der gleiche Strom
③ Durch jeden Widerstand fließt ein anderer Strom
④ Die Summe aller Teilströme ergibt den Gesamtstrom
⑤ Der Gesamtwiderstand ist stets kleiner als der kleinste Einzelwiderstand

18. Welche elektrische Größe wird an der Stelle gemessen, die mit x bezeichnet ist?

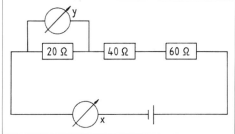

① Strom
② Spannung
③ Leistung
④ Spannungsabfall aufgrund von R_1
⑤ Gesamtwiderstand

19. Welche elektrische Größe wird an der Stelle gemessen, die mit y bezeichnet ist? (Abb. Aufg. 18)

① Der Teilstrom von R_1
② Die Gesamtspannung
③ Die Teilspannung U_1
④ Der Teilstrom I_1
⑤ Der Leistungsabfall durch R_1

20. Welche Aussage ist nicht richtig? (Abb. Aufg. 18)

① Der Gesamtwiderstand errechnet sich aus der Summe aller Einzelwiderstände
② An jedem Einzelwiderstand fällt eine andere Teilspannung ab
③ Die gesamte Spannung ist so groß, wie die Summe aller Teilspannungen
④ Der Strom ist an allen Stellen gleich groß
⑤ Der Strom ist an allen Stellen verschieden

Grundlagen　　　　　　　　　　　　　　　　　　　　Elektrotechnik

21. Welches Symbol ist das Kennzeichen für Sicherung allgemein?

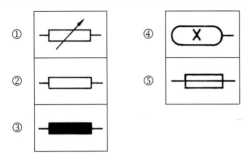

30. Was versteht man unter dem Übersetzungsverhältnis eines Transformators?

31. Was sind Gleichrichter?

32. Was wird durch den Wirkungsgrad angesagt, und wie wird er angegeben?

33. Beschreiben Sie das Prinzip eines Gleichstrommotors!

22. Ab welcher elektrischen Spannung gilt für den gesunden, erwachsenen Menschen Lebensgefahr?

① 15 V　　③ 50 V　　⑤ 110 V
② 30 V　　④ 75 V

34. Beschreiben Sie den Aufbau von Trockengleichrichtern!

35. Beschreiben Sie die Dreieckschaltung und die mögliche Spannungsentnahme!

23. Beschreiben Sie, wie durch Induktion Spannung erzeugt wird!

24. Was versteht man unter elektrischer Arbeit?

36. Beschreiben Sie die Sternschaltung! Welche Spannungen können abgegriffen werden?

25. Welcher Unterschied besteht zwischen Elektromotoren und Pneumatikmotoren?

37. Was versteht man unter der elektrischen Leistung?

26. Wovon ist die Größe einer Induktionsspannung abhängig?

27. Was versteht man in der Elektrotechnik unter Frequenz?

28. Beschreiben Sie Aufbau und Wirkungsweise eines Transformators!

29. Warum werden Elektromotoren größerer Leistung mit der Stern-Dreieck-Schaltung ausgerüstet?

2 Technische Mathematik

2.1 Rechnen mit Einheiten

1. Wie viele μm sind 0,086 mm?

① 0,0086 μm   ④ 86,0 μm
② 0,86 μm   ⑤ 860,0 μm
③ 8,6 μm

2. Wie viele mm sin $\frac{3}{8}"$?

① 23,070 mm   ④ 0,952 mm
② 19,050 mm   ⑤ 0,853 mm
③ 9,525 mm

3. Wie viel cm² ergeben sich aus der Rechnung?
231,4 mm² + 3,76 dm² + 389,63 mm² + 0,413 m² + 4288,9 mm²

① 4566,423 cm²   ④ 45,551 cm²
② 456,642 cm²   ⑤ 48,3276 cm²
③ 4555,099 cm²

4. Verwandle in Minuten und addiere die Werte!
0,36° + 16,44° + 38″ + 138,4″ + 32¹/₈′

① 104,307′   ④ 173,725′
② 2043,365′   ⑤ 224,653′
③ 1043,065′

5. Welche Gesamtlänge in dm ergibt sich aus der Rechnung?
18,44 m + 16,22 cm + 12,43 m + 19,7 mm + 681 cm + 38,4 mm

6. Welche Gesamtzeit in Minuten ergibt sich aus folgenden Teilzeiten?
58,4 h + 0,66 min + 84,7 s + 198,5 min + 1967 s

7. Welches Gesamtvolumen in cm³ ergibt sich aus folgender Rechnung?
37,4 dm³ + 0,763 m³ + 21,4 mm³ + 16,25 cm³ + 0,232 dm³

2.2 Dreisatzaufgaben

1. Sechs Monteure erledigen einen Auftrag in 117 Stunden.
Wie viele Stunden benötigen für diese Arbeit 10 Monteure?

① 195,00 Stunden   ④ 72,20 Stunden
② 85,20 Stunden   ⑤ 70,20 Stunden
③ 51,28 Stunden

2. Sechs Fräser fräsen 12 Werkstücke in 16 Stunden.
In welcher Zeit werden 10 Werkstücke von 8 Fräsern angefertigt?

① 11 Stunden   ④ 6,4 Stunden
② 10 Stunden   ⑤ 7,3 Stunden
③ 5,625 Stunden

3. In einer Schweißerei werden 36 Behälter von 6 Schweißern in einer Woche angefertigt.
Wie viele Behälter können geschweißt werden, wenn der Betrieb noch 3 Schweißer einstellen würde?

① 48 Behälter   ④ 83 Behälter
② 54 Behälter   ⑤ 59 Behälter
③ 64 Behälter

4. In einer Drahtzieherei werden mit den Produktionsmaschinen in 15 h 18 t Draht verarbeitet. Durch einen Betriebsunfall stehen alle Maschinen 2,3 h still.
Welche Produktionsmenge wird an jenem Tag anfallen?

① 15,24 t   ③ 18,20 t   ⑤ 10,62 t
② 16,09 t   ④ 13,41 t

5. Ein Motorradfahrer durchfährt eine abgemessene Strecke in 2,76 Minuten bei einer Geschwindigkeit von 60 km/h.
Wie schnell wäre er am Ziel bei einer Geschwindigkeit von 80 km/h?

2.3 Prozentrechnen

6. Von einem LKW werden 6,5 m² Stahlblech von 4,5 mm Dicke mit einer Masse von 229,6 kg abgeladen. Es befinden sich noch 15 m² Stahlblech mit einer Blechdicke von 6 mm auf dem LKW.
Welcher der Ansätze zur Berechnung <u>dieser</u> Masse ist richtig?

① $x = \dfrac{229{,}6 \cdot 6{,}5 \cdot 6}{15 \cdot 4{,}5}$ kg

② $x = \dfrac{229{,}6 \cdot 15 \cdot 6}{6{,}5 \cdot 4{,}5}$ kg

③ $x = \dfrac{6{,}5 \cdot 4{,}5 \cdot 6}{229{,}6 \cdot 15}$ kg

④ $x = \dfrac{6{,}5 \cdot 15 \cdot 6}{229{,}6 \cdot 4{,}5}$ kg

⑤ $x = \dfrac{229{,}6 \cdot 4{,}5}{6{,}5 \cdot 6 \cdot 15}$ kg

7. Welcher Wert ergibt sich bei richtigem Ansatz für die andere Last?
(Bezogen auf Aufg. 5)

8. Eine Gruppe von 4 Maschinenschlossern fertigt 88 Anlagen.
Wie viel Anlagen würden 11 Maschinenschlosser schaffen?

① 484 Anlagen   ② 121 Anlagen
③ 242 Anlagen   ④ 342 Anlagen
⑤ Ein anderes Ergebnis

9. In einem Betrieb stellen 5 Arbeiter in 200 Stunden 7 Maschinen her.
Wie viel Maschinen werden von 12 Arbeitern in 285,72 Stunden angefertigt?

10. Ein Ölbecken wird in 13,5 h mit 6 Zuleitungen gefüllt.
Wie lange dauert es, wenn das Ölbecken mit 8 Zuleitungen gefüllt wird?

1. Ein Betrieb kann seine Produktion von 7600 kg Fertigteilen auf 9670 kg Fertigprodukte erhöhen.
Um Wie viel Prozent konnte die Produktion gesteigert werden?

① 16,80 %   ④ 27,24 %
② 21,48 %   ⑤ 36,60 %
③ 17,33 %

2. Ein Unternehmen verkauft Messingband, wobei 4,9 m mit € 82,60 bezahlt werden müssen. Bei der Konkurrenz kosten 1,4 m € 22,30.
Um Wie viel Prozent ist das Konkurrenzunternehmen preiswerter?

① 9,3 %   ④ 7,6 %
② 10,2 %   ⑤ 12,2 %
③ 5,5 %

3. Bei einem Sonderangebot erhält der Kunde eine Fotoausrüstung für € 798,-. Das ist 14% unter dem Normalpreis.
Wie hoch ist der Normalpreis?

① 1018,36 €   ④ 899,23 €
② 927,91 €   ⑤ 999,10 €
③ 977,12 €

4. 25 Spiralbohrer kosten € 588,-. Bei einem späteren Kauf kosten die Bohrer bereits € 702,16.
Auf welchen Prozentsatz ist dieser neue Preis gegenüber € 588,- angestiegen?

① 97,0 %   ④ 128,7 %
② 48,0 %   ⑤ 130,9 %
③ 119,4 %

5. In der Stanzerei werden 7900 kg Fertigteile aus 8500 kg Blech gestanzt. Wie viel Prozent Verschnitt fällt an?

Technische Mathematik — Formelumwandlungen

2.4 Formelumwandlungen

6. Der Arbeitslohn je Stunde eines Mitarbeiters in einer Werkstatt beträgt € 20,30. Der Lohn wird um € 1,80 je Stunde erhöht.
Wie groß ist der prozentuale Lohnanstieg?

7. Mit 13 Maschinen werden in 60 Stunden 8000 Teile gefertigt. Durch Verbesserungsmaßnahmen konnte die Fertigungszeit um 20% gesenkt und die Stückzahl auf 9000 Teile erhöht werden.
In welcher Zeit fertigen die 13 Maschinen die 9000 Teile?

8. Zur Herstellung eines Schmiedestückes werden 168 kg legierter Stahl benötigt.
Welches Gewicht muss der Rohling haben, wenn für Abbrand und Gratbahn 3,2% Verlust zu berücksichtigen sind?

9. 17 Fräserwerkzeuge kosten € 296,- im Monat Februar. 12 Monate später muss man bereits € 322,30 dafür bezahlen.
Um Wie viel Pozent sind die Fräser teurer geworden?

---

1. Löse die Formel $A = \dfrac{d^2 \cdot \pi}{4}$ nach d auf!

① $d = \sqrt{\dfrac{4 \cdot A}{\pi}}$ ④ $d = \dfrac{A \cdot \pi}{4}$

② $d = \sqrt{\dfrac{4 \cdot \pi}{A}}$ ⑤ $d = \sqrt{\dfrac{A}{4 \cdot \pi}}$

③ $d = \dfrac{4 \cdot \pi \cdot A}{2}$

2. Löse die Formel $V = \dfrac{d^3 \cdot \pi}{6}$ nach dem Durchmesser d auf!

① $d = \dfrac{6 \cdot V \cdot \pi}{3}$ ④ $d = \sqrt[3]{\dfrac{6 \cdot V}{\pi}}$

② $d = \dfrac{6 \cdot V \cdot 3}{\pi}$ ⑤ $d = \sqrt[3]{\dfrac{6 \cdot \pi}{V}}$

③ $d = \dfrac{V \cdot 3}{\pi \cdot 6}$

3. Stelle die Formel $Q \cdot s = F \cdot 2 \cdot r \cdot \pi$ nach F um!

① $F = \dfrac{2 \cdot r \cdot \pi}{Q \cdot s}$

② $F = \dfrac{2 \cdot Q}{r \cdot s \cdot \pi}$

③ $F = \dfrac{Q \cdot s}{2 \cdot r \cdot \pi}$

④ $F = \dfrac{2 \cdot Q \cdot r}{\pi \cdot s}$

⑤ $F = 2 \cdot r \cdot \pi \cdot Q \cdot s$

4. Löse die Formel $e = \sqrt{a^2 + b^2}$ nach a auf!

Die Lösungen finden Sie im Lösungsteil auf Seite 51 - 52.

2.5 Flächenberechnungen

1. Wie groß ist die Höhe h des skizzierten Dreiecks?

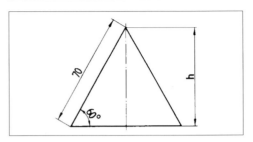

5. Löse die Gleichung $A = \dfrac{a+b}{2} \cdot h$ nach a auf!

6. Löse die Formel $A = \dfrac{D \cdot d \cdot \pi}{4}$ nach D auf!

7. Löse die Formel $F_1 \cdot l_1 = F_2 \cdot l_2$ nach l_2 auf!

① $h = 48{,}29$ mm ④ $h = 60{,}62$ mm
② $h = 54{,}22$ mm ⑤ $h = 70{,}42$ mm
③ $h = 56{,}81$ mm

8. Löse die Gleichung $F_B = F_1 + F_2 + F_3 - F_A$, nach F_A auf!

2. Wie groß ist der Flächeninhalt A des skizzierten Dreiecks in cm²? (Abb. Aufg. 1)

9. Löse die Gleichung $F \cdot l = G \cdot h$ nach G auf!

3. Wie groß ist der Flächeninhalt der schraffierten Fläche, wenn das Maß $a = 21{,}22$ mm beträgt?

10. Stelle die Formel $t_h = \dfrac{l \cdot i}{s \cdot n}$ nach der Drehzahl n um!

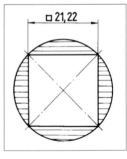

① $A = 486{,}6$ mm²
② $A = 333{,}2$ mm²
③ $A = 256{,}2$ mm²

11. Stelle die Formel $u = s_z \cdot z \cdot n$ nach der Zähnezahl z des Fräsers um!

④ $A = 156{,}2$ mm²
⑤ $A = 300{,}6$ mm²

12. Stelle die Formel $W = U \cdot I \cdot t$ nach der Spannung U um!

4. Wie groß ist der Flächeninhalt eines Kreisabschnittes, wenn die Diagonale 30 mm beträgt? (Abb. Aufg. 3)

13. Es soll die Formel $a = \dfrac{m \cdot (z_1 + z_2)}{2}$ nach der Zähnezahl z_1 umgestellt werden!

Technische Mathematik — Flächenberechnungen

5. Wie groß ist der schraffierte Flächeninhalt in cm², wenn $a = 43{,}3$ mm und die Höhe des Dreiecks mit 37,5 mm gegeben ist?

① $A = 13{,}4$ cm²
② $A = 3{,}2$ cm²
③ $A = 9{,}5$ cm²
④ $A = 18{,}6$ cm²
⑤ $A = 21{,}7$ cm²

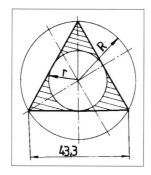

6. Wie groß ist der Radius R des großen Kreises, wenn die Kantenlänge des Dreiecks gegeben ist? (Abb. Aufg. 5)

① $R = 20$ mm ④ $R = 30$ mm
② $R = 23$ mm ⑤ $R = 34$ mm
③ $R = 25$ mm

7. Wie groß ist die Höhe h des Dreiecks bei gegebener Kantenlänge von 43,3 mm? (Abb. Aufg. 5)

8. Wie groß ist der Durchmesser d des kleinen Kreises innerhalb des Dreiecks mit der Kantenlänge $a = 43{,}3$ mm? (Abb. Aufg. 5)

9. Welcher Ansatz für die Berechnung des Flächeninhaltes des skizzierten Dreiecks ist richtig, wenn die Seite a gegeben ist?

① $A = \dfrac{a^2}{4}\sqrt{3}$

② $A = \dfrac{a^2}{2}\sqrt{3}$

③ $A = \dfrac{a}{2}\sqrt{3}$

④ $A = \dfrac{a^2}{4}\sqrt{2}$

⑤ $A = \dfrac{a^2}{6}\sqrt{5}$

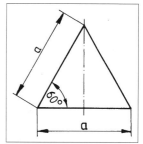

10. Erstellen Sie den Lösungsansatz zur Berechnung der Höhe h, wenn das Eckmaß 50 mm beträgt!

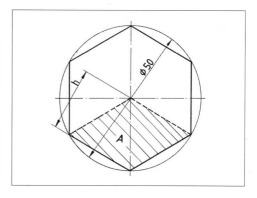

11. Wie groß ist das Maß h, wenn das Eckmaß 50 mm beträgt? (Abb. Aufg. 10)

12. Wie groß ist die schraffierte Fläche in cm², wenn das Eckmaß 50 mm beträgt? (Abb. Aufg. 10)

① $A = 6{,}8$ cm² ④ $A = 18{,}3$ cm²
② $A = 3{,}9$ cm² ⑤ $A = 5{,}4$ cm²
③ $A = 12{,}6$ cm²

Flächenberechnungen — Technische Mathematik

13. Welcher Ansatz zur Berechnung des Maßes c in mm ist richtig?

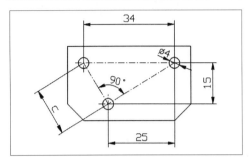

① $c = \sqrt{15^2 + 15^2}$ mm
② $c = \sqrt{15^2 + 35^2}$ mm
③ $c = \sqrt{15^2 + 25^2}$ mm
④ $c = \sqrt{15^2 + 9^2}$ mm
⑤ $c = (15^2 + 9^2)$ mm

14. Wie lang ist die Strecke $\overline{ada}$, wenn d = 60 mm lang ist?

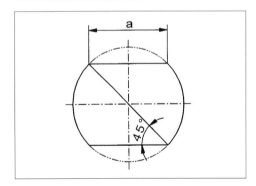

15. Wie groß ist die Seite b der skizzierten Figur, wenn die Größen A, a und h gegeben sind?

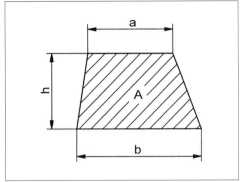

16. Wie groß ist b, wenn A = 880 mm², a = 38 mm und h = 19 mm ist? (Abb. Aufg. 15)

17. Wie groß ist die Höhe h der Trapezfigur, wenn A = 880 mm² beträgt?

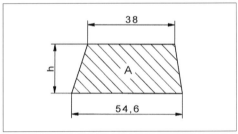

18. Wie groß ist s, wenn der Radius r und die Höhe h gegeben sind?

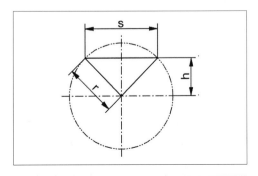

Technische Mathematik — Flächenberechnungen

19. Wie groß ist die Länge der Sehne s, wenn der Radius $r = 16$ mm und die Höhe $h = 8$ m gegeben sind? (Abb. Aufg. 18)

20. Erstellen Sie den Lösungsansatz zur Berechnung des Flächeninhaltes des Kreisringes!

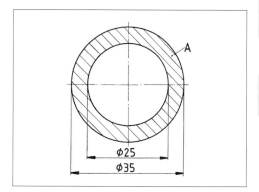

21. Ermitteln Sie den Lösungsansatz zur Berechnung des Flächeninhaltes A!

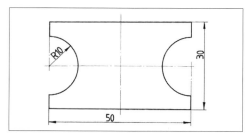

22. Wie groß ist der Flächeninhalt A in cm² des skizzierten Bleches? (Abb. Aufg. 21)

23. Bestimmen Sie den Lösungsansatz zur Berechnung der Mantelfläche!

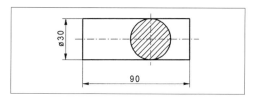

24. Wie groß ist die Mantelfläche des skizzierten Zylinders in cm²? (Abb. Aufg. 23)

① $M = 160{,}61$ cm²   ④ $M = 71{,}73$ cm²
② $M = 120{,}33$ cm²   ⑤ $M = 50{,}00$ cm²
③ $M = 84{,}78$ cm²

25. Bestimmen Sie den Lösungsansatz zur Berechnung der Oberfläche in cm²! (Abb. Aufg. 23)

26. Wie groß ist die Oberfläche des skizzierten Zylinders in cm²? (Abb. Aufg. 23)

2.6 Körperberechnungen

1. Bestimmen Sie den Lösungsweg zur Berechnung des Volumens des schraffierten Werkstückes!

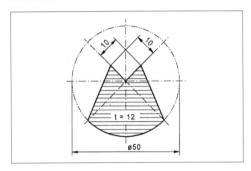

2. Wie groß ist das Volumen des schraffierten Werkstückes? (Abb. Aufg. 1)

① $V = 6666$ mm³   ④ $V = 12000$ mm³
② $V = 8888$ mm³   ⑤ $V = 15000$ mm³
③ $V = 9999$ mm³

3. Ein geschweißter Tank lt. nebenstehender Skizze ist 3500 mm lang. Wie viel Liter Flüssigkeit gehen in den Tank?

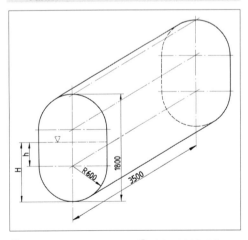

① $V = 10980{,}5$ l   ④ $V = 5300{,}6$ l
② $V = 8530{,}3$ l   ⑤ $V = 4600{,}2$ l
③ $V = 6476{,}4$ l

4. Der skizzierte Tank ist bis zur Höhe H mit 4000 l gefüllt. (Abb. Aufg. 3) Wie groß ist die Höhe H?

① $H = 1081{,}4$ mm   ④ $H = 1500{,}9$ mm
② $H = 1380{,}6$ mm   ⑤ $H = 1630{,}1$ mm
③ $H = 1460{,}8$ mm

5. Wie groß ist das Volumen des skizzierten Werkstückes?

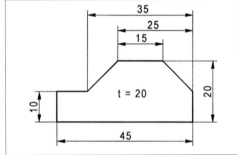

6. Wie groß ist das Volumen des skizzierten Werkstückes in cm³?

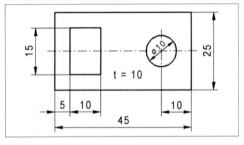

7. Wie groß ist das Volumen des skizzierten Werkstückes?

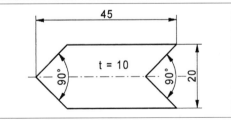

① $V = 2000$ mm³   ④ $V = 5000$ mm³
② $V = 3000$ mm³   ⑤ $V = 7000$ mm³
③ $V = 3500$ mm³

Technische Mathematik — Massenberechnungen

2.7 Massenberechnungen

8. Welcher der Ansätze zur Berechnung des Volumens ist richtig, wenn die Höhe h des Dreiecks mit 13,86 mm gegeben ist?

1. Wie groß ist die Masse des skizzierten Werkstückes für einen Meter in Gramm? (ρ_{St} = 7,85 kg/dm³)

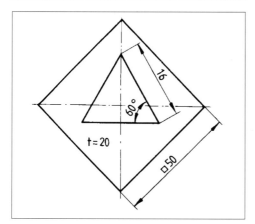

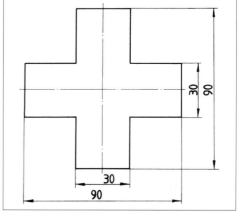

① $V = \left(50 \cdot 2 - \dfrac{16 \cdot 13{,}86}{2}\right) \cdot 20\ \text{mm}^3$

② $V = \left(50^2 - \dfrac{16 \cdot 13{,}86}{2}\right) \cdot 20\ \text{mm}^3$

③ $V = \left(50^2 + \dfrac{16 \cdot 2}{13{,}86}\right) \cdot 20\ \text{mm}^3$

④ $V = \left(50^2 - \dfrac{16 \cdot 2}{13{,}86}\right) \cdot 20\ \text{mm}^3$

⑤ $V = \left(50 - \dfrac{13{,}86}{16 \cdot 2}\right) \cdot 20\ \text{mm}^3$

2. Wie viel kg wiegt das skizzierte Werkstück aus Aluminium, das 4 m lang ist? (ρ_{Al} = 2,7 kg/dm³)

① m = 10 kg
② m = 13 kg
③ m = 58 kg
④ m = 107 kg
⑤ m = 209 kg

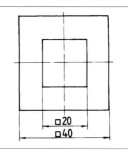

9. Wie groß ist das Volumen des skizzierten Werkstückes in cm³, wenn die Höhe des Dreiecks 13,86 mm beträgt? (Abb. Aufg. 8)

3. Wie viel kg wiegt das ein Meter lange skizzierte Werkstück aus Stahl? (ρ = 7,85 kg/dm³)

① m = 9,42 kg ④ m = 40,57 kg
② m = 19,46 kg ⑤ m = 46,38 kg
③ m = 29,48 kg

Massenberechnungen — Technische Mathematik

4. Das skizzierte Werkstück hat eine Masse von 22 kg.
Wie groß ist das Volumen V in dm³ dieses Werkstückes aus Stahl?
(ρ = 7,85 kg/dm³)

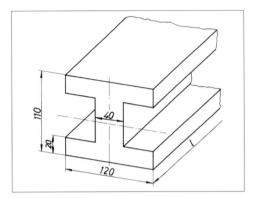

6. Wie viel kg wiegt das skizzierte Werkstück aus Aluminium, das 5 m lang ist? (ρ_{Al} = 2,7 kg/dm³)

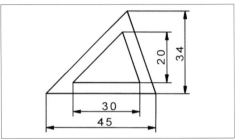

① m = 33,61 kg   ④ m = 6,28 kg
② m = 19,74 kg   ⑤ m = 2,95 kg
③ m = 12,63 kg

5. Das skizzierte Werkstück ist aus Aluminium.
Welche Masse in Gramm hat das Werkstück? (ρ_{Al} = 2,7 kg/dm³)

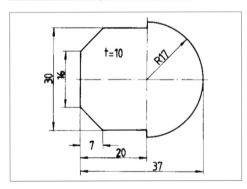

7. Wie viel Gramm wiegt das skizzierte Werkstück aus Kupfer?
(ρ_{Cu} = 8,9 kg/dm³)

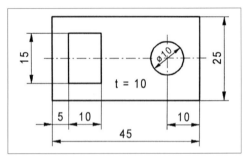

① m = 27,10 g   ④ m = 803,60 g
② m = 39,04 g   ⑤ m = 905,70 g
③ m = 560,30 g

2.8 Rechnen mit Winkelfunktionen

1. Es soll der Winkel α bestimmt werden. Welcher der Ansätze ist richtig?

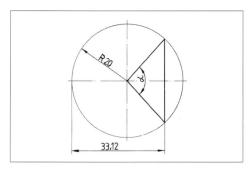

① $\cos\dfrac{\alpha}{2} = \dfrac{20\ mm}{13{,}12\ mm}$

② $\cos\dfrac{\alpha}{2} = \dfrac{13{,}12\ mm}{20\ mm}$

③ $\cos\alpha = \dfrac{33{,}12\ mm}{20\ mm}$

④ $\sin\dfrac{\alpha}{2} = \dfrac{13{,}12\ mm}{20\ mm}$

⑤ $\sin\dfrac{\alpha}{2} = \dfrac{20\ mm}{13{,}12\ mm}$

2. Wie groß ist der Winkel α? (Abb. Aufg. 1)

3. Wie groß ist der Winkel α?

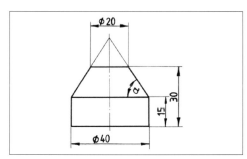

① $\alpha = 84°15'30''$
② $\alpha = 70°20'30''$
③ $\alpha = 46°30'18''$
④ $\alpha = 49°45'48''$
⑤ $\alpha = 56°18'36''$

4. Mit Hilfe der Winkelfunktion soll die Höhe h des Dreiecks errechnet worden. Welcher der Ansätze ist richtig?

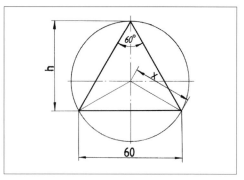

① $h = \sin 60° \cdot 60\ mm$

② $h = \dfrac{\sin 60°}{60\ mm}$

③ $h = \dfrac{60\ mm}{\sin 60°}$

④ $h = \dfrac{\tan 60°}{60\ mm}$

⑤ $h = \tan 60° \cdot 60\ mm$

5. Mit Hilfe der Winkelfunktion soll die Strecke x errechnet werden. Welcher der Ansätze ist richtig? (Abb. Aufg. 4)

① $x = \dfrac{\cos 60°}{60\ mm}$

② $x = \dfrac{\cos 30°}{60\ mm}$

③ $x = \dfrac{30\ mm}{\cos 30°}$

④ $x = \cos 30° \cdot 30\ mm$

⑤ $x = \cos 60° \cdot 30\ mm$

6. Wie groß ist die Strecke x in dem skizzierten Werkstück? (Abb. Aufg. 4)

7. Mit Hilfe der Winkelfunktionen soll die Strecke x in mm errechnet werden!

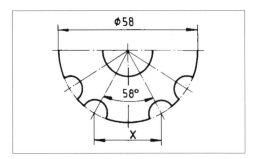

① $x = 17{,}68$ mm ④ $x = 30{,}83$ mm
② $x = 21{,}42$ mm ⑤ $x = 38{,}62$ mm
③ $x = 28{,}12$ mm

8. Welcher der Ansätze zur Berechnung der Seilkraft F_1 ist richtig?

① $F_1 = \dfrac{\cos 30°}{F_2}$

② $F_1 = \dfrac{F_2}{\cos 60°}$

③ $F_1 = \dfrac{F_2}{2 \cdot \cos 30°}$

④ $F_1 = F_2 \cdot \cos 30°$

⑤ $F_1 = 2 \cdot F_2 \cdot \cos 60°$

9. Wie groß ist die Seilkraft F_1?
($g = 9{,}81$ m/s²), (Abb. Aufg. 8)

10. Wie groß ist der Winkel α in Grad, Minuten und Sekunden?

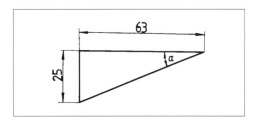

**11. Es soll die Länge l in mm berechnet werden.
Welcher der Ansätze ist richtig?**

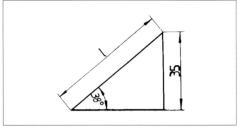

① $l = 35$ mm $\cdot \sin 38°$

② $l = \dfrac{35 \text{ mm}}{\sin 38°}$

③ $l = \cos 38° \cdot 35$ mm

④ $l = \dfrac{\sin 38°}{35 \text{ mm}}$

⑤ $l = \dfrac{35 \text{ mm}}{\cos 38°}$

12. Welchen Wert in mm hat die Länge l? (Abb. Aufg. 11)

13. Stellen Sie mittels Winkelfunktionen vier richtige Lösungsbeziehungen für das skizzierte Dreieck auf!

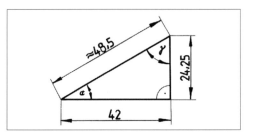

Technische Mathematik — Kräfte

2.9 Kräfte

1. Welcher der Ansätze zur Berechnung der Lagerkraft F_A ist richtig? (Wellengewicht wird nicht berücksichtigt)

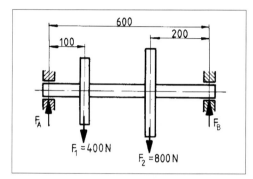

① $F_A = \dfrac{400\,N \cdot 500\,mm - 800\,N \cdot 500\,mm}{600\,mm}$

② $F_A = \dfrac{400\,N \cdot 500\,mm + 800\,N \cdot 200\,mm}{600\,mm}$

③ $F_A = \dfrac{400\,N \cdot 600\,mm + 800\,N \cdot 600\,mm}{300\,mm}$

④ $F_A = \dfrac{700\,N \cdot 200\,mm - 800\,N \cdot 500\,mm}{600\,mm}$

2. Wie groß ist die Lagerkraft F_A ohne Berücksichtigung des Wellengewichtes? (Abb. Aufg. 1)

① $F_A = 400\,N$ ④ $F_A = 1400\,N$
② $F_A = 600\,N$ ⑤ $F_A = 1800\,N$
③ $F_A = 1000\,N$

4. Welcher der Ansätze zur Berechnung der Auflagerkraft F_B ist richtig? (Gewicht der Welle wird vernachlässigt) (Abb. Aufg. 1)

① $F_B = \dfrac{400\,N \cdot 100\,mm + 800\,N \cdot 400\,mm}{600\,mm}$

② $F_B = \dfrac{400\,N \cdot 100\,mm - 800\,N \cdot 400\,mm}{600\,mm}$

③ $F_B = \dfrac{800\,N \cdot 400\,mm - 400\,N \cdot 100\,mm}{600\,mm}$

④ $F_B = \dfrac{400\,N \cdot 400\,mm + 800\,N \cdot 600\,mm}{400\,mm}$

4. Wie groß ist die Lagerkraft F_B ohne Berücksichtigung des Wellengewichts? (Abb. Aufg. 1)

① $F_B = 300\,N$ ④ $F_B = 1600\,N$
② $F_B = 400\,N$ ⑤ $F_B = 2400\,N$
③ $F_B = 600\,N$

5. Welcher der Ansätze zur Berechnung von x in mm ist richtig?

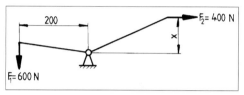

① $x = \dfrac{600\,N \cdot 200\,mm}{400\,N}$

② $x = \dfrac{600\,N \cdot 400\,N}{200\,mm}$

③ $x = \dfrac{600\,N}{400\,N \cdot 200\,mm}$

④ $x = \dfrac{200\,mm \cdot 400\,N}{600\,N}$

6. Wie groß ist das Maß x? (Abb. Aufg. 5)

7. Wie groß ist F_2?

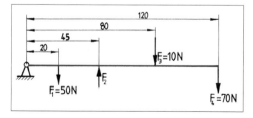

① $F_2 = 80\,N$ ④ $F_2 = 208\,N$
② $F_2 = 124\,N$ ⑤ $F_2 = 227\,N$
③ $F_2 = 196\,N$

Die Lösungen finden Sie im Lösungsteil auf Seite 57 - 58.

Kräfte — Technische Mathematik

8. Welcher der Ansätze zur Berechnung der Kraft F_3 ist richtig?

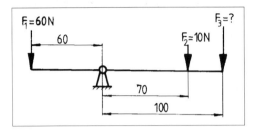

① $F_3 = \dfrac{60\,\text{N} \cdot 60\,\text{mm} - 10\,\text{N} \cdot 70\,\text{mm}}{100\,\text{mm}}$

② $F_3 = \dfrac{60\,\text{N} \cdot 70\,\text{mm} - 10\,\text{N} \cdot 60\,\text{mm}}{100\,\text{mm}}$

③ $F_3 = \dfrac{60\,\text{N} \cdot 60\,\text{mm} + 10\,\text{N} \cdot 70\,\text{mm}}{100\,\text{mm}}$

④ $F_3 = \dfrac{60\,\text{N} \cdot 100\,\text{mm} + 10\,\text{N} \cdot 70\,\text{mm}}{60\,\text{mm}}$

⑤ $F_3 = \dfrac{10\,\text{N} \cdot 100\,\text{mm} + 60\,\text{N} \cdot 60\,\text{mm}}{60\,\text{mm}}$

9. Wie groß ist die Kraft F_3?

① $F_3 = 15\,\text{N}$ ④ $F_3 = 72\,\text{N}$
② $F_3 = 20\,\text{N}$ ⑤ $F_3 = 90\,\text{N}$
③ $F_3 = 29\,\text{N}$

10. Welcher der Ansätze zur Berechnung der Kraft F_2 ist richtig?

① $F_2 = \dfrac{7000\,\text{N} \cdot 60\,\text{mm}}{100\,\text{mm}}$

② $F_2 = \dfrac{60\,\text{mm} \cdot 100\,\text{mm}}{7000\,\text{N}}$

③ $F_2 = \dfrac{7000\,\text{N} \cdot 100\,\text{mm}}{60\,\text{mm} + 100\,\text{mm}}$

④ $F_2 = 7000\,\text{N} \cdot 100\,\text{mm} - 60\,\text{mm}$

⑤ $F_2 = 100\,\text{mm} \cdot 60\,\text{mm} + 7000\,\text{N}$

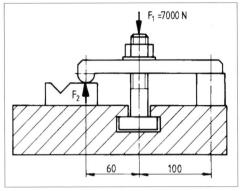

11. Wie groß ist die Kraft F_2 in kN?

① $F_2 = 2{,}20\,\text{kN}$ ④ $F_2 = 8{,}10\,\text{kN}$
② $F_2 = 4{,}38\,\text{kN}$ ⑤ $F_2 = 11{,}70\,\text{kN}$
③ $F_2 = 6{,}20\,\text{kN}$

12. Wie groß muss F_2 sein, um den anderen Kräften das Gleichgewicht zu halten?

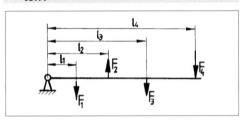

① $F_2 = F_1 \cdot l_1 + l_2 + F_3 \cdot l_3 + F_4 \cdot l_4$

② $F_2 = \dfrac{F_1 \cdot l_1 + F_3 \cdot l_3 + F_4 \cdot l_4}{l_2}$

③ $F_2 = \dfrac{F_1 \cdot l_1 - F_3 \cdot l_3 - F_4 \cdot l_4}{l_2}$

④ $F_2 = \dfrac{F_1 \cdot l_1 - (F_3 \cdot l_3 - F_4 \cdot l_4)}{l_2}$

⑤ $F_2 = \dfrac{(F_1 \cdot l_1 - F_3 \cdot l_3) \cdot l_2}{F_4 \cdot l_4}$

13. Bestimmen Sie den Lösungsansatz zur Berechnung der Kraft F_2!

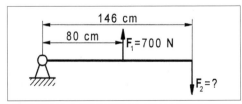

Technische Mathematik — Flaschenzüge, Seilwinde

14. a) Wie groß ist F_2 in N?
b) Wie groß ist F_2 in N, wenn man $F_1 = 700\ N$ verdreifacht?

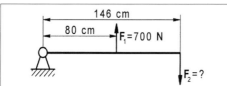

15. Welcher der Ansätze zur Berechnung der Kraft F_2 ist richtig?

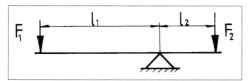

① $F_2 = F_1 \cdot l_1 \cdot l_2$ ④ $F_2 = \dfrac{l_1 \cdot l_2}{F_1}$

② $F_2 = \dfrac{F_1 \cdot l_2}{l_1}$ ⑤ $F_2 = \dfrac{F_1}{l_2 \cdot l_1}$

③ $F_2 = \dfrac{F_1 \cdot l_1}{l_2}$

16. Welcher der Ansätze zur Berechnung der Auflagerkraft F_A in N ist richtig? (Balken wird nicht berücksichtigt)

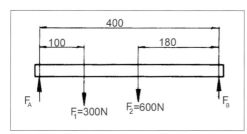

① $F_A = \dfrac{300\ N \cdot 300\ mm + 600\ N \cdot 180\ mm}{600\ mm + 300\ N}$

② $F_A = \dfrac{300\ N \cdot 300\ mm - 600\ N \cdot 180\ mm}{400\ mm}$

③ $F_A = \dfrac{300\ N \cdot 300\ mm + 600\ N \cdot 180\ mm}{400\ mm}$

④ $F_A = 600\ N \cdot 300\ mm + 600\ N \cdot 180\ mm$

⑤ $F_A = 600\ N \cdot 400\ mm + 600\ N \cdot 300\ mm$

17. Wie groß ist die Auflagerkraft F_A in N? Das Gewicht des Balkens wird nicht berücksichtigt. (Abb. Aufg. 16)

2.10 Flaschenzüge, Seilwinde

1. Welcher der Ansätze zur Berechnung der Kraft F_1, ist richtig? ($g \approx 10\ m/s^2$)

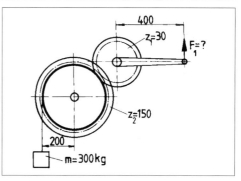

① $F_1 = \dfrac{300\ kg \cdot 10\ m/s^2 \cdot 200\ mm \cdot 30}{400\ mm \cdot 150}$

② $F_1 = \dfrac{300\ kg \cdot 10\ m/s^2 \cdot 200\ mm \cdot 150}{400\ mm \cdot 30}$

③ $F_1 = \dfrac{300\ kg \cdot 10\ m/s^2 \cdot 400\ mm \cdot 30}{200\ mm \cdot 150}$

④ $F_1 = \dfrac{300\ kg \cdot 10\ m/s^2 \cdot 400\ mm \cdot 30}{400\ mm \cdot 150}$

2. Wie groß ist die Kraft F_1? ($g \approx 10\ m/s^2$), (Abb. Aufg. 1)

① $F_1 = 100\ N$ ④ $F_1 = 400\ N$
② $F_1 = 200\ N$ ⑤ $F_1 = 600\ N$
③ $F_1 = 300\ N$

3. Wie groß ist das Übersetzungsverhältnis i des Rädertriebes der Seilwinde in der Skizze zu Aufgabe 1?

4. Wie groß wird die Kraft F_1, wenn das Übersetzungsverhältnis auf $i = 4:1$ geändert wird? ($g \approx 10\ m/s^2$)? (Abb. Aufg. 1)

① $F_1 = 100\ N$ ④ $F_1 = 475\ N$
② $F_1 = 200\ N$ ⑤ $F_1 = 575\ N$
③ $F_1 = 375\ N$

Flaschenzüge, Seilwinde Technische Mathematik

5. Die Last von 600 kg soll 2,5 m hochgehoben worden.
   Wie viel Meter muss man am Zugseil ziehen?

① 4 m
② 6 m
③ 8 m
④ 10 m
⑤ 12 m

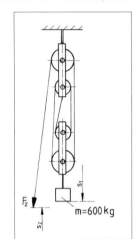

① $F_1 = \dfrac{320 \text{ kg} \cdot 9{,}81 \text{ m/s}^2 \cdot 100 \text{ mm}}{300 \text{ mm}}$

② $F_1 = \dfrac{320 \text{ kg} \cdot 100 \text{ mm}}{300 \text{ mm}}$

③ $F_1 = \dfrac{320 \text{ kg} \cdot 9{,}81 \text{ m/s}^2 \cdot 300 \text{ mm}}{200 \text{ mm}}$

④ $F_1 = \dfrac{320 \text{ kg} \cdot 300 \text{ mm}}{100 \text{ mm}}$

⑤ $F_1 = \dfrac{320 \text{ kg} \cdot 9{,}81 \text{ m/s}^2 \cdot 100 \text{ mm}}{200 \text{ mm}}$

9. Wie groß ist die Kraft F_1 in N?
   (g = 9,81 m/s²), (Abb. Aufg. 8)

6. Wie groß ist die Zugkraft F_z?
   ($g \approx$ 10 m/s²) Reibung und Gewicht der Rollen werden nicht berücksichtigt. (Abb. Aufg. 5)

7. Wie groß ist die Zugkraft F_z, bei einem Wirkungsgrad η = 0,89? Reibung und Gewicht der Rollen werden nicht berücksichtigt.
   ($g \approx$ 10 m/s²), (Abb. Aufg. 5)

8. Welcher der Ansätze zur Berechnung der Kraft F_1 ist richtig?

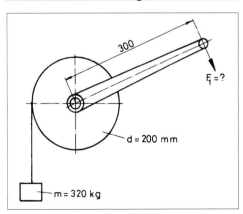

10. Welcher der Ansätze zur Berechnung der Kraft F_2 ist richtig?

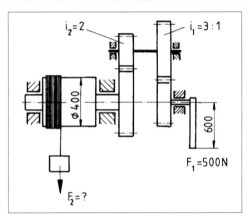

① $F_2 = \dfrac{500 \text{ N} \cdot 600 \text{ mm} \cdot 6}{400 \text{ mm}}$

② $F_2 = \dfrac{500 \text{ N} \cdot 600 \text{ mm} \cdot 6}{200 \text{ mm}}$

③ $F_2 = \dfrac{500 \text{ N} \cdot 600 \text{ mm}}{200 \text{ mm} \cdot 6}$

④ $F_2 = \dfrac{600 \text{ mm} \cdot 200 \text{ mm}}{500 \text{ N} \cdot 6}$

⑤ $F_2 = \dfrac{500 \text{ N} \cdot 6}{200 \text{ mm} \cdot 600 \text{ mm}}$

Technische Mathematik — Schiefe Ebene, Keil, Winkel, Neigung

2.11 Schiefe Ebene, Keil, Winkel, Neigung

11. Wie groß ist F_2? (Abb. Aufg. 10)

① $F_2 = 800$ N
② $F_2 = 3000$ N
③ $F_2 = 5000$ N
④ $F_2 = 6000$ N
⑤ $F_2 = 9000$ N

12. Wie groß ist das Gesamtübersetzungsverhältnis i_{ges}? (Abb. Aufg. 10)

13. Wie groß ist F_2, wenn i_2 auf 3 : 1 geändert wird? (Abb. Aufg. 10)

14. Das Gewicht von 150 kg soll 1,5 m hochgehoben werden. ($g \approx 10$ m/s²) Wie lang ist die Strecke s_2 in m, die am Zugseil gezogen werden muss?

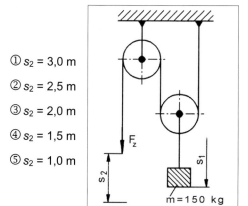

① $s_2 = 3{,}0$ m
② $s_2 = 2{,}5$ m
③ $s_2 = 2{,}0$ m
④ $s_2 = 1{,}5$ m
⑤ $s_2 = 1{,}0$ m

15. Wie groß ist die Zugkraft F_z am Zugseil? ($g \approx 10$ m/s²) Reibung und Rollengewicht werden nicht berücksichtigt. (Abb. Aufg. 14)

16. Mit einem Rollenflaschenzug wird eine Last mit einer Zugkraft von $F_z = 400$ N hochgehoben. Die Last beträgt $m = 160$ kg. Rollengewicht und Reibung werden nicht berücksichtigt. Wie viel Rollen hat der Flaschenzug? ($g \approx 10$ m/s²)

① 2 Rollen
② 4 Rollen
③ 5 Rollen
④ 6 Rollen

1. Welche der genannten Beziehungen zur Berechnung der Kraft F ist richtig?

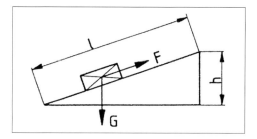

① $F = G \cdot h \cdot l$
② $F = G \cdot h$
③ $F = \dfrac{G \cdot h}{l}$
④ $F = \dfrac{l \cdot h}{G}$
⑤ $F = \dfrac{G}{l \cdot h}$

2. Welche der genannten Beziehungen zur Berechnung der Höhe h ist richtig? (Abb. Aufg. 1)

① $h = F \cdot l \cdot G$
② $h = \dfrac{F \cdot G}{l}$
③ $h = \dfrac{G \cdot l}{F}$
④ $h = \dfrac{F \cdot l}{G}$
⑤ $h = \dfrac{G}{F \cdot l}$

Schiefe Ebene, Keil, Winkel, Neigung — Technische Mathematik

3. Welcher der Ansätze zur Berechnung der Kraft F ist richtig? ($g \approx 10$ m/s²)

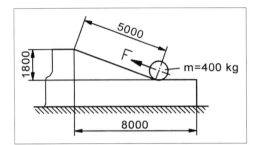

① $F = \dfrac{400 \text{ kg} \cdot 10 \text{ m/s}^2 \cdot 5 \text{ m}}{1{,}8 \text{ m}}$

② $F = 1800 \text{ mm} \cdot 5000 \text{ mm} \cdot 400 \text{ kg}$

③ $F = \dfrac{400 \text{ kg} \cdot 10 \text{ m/s}^2 \cdot 1800 \text{ mm}}{5000 \text{ mm}}$

④ $F = \dfrac{400 \text{ kg} \cdot 1800 \text{ mm}}{5000 \text{ mm}}$

4. Wie groß ist die Kraft F in N, um die Walze mit dem Gewicht von $m = 400$ kg die schiefe Ebene hoch zu transportieren? ($g \approx 10$ m/s²), (Abb. Aufg. 3)

① $F = 607$ N   ④ $F = 1350$ N
② $F = 1000$ N   ⑤ $F = 1440$ N
③ $F = 1208$ N

5. Welcher der Formelansätze zur Berechnung der Länge l ist richtig?

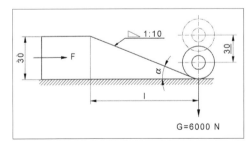

① $l = h \cdot N$ ④ $l = \dfrac{h}{N}$
② $l = h + N$ ⑤ $l = N - h$
③ $l = \dfrac{N}{h}$

6. Wie groß ist die Länge l bei der gegebenen Neigung und gegebener Höhe h? (Abb. Aufg. 5)

① $l = 200$ mm   ④ $l = 370$ mm
② $l = 260$ mm   ⑤ $l = 410$ mm
③ $l = 300$ mm

7. Wie groß ist der Winkel α, wenn $l = 300$ mm lang ist? (Abb. Aufg. 5)

8. Welcher der Ansätze zur Berechnung der Verschiebekraft F ist richtig, wenn $l = 300$ mm beträgt? (Abb. Aufg. 5)

① $F = G \cdot h$ ④ $F = G \cdot h - l$
② $F = G \cdot h \cdot l$ ⑤ $F = \dfrac{G \cdot h}{l}$
③ $F = \dfrac{h \cdot l}{G}$

9. Wie groß ist die Verschiebekraft F bei $l = 300$ mm? (Abb. Aufg. 5)

10. Das Gewicht G soll gehoben werden. Welcher der Ansätze ist richtig? ($g \approx 10$ m/s²)

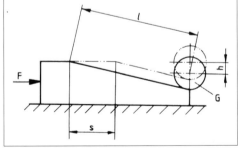

① $F = G \cdot h \cdot l$ ④ $F = \dfrac{G \cdot s}{h}$
② $F = G \cdot h \cdot s$ ⑤ $F = \dfrac{s \cdot h}{G}$
③ $F = \dfrac{G \cdot h}{s}$

Technische Mathematik — Kraftwirkung durch Gewinde

11. Das Gewicht $G = 700$ kg soll mit der Stellvorrichtung 30 mm gehoben werden. Die Keillänge l beträgt 350 mm. Der Keil wird 70 mm nach rechts verschoben. Wie groß ist die Kraft F? ($g \approx 10$ m/s²)

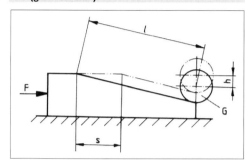

14. Der Transportwagen bewegt sich 40 m die schiefe Ebene hoch. Dabei werden 8 m Höhe überwunden. Wie groß ist die dafür nötige Kraft F in N? (Reibung wird nicht berücksichtigt.)

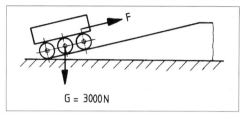

2.12 Kraftwirkung durch Gewinde

1. Welche der Beziehungen zur Berechnung der Presskraft F_1 ist richtig?

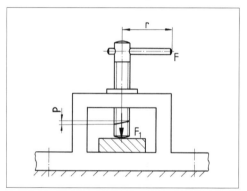

① $F_1 = F \cdot 2 \cdot r \cdot \pi \cdot P$

② $F_1 = F \cdot 2 \cdot r - P \cdot \pi$

③ $F_1 = \dfrac{F \cdot 2 \cdot r \cdot \pi}{P}$

④ $F_1 = \dfrac{P \cdot 2 \cdot r \cdot \pi}{F}$

12. Welcher der Ansätze zur Berechnung der Höhe h ist richtig? ($g \approx 10$ m/s²)

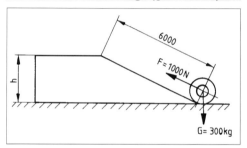

① $h = \dfrac{1000\ N \cdot 6\ m \cdot 10\ m/s^2}{300\ kg}$

② $h = \dfrac{1000\ N \cdot 300\ kg}{6\ m \cdot 10\ m/s^2}$

③ $h = \dfrac{300\ kg \cdot 10\ m/s^2}{1000\ N \cdot 6\ m}$

④ $h = \dfrac{1000\ N \cdot 6\ m}{300\ kg \cdot 10\ m/s^2}$

13. Wie groß ist die Höhe h? ($g \approx 10$ m/s²), (Abb. Aufg. 12)

① $h = 1{,}0$ m   ④ $h = 3{,}5$ m
② $h = 2{,}0$ m   ⑤ $h = 3{,}7$ m
③ $h = 2{,}5$ m

2. Wie groß ist der nötige Hebelarm r in mm, wenn eine Presskraft $F_1 = 80$ kN bei einer Handkraft von $F = 300$ N und einer Steigung von $P = 5$ mm vorgegeben ist?

① $r = 100{,}6$ mm   ④ $r = 637{,}8$ mm
② $r = 212{,}3$ mm   ⑤ $r = 941{,}6$ mm
③ $r = 410{,}5$ mm

Die Lösungen finden Sie im Lösungsteil auf Seite 60 - 61.

Kraftwirkung durch Gewinde   Technische Mathematik

3. Welcher der Ansätze zur Berechnung der Spannkraft Q ist richtig?

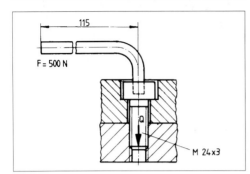

① $Q = \dfrac{500\,N \cdot 2 \cdot 115\,mm \cdot 3{,}14}{3\,mm}$

② $Q = \dfrac{500\,N \cdot 2 \cdot 3{,}14}{3\,mm \cdot 115\,mm}$

③ $Q = \dfrac{500\,N \cdot 3{,}14 \cdot 115\,mm}{3{,}14 \cdot 3\,mm}$

④ $Q = \dfrac{500\,N \cdot 3\,mm \cdot 2 \cdot 115\,mm}{3{,}14}$

4. Wie groß ist die Spannkraft Q, mit der die Platten zusammengehalten werden? (Abb. Aufg. 3)

① $Q = 52{,}0$ kN   ④ $Q = 240{,}1$ kN
② $Q = 80{,}3$ kN   ⑤ $Q = 300{,}6$ kN
③ $Q = 120{,}4$ kN

5. Welcher der Ansätze zum Nachweis der Steigung P an der Schraube ist richtig bei einer Presskraft $Q = 120366{,}7$ N und einem Drehmoment von $M = 5750$ Ncm? (Abb. Aufg. 3)

① $P = M \cdot 2 \cdot r \cdot \pi \cdot Q$

② $P = \dfrac{M \cdot 2 \cdot \pi \cdot r}{Q}$

③ $P = \dfrac{M \cdot 2 \cdot \pi}{Q}$

④ $P = \dfrac{M \cdot Q}{2 \cdot \pi}$

⑤ $P = \dfrac{Q \cdot 2 \cdot \pi}{M}$

6. Erbringen Sie den Nachweis für die Steigung P in mm, wenn die Presskraft $Q = 120\,366{,}7$ N und die mechanische Arbeit 5750 Ncm beträgt! (Abb. Aufg. 3)

① $P = 3$ mm   ④ $P = 6$ mm
② $P = 4$ mm   ⑤ $P = 10$ mm
③ $P = 5$ mm

7. Welcher der Ansätze zur Berechnung des Drehmomentes in Ncm ist richtig? (Abb. Aufg. 3)

① $M = \dfrac{500\,N}{115\,mm}$

② $M = \dfrac{500\,N}{1{,}15\,dm}$

③ $M = 500\,N \cdot 11{,}5$ cm

④ $M = 500\,N \cdot 115$ mm

8. Wie groß ist das Drehmoment in Ncm? (Abb. Aufg. 3)

9. Welcher der Ansätze zur Berechnung der Presskraft Q ist richtig, wenn die Steigung $P = 20$ mm beträgt?

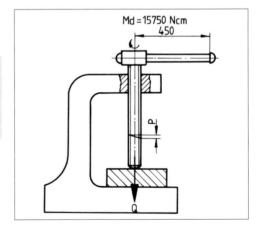

① $Q = \dfrac{M \cdot 2 \cdot \pi}{P}$ ③ $Q = \dfrac{\pi \cdot 2 \cdot P}{M}$

② $Q = \dfrac{M \cdot \pi}{2 \cdot P}$ ④ $Q = M \cdot 2 \cdot \pi \cdot P$

10. Wie groß ist die Presskraft Q an der Spindelpresse, wenn die Steigung $P = 20$ mm beträgt?

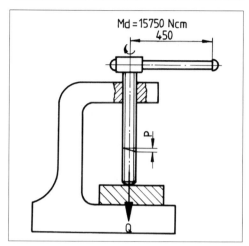

① $Q = 196$ N
② $Q = 290$ N
③ $Q = 3010$ N
④ $Q = 49455$ N
⑤ $Q = 69350$ N

11. Welcher der Ansätze zur Berechnung der Presskraft Q an der Spindelpresse ist richtig, wenn die Steigung der Spindel $P = 25$ mm beträgt? (Abb. Aufg. 10)

① $Q = \dfrac{157500 \text{ Nmm} \cdot 2 \cdot 3{,}14}{25 \text{ mm}}$

② $Q = \dfrac{15750 \text{ Ncm} \cdot 3{,}14}{25 \text{ mm} \cdot 2}$

③ $Q = \dfrac{157500 \text{ Nmm} \cdot 25 \text{ mm}}{2 \cdot 3{,}14}$

④ $Q = 157500 \text{ Nmm} \cdot 25 \text{ mm} \cdot 2 \cdot 3{,}14$

12. Wie groß ist die Presskraft Q an der Spindelpresse, wenn die Steigung der Spindel 25 mm beträgt? (Abb. Aufg. 10)

13. Wie groß muss die Handkraft F_H sein, wenn $P = 6$ mm, Hebelarm $r = 450$ mm und eine Kraft $F = 90$ kN gegeben sind? Welcher der Ansätze ist richtig?

① $F_H = \dfrac{90000 \text{ N} \cdot 2 \cdot 6 \text{ mm}}{450 \text{ mm} \cdot \pi}$

② $F_H = \dfrac{90000 \text{ N} \cdot 6 \text{ mm}}{2 \cdot 450 \text{ mm} \cdot \pi}$

③ $F_H = \dfrac{90000 \text{ N} \cdot 2 \cdot \pi}{6 \text{ mm} \cdot 450 \text{ mm}}$

④ $F_H = \dfrac{90000 \text{ N} \cdot 450 \text{ mm}}{6 \text{ mm} \cdot 2 \cdot \pi}$

14. Welche der genannten Beziehungen zur Berechnung der Drehkraft F ist richtig?

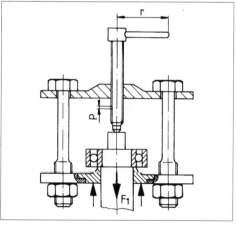

① $F = \dfrac{F_1 \cdot P}{2 \cdot r \cdot \pi}$

② $F = \dfrac{F_1 \cdot 2 \cdot r \cdot \pi}{P}$

③ $F = \dfrac{F_1 \cdot \pi}{2 \cdot r \cdot P}$

④ $F = \dfrac{F_1 \cdot 2 \cdot r}{P \cdot \pi}$

Die Lösungen finden Sie im Lösungsteil auf Seite 61 - 62.

Kraftwirkung durch Gewinde — Technische Mathematik

15. Welche der genannten Beziehungen zur Berechnung der Steigung P ist richtig?

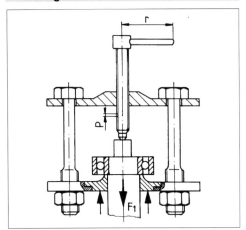

① $P = F_1 \cdot F \cdot 2 \cdot r \cdot \pi$

② $P = \dfrac{F \cdot 2 \cdot r \cdot \pi}{F_1}$

③ $P = \dfrac{F_1 \cdot 2 \cdot r \cdot \pi}{F}$

④ $P = \dfrac{F \cdot 2 \cdot r}{F_1 \cdot \pi}$

16. Welche der genannten Beziehungen zur Berechnung des Hebelarmes r ist richtig? (Abb. Aufg. 15)

① $r = \dfrac{F_1 \cdot \pi}{F \cdot 2 \cdot P}$

④ $r = \dfrac{F \cdot P}{F_1 \cdot 2 \cdot \pi}$

② $r = \dfrac{F_1 \cdot F \cdot P}{2 \cdot \pi}$

⑤ $r = \dfrac{F_1 + F_2}{P \cdot 2 \cdot \pi}$

③ $r = \dfrac{F_1 \cdot P}{F \cdot 2 \cdot \pi}$

17. Wie groß ist die Presskraft F_1 in kN, wenn die Handkraft $F = 400$ N, der Hebelarm $r = 300$ mm und die Steigung $P = 6$ mm beträgt? (Abb. Aufg. 15)

18. Wie groß ist die Handkraft F, wenn $P = 6$ mm, der Hebelarm $r = 450$ mm und die Presskraft $F_1 = 90$ kN gegeben sind?

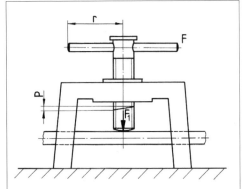

19. Wie groß muß die Steigung P sein, wenn eine Presskraft von 235,5 kN bei einer Handkraft F von 450 N und einem Hebelarm $r = 50$ cm erreicht wird?
Welcher der Ansätze ist richtig?

① $P = \dfrac{0{,}450 \text{ kN} \cdot 2 \cdot 500 \text{ mm} \cdot 3{,}14}{235{,}5 \text{ kN}}$

② $P = \dfrac{450 \text{ N} \cdot 2 \cdot 50 \text{ cm}}{3{,}14 \cdot 235{,}5 \text{ kN}}$

③ $P = \dfrac{450 \text{ N} \cdot 2 \cdot 3{,}14 \cdot 235{,}5 \text{ kN}}{500 \text{ mm}}$

④ $P = \dfrac{450 \text{ N} - 2 \cdot 500 \text{ mm}}{235{,}5 \text{ kN} \cdot 3{,}14}$

20. Wie groß muss die Steigung P sein, wenn eine Presskraft von 235,5 kN bei einer Handkraft F von 450 N und einem Hebelarm $r = 50$ cm erreicht wird? (Abb. Aufg. 18)

2.13 Reibungskräfte, Gleit- und Haftreibung

1. Ein Gusskörper von der Masse $m = 700$ kg wird über die Stahlschienen bewegt. Die Reibungszahl beträgt $\mu = 0{,}18$. ($g \approx 10$ m/s²)
   Wie groß ist für die Bewegung die notwendige Reibungskraft F_R?

   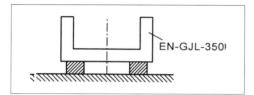

   ① $F_R = 800$ N   ④ $F_R = 2400$ N
   ② $F_R = 1260$ N   ⑤ $F_R = 2670$ N
   ③ $F_R = 1880$ N

2. Wie groß ist die Gewichtskraft F_N des Gusskörpers auf die beiden Stahlunterlagen, wenn die Reibungskraft $F_R = 560$ N und die Reibungszahl $\mu = 0{,}08$ bei guter Schmierung beträgt? (Abb. Aufg. 1)

3. Ein oberflächengehärteter Achsenzapfen belastet das Bronzelager mit $F_N = 4000$ N. Die Reibungszahl ist $\mu = 0{,}16$.
   Wie groß ist die Reibungskraft F_R?

   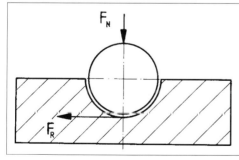

   ① $F_R = 68$ N   ④ $F_R = 640$ N
   ② $F_R = 160$ N   ⑤ $F_R = 846$ N
   ③ $F_R = 360$ N

4. Zwei Schraubzwingen halten zwei Stahlbleche zusammen. Bei der Bearbeitung an den Blechen entsteht eine Zugkraft von 3,4 kN, die durch die Reibung zwischen den zwei Blechen zu übertragen ist. Haftreibungszahl $\mu_0 = 0{,}2$.
   Wie groß muss mindestens die Anpresskraft F_N der beiden Schraubzwingen sein, damit die Bleche geklemmt bleiben?

   ① $F_N = 14000$ N   ④ $F_N = 32000$ N
   ② $F_N = 17000$ N   ⑤ $F_N = 39800$ N
   ③ $F_N = 26000$ N

5. Eine Stahlwelle mit $d = 120$ mm belastet das Bronzelager mit $F_N = 40$ kN bei einer Reibungszahl von $\mu = 0{,}16$.
   Welcher der Ansätze zur Berechnung des Reibungsmoments in kNcm ist richtig?

   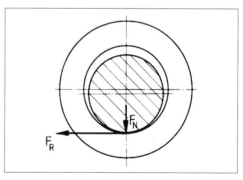

   ① $M_R = 40 \text{ kN} \cdot 0{,}16 \cdot 120 \text{ mm}$
   ② $M_R = 40 \text{ kN} \cdot 0{,}16 \cdot 6 \text{ cm}$
   ③ $M_R = \dfrac{40 \text{ kN} \cdot 6 \text{ cm}}{0{,}16}$
   ④ $M_R = \dfrac{40 \text{ kN}}{0{,}16 \cdot 6 \text{ cm}}$

6. Wie groß ist das Reibungsmoment in kNcm? (Abb. Aufg. 5).

Reibungskräfte, Gleit- und Haftreibung   Technische Mathematik

7. Eine Stahlwelle vom Durchmesser $d = 120$ mm mit einer Gewichtskraft von 450 N läuft in einem Weißmetallager. Haftreibungszahl $\mu_0 = 0{,}12$.
Wie groß ist das Drehmoment M, in Ncm, um die Welle in die Drehbewegung zu versetzen?

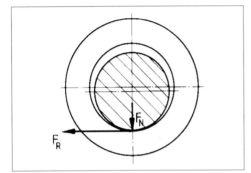

8. Der Stahlschieber läuft in einer Bronzeführung und wird mit Öl geschmiert. $F_N = 3$ kN, $\mu = 0{,}05$.
Wie groß ist F_R in N?

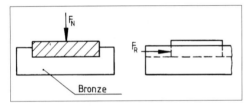

① F_R = 15 N   ④ F_R = 1800 N
② F_R = 150 N ⑤ F_R = 2000 N
③ F_R = 1500 N

9. Wie groß ist bei guter Schmierung und einer Reibungszahl $\mu = 0{,}05$ sowie einer Reibkraft $F_R = 150$ N die Masse des Stahlschiebers in kg?
($g \approx 10$ m/s²), (Abb. Aufg. 8)

10. Zwei Bleche werden durch den Niet $F_N = 8000$ N zusammengepresst.
Wie groß ist die Reibungskraft F_R in kN zwischen den zwei Blechen bei einer Haftreibungszahl $\mu = 0{,}2$?
(Der Niet wird nicht auf Scherung beansprucht.)

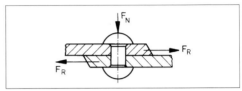

① F_R = 0,3 kN   ④ F_R = 2,4 kN
② F_R = 1,2 kN   ⑤ F_R = 5,3 kN
③ F_R = 1,6 kN

11. Zwei Stahlbleche werden durch den Niet mit $F_N = 18000$ N zusammengepresst.
Wie groß ist die Reibungskraft F_R mit der die zwei Bleche zusammengepresst werden, ohne dass dabei der Niet auf Schub beansprucht wird? Haftreibungszahl $\mu = 0{,}2$.
(Abb. Aufg. 10)

12. Zwei Stahlbleche werden durch den Niet mit $F_N = 14000$ N zusammengepresst.
Wie groß ist die Reibungskraft F_R in kN, mit der die zwei Bleche zusammengepresst werden, ohne dass dabei der Niet auf Schub beansprucht wird? Haftreibungszahl $\mu = 0{,}21$.
(Abb. Aufg. 10)

13. Eine Stahlplatte von $m = 60$ kg wird auf einer anderen Stahlplatte aus der Ruhelage 30 cm verschoben. Die Reibungszahl μ beträgt 0,15. ($g \approx 10$ m/s²)
Wie groß ist die Kraft F_R?

① F_R = 30 N   ④ F_R = 500 N
② F_R = 90 N   ⑤ F_R = 700 N
③ F_R = 120 N

Technische Mathematik — Reibungskräfte, Gleit- und Haftreibung

14. Welcher Formelansatz zur Berechnung der Reibungszahl μ ist richtig?

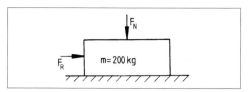

① $\mu = F_N \cdot G$ ④ $\mu = \dfrac{F_R}{F_N}$

② $\mu = F_R \cdot F_N$ ⑤ $\mu = \dfrac{F_N}{F_R}$

③ $\mu = F_R - F_N$

15. Ein Klotz aus Pressstoff mit der Masse von 300 kg wird auf einer Stahlplatte mit einer Kraft $F = 18$ N bewegt. ($g \approx 10$ m/s²)
Wie groß ist die Reibungszahl μ?

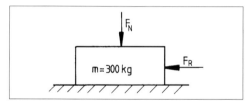

16. Eine Stahlwelle mit einem Durchmesser $d = 160$ mm belastet das Bronzelager mit $F_N = 140$ kN. Das Reibungsmoment ist $M_R = 179{,}2$ kNcm.
Wie groß ist die Reibungszahl μ?

17. Zwei Stahlbleche werden wie in der Skizze mit $F_R = 2000$ N Zugkraft belastet. Die Anpresskraft durch die beiden Nieten beträgt $F_N = 10$ kN. Die Nieten werden nicht auf Schub beansprucht.
Wie groß ist der Haftreibungswert μ_0?
Welcher der Ansätze ist richtig?

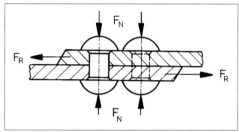

① $\mu_0 = \dfrac{2 \cdot 2000 \text{ N}}{10000 \text{ N}}$

② $\mu_0 = \dfrac{2 \cdot 10000 \text{ N}}{2000 \text{ N}}$

③ $\mu_0 = \dfrac{2000 \text{ N}}{10000 \text{ N}}$

④ $\mu_0 = \dfrac{2000 \text{ N}}{2 \cdot 10000 \text{ N}}$

18. Wie groß ist der Haftreibungswert μ_0 mit den Angaben aus Aufgabe 17? (Abb. Aufg. 17)

19. Eine Stahlwelle mit einem Durchmesser $d = 130$ mm belastet das Pressstofflager mit $F_N = 80$ kN. Die Reibungszahl ist $\mu = 0{,}006$.
Wie groß ist das Reibmoment M_R in Ncm?

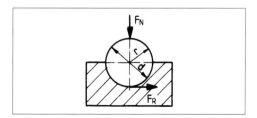

2.14 Mechanische Arbeit

1. Ein Bierfass von $m = 100$ kg wird auf eine 3,4 m hohe Verladerampe transportiert. ($g \approx 10$ m/s²)
   Welche Arbeit wird dabei verrichtet?

   ① $W = 280$ J   ④ $W = 5100$ J
   ② $W = 1300$ J   ⑤ $W = 7600$ J
   ③ $W = 3400$ J

2. Eine Werkzeugmaschine wird von einer Krananlage in den 2. Stock der Maschinenhalle transportiert. Die Maschine hat eine Gewichtskraft $F_G = 32000$ N. Der Kran verrichtet eine Arbeit $W = 134400$ J.
   Wie hoch musste der Kran die Maschine anheben?

   ① $s = 1,4$ m   ④ $s = 3,7$ m
   ② $s = 2,1$ m   ⑤ $s = 4,2$ m
   ③ $s = 2,4$ m

3. Ein Kran transportiert Rohre von der Gewichtskraft $F = 18000$ N auf eine 4 m hohe Verladerampe.
   Welche Arbeit wurde vom Kran verrichtet?

   ① $W = 500$ J   ④ $W = 72000$ J
   ② $W = 4300$ J   ⑤ $W = 180000$ J
   ③ $W = 7700$ J

4. Ein Schiffskran transportiert Bandeisen. Jede Rolle hat eine Masse von $m = 2000$ kg. Die Rollen werden 7,4 m hoch gehoben. ($g \approx 10$ m/s²)
   Welche Arbeit wird für jede Rolle Bandeisen verrichtet?
   Welcher der Ansätze ist richtig?

   ① $W = 2000 \text{ kg} \cdot 7,4 \text{ m} \cdot 10 \text{ m/s}^2$

   ② $W = \dfrac{2000 \text{ kg} \cdot 10 \text{ m/s}^2}{7,4 \text{ m}}$

   ③ $W = \dfrac{2000 \text{ kg}}{7,4 \text{ m} \cdot 10 \text{ m/s}^2}$

   ④ $W = \dfrac{7,4 \text{ m} \cdot 10 \text{ m/s}^2}{2000 \text{ kg}}$

5. Ein Schiffskran transportiert Brammen von der Masse $m = 2000$ kg. Die Brammen werden 7,4 m hoch gehoben und verladen. ($g \approx 10$ m/s²)
   Welche Arbeit wird dabei verrichtet?

   ① $W = 100100$ J   ④ $W = 20370$ J
   ② $W = 148000$ J   ⑤ $W = 16400$ J
   ③ $W = 200300$ J

6. Ein Mann mit einem Körpergewicht $G = 85$ kg transportiert Gerätschaften von 70 kg einen Berg von 500 m Höhe hinauf. ($g \approx 10$ m/s²) Welche Arbeit wird dabei verrichtet?

7. Ein Balken wird von einer Hebevorrichtung $s = 3,2$ m hochgehoben. Dabei wurde eine Arbeit von $W = 48000$ J verrichtet. ($g \approx 10$ m/s²). Welche Masse m in kg hat der Balken?

8. Ein Werkzeug von der Masse $m = 1000$ kg wird auf die Tuschierpresse transportiert. Dabei wird eine Arbeit von $W = 12000$ J verrichtet. Wie hoch wurde das Werkzeug gehoben? ($g \approx 10$ m/s²).

9. Aluminiumbarren werden auf einen LKW verladen. Der Transportkarren hebt die Barren $s = 2,2$ m hoch und erbringt dabei eine Arbeit von $W = 13200$ J. ($g \approx 10$ m/s²)
   Welche Masse hat der Stapel Aluminiumbarren?

10. Buntmetalle mit der Gewichtskraft $G = 7000$ N werden 3,2 m hoch verladen.
    Welche Arbeit wird dabei verrichtet?

11. Eine Stahlgusswalze mit den Abmessungen $d = 500$ mm und 800 mm lang wird mit einem Kran 6 m hoch verladen. ($g \approx 10$ m/s²).
    Welche Arbeit ist dabei zu verrichten?

2.15 Arbeit, Leistung, Wirkungsgrad

1. Ein Kran mit einer Leistung von 25 kW transportiert eine Last von 2000 kg 6 m hoch. ($g = 9{,}81$ m/s²)
Welche Zeit benötigt er dafür?

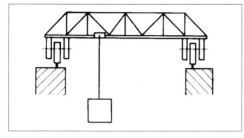

① $t = 2{,}6$ s ④ $t = 20{,}6$ s
② $t = 4{,}7$ s ⑤ $t = 90{,}5$ s
③ $t = 10{,}5$ s

2. Ein Kran hat eine Leistung von 40,2 kW. Er hebt eine Last von 2180 kg in 6 s an Ort und Stelle.
Wie hoch wurde die Last gehoben?
($g = 9{,}81$ m/s²)

① $s = 6{,}40$ m ④ $s = 21{,}67$ m
② $s = 11{,}28$ m ⑤ $s = 22{,}18$ m
③ $s = 18{,}40$ m

3. Welcher der Ansätze zur Berechnung der Leistung eines Kranes in kW ist richtig, wenn die Last von 6000 kg in $t = 8$ s 5 m hoch gehoben wird?
($g = 9{,}81$ m/s²)

① $P = \dfrac{6000 \cdot 9{,}81 \cdot 8}{5 \cdot 1000}$ kW

② $P = \dfrac{6000 \cdot 9{,}81 \cdot 5}{8 \cdot 1000}$ kW

③ $P = \dfrac{9{,}81 \cdot 5 \cdot 1000}{6000 \cdot 8}$ kW

④ $P = \dfrac{1000 \cdot 8 \cdot 5}{6000 \cdot 9{,}81}$ kW

4. Ein Kran hebt eine Last von 6000 kg in $t = 8$s 5 m hoch. ($g = 9{,}81$ m/s²).
Wie hoch ist die Leistung des Krans?

5. Ein Kran mit einer Leistung von 36 kW fördert eine Last in 6 s 5 m hoch.
Wie groß ist die Gewichtskraft dieser Last?

6. Ein Elektromotor arbeitet mit einem Wirkungsgrad von 86%. Bei Betrieb der Maschine nimmt der Motor 16500 Watt aus dem Netz auf.
Wie groß ist seine Nennleistung in kW?

① $P = 141{,}9$ kW ④ $P = 19{,}6$ kW
② $P = 90{,}6$ kW ⑤ $P = 7{,}9$ kW
③ $P = 14{,}2$ kW

7. Ein Förderband transportiert Stückgut von 4000 kg in $t = 20$ Minuten. Der Wirkungsgrad der Anlage $\eta = 0{,}65$.
Welcher Motorleistung entspricht dies und welcher der Ansätze ist richtig?
($g = 9{,}81$ m/s²)

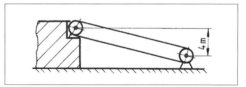

① $P = \dfrac{4000 \cdot 9{,}81 \cdot 0{,}65 \cdot 4}{20 \cdot 60 \cdot 1000}$ kW

② $P = \dfrac{4000 \cdot 9{,}81 \cdot 20 \cdot 4}{0{,}65 \cdot 60 \cdot 1000}$ kW

③ $P = \dfrac{4000 \cdot 9{,}81 \cdot 60 \cdot 20}{1000 \cdot 4 \cdot 0{,}65}$ kW

④ $P = \dfrac{4000 \cdot 9{,}81 \cdot 4}{0{,}65 \cdot 20 \cdot 60 \cdot 1000}$ kW

8. Das Förderband transportiert mit einer Leistung von 0,2 kW Stückgut von 4000 kg 4 m hoch bei einem Wirkungsgrad von 0,65. ($g = 9{,}81$ m/s²)
In welcher Zeit erfolgt das?
(Abb. Aufg. 7)

Arbeit, Leistung, Wirkungsgrad — Technische Mathematik

9. Ein Bandförderer mit einer Leistung von 0,2 kW fördert Stückgut in $t = 20{,}1$ Minuten 4 m hoch. Die Anlage hat einen Wirkungsgrad von 65%. ($g = 9{,}81$ m/s²)
Welche Last hat er in diesen 20,1 Minuten befördert und welcher der Ansätze ist richtig?

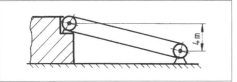

① $m = \dfrac{0{,}2 \cdot 0{,}65 \cdot 20{,}1 \cdot 60 \cdot 1000}{9{,}81 \cdot 4}$ kg

② $m = \dfrac{0{,}2 \cdot 0{,}65 \cdot 20{,}1 \cdot 60}{9{,}81 \cdot 4 \cdot 1000}$ kg

③ $m = \dfrac{0{,}2 \cdot 0{,}65 \cdot 1000 \cdot 4}{60 \cdot 20{,}1 \cdot 9{,}81}$ kg

④ $m = \dfrac{0{,}2 \cdot 0{,}65 \cdot 9{,}81 \cdot 4}{1000 \cdot 20{,}1 \cdot 60}$ kg

10. Ein Bandförderer mit einer Leistung von 0,2 kW fördert Stückgut in $t = 20$ Minuten 4 m hoch. Die Anlage arbeitet mit einem Verlust von 35%. ($g = 9{,}81$ m/s²), (Abb. Aufg. 9)
Welche Last wurde in 20 Minuten befördert?

11. Ein Bandförderer hat eine Leistung von 0,2 kW. Er fördert in 20 Minuten 3975 kg 4 m hoch. ($g = 9{,}81$ m/s²)
Wie groß ist der Wirkungsgrad und welcher der Ansätze ist richtig?

① $\eta = \dfrac{3975 \text{ kg} \cdot 9{,}81 \text{ m/s}^2 \cdot 4 \text{ m} \cdot \min}{0{,}2 \text{ kW} \cdot 20 \min \cdot 60 \text{ s} \cdot 1000}$

② $\eta = \dfrac{3975 \text{ kg} \cdot 9{,}81 \text{ m/s}^2 \cdot 4 \text{ m} \cdot 0{,}2 \text{ kW} \cdot \min}{20 \min \cdot 60 \text{ s} \cdot 1000}$

③ $\eta = \dfrac{3975 \text{ kg} \cdot 9{,}81 \text{ m/s}^2 \cdot 20 \min \cdot 60 \text{ s}}{1000 \cdot 0{,}2 \text{ kW} \cdot \min}$

④ $\eta = \dfrac{3975 \text{ kg} \cdot 4 \text{ m} \cdot \min \cdot \min}{9{,}81 \text{ m/s}^2 \cdot 0{,}2 \text{ kW} \cdot 20 \min \cdot 60 \text{ s} \cdot 1000}$

12. Ein Bandförderer arbeitet mit 0,2 kW. Er fördert 3975 kg in 20 min 4 m hoch. ($g = 9{,}81$ m/s²), (Abb. Aufg.9)
Wie groß ist der Verlust in Prozent?

13. Der Elektromotor hat einen Wirkungsgrad von $\eta_1 = 0{,}96$, die Kupplung arbeitet mit $\eta_2 = 0{,}9$, das Getriebe hat einen Wirkungsgrad $\eta_3 = 0{,}8$ und die Maschine läuft mit einem $\eta_4 = 0{,}7$.
Welcher der Formelansätze zur Berechnung des Gesamtwirkungsgrades η ist richtig?

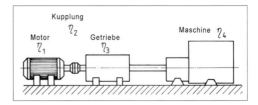

① $\eta = \eta_1 + \eta_2 + \eta_3 + \eta_4$

② $\eta = \eta_1 + \eta_2 + \eta_3 - \eta_4$

③ $\eta = \eta_1 \cdot \eta_2 \cdot \eta_3 \cdot \eta_4$

④ $\eta = (\eta_1 + \eta_2 + \eta_3) \cdot \eta_4$

14. Welchen Wert hat der Gesamtwirkungsgrad η, mit den Angaben aus Aufg. 13?

① $\eta = 1{,}96$ ④ $\eta = 0{,}48$
② $\eta = 2{,}67$ ⑤ $\eta = 0{,}38$
③ $\eta = 0{,}88$

15. Ein Personenaufzug mit einem Eigengewicht von 2400 kg befördert eine Last von 800 kg 10 m hoch in 20 s. Wie groß ist die Leistung des Motors? ($g = 9{,}81$ m/s²)

① $P = 7{,}2$ kW ④ $P = 15{,}7$ kW
② $P = 8{,}6$ kW ⑤ $P = 150{,}7$ kW
③ $P = 10{,}4$ kW

16. Welche Leistung muss der Motor dem Netz bei Betrieb entnehmen, wenn an der Getriebewelle eine Leistung von 15,2 kW vorhanden ist?

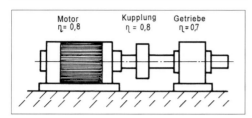

① P_{zu} = 58 kW   ④ P_{zu} = 18 kW
② P_{zu} = 34 kW   ⑤ P_{zu} = 9 kW
③ P_{zu} = 24 kW

17. Wie groß ist die abgeführte Leistung an der Getriebewelle, wenn der Motor eine Leistung von 34 kW aus dem Netz entnimmt? (Abb. Aufg. 16)

① P_{ab} = 9,5 kW   ④ P_{ab} = 19,7 kW
② P_{ab} = 10,8 kW   ⑤ P_{ab} = 26,4 kW
③ P_{ab} = 15,2 kW

18. Wie groß ist der Gesamtwirkungsgrad der Anlage? (Abb. Aufg. 16)

① η = 0,45   ④ η = 1,20
② η = 0,91   ⑤ η = 2,30
③ η = 0,96

19. Der Gesamtwirkungsgrad wird durch konstruktive Maßnahmen um 23% verbessert, so dass an der Getriebewelle eine Leistung von 20 kW erreicht wird.
Wie groß ist P_{zu}? (Abb. Aufg. 16)

20. Ein Elektromotor mit 36 kW treibt über die Kupplung das Getriebe und das Getriebe die Maschine an. Der E-Motor hat einen Wirkungsgrad η = 0,9, die Kupplung arbeitet mit einem Verlust von 14%, das Getriebe arbeitet mit einem Verlust von 15%, und die Maschine hat einen Wirkungsgrad von η = 75 %.

Welcher der Ansätze zur Leistungsberechnung führt zum richtigen Ergebnis?

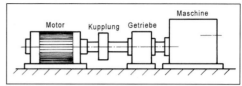

① P = 36 kW · 0,9 + 0,86 + 0,85 + 0,75
② P = 36 kW · 0,9 + 0,86 + 0,85 − 0,75
③ P = 36 kW · 0,9 · 0,86 · 0,85 · 0,75
④ P = 36 kW · 09 − (0,86 + 0,85 + 0,75)

21. Eine Pumpenstation fördert 9000 kg Flüssigkeit in einen anderen Behälter in 30 Minuten um. Die Pumpe hat eine Leistung von 0,65 kW.
Wie hoch ist die Füllöffnung über der des ersten Tanks? (g = 9,81 m/s²)

① s = 2,64 m   ④ s = 10,10 m
② s = 4,53 m   ⑤ s = 13,25 m
③ s = 8,20 m

22. Ein Wagen mit der Gesamtmasse von 2000 kg wird in 3 Minuten 400 m weit bewegt. Der Wirkungsgrad beträgt 0,7.
Welche Gesamtleistung ist dafür erforderlich?

① P = 10,8 kW
② P = 30,1 kW
③ P = 40,6 kW
④ P = 62,3 kW
⑤ P = 94,3 kW

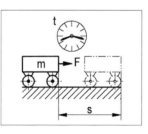

23. Ein Motor hat eine Leistungsaufnahme von 1320 Watt. Er gibt aber nur eine Leistung von 1180 W ab.
Wie groß ist der Wirkungsgrad?

Arbeit, Leistung, Wirkungsgrad   Technische Mathematik

24. Ein Elektromotor von 3,5 kW treibt ein Getriebe. An der Getriebewelle wird eine Leistung von 3,01 kW gemessen. Wie groß ist der Wirkungsgrad η von Motor und Getriebe zusammen?

① $\eta = 0{,}98$ ④ $\eta = 1{,}5$
② $\eta = 0{,}86$ ⑤ $\eta = 2{,}6$
③ $\eta = 1{,}04$

25. Ein Schneckenförderer von 200 W Leistung transportiert in 20 min Granulatmasse $m = 3975$ kg 4 m hoch. Mit welchem Wirkungsgrad arbeitet die Anlage? ($g = 9{,}81$ m/s²)

① $\eta = 0{,}4$ ④ $\eta = 0{,}93$
② $\eta = 0{,}52$ ⑤ $\eta = 2{,}41$
③ $\eta = 0{,}65$

26. Aus einem Wasserbecken werden in $t = 30$ Minuten in einen Tankwagen, der 12 m hoch steht, mit einer 1,3 kW Maschine Wasser gepumpt. Wie viel m³ Wasser werden in dieser Zeit hochgepumpt? ($g = 9{,}81$ m/s²)

① $V = 10{,}60$ m³   ④ $V = 260{,}43$ m³
② $V = 19{,}88$ m³   ⑤ $V = 320{,}16$ m³
③ $V = 180{,}21$ m³

27. Ein Magnetkran hat eine Eigengewichtskraft von 40000 N. Er ergreift eine Schrottlast von 2000 kg. Die Schrottlast wird in 7 s 5,5 m hoch transportiert. ($g = 9{,}81$ m/s²) Wie groß ist die Leistung des Motors am Kran? Welcher der Ansätze ist richtig?

① $P = \dfrac{(40000 + 2000 \cdot 9{,}81) \cdot 5{,}5}{7 \cdot 1000}$ kW

② $P = \dfrac{40000 + 2000 \cdot 9{,}81 \cdot 5{,}5}{7 \cdot 1000}$ kW

③ $P = \dfrac{(40000 + 2000 \cdot 9{,}81) \cdot 7}{5 \cdot 1000}$ kW

④ $P = \dfrac{(40000 - 2000 \cdot 9{,}81) \cdot 5{,}5}{5 \cdot 1000}$ kW

28. Wie groß ist die Motorleistung des Krans in kW mit den Angaben aus Aufg. 27?

29. Ein E-Motor mit vier PS nimmt aus dem Netz 3,9 kW auf. Wie groß ist der Wirkungsgrad η des Motors?

30. Bei einer Hochwasserkatastrophe wurden mit einer 1,5 kW Pumpenleistung 35 Minuten lang Wasser 3,3 m hoch ausgepumpt. ($g = 9{,}81$ m/s²) Wie viel Liter Wasser wurden ausgepumpt?

31. Ein Briefträger mit einem Eigengewicht von 85 kg hat Post von 40 kg eine Anhöhe von 14 m in $t = 50$ s hochgetragen. ($g = 9{,}81$ m/s²) Welche Leistung in Watt wurde verrichtet und welcher der Ansätze ist richtig?

① $P = \dfrac{(85 + 40) \cdot 9{,}81 \cdot 14}{50}$ W

② $P = \dfrac{(85 - 40) \cdot 9{,}81 \cdot 14}{50}$ W

③ $P = \dfrac{(85 + 40 + 9{,}81) \cdot 14}{50}$ W

④ $P = \dfrac{14 \cdot 50 + 85 + 40}{14}$ W

32. Wie groß ist die Leistung in Watt, die der Briefträger zu erbringen hat mit den Angaben aus Aufg. 31?

2.16 Geschwindigkeit, Weg, Zeit

1. Die Laufkatze eines Kranes transportiert Halbfabrikate in 40 s zu dem 8 m entfernten Verladeplatz.
   Welche Geschwindigkeit in m/min hat die Laufkatze?

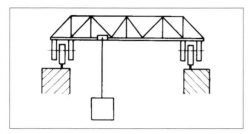

① $v = 12$ m/min
② $v = 19$ m/min
③ $v = 28$ m/min
④ $v = 70$ m/min
⑤ $v = 115$ m/min

2. Der Kran transportiert Brammen zum Glühofen. Für eine Strecke von 60 m benötigt er 2,5 min.
   Wie groß ist die Geschwindigkeit in m/s? (Abb. Aufg. 1)

3. Ein Motorwagen mit einer Krananlage hebt eine Last von 800 kg 5,3 m mit einer Hebegeschwindigkeit von $v = 0,25$ m/s.
   Welche Zeit in s ist dafür nötig?

① $t = 16,1$ s
② $t = 21,2$ s
③ $t = 31,4$ s
④ $t = 56,8$ s
⑤ $t = 76,2$ s

4. Mit einem Förderband werden über eine Strecke von 12 m in 30 s 400 kg Stückgut zum Verladeplatz befördert. Welche Geschwindigkeit in m/s hat das Förderband?

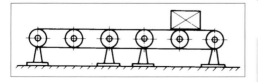

5. Ein Förderband transportiert Kisten mit einer Geschwindigkeit $v = 0,4$ m/s eine Strecke von 12 m.
   Wie groß ist die dafür nötige Zeit in Minuten?

① $t = 0,1$ min
② $t = 0,3$ min
③ $t = 0,5$ min
④ $t = 1,5$ min
⑤ $t = 4,3$ min

6. Verpackte Kugellager werden auf einem Transportband, das eine Transportgeschwindigkeit von 0,4 m/s hat, 0,5 min lang zum Versand befördert. Welche Strecke in m haben die Kugellager zurückgelegt? (Abb. Aufg. 4)

7. Ein Kran hebt eine Last von 3000 kg mit einer Hebegeschwindigkeit von $v = 0,2$ m/s 4 m hoch.
   Welche Zeit in min ist dafür nötig?

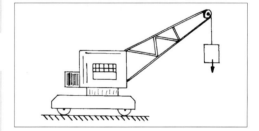

8. Ein Porsche Boxter fährt in 6 s eine Strecke von 400 m.
   Wie groß ist die Geschwindigkeit in km/h?

9. Ein Unterseeboot legt eine Strecke von 600 m bei einer Geschwindigkeit von 54 km/h zurück.
   Welche Zeit in s ist dafür nötig?

10. Ein ICE-Schnellzug durchfährt eine Strecke von 0,8 km in 10 s.
    Welche Geschwindigkeit in km/h fährt dieser Zug?

2.17 Riementrieb, Übersetzungen

1. Welcher der Ansätze zur Berechnung der Drehzahl n_2 ist richtig?

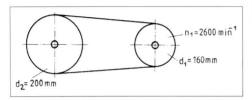

① $n_2 = \dfrac{160 \cdot 200}{2600}$ min^{-1}

② $n_2 = \dfrac{2600}{160 \cdot 200}$ min^{-1}

③ $n_2 = \dfrac{160 \cdot 2600}{200}$ min^{-1}

④ $n_2 = \dfrac{2600 \cdot 200}{160}$ min^{-1}

⑤ $n_2 = 160 \cdot 200 \cdot 2600$ min^{-1}

2. Berechnen Sie das Übersetzungsverhältnis. Geben Sie an, ob es eine Übersetzung ins Schnelle oder Langsame ist. (Abb. Aufg. 1)?

3. Welche Drehzahl in min^{-1} hat das größere Rad? (Abb. Aufg. 1)

① $n_2 = 2080$ min^{-1} ④ $n_2 = 2780$ min^{-1}

② $n_2 = 2460$ min^{-1} ⑤ $n_2 = 290$ min^{-1}

③ $n_2 = 2630$ min^{-1}

4. Welcher der Ansätze zur Berechnung der Riemengeschwindigkeit in m/min ist richtig, wenn das treibende Rad mit n = 2600 min^{-1} läuft? (Abb. Aufg. 1)

① $v = \dfrac{160 \cdot \pi \cdot 2600}{1000}$ $\dfrac{m}{min}$

② $v = \dfrac{160 \cdot \pi \cdot 1000}{2600}$ $\dfrac{m}{min}$

③ $v = \dfrac{160 \cdot \pi \cdot 2600}{1000 \cdot 60}$ $\dfrac{m}{min}$

④ $v = \dfrac{200 \cdot \pi \cdot 2600}{1000 \cdot 60}$ $\dfrac{m}{min}$

⑤ $v = \dfrac{200 \cdot 2600 \cdot 60}{1000 \cdot \pi}$ $\dfrac{m}{min}$

5. Wie groß ist der Wert der Riemengeschwindigkeit in m/s, wenn das treibende Rad eine Drehzahl von n = 2600 min^{-1} hat? (Abb. Aufg. 1)

6. Welcher der Ansätze zur Berechnung der Riemengeschwindigkeit in m/min ist richtig, wenn die große Scheibe mit n_2 = 2080 min^{-1} läuft? (Abb. Aufg. 1)

① $v = \dfrac{200 \cdot \pi \cdot 2080}{1000}$ $\dfrac{m}{min}$

② $v = \dfrac{200 \cdot \pi \cdot 2600}{1000}$ $\dfrac{m}{min}$

③ $v = \dfrac{200 \cdot \pi \cdot 1000}{2080}$ $\dfrac{m}{min}$

④ $v = \dfrac{\pi \cdot 1000}{200 \cdot 160}$ $\dfrac{m}{min}$

⑤ $v = \dfrac{\pi \cdot 2600}{200 \cdot 160}$ $\dfrac{m}{min}$

7. Wie groß ist die Riemengeschwindigkeit v in m/min, wenn das getriebene Rad mit n = 2080 min^{-1} läuft? (Abb. Aufg. 1)

① v = 39 m/min   ④ v = 1030 m/min

② v = 160 m/min   ⑤ v = 1306 m/min

③ v = 624 m/min

Technische Mathematik — Riementrieb, Übersetzungen

8. Welcher der Formelansätze ist richtig, wenn n_2 berechnet werden soll und die Werte von n_1, d_1 und d_2 gegeben sind?

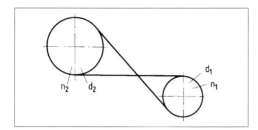

① $n_2 = \dfrac{d_1 \cdot d_2}{n_1}$ ④ $n_2 = \dfrac{n_1}{d_2 \cdot d_1}$

② $n_2 = d_1 \cdot n_1 \cdot d_2$ ⑤ $n_2 = \dfrac{d_1 \cdot n_1}{d_2}$

③ $n_2 = \dfrac{n_1 \cdot d_2}{d_1}$

9. Wie groß ist die Drehzahl n_2, wenn $n_1 = 3000$ min^{-1} und das Übersetzungsverhältnis $i = 3 : 1$ beträgt? (Abb. Aufg. 8)

① $n_2 = 300$ min^{-1} ④ $n_2 = 1000$ min^{-1}
② $n_2 = 400$ min^{-1} ⑤ $n_2 = 2000$ min^{-1}
③ $n_2 = 500$ min^{-1}

10. Welchen Wert hat die Drehzahl n_2, wenn $n_1 = 2700$ min^{-1}, $d_1 = 120$ mm und $d_2 = 360$ mm beträgt? (Abb. Aufg. 8)

① $n_2 = 900$ min^{-1} ④ $n_2 = 1500$ min^{-1}
② $n_2 = 1200$ min^{-1} ⑤ $n_2 = 1800$ min^{-1}
③ $n_2 = 1400$ min^{-1}

11. Wie groß ist der Durchmesser d_2, wenn $d_1 = 120$ mm und das Übersetzungsverhältnis $i = 3 : 1$ beträgt? (Abb. Aufg. 8)

12. Welche der Formeln zur Berechnung der Enddrehzahl n_4 ist richtig?

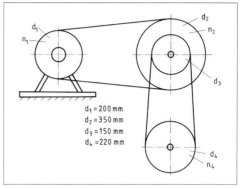

$d_1 = 200$ mm
$d_2 = 350$ mm
$d_3 = 150$ mm
$d_4 = 220$ mm

① $n_4 = n_1 \cdot \dfrac{d_2 \cdot d_3}{d_1 \cdot d_4}$

② $n_4 = n_1 \cdot \dfrac{d_2 \cdot d_4}{d_1 \cdot d_3}$

③ $n_4 = n_1 \cdot \dfrac{d_1 \cdot d_3}{d_2 \cdot d_4}$

④ $n_4 = n_1 \cdot \dfrac{d_1 \cdot d_3 \cdot d_4}{d_2}$

13. Wie groß ist die Enddrehzahl n_4, wenn die Motordrehzahl 1420 min^{-1} beträgt? (Abb. Aufg. 12)

① $n_4 = 980$ min^{-1} ④ $n_4 = 553$ min^{-1}
② $n_4 = 1420$ min^{-1} ⑤ $n_4 = 2600$ min^{-1}
③ $n_4 = 1980$ min^{-1}

14. Welche der Formeln zur Berechnung der Motordrehzahl n_1 ist richtig, wenn n_4 bekannt ist? (Abb. Aufg. 12)

① $n_1 = n_4 \cdot \dfrac{d_2 \cdot d_4}{d_1 \cdot d_3}$

② $n_1 = n_4 \cdot \dfrac{d_1 \cdot d_3}{d_2 \cdot d_4}$

③ $n_1 = n_4 \cdot \dfrac{d_1 \cdot d_4}{d_2 \cdot d_3}$

④ $n_1 = n_4 \cdot \dfrac{d_2 \cdot d_3}{d_1 \cdot d_4}$

15. Wie groß ist die Motordrehzahl n_1, wenn die Enddrehzahl $n_4 = 553$ min^{-1} beträgt?

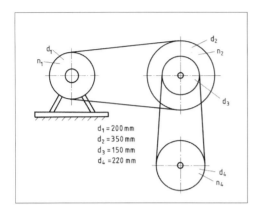

$d_1 = 200$ mm
$d_2 = 350$ mm
$d_3 = 150$ mm
$d_4 = 220$ mm

① $n_1 = 980$ min^{-1}
② $n_1 = 1420$ min^{-1}
③ $n_1 = 1980$ min^{-1}
④ $n_1 = 2400$ min^{-1}
⑤ $n_1 = 2600$ min^{-1}

16. Welche der Formeln zur Berechnung von i_{ges} bei gegebener Anfangs- und Enddrehzahl ist richtig? (Abb. Aufg. 15)

① $i_{ges} = n_1 \cdot n_4$
② $i_{ges} = \dfrac{n_1}{n_4}$
③ $i_{ges} = n_1 + n_4$
④ $i_{ges} = n_4 - n_1$
⑤ $i_{ges} = \dfrac{n_4}{n_1}$

17. Nach welcher der Formeln kann man das Gesamtübersetzungsverhältnis berechnen? (Abb. Aufg. 15)

① $i_{ges} = i_2 - i_1$
② $i_{ges} = i_1 + i_2$
③ $i_{ges} = \dfrac{i_2}{i_1}$
④ $i_{ges} = \dfrac{i_1}{i_2}$
⑤ $i_{ges} = i_1 \cdot i_2$

18. Welcher der Ansätze zur Berechnung von i_{ges} ist richtig?

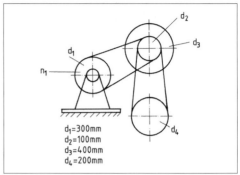

$d_1 = 300$ mm
$d_2 = 100$ mm
$d_3 = 400$ mm
$d_4 = 200$ mm

① $i_{ges} = \dfrac{100 \cdot 200}{300 \cdot 400}$
② $i_{ges} = \dfrac{100 \cdot 400}{300 \cdot 200}$
③ $i_{ges} = \dfrac{300 \cdot 200}{100 \cdot 400}$
④ $i_{ges} = \dfrac{300 \cdot 400}{100 \cdot 200}$

19. Wie groß ist das Gesamtübersetzungsverhältnis dieses Riementriebes? (Abb. Aufg. 18)

① $i_{ges} = 1 : 4$
② $i_{ges} = 1 : 6$
③ $i_{ges} = 6 : 1$
④ $i_{ges} = 7 : 1$
⑤ $i_{ges} = 1 : 8$

20. Wie groß ist die Enddrehzahl n_4, wenn die Motordrehzahl $n_1 = 500$ min^{-1} und i_{ges} 1 : 6 groß ist? (Abb. Aufg. 18) Welcher der Ansätze ist richtig?

① $n_4 = \dfrac{n_1}{i_{ges}} = \dfrac{500 \cdot 6}{1}$ min^{-1}
② $n_4 = i_{ges} \cdot n_1 = \dfrac{1 \cdot 500}{6}$ min^{-1}
③ $n_4 = \dfrac{i_{ges}}{n_1} = \dfrac{1}{6 \cdot 500}$ min^{-1}
④ $n_4 = n_1 \cdot i_{ges} = \dfrac{500 \cdot 1}{6^2}$ min^{-1}

21. Welchen Wert hat die Enddrehzahl n_4, wenn die Motordrehzahl $n_1 = 500$ min^{-1} und das Gesamtübersetzungsverhältnis $i_{ges} = 1 : 6$ beträgt? (Abb. Aufg. 18)

① $n_4 = 500$ min^{-1}
② $n_4 = 1500$ min^{-1}
③ $n_4 = 3000$ min^{-1}
④ $n_4 = 3500$ min^{-1}
⑤ $n_4 = 4000$ min^{-1}

22. Welcher der Ansätze zur Berechnung der Motordrehzahl n_1 ist richtig, wenn $i_{ges} = 1 : 6$ und die Endrehzahl $n_4 = 3000$ min^{-1} gegeben ist?

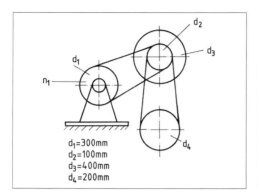

$d_1 = 300$ mm
$d_2 = 100$ mm
$d_3 = 400$ mm
$d_4 = 200$ mm

① $n_1 = n_4 \cdot i_{ges} = \dfrac{3000 \cdot 1}{6}$ min^{-1}

② $n_1 = \dfrac{n_4}{i_{ges}} = \dfrac{3000 \cdot 6}{1}$ min^{-1}

③ $n_1 = \dfrac{i_{ges}}{n_4} = \dfrac{1}{6 \cdot 3000}$ min^{-1}

④ $n_1 = n_4 + i_{ges} = 3000 + \dfrac{1}{6}$ min^{-1}

23. Welchen Wert hat die Motordrehzahl n_1, wenn das Gesamtübersetzungsverhältnis $i_{ges} = 1 : 6$ beträgt und die Enddrehzahl $n_4 = 3000$ min^{-1} beträgt? (Abb. Aufg. 22)

① $n_1 = 300$ min^{-1} ④ $n_1 = 1200$ min^{-1}
② $n_1 = 500$ min^{-1} ⑤ $n_1 = 1500$ min^{-1}
③ $n_1 = 900$ min^{-1}

24. Welcher der Ansätze zur Berechnung der Umfangsgeschwindigkeit mit $n = 2100$ min^{-1} des Punktes A in m/s ist richtig?

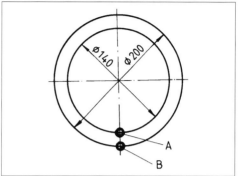

① $v = \dfrac{140 \cdot \pi \cdot 2100}{1000}$ $\dfrac{m}{s}$

② $v = \dfrac{200 \cdot \pi \cdot 2100}{1000 \cdot 60}$ $\dfrac{m}{s}$

③ $v = \dfrac{140 \cdot \pi \cdot 2100}{1000 \cdot 60}$ $\dfrac{m}{s}$

④ $v = \dfrac{140 \cdot \pi \cdot 2100 \cdot 60}{1000}$ $\dfrac{m}{s}$

⑤ $v = \dfrac{140 \cdot \pi \cdot 1000 \cdot 60}{2600}$ $\dfrac{m}{s}$

25. Wie groß ist die Umfangsgeschwindigkeit des Punktes A in m/s? (Abb. Aufg. 24)

26. Wie groß ist die Umfangsgeschwindigkeit des Punktes B in m/s? (Abb. Aufg. 24)

Zahnradberechnungen, Getriebe, Übersetzungen   Technische Mathematik

2.18 Zahnradberechnungen, Getriebe, Übersetzungen

1. Wie groß ist das Übersetzungsverhältnis beim skizzierten Getriebe?

   ① $i = 1 : 4$
   ② $i = 4 : 1$
   ③ $i = 1 : 3$
   ④ $i = 1 : 2,5$
   ⑤ $i = 2 : 1$

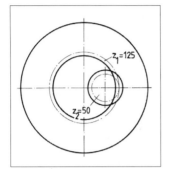

2. Welcher der Ansätze zur Berechnung des Moduls in mm ist richtig, wenn der Achsabstand $a = 112,5$ mm beträgt? (Abb. Aufg. 1)

   ① $m = \dfrac{2 \cdot 112,5}{125 + 50}$ mm

   ② $m = 2 \cdot 112,5 + \dfrac{125}{50}$ mm

   ③ $m = \dfrac{2 \cdot 112,5}{125 - 50}$ mm

   ④ $m = \dfrac{(125 + 50) \cdot 2}{112,5}$ mm

   ⑤ $m = \dfrac{125 + 50}{112,5 \cdot 2}$ mm

3. Wie groß ist die Drehzahl des kleinen Zahnrades bei einem Übersetzungsverhältnis $i = 1 : 2,5$ und einer Drehzahl des Zahnrades z_1 von 1420 min^{-1}? (Abb. Aufg. 1)

   ① $n_2 = 2000$ min^{-1} ④ $n_2 = 3550$ min^{-1}
   ② $n_2 = 2500$ min^{-1} ⑤ $n_2 = 3960$ min^{-1}
   ③ $n_2 = 3000$ min^{-1}

4. Wie groß ist der Achsabstand des Rädertriebes, wenn der Modul 3 mm beträgt? (Abb. Aufg. 1)

5. Welcher der Ansätze zur Berechnung des Übersetzungsverhältnisses von i_1 ist richtig, wenn $i_2 = 0{,}75$, $i_3 = 25$ und $i_{ges} = 7{,}5$ beträgt?

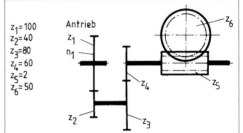

   ① $i_1 = \dfrac{7{,}5}{0{,}75 \cdot 25}$ ② $i_1 = \dfrac{0{,}75 \cdot 25}{7{,}5}$

   ③ $i_1 = \dfrac{7{,}5 \cdot 0{,}75}{25}$ ④ $i_1 = \dfrac{25 \cdot 7{,}5}{0{,}75}$

   ⑤ $i_1 = 7{,}5 + 0{,}75 + 25$

6. Welcher der Formelansätze zur Berechnung des Gesamtübersetzungsverhältnisses ist richtig? (Abb. Aufg. 5)

   ① $i_{ges} = \dfrac{z_1}{z_2} \cdot \dfrac{z_4}{z_3} \cdot \dfrac{z_6}{z_5}$

   ② $i_{ges} = \dfrac{z_1}{z_2} \cdot \dfrac{z_3}{z_4} \cdot \dfrac{z_6}{z_5}$

   ③ $i_{ges} = \dfrac{z_1}{z_2} \cdot \dfrac{z_4}{z_3} \cdot \dfrac{z_5}{z_6}$

   ④ $i_{ges} = \dfrac{z_1}{z_2} \cdot \dfrac{z_4}{z_5} \cdot \dfrac{z_6}{z_3}$

   ⑤ $i_{ges} = \dfrac{z_2}{z_1} \cdot \dfrac{z_4}{z_3} \cdot \dfrac{z_6}{z_5}$

7. Welchen Wert hat das i_{ges} für das skizzierte Getriebe? (Abb. Aufg. 5)

Technische Mathematik — Zahnradberechnungen, Getriebe, Übersetzungen

8. Welche Drehzahl hat das Zahnrad z_1, wenn das Schneckenrad z_6 eine Drehzahl von $n_6 = 300$ min^{-1} hat bei $i_{ges} = 7,5$?

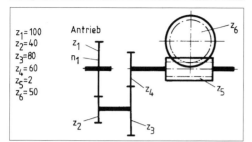

$z_1 = 100$
$z_2 = 40$
$z_3 = 80$
$z_4 = 60$
$z_5 = 2$
$z_6 = 50$

① $n_1 = 1400$ min^{-1}
② $n_1 = 1600$ min^{-1}
③ $n_1 = 1800$ min^{-1}
④ $n_1 = 2000$ min^{-1}
⑤ $n_1 = 2250$ min^{-1}

9. Welche Drehzahl hat das Schneckenrad, wenn z_1 die Drehzahl von $n = 2250$ min^{-1} hat bei einem $i_{ges} = 7,5$? (Abb. Aufg. 8)

10. Wie groß ist die Drehzahl von z_3, wenn z_1 sich mit 2250 min^{-1} dreht? (Abb. Aufg. 8)

11. Welche der Beziehungen von Schnecke und Schneckenrad ist richtig?

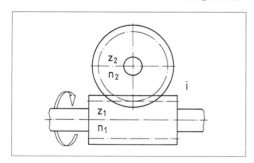

① $z_1 + z_2 = n_1 \cdot n_2$
② $z_2 - z_1 = \dfrac{n_2}{n_1}$
③ $z_1 \cdot n_2 = z_2 \cdot n_1$
④ $z_2 \cdot n_2 = z_1 \cdot n_1$
⑤ $n_1 \cdot n_2 = z_1 \cdot z_2$

12. Welcher Ansatz zur Berechnung von i_{ges} ist richtig?

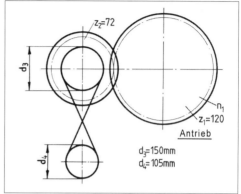

$z_2 = 72$
$z_1 = 120$
$d_3 = 150$ mm
$d_4 = 105$ mm

① $i_{ges} = \dfrac{z_2}{z_1} \cdot \dfrac{d_3}{d_4}$

② $i_{ges} = \dfrac{z_2}{z_1} \cdot \dfrac{d_4}{d_3}$

③ $i_{ges} = \dfrac{z_1}{z_2} \cdot \dfrac{d_4}{d_3}$

④ $i_{ges} = \dfrac{z_2}{d_4} \cdot z_1 \cdot d_3$

13. Wie groß ist die Drehzahl des Rades d_4, wenn das Zahnrad z_1 eine Drehzahl von 1000 min^{-1} hat? (Abb. Aufg. 12)

① $n_4 = 1610$ min^{-1}
② $n_4 = 1816$ min^{-1}
③ $n_4 = 2000$ min^{-1}
④ $n_4 = 2381$ min^{-1}
⑤ $n_4 = 3471$ min^{-1}

14. Wie groß ist i_{ges}? (Abb. Aufg. 12)

15. Welche Drehzahl hat das Rad d_3, wenn das Rad z_1 mit 1000 min^{-1} läuft? (Abb. Aufg. 12)

16. Welcher der Ansätze zur Berechnung des Achsabstandes a ist richtig, wenn der Modul $m = 4$ mm beträgt, das Zahnrad $z_1 = 36$ und das Zahnrad $z_2 = 50$ Zähne hat?

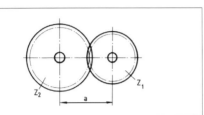

① $a = 4 \cdot (36 + 50) \cdot 2$ mm

② $a = \dfrac{4 \cdot (36 + 50)}{2}$ mm

③ $a = \dfrac{2 \cdot (36 + 50)}{4}$ mm

④ $a = 4 \cdot (50 - 36) \cdot 2$ mm

⑤ $a = \dfrac{4 \cdot (50 - 36)}{2}$ mm

17. Wie groß ist der Achsabstand a, wenn der Modul $m = 4$ mm ist, $z_1 = 36$ und $z_2 = 50$ Zähne hat? (Abb. Aufg. 16)

① $a = 36$ mm   ④ $a = 104$ mm
② $a = 43$ mm   ⑤ $a = 172$ mm
③ $a = 58$ mm

18. Wie viel Zähne hat das Zahnrad z_2, wenn das Zahnrad $z_1 = 36$ Zähne hat, der Modul des treibenden Zahnrades mit $m = 4$ mm und der Achsabstand $a = 172$ mm gegeben ist; welcher der Ansätze ist richtig? (Abb. Aufg. 16)

① $z_2 = \dfrac{2 \cdot 172}{4} + 36$ Zähne

② $z_2 = \dfrac{2 \cdot 4}{172} + 36$ Zähne

③ $z_2 = \dfrac{2 \cdot 172}{4} - 36$ Zähne

④ $z_2 = \dfrac{4 \cdot 172}{2} - 36$ Zähne

19. Wie viel Zähne hat das Zahnrad z_2, wenn $z_1 = 36$ Zähne hat? Der Modul des treibenden Rades ist mit 4 mm gegeben und der Achsabstand a beträgt 172 mm. (Abb. Aufg. 16)

① $z_2 = 30$ Zähne   ③ $z_2 = 50$ Zähne
② $z_2 = 40$ Zähne   ④ $z_2 = 80$ Zähne

20. Welcher der Ansätze zur Berechnung des Gesamtübersetzungsverhältnisses ist richtig?

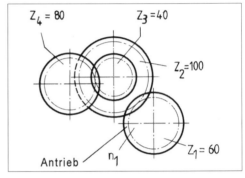

① $i_{ges} = \dfrac{60}{100} \cdot \dfrac{80}{40}$ ④ $i_{ges} = \dfrac{100}{60} \cdot \dfrac{80}{40}$

② $i_{ges} = \dfrac{60}{100} \cdot \dfrac{40}{80}$ ⑤ $i_{ges} = \dfrac{40}{60} \cdot \dfrac{100}{80}$

③ $i_{ges} = \dfrac{40}{100} \cdot \dfrac{60}{80}$

21. Wie groß ist die Drehzahl der Schnecke?

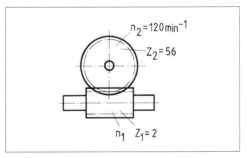

① $n_1 = 1840$ min^{-1} ④ $n_1 = 4000$ min^{-1}
② $n_1 = 2630$ min^{-1} ⑤ $n_1 = 4120$ min^{-1}
③ $n_1 = 3360$ min^{-1}

Technische Mathematik — Zahnradberechnungen, Getriebe, Übersetzungen

22. Welcher Formelansatz zur Berechnung des Übersetzungsverhältnisses ist richtig?

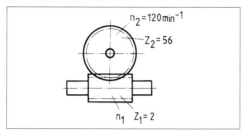

① $i = z_2 \cdot z_1$
② $i = z_2 / z_1$
③ $i = z_1 / z_2$
④ $i = z_1 + z_2$
⑤ $i = z_2 - z_1$

23. Wie groß ist das Übersetzungsverhältnis für den Schneckentrieb? (Abb. Aufg. 22)

① $i = 1 : 7$
② $i = 10 : 1$
③ $i = 1 : 17$
④ $i = 17 : 1$
⑤ $i = 28 : 1$

24. Wie groß ist die Enddrehzahl n_4, wenn die Anfangsdrehzahl $n_1 = 3600$ min^{-1} beträgt und $i_{ges} = 4 : 1$ ist?

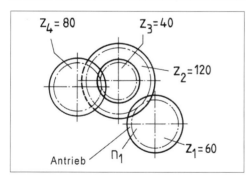

① $n_4 = 900$ min^{-1}
② $n_4 = 1200$ min^{-1}
③ $n_4 = 1500$ min^{-1}
④ $n_4 = 2000$ min^{-1}
⑤ $n_4 = 2800$ min^{-1}

25. Wie groß ist die Drehzahl des getriebenen Rades z_2, wenn das Zahnrad $z_1 = 50$ Zähne und eine Drehzahl von 800 min^{-1} hat?

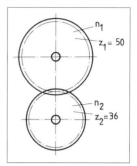

① $n_2 = 711$ min^{-1}
② $n_2 = 811$ min^{-1}
③ $n_2 = 911$ min^{-1}
④ $n_2 = 1111$ min^{-1}
⑤ $n_2 = 2111$ min^{-1}

26. Welcher der Formelansätze zur Berechnung der Enddrehzahl n_3 ist richtig, wenn die Motordrehzahl n_1 bekannt ist?

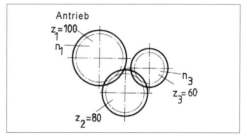

① $n_3 = z_1 \cdot n_1 \cdot z_3$
② $n_3 = \dfrac{z_1 \cdot n_1}{z_3}$
③ $n_3 = \dfrac{z_3 \cdot n_1}{z_1}$
④ $n_3 = \dfrac{z_1 \cdot z_3}{n_1}$
⑤ $n_3 = z_1 \cdot n_1 \cdot \dfrac{z_3}{z_2}$

27. Wie groß ist n_3, wenn die Motordrehzahl $n_1 = 1420$ min^{-1} beträgt? (Abb. Aufg. 26)

① $n_3 = 1800$ min^{-1}
② $n_3 = 2000$ min^{-1}
③ $n_3 = 2367$ min^{-1}
④ $n_3 = 2569$ min^{-1}
⑤ $n_3 = 3418$ min^{-1}

2.19 Zahnstange und Zahnrad

28. Welcher der Ansätze zur Berechnung des Gesamtübersetzungsverhältnisses ist richtig?

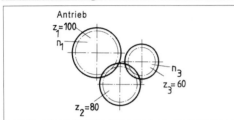

① $i_{ges} = \dfrac{z_3}{z_1}$

② $i_{ges} = \dfrac{z_1}{z_3} \cdot z_2$

③ $i_{ges} = \dfrac{z_3}{z_2} \cdot z_1$

④ $i_{ges} = \dfrac{z_1 \cdot z_2}{z_3}$

⑤ $i_{ges} = z_1 + z_2 + z_3$

29. Wie groß ist das Gesamtübersetzungsverhältnis i_{ges}? (Abb. Aufg. 28)

① $i_{ges} = 1 : 1{,}66$ ④ $i_{ges} = 4 : 1$

② $i_{ges} = 1 : 2{,}4$ ⑤ $i_{ges} = 1 : 4{,}6$

③ $i_{ges} = 3 : 1$

30. Der Teilkreisdurchmesser des treibenden kleinen Zahnrades ist 96 mm bei einem Modul $m = 4$ mm. Das große Zahnrad hat $z_2 = 72$ Zähne. Wie groß ist das Drehmoment M_2, wenn das Antriebsmoment $M_1 = 900$ Nm beträgt?

① $M_2 = $ 270 Nm
② $M_2 = $ 1040 Nm
③ $M_2 = $ 1930 Nm
④ $M_2 = $ 2700 Nm
⑤ $M_2 = $ 49800 Nm

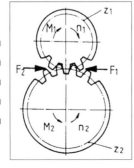

1. Welcher der Formelansätze zur Bestimmung der Geschwindigkeit der Zahnstange in m/min ist richtig, wenn das Zahnrad mit $n = 28$ min^{-1} läuft?

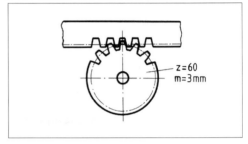

① $v = \dfrac{m \cdot z \cdot n}{1000 \cdot \pi} \quad \dfrac{m}{min}$

② $v = \dfrac{m \cdot z \cdot \pi \cdot n}{1000} \quad \dfrac{m}{min}$

③ $v = \dfrac{\pi \cdot n \cdot 1000}{m \cdot z} \quad \dfrac{m}{min}$

④ $v = \dfrac{m \cdot n \cdot \pi}{z \cdot 1000} \quad \dfrac{m}{min}$

2. Welche Geschwindigkeit in m/min hat die Zahnstange, wenn das Zahnrad mit $n = 28$ min^{-1} läuft? (Abb. Aufg. 1)

① $v = $ 6,10 m/min ④ $v = $ 15,83 m/min
② $v = $ 8,60 m/min ⑤ $v = $ 19,64 m/min
③ $v = $ 10,82 m/min

3. Berechnen Sie die Vorschubgeschwindigkeit der Zahnstange in mm/min, wenn die Umdrehungsfrequenz des Zahnrades von $n = 28$ min^{-1} um 40 % vermindert wird. (Abb. Aufg. 1)

4. Berechnen Sie den Drehwinkel α des Zahnrades, wenn sich die Zahnstange um einen Weg von $s = 675{,}5$ mm bewegt hat und die Umdrehungsfrequenz des Zahnrades $n = 20$ min^{-1} beträgt. (Abb. Aufg. 1)

5. Welchen Weg s legt die Zahnstange bei einer Umdrehung des Zahnrades zurück? (Abb. Aufg. 1)

Technische Mathematik — Kegelradgetriebe / Direktes und indirektes Teilen

2.20 Kegelradgetriebe

1. Wie groß ist i_1?

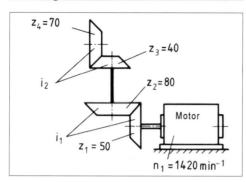

① $i_1 = 4 : 1$
② $i_1 = 3,2 : 1$
③ $i_1 = 1 : 2$
④ $i_1 = 1,6 : 1$
⑤ $i_1 = 2,4 : 1$

2. Wie groß ist die Enddrehzahl n_4 in min^{-1}, wenn $i_{ges} = 2,8 : 1$ ist? (Abb. Aufg. 1)

① $n_4 = 100$ min^{-1}
② $n_4 = 306$ min^{-1}
③ $n_4 = 409$ min^{-1}
④ $n_4 = 507$ min^{-1}
⑤ $n_4 = 815$ min^{-1}

3. Wie groß ist i_2? (Abb. Aufg.1)

4. Wie groß ist i_{ges}? (Abb. Aufg.1)

---

1. Es soll das Werkstück lt. Skizze nach dem indirekten Teilverfahren gefertigt werden. Schneckengetriebe im Teilkopf mit $i = 40 : 1$. Es ist eine Lochscheibe mit 54 Löchern vorhanden. Welcher der Ansätze zur Berechnung der Kurbelumdrehungen ist richtig?

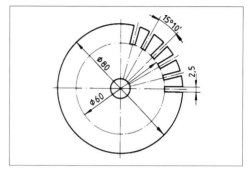

① $n_k = \dfrac{15,1° \cdot 40}{360°}$

② $n_k = \dfrac{15°10' \cdot 40}{40}$

③ $n_k = \dfrac{15\frac{1°}{6} \cdot 40}{360°}$

④ $n_k = \dfrac{40 \cdot 360°}{15°10'}$

2. Das skizzierte Werkstück wird durch indirektes Teilen hergestellt. Das Schneckengetriebe im Teilkopf hat ein $i = 40 : 1$. Es wird eine Lochscheibe mit 54 Löchern verwendet. Um wie viel Umdrehungen und Lochabstände ist die Teilkurbel weiterzudrehen? (Abb. Aufg. 1)

① 1 Umdrehung und 37 Lochabstände
② 2 Umdrehungen und 18 Lochabstände
③ 3 Umdrehungen und 32 Lochabstände
④ 4 Umdrehungen und 17 Lochabstände
⑤ 5 Umdrehungen und 31 Lochabstände

2.21 Direktes und indirektes Teilen

Kegelradgetriebe / Direktes und indirektes Teilen **Technische Mathematik**

3. Es wird ein Zahnsegment mit zehn Zähnen nach dem indirekten Teilverfahren hergestellt. Die Zähne sind 18°15' voneinander entfernt. Das Schneckengetriebe im Teilkopf hat ein $i = 40 : 1$.
Welcher der Ansätze führt zum richtigen Ergebnis der Kurbelumdrehungen?

6. Das skizzierte Werkstück wird im direkten Teilverfahren hergestellt.
Wie groß ist die Anzahl der weiterzuschaltenden Lochabstände, wenn auf der Teilkopfspindel eine Teilscheibe mit 24 Löchern befestigt ist?

① 2 Lochabstände
② 3 Lochabstände
③ 4 Lochabstände
④ 6 Lochabstände
⑤ 8 Lochabstände

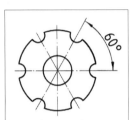

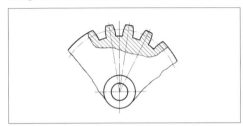

① $n_k = \dfrac{18°15' \cdot 360°}{40}$

② $n_k = \dfrac{18,15° \cdot 40}{360°}$

③ $n_k = \dfrac{18\frac{1°}{4} \cdot 40}{360°}$

④ $n_k = \dfrac{360°}{18\frac{1°}{4} \cdot 40}$

4. Es wird ein Zahnsegment mit 10 Zähnen nach dem indirekten Teilverfahren gefertigt. Die Zähne sind 18°15' voneinander entfernt. Das Schneckengetriebe im Teilkopf hat ein $i = 40 : 1$. Es stehen Lochscheiben zur Verfügung. (Abb. Aufg. 3)
Welcher Lochkreis ist geeignet? Der Lochkreis mit

① 15 Löchern
② 17 Löchern
③ 25 Löchern
④ 36 Löchern
⑤ 51 Löchern

7. Das skizzierte Werkstück wird im indirekten Teilverfahren hergestellt, da die Fräsmaschine dafür hergerichtet ist. Es ist eine Lochscheibe mit 18 Löchern aufgespannt, $i = 40 : 1$.
Welcher der Ansätze führt zum richtigen Ergebnis? (Abb. Aufg. 6)

① $n_k = \dfrac{40 \cdot 360°}{60°}$

② $n_k = \dfrac{60° \cdot 360°}{40}$

③ $n_k = \dfrac{360°}{60° \cdot 40}$

④ $n_k = \dfrac{60° \cdot 40}{360°}$

⑤ $n_k = \dfrac{360° - 60°}{40}$

8. Das skizzierte Werkstück wird im indirekten Teilverfahren hergestellt. Es ist eine Lochscheibe mit 18 Löchern aufgespannt. Das Schneckengetriebe hat ein $i = 40 : 1$.
Um wie viel Umdrehungen oder Lochabstände muss die Kurbel weitergedreht werden? (Abb. Aufg. 6)

① 3 Umdrehungen und 4 Löcher
② 4 Umdrehungen und 3 Löcher
③ 5 Umdrehungen und 1 Loch
④ 6 Umdrehungen und 12 Löcher
⑤ 7 Umdrehungen und 10 Löcher

5. Es wird ein Zahnsegment nach den Angaben von Aufg. 4 gefertigt. Es wird eine Lochscheibe mit 36 Löchern verwendet. (Abb. Aufg. 3)
Wie viel Kurbelumdrehungen bzw. Lochabstände sind weiterzudrehen?

① 1 Umdrehung und 1 Lochabstand
② 2 Umdrehungen und 1 Lochabstand
③ 3 Umdrehungen und 2 Lochabstände
④ 4 Umdrehungen und 3 Lochabstände
⑤ 5 Umdrehungen und 4 Lochabstände

Technische Mathematik — Differenzial- oder Ausgleichsteilen

2.22 Differenzial- oder Ausgleichsteilen

9. Es soll ein Werkstück im indirekten Teilverfahren mit 88 Teilungen hergestellt werden. Das Schneckengetriebe hat ein $i = 40 : 1$.
   Welche Lochscheibe ist geeignet?

   ① Lochscheibe mit 19 Löchern
   ② Lochscheibe mit 27 Löchern
   ③ Lochscheibe mit 30 Löchern
   ④ Lochscheibe mit 33 Löchern
   ⑤ Lochscheibe mit 41 Löchern

10. Ein Zahnrad mit 18 Zähnen wird im direkten Teilverfahren hergestellt.
    Wie groß ist die Anzahl der weiterzuschaltenden Lochabstände, wenn auf der Teilkopfspindel eine Teilscheibe mit 36 Löchern befestigt ist?

    ① 2 Lochabstände
    ② 3 Lochabstände
    ③ 4 Lochabstände
    ④ 5 Lochabstände
    ⑤ 6 Lochabstände

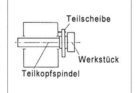

11. Es soll ein Werkstück durch indirektes Teilen mit 88 Teilungen angefertigt werden. Der Schneckentrieb des Teilkopfes hat ein $i = 40 : 1$. Es wird eine Lochscheibe mit 33 Löchern verwendet. Wie groß ist die Anzahl der weiterzuschaltenden Lochabstände?

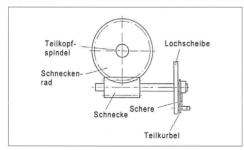

   ① 6 Lochabstände
   ② 10 Lochabstände
   ③ 15 Lochabstände
   ④ 19 Lochabstände
   ⑤ 23 Lochabstände

1. Es soll eine Scheibe mit 87 Nuten nach dem Ausgleichsteilen (Differenzialteilen) gefertigt worden. Die Hilfsteilzahl T' beträgt 90. Die Übersetzung im Teilkopf ist $i = 40 : 1$.
   Welcher der Ansätze zur Berechnung der Wechselräder ist richtig?

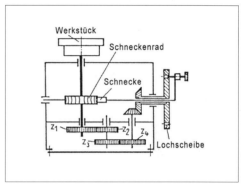

   ① $\dfrac{z_t}{z_g} = \dfrac{40}{90}(90 - 87)$

   ② $\dfrac{z_t}{z_g} = \dfrac{40}{90}(90 + 87)$

   ③ $\dfrac{z_t}{z_g} = \dfrac{90}{40}(90 - 87)$

   ④ $\dfrac{z_t}{z_g} = \dfrac{40 \cdot 90}{90 - 87}$

2. Es soll ein Zylinder von $\varnothing\, 100$ mm am Umfang mit 87 Nuten nach dem Ausgleichsteilen (Differenzialteilen) gefertigt werden. Die Hilfsteilzahl T' wird mit 90 gewählt. Die Übersetzung im Teilkopf ist $i = 40 : 1$.
   Welches rechnerische Ergebnis zur Durchführung der Arbeit ist richtig?

   ① $\dfrac{z_t}{z_g} = \dfrac{24}{21}$ ④ $\dfrac{z_t}{z_g} = -\dfrac{28}{32}$

   ② $\dfrac{z_t}{z_g} = \dfrac{32}{24}$ ⑤ $\dfrac{z_t}{z_g} = \dfrac{36}{28}$

   ③ $\dfrac{z_t}{z_g} = -\dfrac{36}{32}$

2.23 Hauptnutzungszeit und Geschwindigkeit beim Sägen

3. Es soll eine Walze am Umfang 87 Nuten durch Ausgleichsteilen (Differenzialteilen) erhalten. Die Hilfsteilzahl T' wird mit 90 gewählt. Die Übersetzung im Teilkopf beträgt $i = 40 : 1$. Welches Wechselräderpaar zur Durchführung der Arbeit ist richtig? (vgl. Tabellenbuch Wechselrädersatz) (Abb. Aufg. 1)

① $\dfrac{z_t}{z_g} = \dfrac{40 \cdot 40}{50 \cdot 30}$ ④ $\dfrac{z_t}{z_g} = \dfrac{40 \cdot 60}{30 \cdot 50}$

② $\dfrac{z_t}{z_g} = \dfrac{40 \cdot 50}{50 \cdot 30}$ ⑤ $\dfrac{z_t}{z_g} = \dfrac{80 \cdot 30}{40 \cdot 30}$

③ $\dfrac{z_t}{z_g} = \dfrac{50 \cdot 40}{40 \cdot 30}$

4. Es soll eine Welle mit 87 Nuten nach dem Ausgleichsteilen (Differenzialteilen) gefräst werden. Die Hilfsteilzahl T' beträgt 90.
Wie viel Lochabstände auf der 18er Lochscheibe muss jeweils weiter gedreht werden? ($i = 40 : 1$)

① 2 Lochabstände
② 4 Lochabstände
③ 8 Lochabstände
④ 10 Lochabstände
⑤ 12 Lochabstände

1. Der Durchbruch 200 x 280 in der Stahlplatte wird auf der Bandsäge ausgesägt. Die Vorschubgeschwindigkeit v_f beträgt 0,4 m/min. Wie groß ist die Hauptnutzungszeit t_h in min?

① $t_h = 2,4$ min
② $t_h = 3,7$ min
③ $t_h = 6,5$ min
④ $t_h = 8,3$ min
⑤ $t_h = 9,7$ min

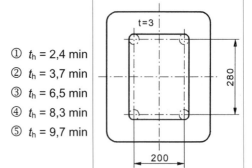

2. Das bemaßte Langloch wird auf einer Bandsäge ausgesägt. Die Säge hat eine Teilung von $t = 2$ mm. Der Vorschub je Zahn f_z beträgt 0,015 mm. Der Vorschub des Werkstückes erfolgt mit $v_f = 0,4$ mm/min.
Mit welcher Schnittgeschwindigkeit in mm/min wird hier gearbeitet?

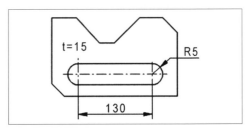

① $v_c = 15,0$ mm/min
② $v_c = 20,2$ mm/min
③ $v_c = 33,7$ mm/min
④ $v_c = 40,6$ mm/min
⑤ $v_c = 53,3$ mm/min

Technische Mathematik — Hauptnutzungszeit und Geschwindigkeit beim Sägen

3. Das Langloch in der Stahlplatte wird auf der Bandsäge ausgesägt. Wie groß ist die Hauptnutzungszeit t_h in Minuten, wenn die Vorschubgeschwindigkeit v_f = 53 mm/min groß ist und die zwei Bohrungen vorher eingebracht sind? (Abb. Aufg. 2)

4. Eine Bügelsäge arbeitet mit 130 Doppelhüben je Minute. Welche der Formeln zur Berechnung der mittleren Geschwindigkeit in mm/min ist richtig, wenn die Hublänge L mit 0,38 m angegeben ist?

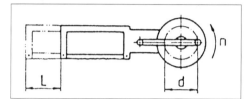

① $v_m = 2 \cdot L \cdot n \cdot 1000 \ \frac{mm}{min}$

② $v_m = \frac{2 \cdot L \cdot n \cdot 60}{1000} \ \frac{mm}{min}$

③ $v_m = L \cdot n \cdot 1000 \ \frac{mm}{min}$

④ $v_m = \frac{L \cdot 1000}{2 \cdot n} \ \frac{mm}{min}$

⑤ $v_m = 2 \cdot L \cdot n \ \frac{mm}{min}$

5. Eine Bügelsäge arbeitet mit n_{DH} = 130 min⁻¹. Wie groß ist die Schnittgeschwindigkeit v_c in mm/min, wenn die Hublänge 0,38 m beträgt? (Abb. Aufg. 4)

① $v_c = 1080 \ \frac{mm}{min}$ ④ $v_c = 30790 \ \frac{mm}{min}$

② $v_c = 7630 \ \frac{mm}{min}$ ⑤ $v_c = 98800 \ \frac{mm}{min}$

③ $v_c = 10460 \ \frac{mm}{min}$

6. Wie groß ist die Anzahl der Doppelhübe n_D einer Bügelsäge, wenn diese mit einer Schnittgeschwindigkeit von 98,8 m/min und einer Hublänge von 380 mm arbeitet?

7. Ein Zerspanungsmechaniker sägt mit einer Handbügelsäge einen Schlitz in ein Stahlstück. Das Sägeblatt hat auf 25 mm Länge 25 Zähne. Der Vorschub je Zahn beträgt f_z = 0,02 mm. Der Tiefenvorschub beträgt v_f = 36 mm/min. Welcher der Ansätze zur Berechnung der Schnittgeschwindigkeit in m/min ist richtig?

① $v_c = \frac{36 \cdot 1}{0,02 \cdot 1000} \ \frac{m}{min}$

② $v_c = \frac{36 \cdot 0,02 \cdot 1}{1000} \ \frac{m}{min}$

③ $v_c = \frac{1000 \cdot 36 \cdot 1}{0,02} \ \frac{m}{min}$

④ $v_c = \frac{1000 \cdot 1}{36 \cdot 0,02} \ \frac{m}{min}$

8. Ein Industriemechaniker arbeitet mit einer Handbügelsäge. Er sägt mit n_D = 60 min⁻¹ und einer Hublänge L = 150 mm einen Schlitz in ein Werkstück. Mit welcher Schnittgeschwindigkeit in m/min arbeitet dieser Mann?

9. Ein Werkzeugmechaniker sägt mit einer Handbügelsäge ein Stahlblech auseinander. Das Sägeblatt hat auf 25 mm Länge 25 Zähne, d. h. t = 1 mm. Der Vorschub je Zahn beträgt f_z = 0,02 mm. Der Mann erreicht eine Schnittgeschwindigkeit von 1,8 m/min. Welche der Formeln zur Berechnung der Vorschubgeschwindigkeit v_f in mm/min ist richtig?

① $v_f = f_z \cdot v_c \cdot t$

② $v_f = \frac{f_z \cdot t \cdot 1000}{v_c}$

③ $v_f = f_z \cdot t \cdot v_c \cdot 1000$

④ $v_f = \frac{f_z \cdot v_c \cdot 1000}{t}$

10. Wie groß ist die Vorschubgeschwindigkeit v_f in mm/min mit den Angaben aus Aufg. 9?

2.24 Hauptnutzungszeit beim Bohren, Reiben und Senken

1. Wie groß darf die Drehzahl des $d = 15$ mm großen Bohrers sein, wenn mit einer Schnittgeschwindigkeit $v_c = 22$ m/min gebohrt wird?

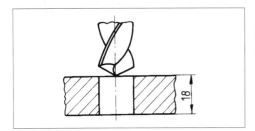

① $n = 320$ min^{-1}
② $n = 467$ min^{-1}
③ $n = 600$ min^{-1}
④ $n = 837$ min^{-1}
⑤ $n = 1080$ min^{-1}

2. Welcher der Ansätze zur Berechnung der Hauptnutzungszeit t_h in min ist richtig, wenn mit folgenden Werten gebohrt wird:
Bohrerdurchmesser 15 mm, Schnittgeschwindigkeit $v_c = 22$ m/min, Vorschub $f = 0{,}11$ mm? (Abb. Aufg. 1)

① $t_h = \dfrac{18 \text{ mm} + 1/3 \cdot 15 \text{ mm}}{0{,}11 \text{ mm} \cdot 22 \text{ m/min}}$ min

② $t_h = \dfrac{18 \text{ mm} + 1/3 \cdot 15 \text{ mm}}{0{,}11 \text{ mm} \cdot 467 \text{ min}^{-1}}$ min

③ $t_h = \dfrac{18 \text{ mm} + 1/3 \cdot 15 \text{ mm} \cdot 0{,}11 \text{ mm}}{467 \text{ min}^{-1}}$ min

④ $t_h = \dfrac{467 \text{ min}^{-1} \cdot 0{,}11 \text{ mm}}{18 \text{ mm} + 1/3 \cdot 15 \text{ mm}}$ min

3. Wie groß ist die Hauptnutzungszeit t_h in min bei den Werten:
Bohrerdurchmesser $d = 15$ mm, Drehzahl $n = 467$ min^{-1}, Vorschub $f = 0{,}11$ mm? (Abb. Aufg. 1)

① $t_h = 0{,}45$ min
② $t_h = 1{,}45$ min
③ $t_h = 2{,}36$ min
④ $t_h = 2{,}80$ min
⑤ $t_h = 3{,}22$ min

4. Wie groß ist die Schnittgeschwindigkeit v_c in m/min, wenn der Bohrer einen ⌀ von $d = 15$ mm und eine Drehzahl $n = 467$ min^{-1} hat? (Abb. Aufg. 1)

5. Wie lautet der richtige Ansatz zur Berechnung der Vorschubgeschwindigkeit des Bohrers in mm je Minute, wenn $f = 0{,}11$ mm und die Drehzahl $n = 467$ min^{-1} groß ist? (Abb. Aufg. 1)

① $v_f = 0{,}11 \cdot 467 \; \dfrac{\text{mm}}{\text{min}}$

② $v_f = \dfrac{0{,}11}{467} \; \dfrac{\text{mm}}{\text{min}}$

③ $v_f = \dfrac{467}{0{,}11} \; \dfrac{\text{mm}}{\text{min}}$

④ $v_f = \dfrac{467}{11 \cdot 60} \; \dfrac{\text{mm}}{\text{min}}$

6. Welche Vorschubgeschwindigkeit in mm/min hat dieser Bohrer, mit den Angaben aus Aufg. 5?

7. Mit einer verstellbaren Reibahle soll die Bohrung auf einen ⌀ von 22,5 mm aufgerieben werden. Drehzahl $n = 42$ min^{-1}, Vorschub $f = 0{,}4$ mm. ($l = 60$ mm).
Welcher der Ansätze zur Berechnung der Hauptnutzungszeit ist richtig?

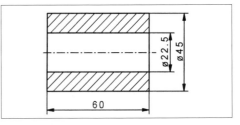

① $t_h = \dfrac{60 \cdot 60}{0{,}4 \cdot 42}$ min
② $t_h = \dfrac{0{,}4 \cdot 42}{60}$ min
③ $t_h = \dfrac{60}{0{,}4 \cdot 42}$ min
④ $t_h = \dfrac{0{,}4 \cdot 60}{42}$ min

Technische Mathematik — Hauptnutzungszeit und Geschwindigkeit beim Hobeln

2.25 Hauptnutzungszeiten und Geschwindigkeiten beim Hobeln

8. Wie groß ist die Hauptnutzungszeit mit den Angaben aus Aufg. 7?

① $t_h = 2{,}44$ min   ④ $t_h = 3{,}57$ min
② $t_h = 3{,}16$ min   ⑤ $t_h = 4{,}76$ min
③ $t_h = 3{,}29$ min

9. Mit einer verstellbaren Reibahle wird das Werkstück lt. Skizze fertig bearbeitet.
Wie groß ist die Vorschubgeschwindigkeit v_f in mm/min, wenn der Vorschub $f = 0{,}4$ mm und die Drehzahl $n = 42$ min^{-1} beträgt? (Abb. Aufg. 7)

10. Wie groß ist der Vorschub f in mm, wenn die Gesamtzeit für drei Senkbohrungen $t_h = 0{,}98$ min beträgt und mit $n = 382$ min^{-1} gearbeitet wird?

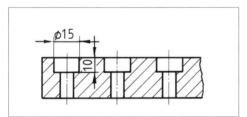

11. Wie groß ist die Hauptnutzungszeit t_h für alle drei Senkarbeiten, wenn der Vorschub $f = 0{,}08$ mm und $n = 382$ min^{-1} beträgt? (Abb. Aufg. 10)

12. Die drei Bohrungen sollen mit einem Zapfensenker gesenkt werden.
Welche Drehzahl hat der Zapfensenker bei einer $v_c = 18$ m/min? (Abb. Aufg. 10)

13. Wie groß ist die Vorschubgeschwindigkeit v_f in mm/min, wenn der Zapfensenker mit $n = 382$ min^{-1} läuft und ein $f = 0{,}08$ mm vorgegeben ist? (Abb.Aufg. 10)

1. Auf einer Waagerechtstoßmaschine wird das Werkstück mit einer Länge $l = 3000$ mm, $l_a + l_ü = 100$ mm gehobelt. Das Werkstück hat eine Breite $b = 1200$ mm. Die Schnittgeschwindigkeit v_A für den Vorlauf beträgt 20 m/min, für den Rücklauf $v_R = 40$ m/min. Der Vorschub f ist mit 2 mm angegeben.
Wie groß ist t_h in min?

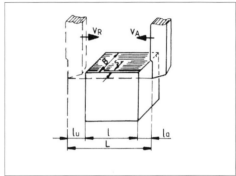

2. Welcher der Ansätze zur Berechnung der mittleren Geschwindigkeit in m/min ist richtig, wenn $l = 300$ mm und die Anzahl der Doppelhübe $n_D = 40$ min^{-1} beträgt?

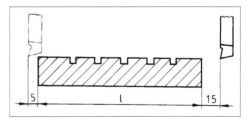

① $v_m = 2 \cdot 300 \cdot 40 \; \dfrac{\text{m}}{\text{min}}$

② $v_m = \dfrac{300 \cdot 60}{2 \cdot 40} \; \dfrac{\text{m}}{\text{min}}$

③ $v_m = \dfrac{2 \cdot 320 \cdot 40}{1000} \; \dfrac{\text{m}}{\text{min}}$

④ $v_m = \dfrac{2 \cdot 1000}{320 \cdot 40} \; \dfrac{\text{m}}{\text{min}}$

Die Lösungen finden Sie im Lösungsteil auf Seite 76 - 77.

Hauptnutzungszeit und Geschwindigkeit beim Hobeln   **Technische Mathematik**

3. Wie groß ist die mittlere Schnittgeschwindigkeit in m/min bei $l = 300$ mm und bei $n_D = 40$ min^{-1} Doppelhüben?

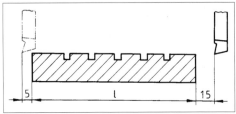

① $v_m = 25{,}6$ m/min   ④ $v_m = 48{,}8$ m/min
② $v_m = 30{,}1$ m/min   ⑤ $v_m = 60{,}2$ m/min
③ $v_m = 36{,}4$ m/min

4. Wie groß ist die mittlere Zeit t für einen Doppelhub in Sekunden, wenn $l = 300$ mm und die mittlere Schnittgeschwindigkeit für einen Doppelhub $v_m = 25{,}6$ m/min beträgt? (Abb. Aufg. 3)

5. Welche Zeit in Sekunden wird für den Vorlauf benötigt, wenn für den Vorlauf eine Schnittgeschwindigkeit $v_A = 17{,}84$ m/min zugrunde liegt und $l = 300$ mm beträgt? (Abb. Aufg. 3)

6. Wie groß ist die Zeit t in Sekunden für einen Doppelhub, wenn $v_A = 17{,}84$ m/min, $v_R = 7{,}76$ m/min beträgt und das Werkstück eine Länge von $l = 300$ mm hat? (Abb. Aufg. 3)

7. Wie groß ist die Vorschubgeschwindigkeit v_f in mm/min der Hobelmaschine, wenn die Anzahl der Doppelhübe mit $n_D = 40$ min^{-1} und der Vorschub $f = 1{,}5$ mm angegeben ist? (Abb. Aufg. 3)

8. Das Werkstück hat eine Breite b von 300 mm. Der Vorschub f pro Doppelhub beträgt 2,4 mm. Wie viel Doppelhübe muss die Maschine machen, um das Werkstück fertig zu hobeln?

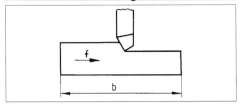

9. Auf einer Waagerechtstoßmaschine soll das Werkstück mit $B = 300$ mm gehobelt worden. Der Vorschub ist 2,0 mm groß. Die Anzahl der Doppelhübe n_D beträgt 30 min^{-1}. Wie groß ist die Hauptnutzungszeit t_h in min?

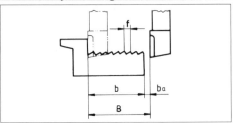

① $t_h = 0{,}20$ min   ④ $t_h = 5{,}00$ min
② $t_h = 0{,}35$ min   ⑤ $t_h = 1{,}70$ min
③ $t_h = 0{,}40$ min

10. Wie groß ist die Schnittgeschwindigkeit v_A für den Hinlauf, wenn die mittlere Geschwindigkeit $v_m = 25{,}6$ m/min beträgt und sich die Schnittgeschwindigkeiten für den Rücklauf und den Hinlauf wie $v_R : v_A = 2{,}3 : 1$ verhalten?

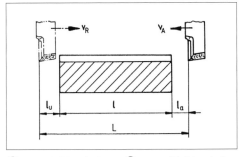

① $v_A = 3{,}84$ m/min   ④ $v_A = 17{,}84$ m/min
② $v_A = 7{,}76$ m/min   ⑤ $v_A = 25{,}76$ m/min
③ $v_A = 9{,}85$ m/min

2.26 Hauptnutzungszeiten und Geschwindigkeiten beim Drehen

1. Die Buchse muss plangedreht werden. Der große Durchmesser ist $D = 420$ mm, der kleine Durchmesser beträgt $d = 300$ mm. Die Drehzahl beträgt $n = 40$ min^{-1}, der Planvorschub ist $f = 0,3$ mm.
Welcher der Ansätze zur Berechnung der Hauptnutzungszeit t_h ist richtig?

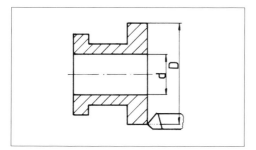

① $t_h = \dfrac{420 + 300}{2 \cdot 0,3 \cdot 40}$ min

② $t_h = \dfrac{420 - 300}{2 \cdot 0,3 \cdot 40}$ min

③ $t_h = \dfrac{420}{2 \cdot 0,3 \cdot 40}$ min

④ $t_h = \dfrac{300}{2 \cdot 0,3 \cdot 40}$ min

2. Wie groß ist die Hauptnutzungszeit t_h in min mit den in Aufg. 1 gegebenen Werten?

3. Der Bolzen mit einem Außendurchmesser $d = 50$ mm soll abgestochen werden. Die Drehzahl beträgt $n = 160$ min^{-1}, der Vorschub $f = 0,03$ mm.
Welcher der Ansätze führt zum richtigen Ergebnis, um die Hauptnutzungszeit t_h zu berechnen?

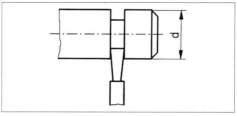

① $t_h = \dfrac{50}{2 \cdot 0,03 \cdot 160}$ min

② $t_h = \dfrac{100}{2 \cdot 0,03 \cdot 160}$ min

③ $t_h = \dfrac{2 \cdot 50 \cdot 60}{0,03 \cdot 160}$ min

④ $t_h = \dfrac{160 \cdot 2}{0,03 \cdot 50 \cdot 60}$ min

4. Wie groß ist die Hauptnutzungszeit t_h in min mit den in Aufg. 3 gegebenen Werten?

5. Die Welle hat einen Durchmesser $d = 100$ mm. Sie soll mit einer Schnittgeschwindigkeit $v_c = 45$ m/min auf 95 mm Durchmesser abgedreht werden.
Wie groß ist die erforderliche Drehzahl in min^{-1}?

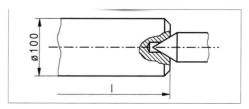

Die Lösungen finden Sie im Lösungsteil auf Seite 78.

Hauptnutzungszeit und Geschwindigkeit beim Fräsen **Technische Mathematik**

2.27 Hauptnutzungszeiten und Geschwindigkeiten beim Fräsen

6. Die Welle hat eine Länge L von 200 mm und einen Durchmesser d = 100 mm und soll in zwei Schritten auf d = 95 mm abgedreht werden. Für die zwei Schnitte werden folgende Daten an der Drehmaschine eingestellt: Drehzahl n = 143 min^{-1}, Vorschub f = 0,5 mm.
Wie groß ist die Hauptnutzungszeit t_h in min?

1. Mit dem Walzenstirnfräser wird ein Leichtmetallblock gefräst. Die gesamte Fräslänge beträgt L = 600 mm. Der Fräser läuft mit n = 1115 min^{-1}.
Welche Hauptnutzungszeit t_h in min für einen Schnitt wird dafür benötigt?

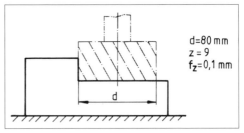

7. Die Welle hat eine Länge L von 200 mm und einen Durchmesser d = 100 mm, der in zwei Schnitten auf d = 95 mm abgedreht werden soll. Für beide Schnitte werden folgende Daten an der Drehmaschine eingestellt: Drehzahl n = 143 min^{-1}, Vorschub f = 0,5 mm.
Welcher der Ansätze zur Berechnung der Hauptnutzungszeit ist richtig?

2. Mit dem Walzenstirnfräser wird ein Leichtmetallwerkstück gefräst.
Welcher der Ansätze zur Berechnung der Vorschubgeschwindigkeit v_f in mm/min ist richtig, wenn der Fräser mit 1115 min^{-1} läuft? (Abb. Aufg. 1)

① $v_f = \dfrac{0{,}1 \cdot 1115}{9} \dfrac{\text{mm}}{\text{min}}$

② $v_f = \dfrac{0{,}1 \cdot 1115 \cdot 60}{9} \dfrac{\text{mm}}{\text{min}}$

③ $v_f = 0{,}1 \cdot 1115 \cdot 60 \dfrac{\text{mm}}{\text{min}}$

④ $v_f = 0{,}1 \cdot 9 \cdot 1115 \dfrac{\text{mm}}{\text{min}}$

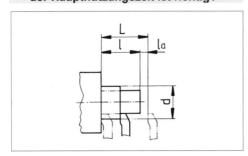

① $t_h = \dfrac{100 \cdot 2 \cdot 60}{0{,}5 \cdot 143}$ min

② $t_h = \dfrac{200 \cdot 2}{0{,}5 \cdot 143 \cdot 60}$ min

③ $t_h = \dfrac{200 \cdot 2}{0{,}5 \cdot 143}$ min

④ $t_h = \dfrac{200 \cdot 0{,}5 \cdot 2}{143 \cdot 60}$ min

3. Mit einem Walzenstirnfräser wird ein Leichtmetallblock gefräst. Der Fräser hat eine Drehzahl von n = 1115 min^{-1}.
Wie groß ist die zulässige Vorschubgeschwindigkeit in m/min? (Abb. Aufg. 1)

4. Wie groß ist bei den gegebenen Werten für den Fräser der Vorschub bei einer Umdrehung? (Abb. Aufg. 1)

Technische Mathematik — Hauptnutzungszeit und Geschwindigkeit beim Fräsen

5. Der Fräser hat einen Durchmesser von $d = 80$ mm und acht Zähne. Die Schnittgeschwindigkeit beträgt $v_c = 18$ m/min.
Welche Drehzahl ist für den Fräser einzustellen?

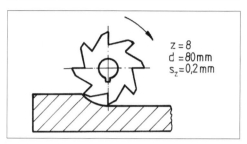

① $n = 72$ min^{-1}
② $n = 91$ min^{-1}
③ $n = 112$ min^{-1}
④ $n = 260$ min^{-1}
⑤ $n = 436$ min^{-1}

6. Mit dem Walzenfräser soll ein Werkstück aus einer Cu-Legierung gefräst werden. Die Drehzahl des Fräsers ist $n = 200$ min^{-1}.
Wie groß ist die Vorschubgeschwindigkeit v_f in mm/min? (Abb. Aufg. 5)

7. Mit dem Walzenfräser wird eine Cu-Legierung gefräst.
Wie groß darf dabei der Vorschub f in mm bei einer Umdrehung des Fräsers sein? (Abb. Aufg. 5)

8. Mit dem Walzenfräser soll ein Werkstück aus einer Cu-Legierung gefräst werden. Die Drehzahl des Fräsers beträgt $n = 340$ min^{-1}.
Berechnen Sie die Vorschubgeschwindigkeit in mm/min.

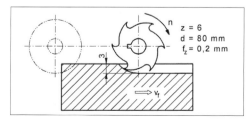

9. In einem EN-GJL-Block ist eine Schwalbenschwanzführung zu fräsen. Wie groß ist die Drehzahl in min^{-1}, wenn die Schnittgeschwindigkeit 16 m/min beträgt?

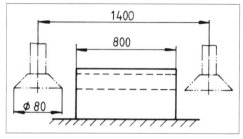

10. Wie viel Zähne z hat der Fräser, wenn die Vorschubgeschwindigkeit $v_f = 35{,}8$ mm/min, der Vorschub je Zahn $f_z = 0{,}04$ mm und die Drehzahl des Fräsers $n = 64$ min^{-1} beträgt? (Abb. Aufg. 9)

11. Wie groß ist der Vorschub je Zahn, wenn der Fräser mit einer Drehzahl von 64 min^{-1} läuft, 14 Zähne hat und mit einer Vorschubgeschwindigkeit von $v_f = 35{,}8$ mm/min arbeitet? (Abb. Aufg. 9)

12. Mit dem Fräser wird eine Leichtmetalllegierung gefräst. Die Schnittgeschwindigkeit beträgt $v_c = 280$ m/min. Wie groß ist die Drehzahl n in min^{-1}?

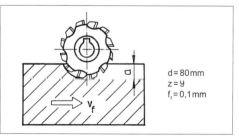

① $n = 486$ min^{-1}
② $n = 817$ min^{-1}
③ $n = 1115$ min^{-1}
④ $n = 1470$ min^{-1}
⑤ $n = 2630$ min^{-1}

Hauptnutzungszeit und Geschwindigkeit beim Schleifen **Technische Mathematik**

2.28 Hauptnutzungszeiten beim Schleifen

13. Mit dem Walzenfräser wird ein Werkstück aus Stahlguss gefräst. Wie groß darf dabei die Drehzahl n in min^{-1} sein, wenn die Vorschubgeschwindigkeit v_f = 320 mm/min beträgt?

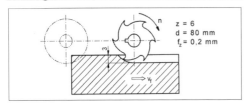

1. Wie groß ist die Hauptnutzungszeit t_h in Minuten für die gesamte Schleiffläche, wenn 70 Seitenvorschübe nötig sind, und die Werkstückgeschwindigkeit v_w = 24 m/min bzw. die Anzahl der Doppelhübe mit n_D = 29,3 min^{-1} gegeben ist bei L = 410 mm?

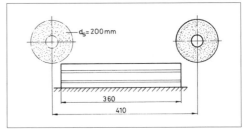

14. Welcher der Ansätze zur Berechnung der Zähnezahl des Fräsers ist bei folgenden Daten richtig?
Die Gesamtfräslänge ist L = 1400 mm, die Hauptnutzungszeit ist t_h = 39,1 min, die Drehzahl beträgt n = 64 min^{-1}, der Vorschub je Zahn ist f_z = 0,04 mm.

2. Welche Zeit t in s für eine Hin- und Herbewegung des Werkstückes bei einer Werkstückgeschwindigkeit v_w = 12,4 m/min ist notwendig? (Abb. Aufg. 1)

3. Wie groß ist die Hauptnutzungszeit t_h in Sekunden für einen Doppelhub, wenn die Werkstückgeschwindigkeit mit v_w = 34 m/min gegeben ist bei L = 410 mm? (Abb. Aufg. 1)

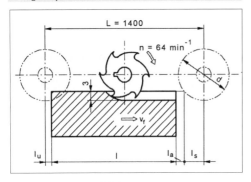

4. Die Schleifscheibe läuft mit n = 3000 min^{-1}. Wie groß ist die Schnittgeschwindigkeit in m/s? (Abb. Aufg. 1)

① $z = \dfrac{1400 \text{ mm}}{39,1 \text{ min} \cdot 0,04 \text{ mm} \cdot 64 \text{ min}^{-1}}$

② $z = \dfrac{1400 \cdot 64 \text{ min}^{-1}}{39,1 \text{ min} \cdot 0,04 \text{ mm}}$

③ $z = \dfrac{1400 \text{ mm} \cdot 39,1 \text{ min}}{0,04 \text{ mm} \cdot 64 \text{ min}^{-1}}$

④ $z = \dfrac{0,04 \text{ mm} \cdot 64 \text{ min}^{-1} \cdot 39,1 \text{ min}}{1400 \text{ mm}}$

5. Welchen Wert hat die Zeit in Sekunden, die für einen Doppelhub nötig ist, wenn die Werkstückgeschwindigkeit mit 24 m/min und die Länge mit L = 410 mm angegeben ist? (Abb. Aufg. 1)

15. Wie groß ist die Hauptnutzungszeit in Aufg. Nr. 5 in min, wenn die Fräslänge L = 1400 mm und die Vorschubgeschw. v_f = 35,8 mm/min beträgt?

6. Wie viel Doppelhübe/min macht die Schleifmaschine, wenn für einen Doppelhub t = 2,04 s gemessen werden? (Abb. Aufg. 1)

Technische Mathematik — Festigkeitsberechnungen

2.29 Festigkeitsberechnungen

1. Der Zugstab zerreißt bei einer Belastung von $F = 9812{,}5\ N$ und einer Zugfestigkeit von $R_m = 500\ N/mm^2$.
   Wie groß ist der Flächenquerschnitt S des Stabes?

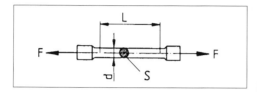

2. Bei welcher Kraft F in N ist im Stab eine Zugspannung von $120\ N/mm^2$, wenn der Stab einen Durchmesser von $d = 5\ mm$ hat? (Abb. Aufg. 1)

3. Die Lasche wird bis an die zulässige Spannung $\sigma_{z\,zul} = 300\ N/mm^2$ belastet und wieder entlastet.
   Welche Kraft in kN wirkte?

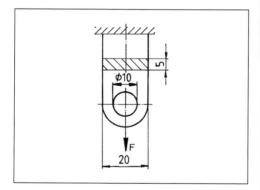

4. In der Lasche herrscht eine Zugspannung von $100\ N/mm^2$. (Abb. Aufg. 3)
   Wie groß ist die wirkende Kraft in kN?

5. In der Aufhängung herrscht eine Spannung bei ständigem Betrieb von $\sigma_z = 430\ N/mm^2$. Berechnen Sie die wirkende Kraft F in kN. (Abb. Aufg. 3)

6. Die Lasche mit $R_m = 410\ N/mm^2$ wird bei dreifach vorgeschriebener Sicherheit mit einer Kraft von $F = 5000\ N$ belastet.
   Weisen Sie nach, ob die vorhandene Querschnittsfläche diese Belastung aushält. (Abb. Aufg. 3)

7. Welche Druckkraft in kN darf in der Schubstange wirken, wenn die Druckspannung $450\ N/mm^2$ groß ist und der schwächste Querschnitt $S = 600\ mm^2$ beträgt?

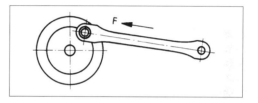

8. Ein Zylinderstift ISO 2338 - A - 6 x 20-E 295 mit $R_m = 560\ N/mm^2$ ist als Sicherheit gegen Überlastung in die Maschine eingebaut.
   Bei welcher Kraft F wird der Zylinderstift abgeschert?

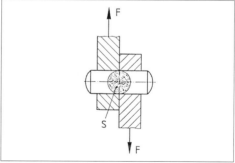

Die Lösungen finden Sie im Lösungsteil auf Seite 82.

Festigkeitsberechnungen — Technische Mathematik

9. Eine Kolbenstange hat an der schwächsten Stelle einen Querschnitt von $S = 600$ mm².
Welche Druckspannung herrscht in der Kolbenstange, wenn sie mit 66 kN drückt?

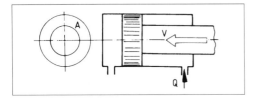

10. Ein Zylinderstift aus dem Werkstoff 9S 20 mit $R_m = 720$ N/mm² wird auf Abscheren beansprucht, wobei die Sicherheit $v = 1{,}7$ gefordert wird und eine Kraft F von 42 kN wirkt.
Weisen Sie nach, ob der Durchmesser des Zylinderstiftes mit $d = 8$ mm für diese Belastung ausreicht.

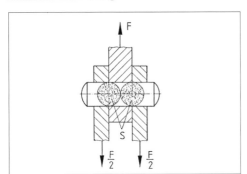

11. Die Zugfestigkeit des Werkstoffes der Transportkette beträgt $R_m = 460$ N/mm². Die Kette wird mit 26 kN belastet.
Welchen Durchmesser muss der Rundstahl bei 5-facher Sicherheit mindestens haben?

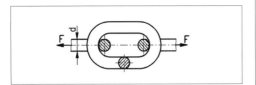

12. Wie groß ist die Scherfläche S in mm², wenn das Teil ausgeschnitten wird?

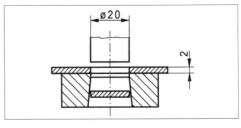

13. Welche Schneidkraft F in kN ist erforderlich, um das Teil auszuschneiden, wenn die maximale Scherfestigkeit 250 N/mm² beträgt? (Abb. Aufg. 12)

14. Die beiden Flansche werden von zwei Schrauben zusammengehalten.
Welche Spannung herrscht in den Schrauben, wenn eine Kraft von $F = 172{,}8$ kN wirkt?

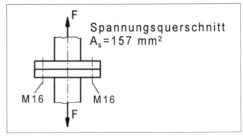

15. Der Druckkessel hat einen Innendruck von 9 bar. Der Deckel des Kessels wird mit 15 Sechskantschrauben ISO 4017 verschraubt.
Welcher Sicherheitszahl v gegen bleibende Verformung (R_e der Schrauben) entspricht dies?

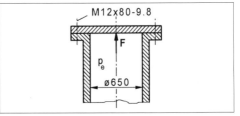

Technische Mathematik — Flächenpressung

2.30 Flächenpressung

1. Der Spindelwerkstoff der Prägepresse kann mit $\sigma_{d\,zul} = 200$ N/mm² belastet werden.
Wie groß darf dabei die Kraft F in kN sein?

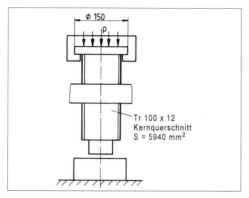

Tr 100 × 12
Kernquerschnitt
$S = 5940$ mm²

2. Beim Kalteinsenken eines Werkzeuges wird eine Kraft von 480 kN aufgebracht. (Abb. Aufg. 1)
Welcher der Ansätze zur Berechnung der Flächenpressung p in N/mm² am Kopf der Gewindespindel ist richtig?

① $p = \dfrac{480 \cdot 1000}{5940} \; \dfrac{\text{N}}{\text{mm}^2}$

② $p = \dfrac{480 \cdot 1000 \cdot 4}{150^2 \cdot \pi} \; \dfrac{\text{N}}{\text{mm}^2}$

③ $p = \dfrac{480 \cdot 1000 \cdot \pi}{150^2} \; \dfrac{\text{N}}{\text{mm}^2}$

④ $p = \dfrac{480 \cdot 1000}{150 \cdot \pi} \; \dfrac{\text{N}}{\text{mm}^2}$

3. Beim Kalteinsenken eines Werkzeuges wird eine Kraft von 480 kN benötigt.
Wie groß ist der Wert der Flächenpressung am Kopf der Gewindespindel? (Abb. Aufg. 1)

4. Wie groß darf die Kraft F in kN sein, wenn die Flächenpressung von $p_{zul} = 450$ N/cm² nicht überschritten werden darf?

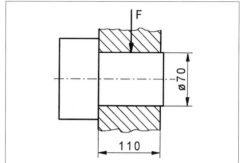

5. Wie groß ist die Flächenpressung in N/cm² in dem Gleitlager, wenn das Lager mit einer Kraft von 18000 N belastet wird? (Abb. Aufg. 4)

2.31 Elektrische Arbeit, Leistung

1. Ein Gleichstrommotor mit einer Leistungsabgabe von 3,3 kW nimmt einen Strom von 9,3 A auf bei einer Netzspannung von 440 Volt.
Welche Leistung in Watt wird dem Motor zugeführt?

2. Wie groß ist die Leistung eines elektrischen Gerätes bei einer Spannung von 230 V und einer Stromaufnahme von 8,2 A?

3. Wie groß ist der elektrische Widerstand einer leuchtenden Schriftreklame, wenn diese eine Leistung von 0,36 kW bei einer Stromaufnahme von 1,5 A hat?

4. Wie groß ist die elektrische Arbeit eines Elektrogerätes bei einer Stromaufnahme von I = 6,5 A, einem Widerstand von 120 Ohm und zwei Stunden Brenndauer?

5. Auf dem Leistungsschild eines Gebläses stehen die Werte 600 Watt und 230 Volt.
Welche Stromaufnahme hat das Gerät?

6. Bei Vollast verbraucht ein Gleichstrommotor 6 kW bei einer Spannung von 230 Volt.
Wie groß ist die Stromaufnahme?

7. Ein Elektromotor hat eine Klemmspannung U von 230 V. Er hat eine Leistungsaufnahme P_i = 792 Watt.
Welche Stromaufnahme hat der Motor?

8. Wie groß ist die Spannung U in Volt, wenn eine Glühlampe von 60 Watt Leistung eine Stromaufnahme von I = 0,545 A hat?

9. Auf dem Leistungsschild eines Tauchsieders stehen die Angaben 600 Watt und 230 Volt.
Welchen Widerstand in Ω hat das Gerät?

10. Ein Elektroofen mit einer Stromaufnahme von I = 6,8 A heizt 3 h bei einer Spannung von 230 V.
Wie viel kWh wurden verbraucht?

11. Wie groß ist die elektrische Arbeit in kWh, wenn eine elektrische Schriftreklame eine Leistung von 0,33 kW hat und 6,4 Stunden brennt?

12. Ein Stromverbraucher arbeitet mit einem Wirkungsgrad η = 0,8 bei einer Leistung von 2,6 kW.
Wie groß sind die Kosten für 8 h Betrieb bei 0,23 € je kWh?

13. Wie viel Ohm hat ein elektrisches Gerät, wenn es bei 230 Volt einen Strom von 8 Ampere aufnimmt?

14. Ein Durchlauferhitzer hat eine Leistung von 3,8 kW bei einer Stromaufnahme von 12 A.
Wie groß ist dabei der elektrische Widerstand?

15. Eine Glühlampe von 100 W brennt 10 h.
Wie groß ist die elektrische Arbeit in kWh?

16. Was kosten 2 leuchtende 100 Watt-Birnen, wenn diese 8 Stunden lang brennen und eine kWh 23 Ct. kostet?

Technische Mathematik — Hydraulik

2.32 Hydraulik

1. Wie groß ist die Fläche des Arbeitskolbens A_2 in mm², wenn in der hydraulischen Presse ein Druck von $p = 47{,}77$ bar herrscht und $F_2 = 150$ kN beträgt?

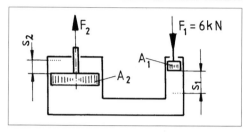

① $A_2 = 2600$ mm² ④ $A_2 = 31400$ mm²
② $A_2 = 8340$ mm² ⑤ $A_2 = 46300$ mm²
③ $A_2 = 15860$ mm²

2. Wie groß ist der Weg des Arbeitskolbens s_2 in mm, wenn der kleine Kolben einen Weg von $s_1 = 400$ mm macht und mit einer Kraft von $F_1 = 6$ kN arbeitet, während der Arbeitskolben mit einer Kraft von $F_2 = 150$ kN wirkt? (Abb. Aufg. 1)

① $s_2 = 16$ mm   ④ $s_2 = 92$ mm
② $s_2 = 43$ mm   ⑤ $s_2 = 118$ mm
③ $s_2 = 58$ mm

3. Wie groß ist die Fläche des kleinen Kolbens A_1 in cm², wenn $A_2 = 314$ cm² groß ist und das Verhältnis der Kräfte $F_2 : F_1 = 25 : 1$ beträgt?

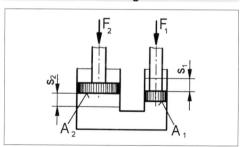

① $A_1 = 8{,}48$ cm²   ④ $A_1 = 36{,}80$ cm²
② $A_1 = 12{,}56$ cm² ⑤ $A_1 = 111{,}73$ cm²
③ $A_1 = 19{,}30$ cm²

4. Welcher der Ansätze zur Berechnung der Kraft F_2 in kN ist richtig, wenn die Kraft F mit 10 kN wirkt?

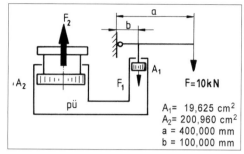

$A_1 = 19{,}625$ cm²
$A_2 = 200{,}960$ cm²
$a = 400{,}000$ mm
$b = 100{,}000$ mm

① $F_2 = 10 \text{ kN} \cdot \dfrac{100 \text{ mm}}{400 \text{ mm}} \cdot \dfrac{200{,}96 \text{ cm}^2}{19{,}625 \text{ cm}^2}$

② $F_2 = 10 \text{ kN} \cdot \dfrac{40 \text{ cm}}{10 \text{ cm}} \cdot \dfrac{200{,}96 \text{ cm}^2}{19{,}625 \text{ cm}^2}$

③ $F_2 = 10 \text{ kN} \cdot \dfrac{40 \text{ cm}}{10 \text{ cm}} \cdot \dfrac{19{,}625 \text{ cm}^2}{200{,}96 \text{ cm}^2}$

④ $F_2 = 10 \text{ kN} \cdot \dfrac{30 \text{ cm}}{10 \text{ cm}} \cdot \dfrac{200{,}96 \text{ cm}^2}{19{,}625 \text{ cm}^2}$

5. Welcher der Formelansätze zur Berechnung der Kraft F_2 am Arbeitskolben ist richtig, wenn die Kraft F am Hebelarm wirkt? (Abb. Aufg. 4)

① $F_2 = F \cdot \dfrac{b}{a} \cdot \dfrac{A_2}{A_1}$ ③ $F_2 = F \cdot \dfrac{a}{b} \cdot \dfrac{A_2}{A_1}$

② $F_2 = F \cdot \dfrac{a}{b} \cdot \dfrac{A_1}{A_2}$ ④ $F_2 = \dfrac{a \cdot b}{F} \cdot \dfrac{A_1}{A_2}$

6. Welchen Wert hat die Kraft F_2 in kN, wenn die Kraft F am Hebelarm 10 kN beträgt? (Abb. Aufg. 4)

7. Welcher Druck p in bar befindet sich in dem Hydrauliksystem? (Abb. Aufg. 4)

① $p = 91{,}30$ bar   ④ $p = 203{,}82$ bar
② $p = 100{,}73$ bar   ⑤ $p = 2038{,}20$ bar
③ $p = 180{,}68$ bar

8. Welcher der Formelansätze zur Berechnung der Kraft F_2 ist richtig?

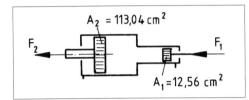

① $F_2 = \dfrac{F_1 \cdot A_1}{A_2}$

② $F_2 = F_1 \cdot (A_1 + A_2)$

③ $F_2 = F_1 \cdot (A_2 - A_1)$

④ $F_2 = F_1 \cdot \dfrac{A_2}{A_1}$

⑤ $F_2 = \dfrac{A_1 \cdot A_2}{F_1}$

9. Welche Kraft F_1 in kN muss auf den kleinen Zylinder wirken, wenn am Arbeitskolben eine Kraft von $F_2 = 162$ kN gebraucht wird? (Abb. Aufg. 8)

10. In dem Hydrauliksystem herrscht ein Druck von $p = 143{,}3$ bar bei Betrieb. Wie groß ist dabei die Kraft F_2 in kN? (Abb. Aufg. 8)

2.33 Autogentechnik

1. Wie groß ist der Druckabfall $p_ü$ in bar an der N-Flasche mit 40 l/bar, wenn bei einer Schweißarbeit $V = 1340$ l Sauerstoff verbraucht werden?

2. Wie viel Liter Sauerstoff wird für einen Schweißauftrag verbraucht, wenn der Druck bei der N-Flasche mit 40 l/bar um $p_ü = 14$ bar abfällt?

2.34 Längen- und Raumausdehnung

1. In einem Kraftwerk strömt Heißdampf durch einen 120 m langen Rohrleitungskanal. Der Heißdampf hat eine Temperatur von $\vartheta_2 = 400°C$.
Wie groß ist die Längenausdehnung Δl bei einer Anfangstemperatur von

$\vartheta_1 = 20°C$, $\alpha = 0{,}000012\,\dfrac{1}{K}$?

2. Ein Kupferring mit einem Innendurchmesser $d_i = 800$ mm wird auf eine Stahlwelle mit einem Außendurchmesser von $d_a = 803$ mm aufgeschrumpft.
Auf welche Temperatur muss der Ring erhitzt werden, damit Ring und Rad den gleichen Durchmesser erhalten? Ausgangstemperatur 20°C.

$\alpha_{Cu} = 0{,}000016\,\dfrac{1}{K}$, $\alpha_{Stahl} = 0{,}000012\,\dfrac{1}{K}$

3. Ein Öl-Tank von 10000 l wird bei einer Temperatur von 20°C mit 9800 l Öl aufgetankt. Durch Heizungswärme werden das Öl und der Stahltank erwärmt.
Bei welcher Temperatur ist der Tank randvoll?

$\gamma_{Fl} = 0{,}00070\,\dfrac{1}{K}$, $\alpha_{Tank} = 0{,}000012\,\dfrac{1}{K}$

2.35 Gasdruck-Temperatur-Raum

1. Welche der genannten Formeln beschreibt die Abhängigkeit von Gasdruck, Temperatur und Gasraum einer Gasmenge?

① $p_e = \dfrac{F}{A}$

② $F = \rho \cdot g \cdot h \cdot A$

③ $V_1 = \dfrac{p_{abs\,2} \cdot V_2}{p_{abs\,1}}$

④ $\dfrac{p_{abs\,1} \cdot V_1}{T_1} = \dfrac{p_{abs\,2} \cdot V_2}{T_2}$

⑤ $\Delta V = V_1 \cdot \gamma \cdot (t_2 - t_1)$

Technische Mathematik — Streckenteilung / Volumenstrom / Kurbeltrieb / Hookesches Gesetz

2.36 Streckenteilung

1. In ein Werkstück sind elf Bohrungen mit gleichen Abständen von jeweils 70 mm zu bohren.
   Wie groß ist die Gesamtlänge des Werkstückes l in mm?

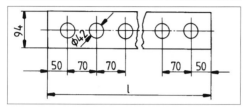

① $l = 622$ mm
② $l = 686$ mm
③ $l = 724$ mm
④ $l = 760$ mm
⑤ $l = 800$ mm

2.37 Volumenstrom

1. Eine Hydraulik-Rohrleitung mit $D_1 = 20$ mm verjüngt sich an der Austrittsseite auf $d_2 = 10$ mm. Die Strömungsgeschwindigkeit des Zulaufs bei D_1 beträgt $v_1 = 0,8$ m/s.
   Wie groß ist die Austrittsgeschwindigkeit des Öls v_2 in m/s?

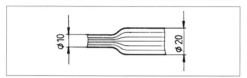

2. Es wird eine Hydraulikpumpe eingebaut, die einen Volumenstrom von 60 l/min bei einer Strömungsgeschwindigkeit $v = 4,2$ m/s liefern muss.
   Berechnen Sie den Flächenquerschnitt A sowie den erforderlichen Rohrleitungsdurchmesser für die Druckseite.

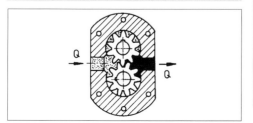

2.38 Mittlere Geschwindigkeiten bei Kurbeltrieben

1. Wie groß ist die Drehzahl des Rades in $\min^{-1}$, wenn der Weg des Kolbens 120 mm beträgt und die mittlere Kolbengeschwindigkeit mit 2,4 m/s angegeben wird?

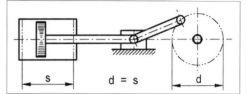

2.39 Hookesches Gesetz

1. Die Druckfeder
   DIN 2098 - 2 x 25 x 88,5 wird mit $F = 130$ N belastet und dabei um einen maximalen Federweg $s = 67$ mm zusammengedrückt. Nach jeder Entlastung geht die Feder in die Ausgangsposition zurück.
   Wie groß ist die Federkonstante (Federrate) in N/mm?

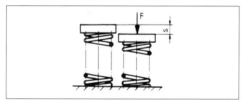

2. Eine Zugfeder wird mit einer Anfangskraft von 500 N bis auf 1520 N belastet. Die Federrate R beträgt 24 N/mm. Um welchen Weg Δs hat sich die Feder gedehnt?

3. Ein Maschinenbauteil hat einen Elastizitätsmodul $E = 210$ kN/mm² und wird mit einer Zuglast $F = 40000$ N belastet. Aus Sicherheitsgründen darf dieses Bauteil nicht mehr als $\varepsilon = 0,17$ % elastisch gedehnt werden. Bestimmen Sie den Mindestdurchmesser d des Bauteils in mm.

2.40 Kegeldrehen, Einstellwinkel

1. Es ist ein Kegel mit folgenden Abmessungen zu drehen: Durchmesser $D = 40$ mm, $d = 20$ mm, Länge $l = 80{,}23$ mm. Welcher Einstellwinkel ist an der Drehmaschine einzustellen?

2. Der Kegelwinkel eines Kegelstumpfes beträgt 30°. Der kleine Durchmesser $d = 70$ mm. Die Länge $l = 28$ mm. Berechnen Sie den Durchmesser D des Kegelstumpfes.

3. Ein Kegelstumpf mit den Abmessungen $l = 120$ mm, $D = 80$ mm, $d = 70$ mm soll gedreht werden. Bestimmen Sie:

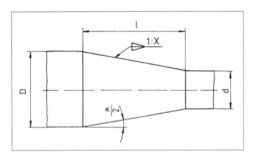

a) Die Neigung $\dfrac{C}{2} = \dfrac{1}{y}$

b) Die Kegelverjüngung $C = \dfrac{1}{x}$

c) Den Einstellwinkel $\dfrac{\alpha}{2}$

2.41 Maschinentechnische Berechnungen zur CNC-Technik

1. Wie groß ist die Länge l in mm?

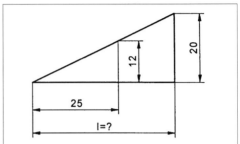

2. Bestimmen Sie die drei Winkel α, β und γ!

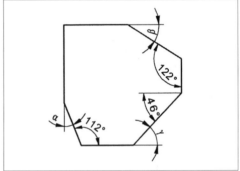

3. Berechnen Sie den Winkel α!

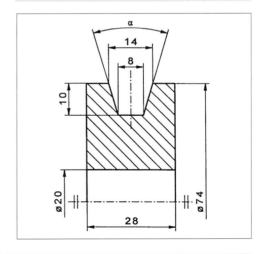

Technische Mathematik   Maschinentechnische Berechnungen

4. Dieses Werkstück soll auf einer CNC-Drehmaschine gefertigt werden. Wie groß sind die Maße z_1 und z_2?

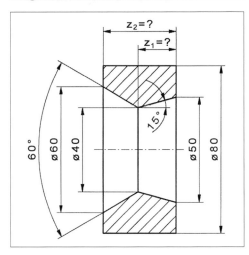

5. Dieses Werkstück soll auf einer CNC-Drehmaschine gefertigt werden. Berechnen Sie das Maß z!

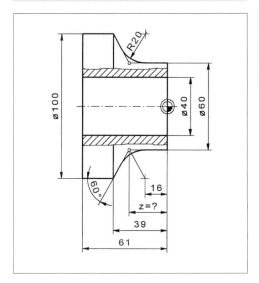

6. Das Werkstück soll auf einer CNC-Drehmaschine gefertigt werden. Bestimmen Sie die Koordinatenmaße (als Absolutmaße) für die Punkte P_3 und P_4!

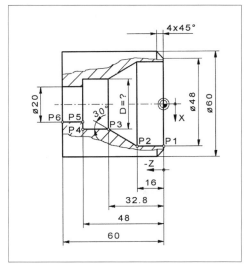

7. Das Werkstück soll auf einer CNC-Drehmaschine gefertigt werden. Für die Erstellung des Programms sind für die Punkte P_1 bis P_6 die Korrdinatenmaße im Absolutmaß anzugeben! (Abb. Aufg. 6)

Maschinentechnische Berechnungen — Technische Mathematik

8. Das Werkstück soll auf einer CNC-Drehmaschine gefertigt werden.
   a) Berechnen Sie den Kegelerzeugungswinkel $\alpha/2$, wenn Sie vom Punkt P_1 zum Punkt P_2 drehen!
   b) Berechnen Sie die Koordinatenmaße (als Absolutmaße) für den Punkt P_0!
   c) Zur Erstellung des Programms sind für die Punkte P_0 bis P_7 die Koordinatenmaße (im Absolutmaß) anzugeben!

10. Das Werkstück soll auf einer CNC-Fräsmaschine gefertigt werden.
    a) Für die Erstellung des Programms sind für die Punkte P_1 bis P_6 die Koordinatenmaße im Absolutmaß zu bestimmen!
    b) Berechnen Sie die Koordinatenmaße P_1 bis P_6 im Absolutmaß, wenn der Werkstücknullpunkt W auf der Mittellinie bleibt, aber ganz nach links auf die äußerste Werkstückkante gelegt wird!

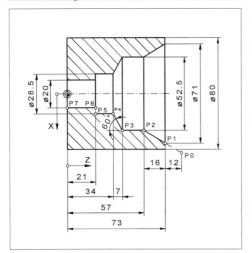

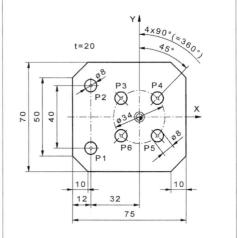

9. Das Werkstück soll auf einer CNC-Fräsmaschine gefertigt werden.
   a) Für die Punkte P_1 bis P_5 sind die Koordinatenmaße im Absolutmaß anzugeben!
   b) Zur Erstellung des Programms sind die Koordinatenmaße im Kettenmaß (Inkrementalmaß) anzugeben!

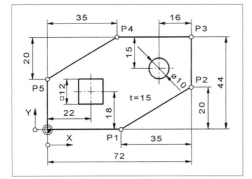

Die Lösungen finden Sie im Lösungsteil auf Seite 93 - 94.

Technische Mathematik — Maschinentechnische Berechnungen

11. Das Werkstück soll auf einer CNC-Fräsmaschine gefertigt werden.

a) Zur Erstellung des CNC-Programms sind für die Punkte P_0 bis P_5 die Koordinatenmaße im Absolutmaß anzugeben!

b) Die Koordinatenmaße sind für die Punkte P_0 bis P_5 im Kettenmaß anzugeben!

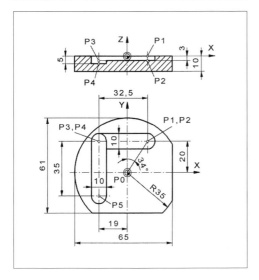

12. Die dargestellte Kontur soll auf einer CNC-Fräsmaschine gefräst werden. Zur Erstellung des CNC-Programms ist der Stützpunkt Q zu bestimmen! Berechnen Sie das Maß x!

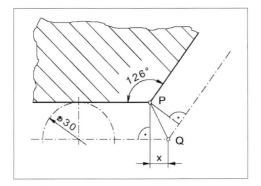

Die Lösungen finden Sie im Lösungsteil auf Seite 95.

3 Arbeitsplanung 1/ Technische Kommunikation

3.1 Prüfung 1

1. Maßstäbe für das technische Zeichnen im Maschinenbau sind nach DIN ISO 5455 genormt. Welcher der genannten Maßstäbe ist nicht genormt?

   ① 5 : 1   ② 1 : 5   ③ 1 : 10   ④ 10 : 1   ⑤ 1 : 15

2. Wie bezeichnet man diese Schnittdarstellung?

   ① Vollschnitt
   ② Halbschnitt
   ③ Teilabschnitt
   ④ Eingeklappter Querschnitt
   ⑤ Winkelschnitt

   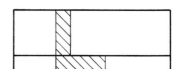

3. Welche Aussage über die Bedeutung der schmalen Strich-Zweipunktlinie ist richtig?

   ① Die Form des Teiles nach der Bearbeitung wird dargestellt.
   ② Es ist ein Kunststoffteil mit einem entsprechenden Schwindmaß.
   ③ Eine hinter dem Teil liegende Einzelheit wird dargestellt.
   ④ Eine umlaufende Nut ist eingezeichnet.
   ⑤ Die Außenhaut hat eine Beschichtung erhalten.

   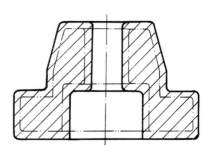

4. In welchem Bild ist das Teil richtig im Halbschnitt dargestellt?

   ① Bild 1   ② Bild 2   ③ Bild 3   ④ Bild 4

   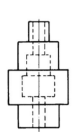 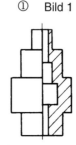 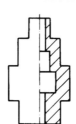 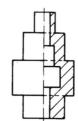 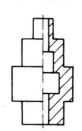

5. In welchem Bild ist die Schnittdarstellung normgerecht?

   ① Bild 1   ② Bild 2   ③ Bild 3   ④ Bild 4   ⑤ Bild 5

   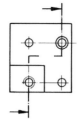 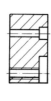

Arbeitsplanung 1: Technische Kommunikation Prüfung 1

6. In welchem Bild ist das Werkstück normgerecht dargestellt?

① Bild 1 ② Bild 2 u. Bild 5 ③ Bild 3 u. Bild 4 ④ Bild 4 ⑤ Nur in Bild 5

7. Was wird durch die schraffierte Fläche dargestellt?

① Eine im Teil sitzende Passfeder.
② Der Querschnitt des Werkstückes in diesem Bereich.
③ Eine eingefräste Nut.
④ Eine Rippe mit dargestelltem Querschnitt.

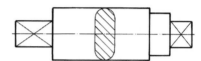

8. Welche der Aussagen ist richtig?

① Die Feder muss auch im Schnitt dargestellt werden.
② Die Schraffur des Wellenendes muss in die andere Richtung verlaufen.
③ Die Unterlegt darf nicht im Schnitt dargestellt werden.
④ Der kegelige Teil der Welle muss im oberen Teil der Nabe glatt anliegen.
⑤ Die Nut in der Nabe für die Scheibenfeder ist nicht tief genug eingefräst.

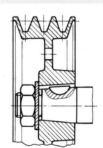

9. Welche Aussage ist falsch?

① Das Kegelrad darf nicht im Schnitt dargestellt werden.
② Die Schraffur des Innenringes des Rillenkugellagers und auch des zweireihigen Schrägkugellagers sind vertauscht.
③ Am rechten Gehäusedeckel fehlen die Befestigungsschrauben.
④ Die Nachstellmutter darf nicht geschnitten werden.

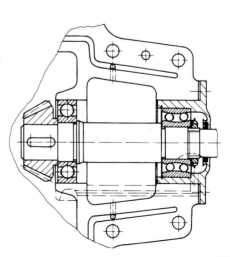

Prüfung 1 Arbeitsplanung 1: Technische Kommunikation

10. Welches Bild zeigt die Vorderansicht des räumlich dargestellten Körpers?

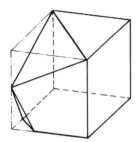
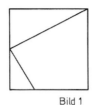
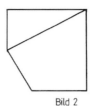
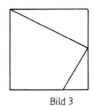

Bild 1 Bild 2 Bild 3

① Bild 1
② Bild 2
③ Bild 3
④ Bild 4
⑤ Bild 5

Bild 4 Bild 5

11. Welche der Draufsichten der Bilder 1 bis 5 des in Vorderansicht dargestellten Körpers ist falsch?

① Bild 1 ② Bild 2 ③ Bild 3 ④ Bild 4 ⑤ Bild 5

Bild 1 Bild 2 Bild 3 Bild 4 Bild 5

V

12. Welche der Seitenansichten von links der Bilder 1 bis 5 des in Vorderansicht dargestellten Körpers ist richtig?

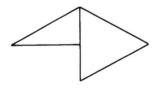

Bild 1 Bild 2 Bild 3

① Bild 1
② Bild 2
③ Bild 3
④ Bild 4
⑤ Bild 5

Bild 4 Bild 5

Die Lösungen finden Sie im Lösungsteil auf Seite 98.

Arbeitsplanung 1: Technische Kommunikation Prüfung 1

13. Welches der Bilder zeigt die richtige Seitenansicht von links zu der dargestellten Vorderansicht und Draufsicht?

① Bild 1 ② Bild 2 ③ Bild 3 ④ Bild 4 ⑤ Bild 5

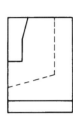
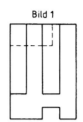
Bild 1
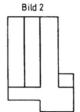
Bild 2

Bild 3

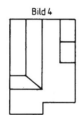
Bild 4

Bild 5

14. Welches der Bilder zeigt die richtige Seitenansicht im Schnitt zu der dargestellten Vorderansicht und Draufsicht?

① Bild 1
② Bild 2
③ Bild 3
④ Bild 4
⑤ Bild 5

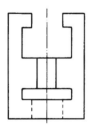

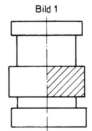
Bild 1
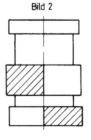
Bild 2
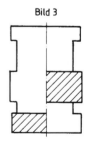
Bild 3

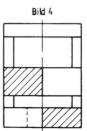
Bild 4 Bild 5

Die Lösungen finden Sie im Lösungsteil auf Seite 98.

15. In welchem der Bilder ist der Schlitz (die Ausfräsung) funktionsgerecht bemaßt?

① Bild 1
② Bild 2
③ Bild 3
④ Bild 4
⑤ Bild 5

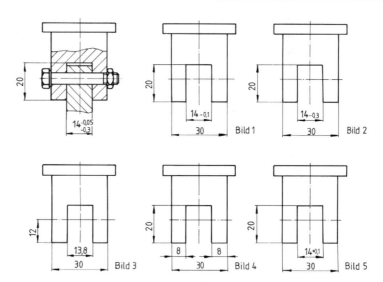

16. Die nebenstehende Zeichnung soll einen Bemaßungsfehler haben. Welche Aussage ist richtig?

① Der Schnittverlauf muss mit den Großbuchstaben „A - B" gekennzeichnet werden.
② Bei der Bohrung ⌀ 20 fehlt die Passungsangabe.
③ Die Abmaße des Nennmaßes 14 müssen vertauscht angegeben werden.
④ Das Iso-Kurzzeichen der Ausfräsung 40 muss mit dem Buchstaben „h" angegeben werden.
⑤ Das Werkstück ist vollständig bemaßt.

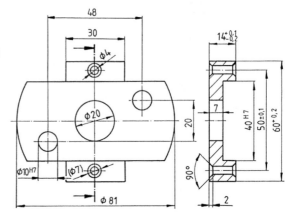

Arbeitsplanung 1: Technische Kommunikation Prüfung 1

17. Die untenstehende Zeichnung ist nicht vollständig. Welche der folgenden Aussagen ist richtig?

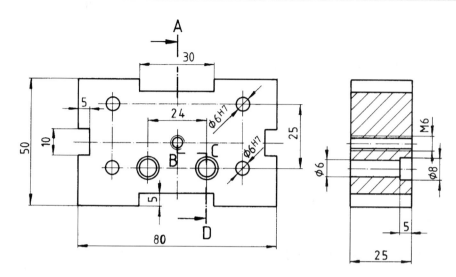

① Die Wortangabe „Schnitt A-B" muss noch angegeben werden.
② Das Teil kann nicht gefertigt werden, weil noch ein Maß fehlt.
③ Das Bohrungsmaß ⌀ 6H7 fehlt an der linken Hälfte des Werkstückes.
④ Die Wortangabe „Schnitt A-D" fehlt bei der Seitenansicht des Werkstückes.
⑤ Die Pfeile an der Schnittverlaufslinie bei den Großbuchstaben A-D sind überflüssig.

18. In welchem der Bilder ist die Schnittdarstellung richtig dargestellt?

① Bild 1 u. 3
② Bild 2
③ Bild 3 u. 5
④ Bild 4
⑤ Bild 5

Bild 1

Bild 3

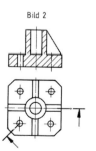
Bild 2

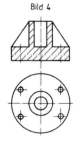
Bild 4

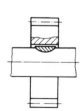
Bild 5

19. Welche der gemachten Aussagen ist falsch?

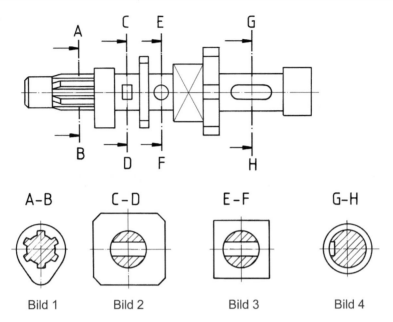

① Die Schnittverläufe sind mit Großbuchstaben zu kennzeichnen.
② Die Bilder 1, 2 und 3 sind richtig dargestellt.
③ Das Bild 4 ist nicht richtig dargestellt.
④ Alle Bilder sind richtig dargestellt.

20. Welche der genannten Positionen bei Bild 1 bzw. bei Bild 2 sind nicht richtig dargestellt?

① Position 1 in Bild 1 und Bild 2
② Position 2 in Bild 1 und Bild 2
③ Position 3 in Bild 1
④ Position 4 in Bild 1
⑤ Position 5 in Bild 1

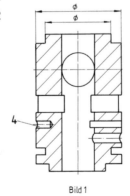
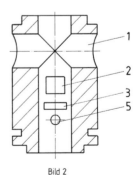

Arbeitsplanung 1: Technische Kommunikation — Prüfung 1

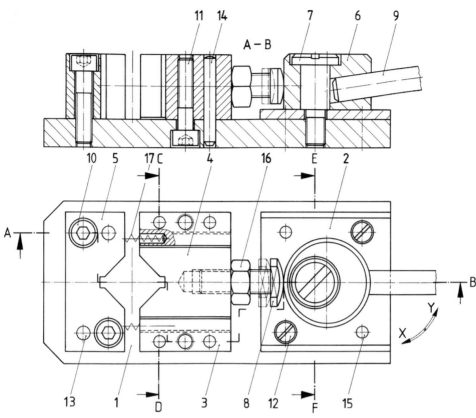

Stück	Benennung	Normblatt	Werkstoff	Pos.-Nr.	Bemerkung
2	Druckfeder 0,4 x 4 x 30	DIN 2098	50CrV4	17	
1	Sechskantmutter M12	DIN EN 24032	9SMnPb28	16	
2	Zylinderstift A - 6 x 18	ISO 8734	9SMn28	15	
4	Zylinderstift B - 5 x 45	ISO 8734	9SMn28	14	
2	Zylinderstift B - 6 x 45	ISO 8734	9SMn28	13	
2	Senkschraube mit Schlitz M6 x 16	DIN EN ISO 2009	5.6	12	
2	Zylinderschraube Innensechskant M6 x 35	DIN 912	8.8	11	
2	Zylinderschraube Innensechskant M8 x 35	DIN 912	8.8	10	
1	Griff		S235JR	9	
1	Stellschraube M10 x 30		E335	8	
1	Exzenterschraube		E335	7	
1	Exzenter		38Cr4	6	gehärtet
1	Spannstück		C60W	5	gehärtet
1	Gleitstück		C60W	4	gehärtet
2	Führungsleiste		E298	3	
1	Zwischenplatte		E298	2	
1	Grundplatte		S235JR	1	
1	2	3	4	5	6
Stück	Benennung	Normblatt	Werkstoff	Pos.-Nr.	Bemerkung

Maßstab:
Allgemeintoleranz nach ISO 2768-m
Spannvorrichtung
Blatt: 1(2)

Prüfung 1 Arbeitsplanung 1: Technische Kommunikation

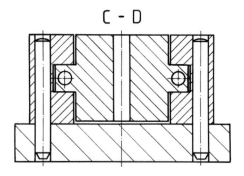

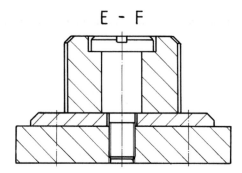

21. Welche Aussage zur Spannvorrichtung ist richtig?

① (Pos. 17) zieht das Gleitstück (Pos. 4) stets nach links.
② Beim Bewegen des Griffs (Pos. 9) in die Richtung Y wird das Werkstück im Spannprisma entspannt.
③ Durch das Herausschrauben der Exzenterschraube (Pos. 7) können die beiden Druckfedern (Pos. 17) das Gleitstück (Pos. 4) nach rechts verschieben.
④ Durch Rechtsdrehung des Exzenters (Pos. 6) wird das Werkstück zwischen den (Pos. 4 und 5) gelöst.

22. Welche Aussage zur Spannvorrichtung ist falsch?

① Um die Zwischenplatte (Pos. 2) ausbauen zu können, müssen die (Pos. 7, 6, 12 und 15) demontiert werden.
② Die Exzenterschraube (Pos. 7) ist festgespannt, während durch Drehen des Griffs (Pos. 9) in Richtung X das Werkstück gespannt wird.
③ Um das Gleitstück (Pos. 4) ausbauen zu können, müssen die (Pos. 11, 14 und 3) demontiert werden.
④ Durch Hineinschrauben der Stellschraube (Pos. 8) in das Gleitstück (Pos. 4) wird der Spannbereich des Spannprismas verkleinert.
⑤ Bevor (Pos. 8) verstellt werden kann, ist die Sechskantmutter (Pos. 16) zu lösen.

Arbeitsplanung 1: Technische Kommunikation   Prüfung 1

23. Welche Aussage über den Exzenter (Pos. 6) bzw. die Exzenterschraube (Pos. 7) ist nicht richtig?

① (Pos. 7) liegt mit dem unteren Bund auf (Pos. 2) so fest auf, dass (Pos. 2) mit festgespannt wird.
② (Pos. 7) liegt mit dem Bund so fest auf (Pos. 6) auf, dass sich (Pos. 6) zusammen mit (Pos. 7) bei jedem Spannvorgang bewegt.
③ Zwischen (Pos. 6) und (Pos. 7) ist Spiel vorhanden, dass (Pos. 6) in die Richtungen X oder Y bewegt werden kann.
④ Ausgehend von (Pos. 9) wird der Kraftfluss zum Spannen über die (Pos. 6 und 7) nach (Pos. 8) geleitet.

24. Welche Behauptung über die Funktion der Stellschraube (Pos. 8) ist richtig?

① (Pos. 8) dient zum Festspannen von (Pos. 4).
② Herausdrehen von (Pos. 8) entspannt die Druckfedern (Pos. 17).
③ Hineindrehen der Stellschrauben (Pos. 8) in (Pos. 4) entspannt die Druckfedern (Pos. 17).
④ Hineindrehen der Stellschraube in (Pos. 4) verkleinert den Hub des Exzenter (Pos. 6).
⑤ Je weiter man (Pos. 8) in (Pos. 4) hineindreht, um so kleiner wird der Spannbereich des Spannprismas.

25. Welche Aussage zum Schnitt E - F ist falsch?

① Der Schnittverlauf geht durch die (Pos. 1, 2, 6 und 7).
② Der Schnitt verläuft nicht durch die Mitte von (Pos. 6).
③ Der Schnitt verläuft durch die Mitte von (Pos. 7).
④ (Pos. 7) ist im Schnitt E-F nicht richtig dargestellt.
⑤ (Pos. 6) ist im Schnitt E-F richtig gezeichnet.

26. Von dem dargestellten Körper ist die Vorderansicht und die halbe Draufsicht gegeben.
a) Zeichnen Sie die Seitenansicht im Schnitt.
b) Zeichnen Sie die Seitenansicht in Ansicht.

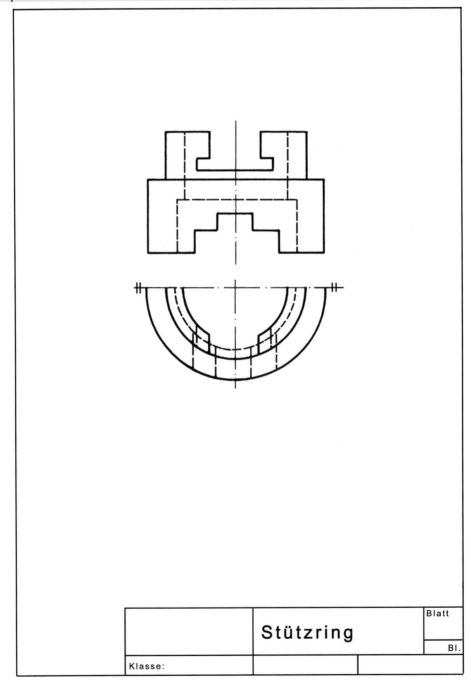

Stützring

Arbeitsplanung 1: Technische Kommunikation — Prüfung 2

3.2 Prüfung 2

1. **Diese Zeichnung enthält einen Fehler. Welche der Aussagen ist richtig?**

    ① Das Maß 52 muss in der Seitenansicht angegeben werden.
    ② Bei dem Passmaß der Bohrung Ø 10 H7 darf H7 nicht hochgestellt werden.
    ③ Bei der Abschrägung in der Vorderansicht ist eines der beiden Maße von 10 mm überflüssig.
    ④ Der Radius R 54 ist nicht notwendig, da die Breite in der Vorderansicht durch das Maß 54 gegeben ist.
    ⑤ Bei dem Maß für die Plattendicke in der Seitenansicht sind die Abmaße vertauscht.

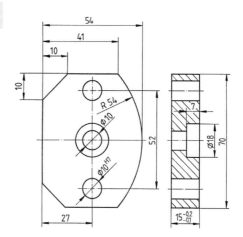

2. **Je nach Lage der Schnittebenen an einem Kegel entstehen verschiedene Kegelschnitte. Welcher der Kegelschnitte ergibt eine Parabel?**

    ① Schnitt a
    ② Schnitt b
    ③ Schnitt c
    ④ Schnitt d
    ⑤ Schnitt e

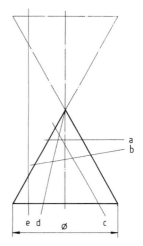

3. **Gegeben sind die Vorderansicht und die Draufsicht von einem geschnittenen Zylinder mit aufsitzendem Kegel. In welchem Bild ist die Seitenansicht von links richtig dargestellt?**

① Bild 1
② Bild 2
③ Bild 3
④ Bild 4
⑤ Bild 5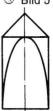

Die Lösungen finden Sie im Lösungsteil auf Seite 99.

Prüfung 2 Arbeitsplanung 1: Technische Kommunikation

4. Die Vorderansicht im Schnitt und die halbe Draufsicht eines Körpers sind gegeben. Welches Bild zeigt die richtige Seitenansicht von links?

① Bild 1
② Bild 2
③ Bild 3
④ Bild 4
⑤ Bild 5

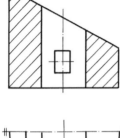

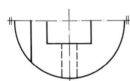

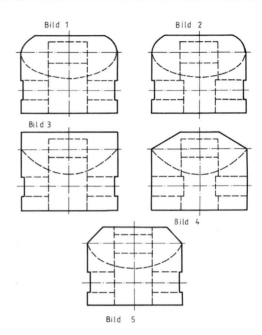

5. In welchem Bild ist das Bezugszeichen für diese Zeichnung richtig, wenn die Nahtdicke 3 mm beträgt?

① Bild 1
② Bild 2
③ Bild 3
④ Bild 4

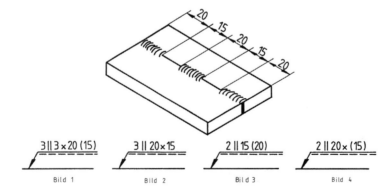

Die Lösungen finden Sie im Lösungsteil auf Seite 99.

Arbeitsplanung 1: Technische Kommunikation   Prüfung 2

6. Vorderansicht und Draufsicht eines Körpers sind gegeben. Welches Bild zeigt die richtige Seitenansicht von links?

① Bild 1   ② Bild 2   ③ Bild 3   ④ Bild 4   ⑤ Bild 5

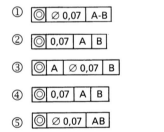
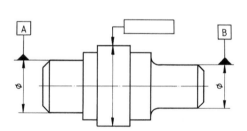

7. Welche Eintragung in den Toleranzrahmen der untenstehenden Skizze ist richtig, wenn folgende Angaben erfüllt sein sollen:
„Die tolerierte Achse des größten Zylinders muss innerhalb eines zur Bezugsachse AB koaxialen Zylinders vom Durchmesser 0,07 mm liegen."

① ⌖ ⌀ 0,07 | A-B
② ⌖ 0,07 | A | B
③ ⌖ A | ⌀ 0,07 | B
④ ⌖ 0,07 | A | B
⑤ ⌖ ⌀ 0,07 | AB

8. Welche der dargestellten Schrauben zeigt eine Stiftschraube?

① Bild 1   ② Bild 2   ③ Bild 3   ④ Bild 4   ⑤ Bild 5

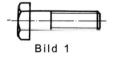
Bild 1

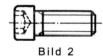
Bild 2

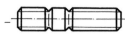
Bild 3

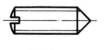
Bild 4

Bild 5

9. Welche der Aussagen zur Bemaßung der Kugel ist nicht richtig?

① Die Vollkugel wird im allgemeinen in einer Ansicht gezeichnet.
② Der Großbuchstabe S steht vor dem Durchmesserzeichen und der Maßzahl.
③ Die Reihenfolge Großbuchstabe S, Durchmesserzeichen, Maßzahl muss eingehalten werden.
④ Das Durchmesserzeichen entfällt, wenn das Wort Kugel vor der Maßzahl steht.

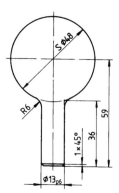

10. Nach DIN ISO 1302 wird mit dem untenstehenden Symbol die Oberflächenbeschaffenheit in Zeichnungen angegeben. Welche Zuordnung der mit a bis e bezeichneten Positionen zu den genannten Wortangaben ist richtig?

① Position a: Behandlung oder Überzug
② Position b: Rauhheitsgrad N
③ Position c: Fertigungsverfahren
④ Position d: Bezugsstrecke
⑤ Position e: Bearbeitungszugabe

11. Welche Aussage zu den angegebenen Symbolen und Oberflächenangaben ist falsch?

① Bild 1: Eine materialabtrennende Bearbeitung ist zugelassen.
② Bild 2: Oberflächenangabe mit dem größten Rauhheitsgrad N9 und dem kleinsten zulässigen Rauhheitsgrad N7.
③ Bild 3: Die gemittelte Rauhtiefe R_z darf nach dem Reiben der Passbohrung 1,6 μm nicht überschreiten.
④ Bild 4: Rillenrichtung: Senkrecht zur Projektionsebene der Ansicht.
⑤ Der R_z-Wert muss mindestens 63 μm betragen und darf 100 μm nicht überschreiten. Es ist eine Dichtfläche mit Rillenrichtung C (d.h. zentrisch zum Mittelpunkt.)

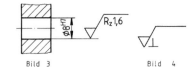
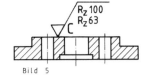

Arbeitsplanung 1: Technische Kommunikation — Prüfung 2

12. In welchem der Bilder ist die Ansicht in Pfeilrichtung des räumlich dargestellten Körpers richtig gezeichnet?

① Bild 1
② Bild 2
③ Bild 3
④ Bild 4
⑤ Bild 5

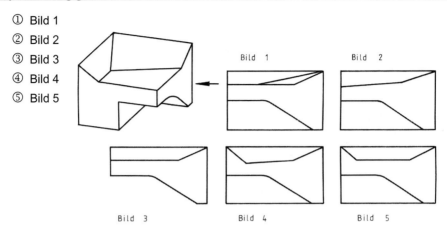

13. Vorderansicht und Seitenansicht sind gegeben. Welches Bild ist die dazugehörende Draufsicht?

① Bild 1   ② Bild 2   ③ Bild 3   ④ Bild 4   ⑤ Bild 5

14. Der schräg geschnittene Zylinder soll einschließlich der Grund- und Deckfläche abgewickelt dargestellt werden. Welche Ansichten sind dafür notwendig?

① Vorderansicht
② Vorderansicht und Seitenansicht
③ Vorderansicht, Seitenansicht, Draufsicht
④ Seitenansicht, Draufsicht
⑤ Vorderansicht, Draufsicht

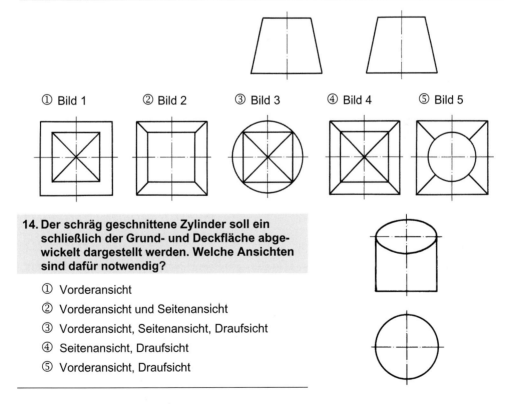

15. Welche Aussage über Schnitte und Profilschnitte am Werkstücken bzw. Maschinenteilen ist falsch?

① Schnitte oder Profilschnitte zeichnet man, wenn sich dadurch verdeckte Hohlräume oder Profile (Querschnitte) deutlicher darstellen lassen.
② Ein Profilschnitt ist die Darstellung eines Profils, das durch eine Schnittebene sichtbar wird.
③ Der Profilschnitt zeigt nur, was sich in der Schnittebene befindet.
④ Ein Teilschnitt ist zugleich ein Halbschnitt.
⑤ Ein Teilschnitt ist eine Darstellung, bei der nur ein kleiner Teilbereich eines Werkstückes als Schnitt gezeichnet wird.

16. In welchem der untenstehenden Bilder ist ein Zeichenfehler

① Bild 1　　② Bild 2

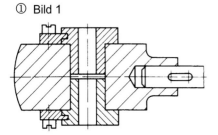
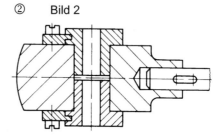

③ 　　④

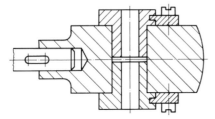
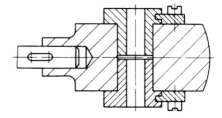

17. Welche Aussage ist falsch?

① Der Abstand von Schraffurlinien ist jeweils der Schnittflächengröße des Werkstückes anzupassen.
② Die Schraffur benachbarter Teile ist in gleicher Richtung oder gleichen Abständen zu zeichnen.
③ Schnittflächen eines Teiles sind in allen zueinander gehörenden Ansichten gleichartig zu schraffieren.
④ Schmale Schnittflächen dürfen voll geschwärzt werden.
⑤ Die Schraffur für Maßzahlen und andere Eintragungen ist zu unterbrechen, wenn dies erforderlich ist.

Arbeitsplanung 1: Technische Kommunikation Prüfung 2

18. Welches der Bilder zeigt die richtige halbe Mantelabwicklung des schräg geschnittenen Zylinders?

① Bild 1　② Bild 2　③ Bild 3　④ Bild 4　⑤ Bild 5

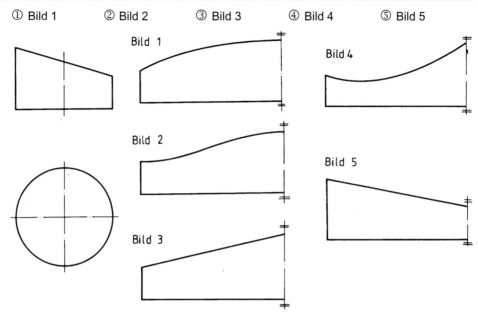

19. Welche Aussage über das nebenstehende Drehteil ist richtig?

① Die Zeichnung ist richtig dargestellt.
② Bei der dreistufigen Ausdrehung in der linken Teilschnittdarstellung fehlt eine sichtbare Kante.
③ Das Teil muss als Vollschnitt dargestellt werden.
④ Die Schraffur der rechten Teilschnittdarstellung muss in die andere Richtung schraffiert werden.
⑤ Die rechte Teilschnittdarstellung muss nicht mit einer dünnen Freihandlinie begrenzt werden.

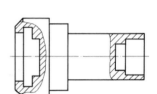

20. Welche Aussage zur Darstellung des nebenstehenden Drehkörpers ist richtig?

① Die Schraffur der gesamten rechten Hälfte muss in die andere Richtung schraffiert werden.
② Die Schraffur der beiden Wellenenden darf nicht in die gleiche Richtung verlaufen.
③ Die Schnittdarstellung der Ausdrehung auf der linken Seite ist im Halbschnitt gezeichnet.
④ Auf der rechten Seite des Teiles fehlen die Linien für die Gewindedarstellung.
⑤ Das Drehteil ist einwandfrei dargestellt.

Arbeitsplanung 1: Technische Kommunikation

21. In welchem der dargestellten Bilder ist das Gewinde normgerecht nach ISO dargestellt?

① Bild 1
② Bild 2
③ Bild 3
④ Bild 4
⑤ Bild 5

Bild 1

Bild 2

Bild 3

Bild 4

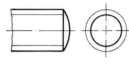
Bild 5

22. Welches Bild zeigt eine Verbindung mit einer Passfeder?

① Bild 1
② Bild 2
③ Bild 3
④ Bild 4
⑤ Bild 5

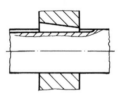
Bild 1

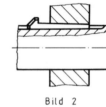
Bild 2

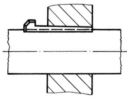
Bild 3

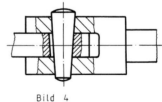
Bild 4

Bild 5

Arbeitsplanung 1: Technische Kommunikation Prüfung 2

23. Diese Zeichnung enthält einen Fehler. Welche Aussage ist richtig?

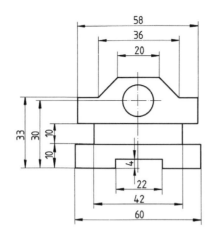
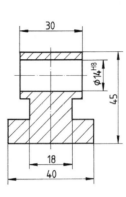

① Das Maß ⌀ 14H8 muss in der Vorderansicht angegeben werden.
② Das Gesamthöhenmaß ist überflüssig.
③ Anstelle der Maße 20 und 36 in der Vorderansicht ist die Gradzahl anzugeben.
④ Die Maße 20 und 36 sind richtig, die Gradzahl ist zusätzlich erforderlich.
⑤ Die Schnittdarstellung ist falsch.

24. Die normgerechte Bemaßung genauer Kegel erfolgt nach DIN ISO 3040. Welcher der Kegel ist normgerecht bemaßt?

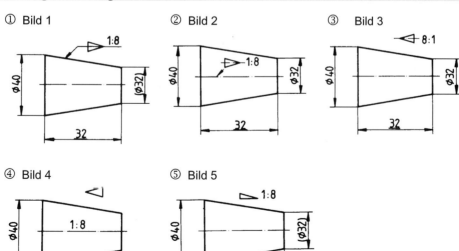

Prüfung 2　　　　Arbeitsplanung 1: Technische Kommunikation

25. **Welche Bilder sind DIN 7184 für die Kennzeichnung der Formtoleranzen nicht zu verwenden?**

    ① Nur Bild 6
    ② Die Bilder 1, 4
    ③ Die Bilder 2, 3, 5
    ④ Die Bilder 5, 6, 7
    ⑤ Die Bilder 6 und 7

Bild 1	Bild 2	Bild 3
▱	○	⌀
Bild 4	Bild 5	Bild 6
⌒	⌓	⊕
Bild 7		
◎		

26. **Von dem dargestellten Körper sind die Draufsicht und die Seitenansicht im Halbschnitt zu zeichnen. Die beiden Vierkante sowie die obere Bohrung in der Vorderansicht sind durchgehend.**

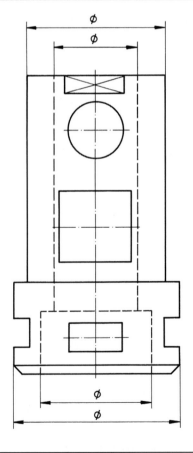

218　　　Die Lösungen finden Sie im Lösungsteil auf Seite 99.

Arbeitsplanung 1: Technische Kommunikation — Prüfung 3

3.3 Prüfung 3

1. Vorderansicht und Draufsicht sind gegeben. Welches der Bilder ist die dazugehörende Seitenansicht?

① Bild 1 ② Bild 2 ③ Bild 3

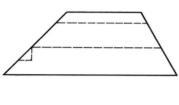

④ Bild 4 ⑤ Bild 5

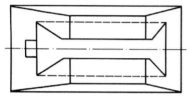

2. Welches Winkelmaß bzw. welche Winkelmaße sind nicht normgerecht eingetragen?

① Die Winkel 6° und 12°
② Die Winkel 6° und 51°
③ Die Winkel 38° und 6°
④ Der Winkel 12°
⑤ Der Winkel 6°

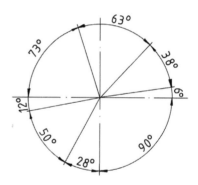

3. Welcher der dargestellten Stifte ist ein gehärteter Passstift?

① Bild 1
② Bild 2
③ Bild 3
④ Bild 4
⑤ Bild 5

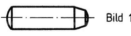 Bild 1
 Bild 4
 Bild 2
 Bild 5
 Bild 3

Die Lösungen finden Sie im Lösungsteil auf Seite 100.

Arbeitsplanung 1: Technische Kommunikation

4. In welchem Bild ist die Darstellung oder die Bemaßung nicht richtig?

① In Bild 1
② In Bild 2
③ In Bild 3 und 4
④ In Bild 5
⑤ In keinem der Bilder

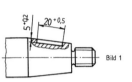
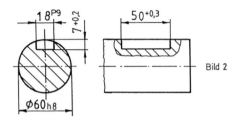
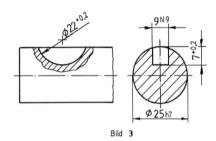
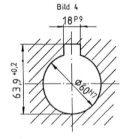
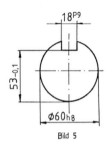

5. Vorderansicht und Seitenansicht des Körpers sind gegeben. Welche dazugehörende Draufsicht ist richtig dargestellt?

① Bild 1
② Bild 2
③ Bild 3
④ Bild 4
⑤ Bild 5

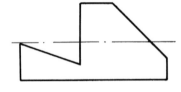

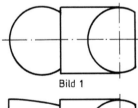
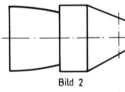
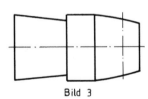

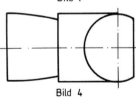
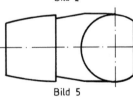

Arbeitsplanung 1: Technische Kommunikation Prüfung 3

6. Ein dünnwandiges Rohr aus Blech ist zweimal schräg geschnitten. Es soll abgewickelt werden. Welches Bild zeigt die richtige Mantelabwicklung?

① Bild 1 ② Bild 2 ③ Bild 3 ④ Bild 4 ⑤ Bild 5

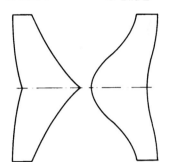 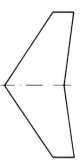 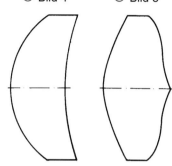

7. Welches der Bilder zeigt eine Verbindung mit einer Stiftschraube?

① Bild 1 ② Bild 2 ③ Bild 3

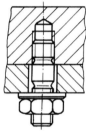 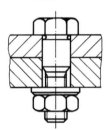 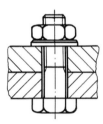

④ Bild 4 ⑤ Bild 5

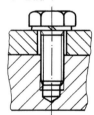 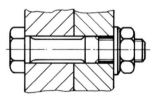

8. Welches der Bilder zeigt eine Verbindung mit einer Dehnschraube?

① Bild 1 ② Bild 2 ③ Bild 3 ④ Bild 4 ⑤ Bild 5

9. Welches der Bilder zeigt eine Verbindung mit einer Passschraube?

① Bild 1 ② Bild 2 ③ Bild 3 ④ Bild 4 ⑤ Bild 5

10. Welches der Bilder ist nicht normgerecht dargestellt?

① Bild 1 ② Bild 2 ③ Bild 3 ④ Bild 4 und 5
⑤ Alle Bilder sind normgerecht gezeichnet.

Die Lösungen finden Sie im Lösungsteil auf Seite 100.

11. Welches der dargestellten Bilder zeigt die richtige sinnbildliche Doppelkehlnaht?

① Bild 1   ② Bild 2   ③ Bild 3   ④ Bild 4   ⑤ Bild 5

12. Welches der Bilder zeigt die richtige Seitenansicht von links des räumlich dargestellten Körpers?

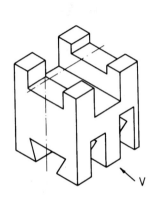

① Bild 1   ② Bild 2   ③ Bild 3

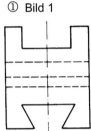  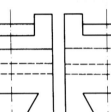

④ Bild 4   ⑤ Bild 5

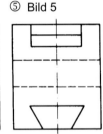

13. Es sind Vorderansicht im Schnitt und die Draufsicht mit Ausbrüchen dargestellt. Welches der Bilder zeigt die richtige Seitenansicht?

① Bild 1   ② Bild 2   ③ Bild 3

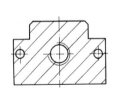 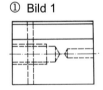 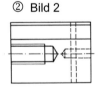

④ Bild 4   ⑤ Bild 5

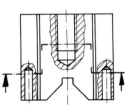

Arbeitsplanung 1: Technische Kommunikation — Prüfung 3

14. Was bedeutet die oval umrandete Maßangabe 35$^{+0,1}$?

① Dieses Maß ist ein Prüfmaß und wird bei der Kontrolle besonders geprüft

② Dieses Maß ist nicht maßstäblich gezeichnet

③ Die Unparallelität des Maßes 35 darf 0,1 mm nicht überschreiten

④ Dieses Maß 35 ist ein Freimaß mit einer oberen Abweichung von 0,1 mm

⑤ Es ist das einzige nicht zu kontrollierende Maß, weil es sich aus der Fertigung so ergibt.

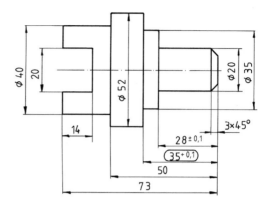

15. Welche Aussage hinsichtlich der Bemaßung des dargestellten Körpers ist richtig?

① Das Durchmesserzeichen für das Maß 48 ist überflüssig

② Die Maße 19 und 29 auf der rechten Seite fehlen

③ Das Werkstück ist vollständig und richtig bemaßt

④ Hinter die Maße 19 und 29 ist jeweils ein Vierkantsymbol zu zeichnen

⑤ Die Diagonalmaße zu den Maßen 19 und 29 fehlen in der Draufsicht.

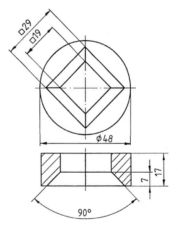

Prüfung 3 — Arbeitsplanung 1: Technische Kommunikation

16. An dem Polygonprofil soll ein quadratischer Ansatz normgerecht bemaßt werden. In welcher Bildkombination ist die Bemaßung richtig?
In:

① Bild 1 zusammen mit Bild 5
② Bild 1 zusammen mit Bild 2
③ Bild 3 zusammen mit Bild 4
④ Bild 3 zusammen mit Bild 6
⑤ Bild 3 zusammen mit Bild 5

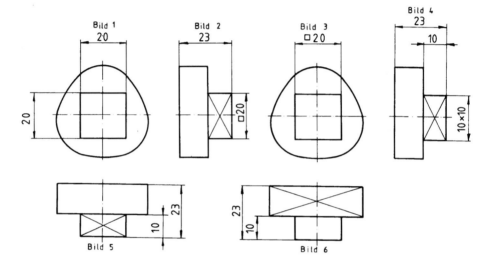

17. Bei welchem der dargestellten Drehteile sind die Längenmaße nicht fertigungsgerecht eingetragen?

① Bild 1   ② Bild 2   ③ Bild 3   ④ Bild 4   ⑤ Bild 5

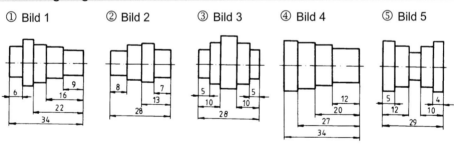

18. Welches der dargestellten Bilder enthält einen Fehler?

① Bild 1 mit Bild 2
② Nur Bild 2
③ Bild 3 mit Bild 4
④ Bild 5 mit Bild 6
⑤ Keines der Bilder

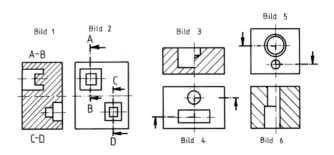

Arbeitsplanung 1: Technische Kommunikation Prüfung 3

19. Welche Aussage ist falsch?

① Der Abstand der Schraffurlinien richtet sich nach der Größe der Schnittfläche.
② Schnittflächen aneinanderstoßender Teile sind verschieden gerichtet oder verschieden weit zu schraffieren.
③ Stoßen geschwärzte Schnittflächen aneinander, sind sie durch eine schmale Fuge zu trennen.
④ Fällt bei einem Schnitt eine Körperkante auf die Mittellinie, so ist die Körperkante zu zeichnen.
⑤ Vorzugsweise werden Halbschnitte bei senkrechter Mittellinie links von dieser angeordnet.

20. Welches der dargestellten Bilder ist die richtige Ansicht in Pfeilrichtung des räumlich dargestellten Körpers?

① Bild 1
② Bild 2
③ Bild 3
④ Bild 4
⑤ Bild 5

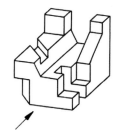

Bild 1 Bild 2 Bild 3 Bild 4 Bild 5

21. Welche Aussage ist falsch?

① Die breite, kurze, strichpunktierte Linie zur Angabe des Schnittverlaufs fehlt.
② Bei Schnitten von Flanschen müssen die Bohrungen der Flansche in die Schnittebene gedreht und dargestellt werden.
③ Es fehlen die Richtungspfeile mit den Großbuchstaben und die Angabe Schnitt A-B.
④ Die Versteifungsrippen sind zu schraffieren.
⑤ Das Werkstück ist nicht richtig im Schnitt gezeichnet.

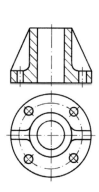

22. Der Kegel mit Zylinderansatz ist durchbohrt worden. Welches der Bilder zeigt die richtige Seitenansicht von links?

① Bild 1　② Bild 2　③ Bild 3　④ Bild 4　⑤ Bild 5

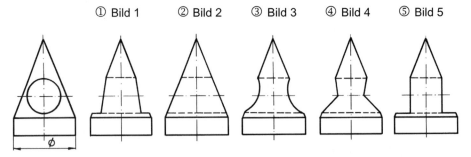

23. Der Zylinder ist durchbohrt. Welches Bild ist die richtige Seitenansicht von links?

① Bild 1　② Bild 2　③ Bild 3　④ Bild 4　⑤ Bild 5

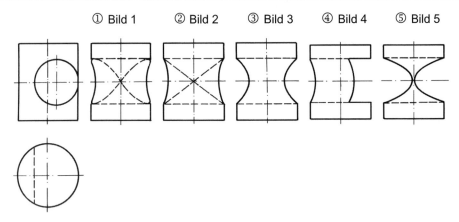

24. Die Zeichnung enthält einen Fehler. Welche Behauptung ist richtig?

① Das Werkstück kann nicht gefertigt werden, weil die Bemaßung unvollständig ist
② An der Bohrung Ø 5 mm ist das Durchmesserzeichen überflüssig
③ Die Tiefenbemaßung 20 mm bei dem Gewinde M 12 ist überflüssig, weil die Bohrertiefe von 24 mm angegeben ist
④ Bei dem Passmaß muss der Buchstabe H klein geschrieben werden Es muss 10 h7 heißen
⑤ In der Seitenansicht muss das Gewinde M 12 nicht eingezeichnet werden.

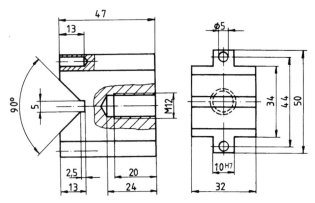

Arbeitsplanung 1: Technische Kommunikation Prüfung 3

25. Die Zeichnung enthält einen Fehler. Welche Behauptung ist richtig?

① Der Ausbruch muss in der Vorderansicht angedeutet sein.
② Die Tiefenangabe 2,8 mm für die Senkung ist überflüssig.
③ Die 90°-Senkung muss von rechts lesbar sein.
④ Die Angabe für die Fase 3 x 45° ist nur in der Vorderansicht anzugeben.
⑤ In der Vorderansicht sind die Bohrungen nicht vollständig bemaßt.

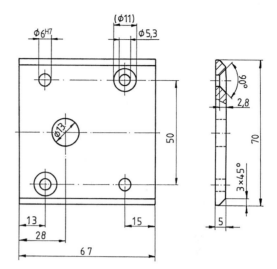

26. Von dem gegebenen Raumbild sind die Vorderansicht, Seitenansicht und Draufsicht zu zeichnen.

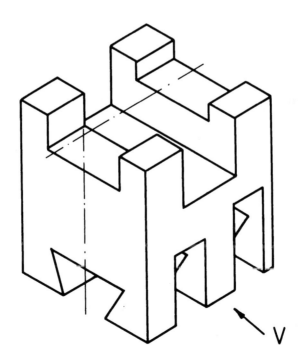

3.4 Prüfung 4

1. Die Zeichnung enthält einen Fehler. Welche Behauptung ist richtig?

① Das Teil läßt sich nicht herstellen, weil ein Maß fehlt.
② Das Werkstück ist nicht fertigungsgerecht bemaßt.
③ Die Höhe des Schaubenkopfes muss bemaßt werden.
④ Die sichtbare Kante der Fase am ⌀ 24 mm fehlt.
⑤ Das Maß für die Gewindelänge von 17 mm ist überflüssig.

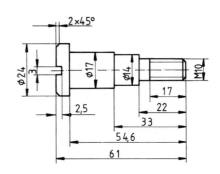

2. Welche Behauptung über die nebenstehende Zeichnung ist richtig?

① Der Schnitt muss links neben der Vorderansicht stehen.
② Die Schraffur bei dem Gewindeloch darf nicht bis an den Kerndurchmesser gezeichnet werden.
③ Die Schnittangabe in der Vorderansicht muss durch einen zusammenhängenden geknickten Schnittverlauf (Knickung unterhalb der großen Bohrung mit Ansatz) dargestellt werden.
④ Die Senkung der Bohrung ist falsch eingezeichnet.
⑤ Für den Radius in der Seitenansicht fehlt in der Vorderansicht noch eine sichtbare Kante.

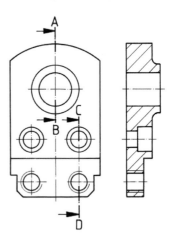

3. Vorderansicht und Draufsicht sind von dem Körper gegeben. Welches Bild ist die richtige Seitenansicht von links?

① Bild 1
② Bild 2
③ Bild 3
④ Bild 4
⑤ Bild 5

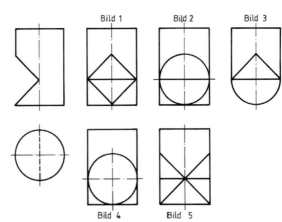

Arbeitsplanung 1: Technische Kommunikation Prüfung 4

4. **Welches Bild zeigt die richtige Ansicht in Pfeilrichtung des räumlich dargestellten Körpers?**

   ① Bild 1
   ② Bild 2
   ③ Bild 3
   ④ Bild 4
   ⑤ Bild 5

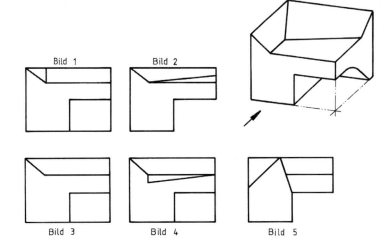

5. **Welches der gezeichneten Bilder zeigt eine fehlerhafte Symmetrie-Darstellung?**

   ① Bild 1 und 2
   ② Bild 2 und 4
   ③ Bild 3
   ④ Nur Bild 5
   ⑤ Keines der Bilder

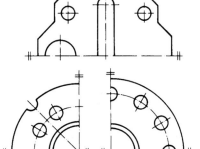
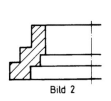
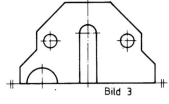

6. **Welches Bild zeigt die richtige Draufsicht des räumlich dargestellten Körpers?**

   ① Bild 1   ② Bild 2   ③ Bild 3   ④ Bild 4   ⑤ Bild 5

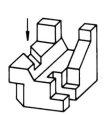  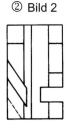 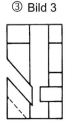 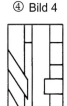 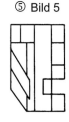

7. Welches der dargestellten Bilder ist nicht normgerecht gezeichnet?

① Bild 1 ② Bild 2 ③ Bild 3 ④ Bild 4 ⑤ Bild 5

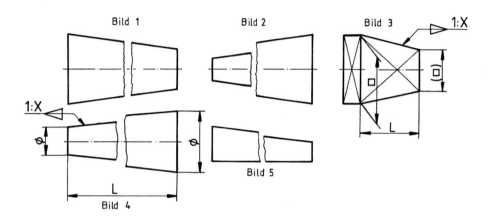

8. Die Zeichnung enthält einen Fehler. Welche Behauptung ist richtig?

① Die Passungsangabe muss den Kleinbuchstaben „h" erhalten.
② Die symmetrische Darstellung ist so unzulässig.
③ In der Seitenansicht fehlt eine sichtbare Kante.
④ In der Vorderansicht fehlt eine verdeckte Kante.
⑤ Die Darstellung der Draufsicht mit diesen Ausbrüchen ist unzulässig.

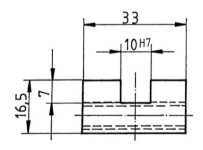
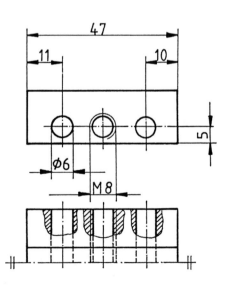

Arbeitsplanung 1: Technische Kommunikation Prüfung 4

9. Welche Aussage zur Zeichnung der Exzenterscheibe ist richtig?

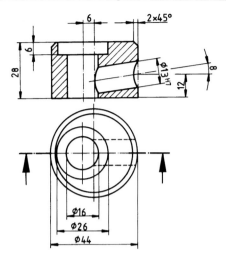

① Die Passungsangabe ⌀ 13H7 muss von rechts lesbar sein und ist hier falsch eingetragen.

② Das Teil ist nicht vollständig bemaßt und kann nicht gefertigt werden.

③ Bei der Gradangabe 8° fehlt das Zeichen der Gradangabe.

④ In der Draufsicht fehlt die sichtbare Kante der Fase, die in der Vorderansicht im Scnitt mit 2 x 45° angegeben ist. In der Draufsicht fehlen bei der Schnittangabe die Großbuchstaben A-B.

10. Welches der Bilder zeigt die richtige Ansicht in Pfeilrichtung des dargestellten Körpers?

① Bild 1   ② Bild 2   ③ Bild 3   ④ Bild 4   ⑤ Bild 5

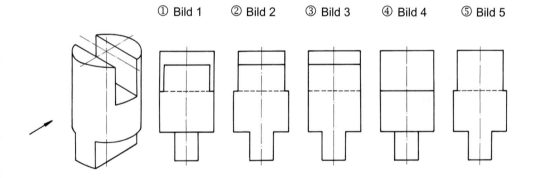

11. Welche Aussage ist richtig?

① Es soll eine Ringnaht angefertigt werden.

② Die Kehlnaht muss eine Nahtdicke von 4 mm betragen und ringsum verlaufen.

③ Es soll eine Bördelnaht von 4 mm ringsum verlaufend geschweißt werden.

④ Die Ringnaht hat einen Durchmesser von 4 mm.

⑤ Die Naht von 4 mm ist dort anzubringen, wo die Pfeilspitze hinzeigt.

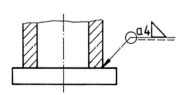

Prüfung 4　　　　　　　　　　Arbeitsplanung 1: Technische Kommunikation

12. Vorderansicht im Schnitt und halbe Draufsicht eines Körpers sind gegeben. Welches Bild zeigt die richtige Seitenansicht von links?

① Bild 1　　② Bild 2　　③ Bild 3　　④ Bild 4　　⑤ Bild 5

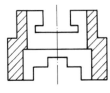
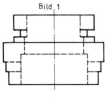
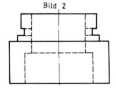
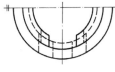
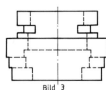
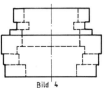
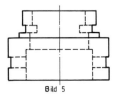

13. Welche Aussage zum dargestellten Axialkugellager ist falsch?

① Außenring und Innenring dieses Wälzlagers bestehen aus einem Stück.
② Die Welle und der Gehäusering erhalten dieselbe Schraffurrichtung.
③ Die Wälzkörper werden nicht geschnitten.
④ Bei dieser Zeichnung fehlen jeweils die beiden Symmetrie-Striche rechts und links an den Wellenenden auf der Mittellinie.

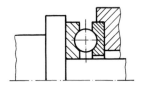

14. Von der Durchdringung „Sechseckprisma-Zylinder" sind Vorderansicht und Draufsicht gegeben. Welches Bild zeigt die dazugehörende Seitenansicht?

① Bild 1　　② Bild 2　　③ Bild 3　　④ Bild 4

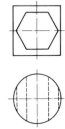
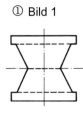
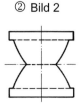

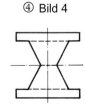

15. Welches der Bilder zeigt die richtige Seitenansicht der Kugeldurchdringung?

① Bild 1　　② Bild 2　　③ Bild 3　　④ Bild 4

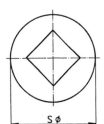

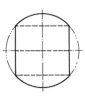
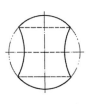

Die Lösungen finden Sie im Lösungsteil auf Seite 101.

Arbeitsplanung 1: Technische Kommunikation Prüfung 4

16. Welches der Bilder zeigt die richtige Seitenansicht des Kugelschnittes?

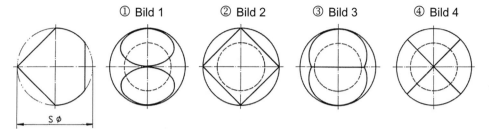

17. Zeichnen Sie zu der gegebenen Vorderansicht im Halbschnitt die Draufsicht und die Seitenansicht von links.

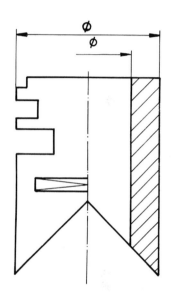

18. Zeichnen Sie zu der gegebenen Vorderansicht und Seitenansicht die Draufsicht.

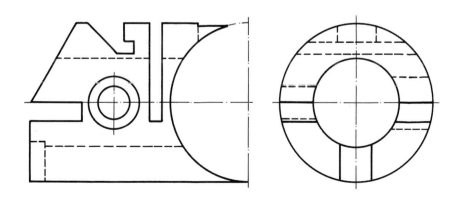

Die Lösungen finden Sie im Lösungsteil auf Seite 101.

Prüfung 4 — Arbeitsplanung 1: Technische Kommunikation

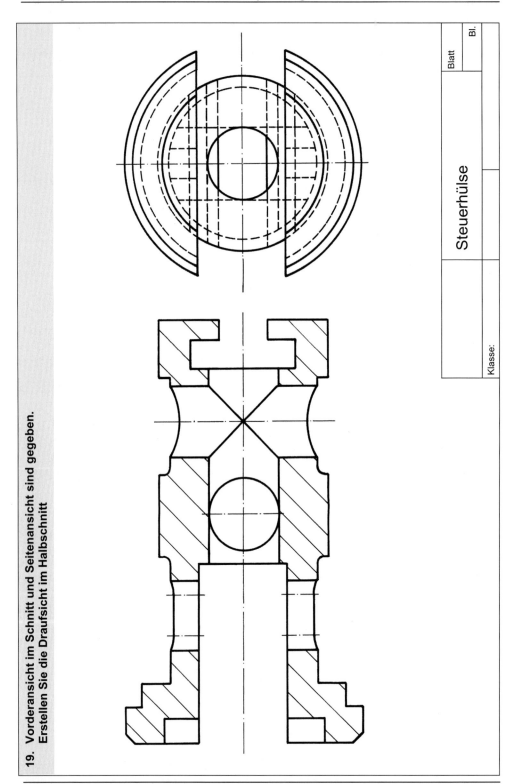

19. Vorderansicht im Schnitt und Seitenansicht sind gegeben. Erstellen Sie die Draufsicht im Halbschnitt

Arbeitsplanung 1: Technische Kommunikation   Prüfung 4

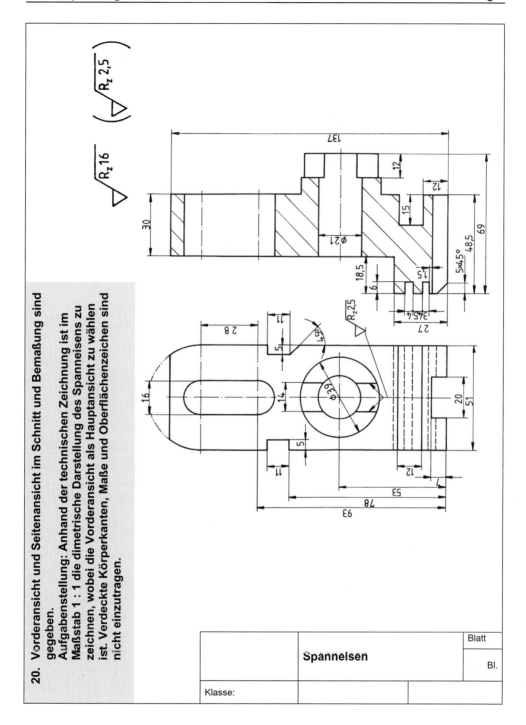

20. Vorderansicht und Seitenansicht im Schnitt und Bemaßung sind gegeben.
    Aufgabenstellung: Anhand der technischen Zeichnung ist im Maßstab 1 : 1 die dimetrische Darstellung des Spanneisens zu zeichnen, wobei die Vorderansicht als Hauptansicht zu wählen ist. Verdeckte Körperkanten, Maße und Oberflächenzeichen sind nicht einzutragen.

Prüfung 4 — Arbeitsplanung 1: Technische Kommunikation

21. Gegeben ist die Vorderansicht und die Seitenansicht. Zeichnen Sie die Draufsicht und die Mantelabwicklung des Kegels. Der Kegel ist an der linken Mantellinie aufzuklappen. Kegel und die Zylinder sind ganz aus dünnem Blech.

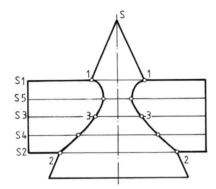
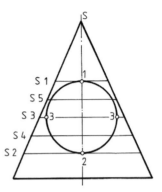

22. Zeichnen Sie zur gegebenen Vorderansicht und Draufsicht die zugehörige Seitenansicht.

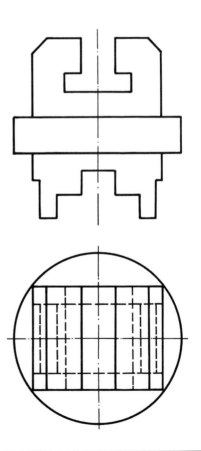

Die Lösungen finden Sie im Lösungsteil auf Seite 104 - 105.

Arbeitsplanung 1: Technische Kommunikation Prüfung 4

23. Zeichnen Sie zur gegebenen Vorderansicht und Draufsicht die zugehörige Seitenansicht.

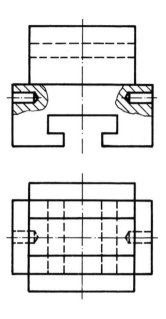

24. Zeichnen Sie zu dem gegebenen räumlich dargestellten Körper die Vorderansicht, die Seitenansicht von links und die Draufsicht.

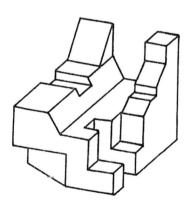

Klasse:	Stützelement	Blatt
		Bl.

4 Arbeitsplanung 2 (AP 2) / Integrierte Prüfungseinheiten

4.1 Prüfung 5 – Exzenterpresse

Technologie

1. **Die obere Bohrung der Pleuelstange (Pos. 6) hat das Maß Ø 14 H7.**
   Die Exzenterschraube (Pos. 8) hat das Maß Ø 14 g6. (s. Zeichnung S. 238 und 239)

   a) Nach welchem ISO-Passsystem wird hier gefertigt?
   b) Nach welcher ISO-Passungsart sind die Passteile gefügt?
   c) Begründen Sie diese Passungsauswahl!

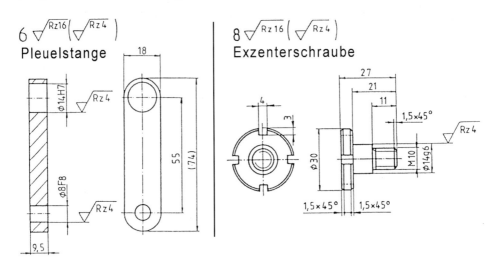

2. **Welche Teile bewegen sich, wenn sich die Antriebsscheibe (Pos. 11) bewegt?**
   (s. Zeichnung S. 239)

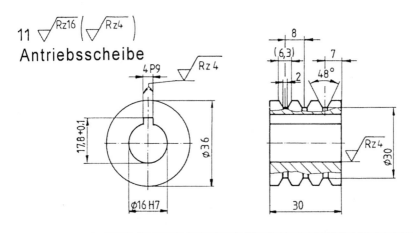

Arbeitsplanung 2: Exzenterpresse

Technologie

3. Welche Aufgabe haben die beiden Zylinderstifte (Pos. 14)?

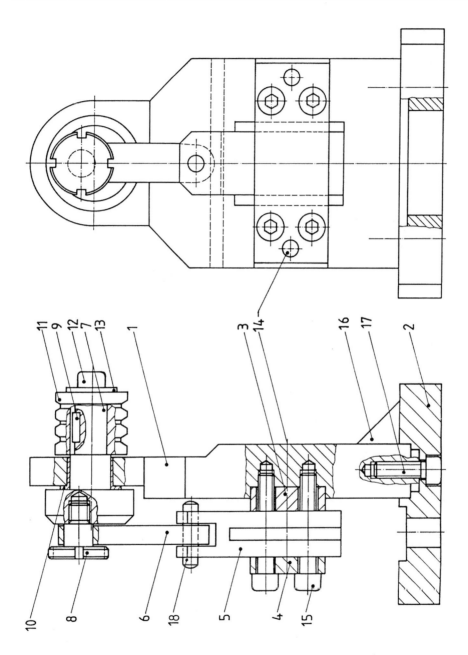

Zeichnung nicht maßstäblich

Prüfung 5   Arbeitsplanung 2: Exzenterpresse

Technologie

4. a) Wie oft muss sich der Exzenter (Pos. 7) drehen, damit der Stößel (Pos 5) 100 Hin- und Rückhübe macht?
   b) Wie oft schwingt die Pleuelstange (Pos. 6) nach rechts und nach links, wenn die Antriebsscheibe (Pos. 11) 100 Umdrehungen macht?

5. An der Vorderführung (Pos. 4) ist das Maß $3^{+0,03}_{+0,01}$ infolge Verschleiß auf $3^{+0,04}_{+0,01}$ größer geworden. Welche Reparaturmöglichkeit besteht, um das ursprüngliche Maß von $3^{+0,03}_{+0,01}$ wieder herzustellen? (s. Zeichnung S. 243) **Beschreiben Sie Ihren Lösungsvorschlag.**

Passmaß	Höchstmaß	Mindestmaß
40 H7	40,025	40,000
40 g6	39,991	39,975
36 H7	36,025	36,000
30 H7	30,021	30,000
30 g6	29,991	29,980
26 m6	26,021	26,008
26 H7	26,021	26,000
25 H7	25,021	25,000
Ø 23 j6	23,009	22,996
Ø 23 H7	23,021	23,000
20 m6	20,021	20,008
Ø 20 H7	20,021	20,000
Ø 20 f6	19,993	19,980
Ø 16 H7	16,018	16,000
Ø 16 g6	15,994	15,983
Ø 14 H7	14,018	14,000
Ø 14 g6	13,994	13,983
Ø 8 H7	8,015	8,000
Ø 8 F8	8,035	8,013
5 P9	4,988	4,959

Stück	Benennung	Normblatt	Werkstoff	Pos.-Nr	Bemerkung
1	Zylinderstift A 8 x 33	ISO 8734	9SMnPb28	18	
2	Zylinderschraube mit Innensechskant M8 x 25	DIN 912	9.9	17	
1	Stützelement	DIN EN 10 027	E295	16	
4	Zylinderschraube mit Innensechskant M8 x 50	DIN 912	8.8	15	
2	Zylinderstift A 6 x 60	ISO 8734	9SMnPb28	14	
1	Scheibe A 8,4 - 140 HV	DIN 125	X10Cr13	13	
1	Zylinderschraube mit Innensechskant M8 x 20	DIN 912	9SMn36	12	
1	Antriebsscheibe	DIN EN 10 025	S235JR	11	
1	Buchse	DIN 30 910	Sint - A 22	10	
1	Passfeder A 5 x 5 x 14	DIN 6885	E335	9	
1	Exzenterschraube	DIN EN 10 083	28Mn6	8	
1	Exzenter	DIN EN 10 083	C 105 W1	7	gehärtet
1	Pleulstange	DIN EN 10 025	E360	6	
1	Stößel	DIN EN 10 025	E360	5	
1	Vorderführung	DIN EN 10 025	S355JR	4	
1	Ständerführung	DIN EN 10 025	S355JR	3	
1	Bodenplatte	DIN EN 10 025	S355JR	2	
1	Pressenständer	DIN EN 10 025	S355JR	1	

Maßstab: Allgemeintoleranz nach ISO 2768-m   **Exzenterpresse**   Blatt: 2 (7)

Die Lösungen finden Sie im Lösungsteil auf Seite 108.

Arbeitsplanung 2: Exzenterpresse Prüfung 5

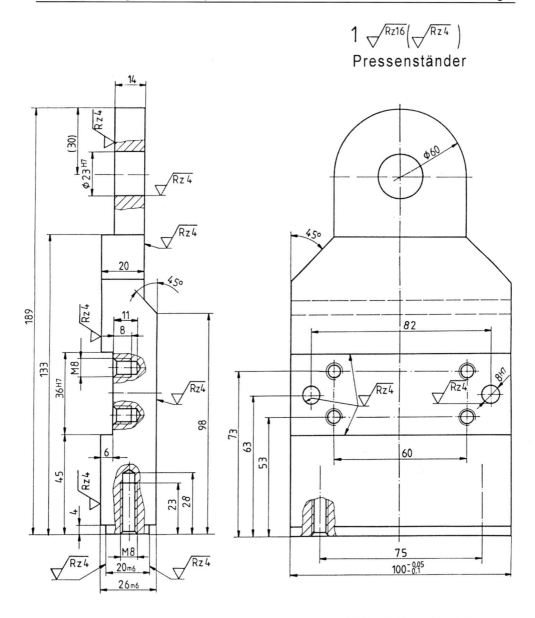

ø 8 H7 mit (Pos. 3 und 4) gebohrt und gerieben

Zeichnung nicht maßstäblich

Arbeitsplanung 2: Exzenterpresse

Prüfung 5

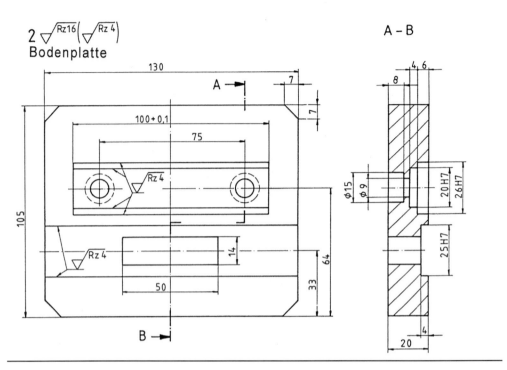

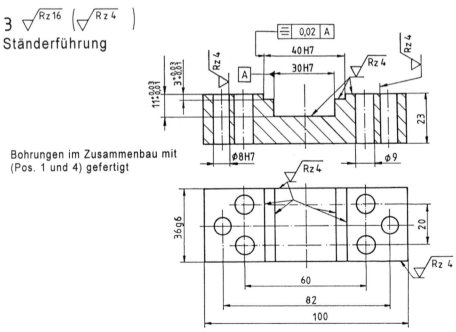

Bohrungen im Zusammenbau mit (Pos. 1 und 4) gefertigt

Zeichnung nicht maßstäblich

Arbeitsplanung 2: Exzenterpresse Prüfung 5

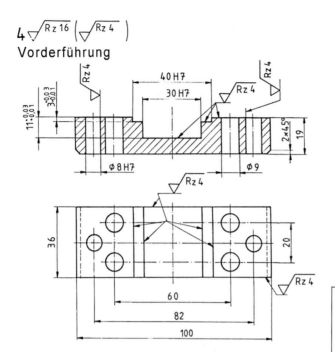

Bohrungen im Zusammenbau mit (Pos. 1 und 3) gefertigt
ø 8 H7 mit (Pos. 1 und 3) gerieben

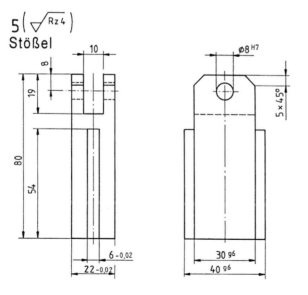

Zeichnung nicht maßstäblich

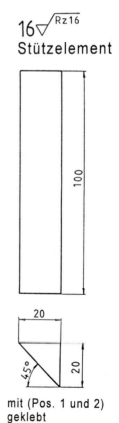

mit (Pos. 1 und 2) geklebt

Prüfung 5 — Arbeitsplanung 2: Exzenterpresse

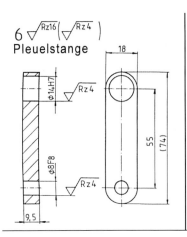

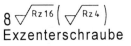

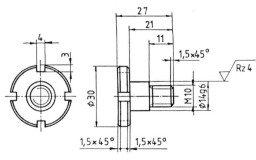

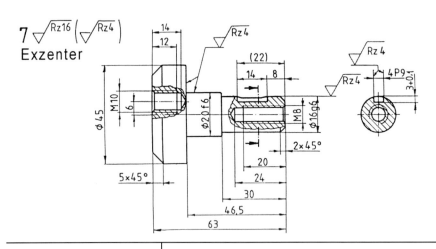

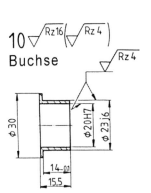

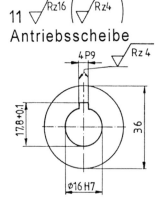

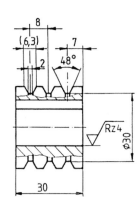

Zeichnung nicht maßstäblich

Arbeitsplanung 2: Exzenterpresse Prüfung 5

Technologie

6. Unterbreiten Sie einen Arbeitsvorschlag, um bei der Bodenplatte (Pos. 2) die beiden Vertiefungen von 4 x 20 H7 x 100 + 0,1 mm sowie 6 x 26 H7 x 100 + 0,1 mm anzufertigen. (s. Zeichnung S. 242)

7. Es ist geplant, die sieben Bohrungen auf der Flachseite des Pressenständers (Pos. 1) auf einer CNC-Bohr- und Fräsmaschine zu fertigen.
   Das Werkstück hat die Außenmaße 26,1 x 100 x 189 mm. (s. Zeichnung S. 241)
   a) Bestimmen Sie die Koordinaten für die sieben Bohrungen.
   b) Bemaßen Sie die Mittelpunkte der Bohrungen
      (absolute Bemaßung) CNC-gerecht.

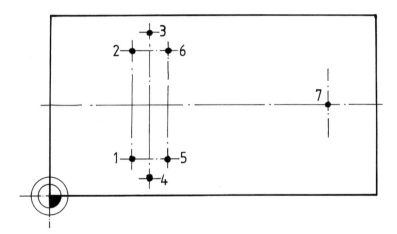

8. Der Exzenter (Pos. 7) soll demontiert werden. Nennen Sie in der richtigen Reihenfolge die erforderlichen Arbeitsschritte. (s. Zeichnung S. 239 und 244)

9. Ein sehr aufmerksamer Facharbeiter in der Fertigung konnte dem Konstruktionsbüro gleich drei Zeichnungsfehler in den Einzelteilzeichnungen beim Exzenter (Pos. 7) und bei der Antriebsscheibe (Pos. 11) nachweisen, als er die Zeichnungen mit den Angaben in der Stückliste verglich. Die Angaben in der Stückliste für die Passfeder (Pos. 9) sind richtig gewählt.
   Bestimmen Sie mit Hilfe des Tabellenbuches die richtigen Zeichnungsmaße für (Pos. 7) und (Pos. 11). (s. Zeichnungen S. 239, 240 und 244)

Prüfung 5   Arbeitsplanung 2: Exzenterpresse

Technologie

10. Die Vorderführung (Pos. 4) soll komplett auf einer Universal-Bohr- und Fräsmaschine gefertigt werden, weil die CNC-Fräsmaschine belegt ist.
(s. Zeichnung S. 239 bis S. 243)
Bestimmen Sie die dafür erforderlichen Werkzeuge, und tragen Sie diese in den folgenden Werkzeugplan ein.
(Die Bohrungen werden im Zusammenbau mit den Pos. 1 und 3 gefertigt.)

Lfd.-Nr.	Arbeitsgang	Werkzeug			
		Bezeichnung	DIN-Nr.	Form	Abmessung
1	Schmalseiten und Fasen fräsen				
2	Werkzeug allseitig auf 19 x 36 schleifen				
3	Ausnehmung 40 H7 fräsen				
4	Ausnehmung 30 H7 fräsen				
5	Die (Pos. 1, 3 u. 4) zusammenspannen und ausrichten				
6	Bei (Pos. 4) im Zusammenbau Bohrungsmitten zentrieren				
7	Kernlöcher für M8 bohren				
8	Durchgangslöcher für M8 bohren				
9	Durchmesser 8 H7 vorbohren				
10	Durchmesser 8 H7 reiben				
11	Bohrungen entgraten				

11. Geben Sie in dem folgenden Prüfmittelplan an, mit welchen Prüfmitteln die angegebenen Maße der Vorderführung (Pos. 4) geprüft werden: (s. Zeichnung S. 243)

Lfd.-Nr.	Prüfgegenstand	Maß	Prüfmittel
1	Ausnehmung	40 H7	
2	Ausnehmung	30 H7	
3	Tiefe der Ausnehmung bei 40 H7	$3^{+0,03}_{+0,01}$	
4	Tiefe der Ausnehmung bei 30 H7	$11^{+0,03}_{+0,01}$	
5	Bohrung	8 H7	

Die Lösungen finden Sie im Lösungsteil auf Seite 109 - 110.

Arbeitsplanung 2: Exzenterpresse

Prüfung 5

Technologie, Technische Mathematik

12. Die Bodenplatte (Pos. 2) soll beidseitig auf das Maß 105 mm gefräst werden. Verwendet wird ein Schaftfräser DIN 844-A25K-N-HSS Stirn-Planfräsen mittig. An- und Überlauf betragen je 1,5 mm. Die Schnittgeschwindigkeit soll v_c = 20 m/min betragen. Die Vorschubgeschwindigkeit ist v_f = 70 mm/min groß.
    Der Fräser hat 4 Schneiden. (s. Zeichnung S. 242)
    Berechnen Sie folgende Spanungswerte für diese Fräs-Schlichtarbeit:
    a) Die Drehzahl des Fräsers in min^{-1}
    b) Den Vorschub f_z je Fräserschneide in mm
    c) Die Hauptnutzungszeit t_h in min, wenn beide Seiten
       in je einem Schnitt gefräst werden.

13. Tragen Sie in den Arbeitsplan die für die Herstellung des Exzenters (Pos. 7) erforderlichen Dreh-Arbeitsgänge und Werkzeuge ein. Es steht eine Leit-und Zugspindeldrehmaschine mit einer Umdrehungsfrequenz von maximal n = 2000 min^{-1} zur Verfügung: (s. Zeichnung S. 244)

Lfd.-Nr.	Arbeitsgang	Werkzeug		
		DIN-Nr.	Form	
1				
2				
3				

14. Es soll der Exzenter (Pos. 7) mit den gewählten Werkzeugen geschruppt werden. Anhand des Tabellenbuches soll die Schnittgeschwindigkeit ausgewählt werden. (s. Zeichnung S. 244)
    Berechnen Sie anschließend die einzustellenden Drehzahlen für d_1 = 20 mm und für d_2 = 45 mm.

15. Geben Sie in dem folgenden Prüfmittelplan an, mit welchen Prüfmitteln Sie die angegebenen Maße des Pressenständers (Pos. 1) prüfen werden. (s. Zeichnung S. 241)

Lfd.-Nr.	Prüfgegenstand	Maß	Prüfmittel
1	Bohrung	8 H7	
2	Bohrung	23 H7	
3	Ausnehmung	36 H7	
4	Untere Dicke des Pressenständers	26 m6	
5	Fußdicke	20 m6	
6	Gesamtbreite	100 $^{-0,05}_{-0,1}$	

Prüfung 6 Arbeitsplanung 2: Schneidwerkzeug

4.2 Prüfung 6 - Schneidwerkzeug

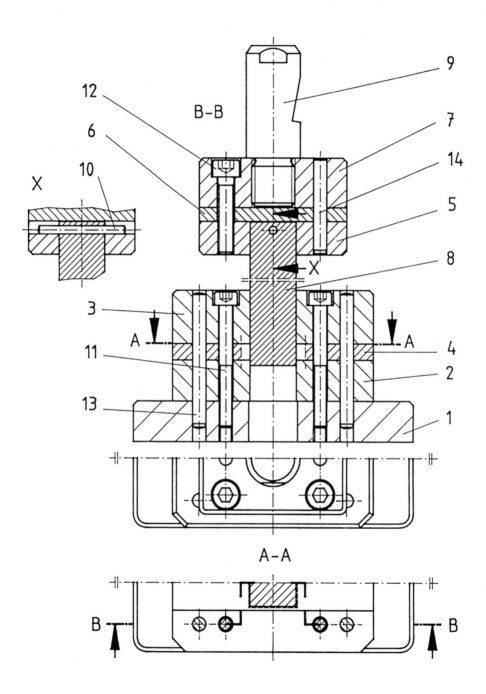

Zeichnung nicht maßstäblich

Arbeitsplanung 2: Schneidwerkzeug   Prüfung 6

Technologie, Technische Mathematik, Technische Darstellungen

1. Das auszuschneidende Teil hat die Maße 17,014 mm x 17,014 mm. Berechnen Sie hierzu mit dem Stempelmaß 17 f6 x 17 f6 den möglichen **Schneidspalt** u_{min} **und** u_{max}. (s. Zeichnung S. 248 - 253)

2. Bestimmen Sie mit Hilfe des Tabellenbuches die möglichen auszuschneidenden Blechdicken s in mm mit den entsprechenden dazugehörenden Scherfestigkeiten τ_{aB} **in N/mm²**. (s. Zeichnung S. 248 - 253)

3. Fertigen Sie eine Skizze des Schneidstreifens an. Legen Sie mit Hilfe des Tabellenbuches für $s = 0,5$ mm folgende Werte fest, und tragen Sie diese Werte in die Skizze ein (s. Zeichnung S. 248 - 253):
   a = Randbreite in mm
   e = Stegbreiten in mm
   B = Streifenbreite in mm
   V = Vorschub, Transportweg in mm;

4. Die Schneidplatte (Pos. 2) ist verschlissen und muss erneuert werden. (s. Zeichnung S. 248, 249 und 250)
   Sie soll aus dem gleichen Werkzeugstahl angefertigt werden, aus dem der Schneidstempel besteht. (Vgl. Sie die Stückliste S. 249)
   Ermitteln Sie :
   - Werkstoff-Nr.
   - genaue Zusammensetzung in %
   - Härtetemperatur
   - Abkühlmittel
   - Oberflächenhärte in HRC nach dem Anlassen bei 200°C.

Passmaß	Höchstmaß	Mindestmaß
⌀ 3 H7	3,010	3,000
⌀ 5 H7	5,012	5,000
⌀ 5,5 H13	5,680	5,500
⌀ 6,6 H13	6,820	6,600
⌀ 10 H13	10,220	10,000
⌀ 11 H13	11,270	11,000
17 H5	17,008	17,000
17 f6	16,984	16,966

Stück	Benennung	Normblatt	Werkstoff	Pos.-Nr.	Bemerkung
2	Zylinderstift A 5 x 35	ISO 8734	9SMnPb28	14	
4	Zylinderstift A 5 x 50	ISO 8734	9SMnPb28	13	
4	Zylinderschraube mit Innensechskant M6 x 28	DIN 912	8.8	12	
4	Zylinderschraube mit Innensechskant M5 x 45	DIN 912	8.8	11	
1	Zylinderstift A 3 x 32	ISO 8734	35S20	10	
1	Einspannzapfen CE25 - M16 x 1,5	DIN 9859	C45W	9	
1	Stempel	DIN 17 350	X210CrW12	8	gehärtet
1	Kopfplatte	DIN EN 10 083	1C 45	7	
1	Druckplatte	DIN 17 350	C105W1	6	gehärtet
1	Stempelplatte	DIN EN 10 083	1C 45	5	
2	Zwischenlage	DIN EN 10 083	1C 45	4	
1	Führungsplatte	DIN 17 350	X210CrW12	3	
1	Schneidplatte	DIN 17 350	X210CrW12	2	gehärtet
1	Grundplatte	DIN EN 10 025	S355JR	1	

Maßstab: / Allgemeintoleranz nach ISO 2768-m

Schneidwerkzeug

Prüfung 6 — Arbeitsplanung 2: Schneidwerkzeug

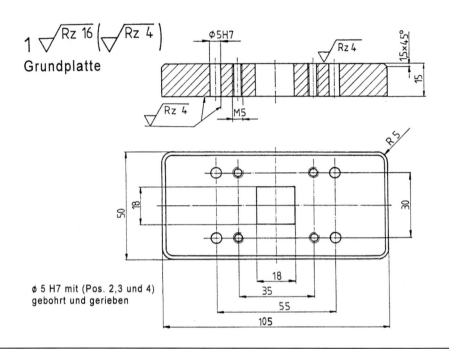

1 Grundplatte

ø 5 H7 mit (Pos. 2, 3 und 4) gebohrt und gerieben

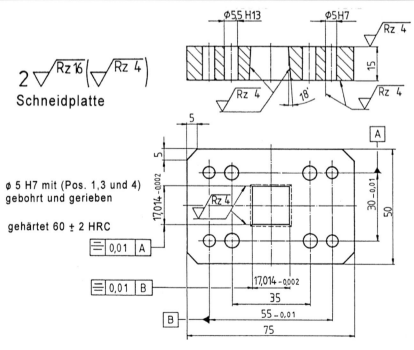

2 Schneidplatte

ø 5 H7 mit (Pos. 1, 3 und 4) gebohrt und gerieben

gehärtet 60 ± 2 HRC

Zeichnung nicht maßstäblich

Arbeitsplanung 2: Schneidwerkzeug Prüfung 6

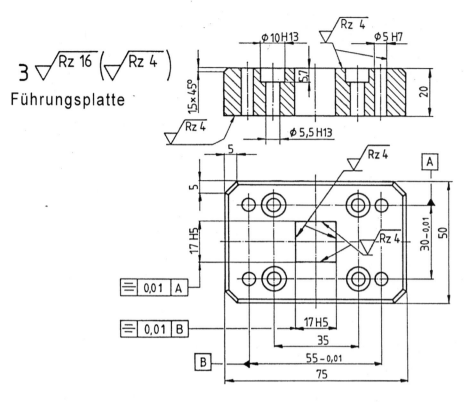

ø 5 H7 mit (Pos. 1,2 und 4) gebohrt und gerieben

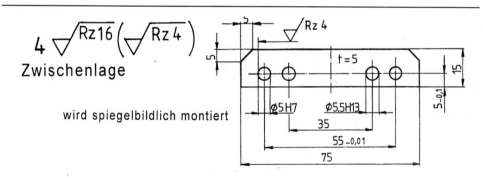

ø 5 H7 mit (Pos. 1,2 und 3) gebohrt und gerieben

Zeichnung nicht maßstäblich

Prüfung 6   Arbeitsplanung 2: Schneidwerkzeug

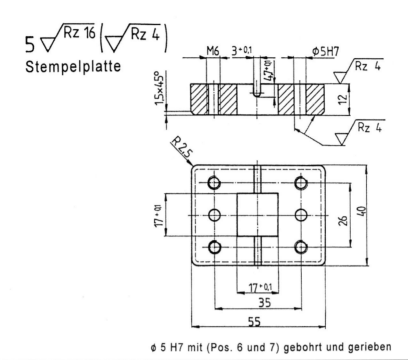

ø 5 H7 mit (Pos. 6 und 7) gebohrt und gerieben

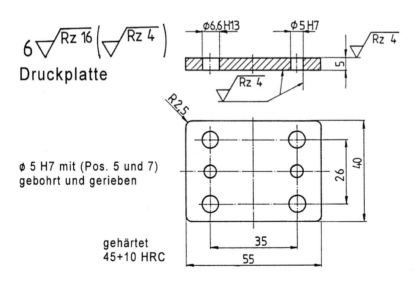

ø 5 H7 mit (Pos. 5 und 7) gebohrt und gerieben

gehärtet
45+10 HRC

Zeichnung nicht maßstäblich

Arbeitsplanung 2: Schneidwerkzeug

Prüfung 6

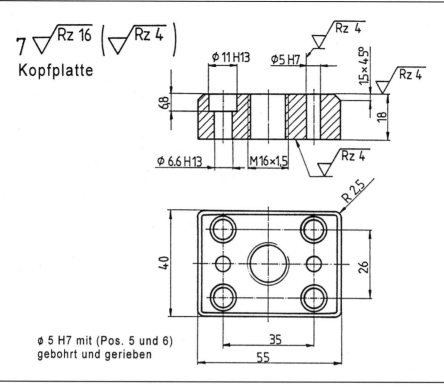

7 Kopfplatte

ø 5 H7 mit (Pos. 5 und 6) gebohrt und gerieben

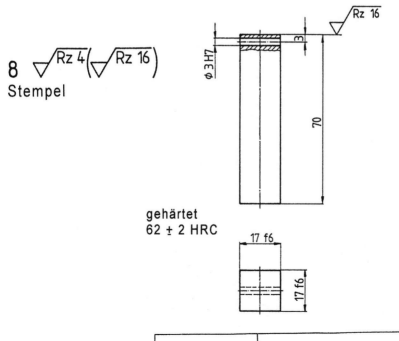

8 Stempel

gehärtet
62 ± 2 HRC

Zeichnung nicht maßstäblich

Schneidwerkzeug

Die Lösungen finden Sie im Lösungsteil auf Seite 112.

Prüfung 6 Arbeitsplanung 2: Schneidwerkzeug

Technologie, Technische Mathematik, Technische Darstellungen

5. **Welche Pressenkraft F in kN ist erforderlich, um ein Teil auszuschneiden?**
   (s. Zeichnung S. 248, 250 und 253)
   Das Stahlblech besteht aus 13 CrMo 4-5 mit R_m = 590 N/mm² und ist 0,5 mm dick.

6. **Welche Werkzeugmaschinen sind für die Anfertigung der Schneidplatte (Pos. 2) erforderlich?** (s. Zeichnung S. 248, 249 und 250)
   **Der Durchbruch von 17,014 x 17,014 mm hat noch nicht das Fertigmaß.
   Die Schneidplatte ist aber bereits gehärtet.**

7. **Warum müssen die Bohrungen von Ø 5 H7 bei den Positionen 1,2,3 und 4 zusammen gebohrt und gerieben werden?** (s. Zeichnung S. 248, 250 und 251)

8. **a) Bestimmen Sie für die Führungsplatte (Pos. 3) und für den Schneidstempel (Pos. 8) folgende Maße:
   Obere und untere Grenzabmaße, Höchstmaße und Mindestmaße.
   b) Ermitteln Sie das Höchstspiel und Mindestspiel zwischen der Führungsplatte (Pos. 3) und dem Schneidstempel (Pos. 8).** (s. Zeichnung S. 248, 251 und 253)

9. **Zeichnen Sie für den Stahl X 210 Cr W 12 das Zeit-Temperatur-Schaubild und tragen Sie die wichtigsten Werte und Begriffe in das Schaubild ein. Beschreiben Sie in Stichworten dieses Schaubild.** (s. Zeichnung S. 248, 249 und die Stückliste **Pos. 8**)

10. **Welche Funktion hat der Zylinderstift (Pos. 10)?** (s. Zeichnung S. 248, 249)

11. **Nennen Sie 3 mögliche Ursachen für zu großen Grat an den ausgeschnittenen Teilen. Ordnen Sie jeweils die richtige Grat-Art zu.**

12. **Von den auszuschneidenden Teilen liegt ein Auftrag über 1,6 Millionen Stück vor. Begründen Sie die Lagetoleranz-Angabe bei der Schneidplatte (Pos. 2).**
    (s. Zeichnung S. 248, 249 und 250)

13. **Die Bohrungen der Kopfplatte (Pos. 7) werden auf einer NC-Bohr- und Fräsmaschine gefertigt.** (s. Zeichnung S. 248, 253)
    Bestimmen Sie die Koordinaten für alle Bohrungen.

Arbeitsplanung 2: Schneidwerkzeug

Prüfung 6

Technologie, Technische Mathematik, Technische Darstellungen

14. **Die Schneidplatte (Pos. 2) soll komplett erneuert werden, weil sie verschlissen ist. Erstellen Sie einen Arbeitsplan.** (s. Zeichnung S. 248, 250)
    Tragen Sie in diesen Arbeitsplan die Arbeitsgänge und die erforderlichen Werkzeuge ein. Es sind folgende Werkzeugmaschinen vorhanden: Universal-Bohr- und Fräsmaschine, Flachschleifmaschine, Drahterodiermaschine.

Lfd.-Nr.	Arbeitsgang	Werkzeug			
		Bezeichnung	DIN-Nr.	Form	Abmessung
1					
2					
3					

15. **Berechnen Sie für die Schneidplatte (Pos. 2) die Hauptnutzungszeit für die 4 Bohrungen ⌀ 5 H7, wenn Sie mit ⌀ 4,8 mm bohren und folgende Werte festgelegt werden:**
    Die Schnittgeschwindigkeit v_c beträgt 24 m/min, der Vorschub f ist mit 0,09 mm anzunehmen. Anlauf und Überlauf, $l_a + l_u$ sind insgesamt mit 3 mm zu berücksichtigen. (s. Zeichnung S. 248, 250)

16. **Erstellen Sie einen Prüfmittelplan für die Führungsplatte (Pos. 3) und geben Sie die zu verwendenden Prüfmittel an.** (s. Zeichnung S. 248, 249, und 251)

Lfd.-Nr.	Prüfgegenstand	Maß	Prüfmittel
1	Bohrung	5 H7	...
2	Durchbruch	17 H5	...

4.3 Prüfung 7 – Stirnrad-Schneckengetriebe

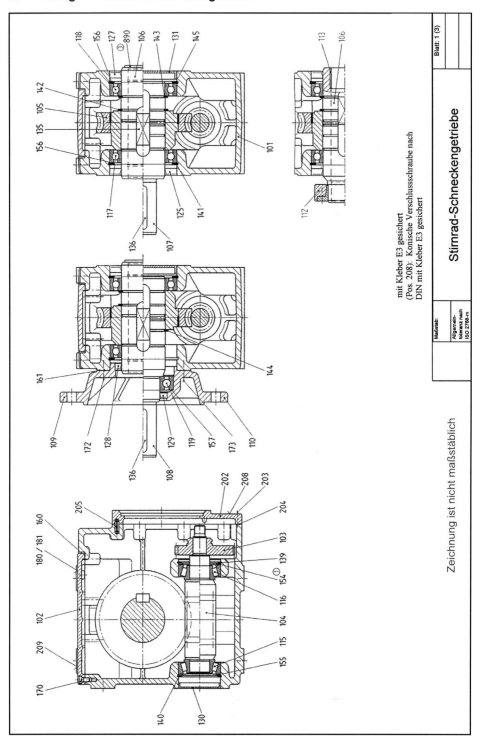

Arbeitsplanung 2: Stirnrad-Schneckengetriebe — Prüfung 7

Stück	Benennung	Normblatt	Werkstoff	Pos.-Nr	Bemerkung
1	Verschlussschraube M16 x 1,5	DIN 910	St	209	
1	Verschlussschraube M16 x 1,5	DIN 906	St	208	
2	Spannstift LG 6 x 16	DIN ISO 8752	St	205	
1	Gehäusedichtung 194 x 145 x 0,5		AMF38	204	
8	Zylinderschraube M6 x 20	DIN 912	8.8	203	
1	Zwischendeckel		EN-GJL-250	202	GG-25 (alte Norm)
2	Kerbnagel 2,6 x 4	DIN EN-28747	E295	181	
1	Typenschild	DIN 1783	AlMg3 F22	180	
6	Zylinderschraube M10 x 45	DIN 912	8.8	173	
6	Zylinderschraube M10 x 25	DIN 912	8.8	172	
6	Zylinderschraube M6 x 12	DIN 912	8.8	170	
1	Dichtung 145 x 101 x 0,5		AMF38	161	
1	Gehäusedichtung 190 x 96 x 0,5		AMF38	160	
1	Passscheibe 70 x 90 x 2	DIN 988	E295	157	
2	Passscheibe 80 x 100 x 2	DIN 988	E295	156	
1	Passscheibe 50 x 62 x 2	DIN 988	E295	155	
1	Passscheibe 50 x 62 x 2	DIN 988	E295	154	
1	Sicherungsring 100 x 3	DIN 472	Federstahl	145	
1	Sicherungsring 65 x 2,5	DIN 471	Federstahl	144	
1	Sicherungsring 65 x 2,5	DIN 471	Federstahl	143	
1	Sicherungsring 65 x 2,5	DIN 472	Federstahl	142	
1	Sicherungsring 100 x 3	DIN 472	Federstahl	141	
1	Sicherungsring 62 x 2	DIN 472	Federstahl	140	
1	Sicherungsring 62 x 2	DIN 472	Federstahl	139	
1	Passfeder A 12 x 8 x 63	DIN 6885	E295+C	136	St 50-2K (alte Norm)
1	Passfeder B 20 x 12 x 45	DIN 6885	E295+C	135	St 50-2K (alte Norm)
1	Verschlussdeckel 100 x 12		NBR 70	131	
1	Verschlussdeckel 62 x 8		NBR 70	130	
1	WDR AS 50 x 72 x 8	DIN 3760	FPM	129	
1	WDR AS 65 x 85 x 10	DIN 3760	FPM	128	
1	WDR AS 65 x 100 x 10	DIN 3760	FPM	127	
1	WDR AS 65 x 100 x 10	DIN 3760	FPM	125	
1	Rillenkugellager 6210	DIN 625		119	d=50 ; D=90 ; B=20
1	Rillenkugellager 6013	DIN 625		118	d=65 ; D=100 ; B=18
1	Rillenkugellager 6013	DIN 625		117	d=65 ; D=100 ; B=18
1	Kegelrollenlager 32206	DIN ISO 355		116	d=30 ; D=62 ; B=20
1	Kegelrollenlager 32206	DIN ISO 355		115	d=30 ; D=62 ; B=20
1	Gleitlager		CuSn10P	113	
1	Schrumpfscheibe		17CrNiMo6	112	
1	Flansch		EN-GJL-250	109	GG-25 (alte Norm)
1	Welle		42CrMo4	107	
1	Hohlwelle		C45-70	106	
1	Schneckenrad		GZ-CuSn12Ni/St 52-3	105	
1	Schneckenwelle		16MnCr5	104	
1	Zahnrad		16MnCr5	103	
1	Deckel		EN-GJL-250	102	GG-25 (alte Norm)
1	Gehäuse		EN-GJL-250	101	GG-25 (alte Norm)

Maßstab:

Allgemeintoleranz nach ISO 2768-m

Stirnrad-Schneckengetriebe

Blatt: 2 (3)

Prüfung 7 — Arbeitsplanung 2: Stirnrad-Schneckengetriebe

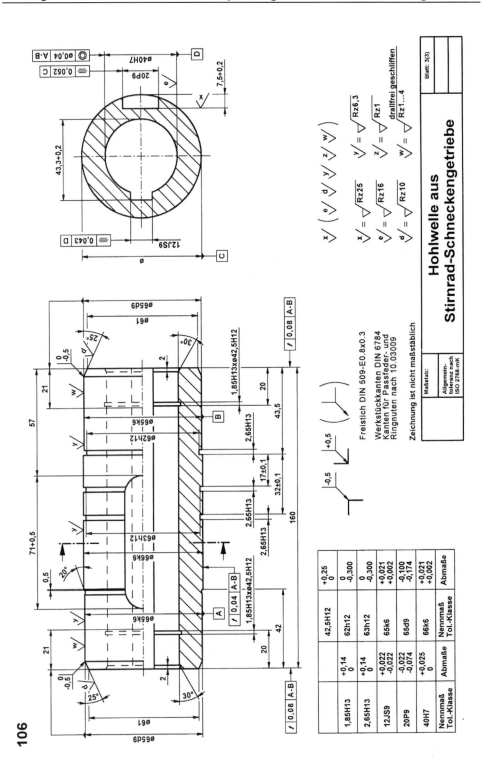

Arbeitsplanung 2: Stirnrad-Schneckengetriebe Prüfung 7

Technologie

1. Welche Vorteile haben Schneckengetriebe im Vergleich zu Stirnradgetrieben? Geben Sie drei Vorteile an.

2. Beschreiben sie den Kraftfluss vom Antrieb ausgehend durch das Getriebe bis zum Abtrieb. Geben sie jeweils die Pos.-Nr. und die Benennung in der richtigen Reihenfolge an.

3. In der Stückliste sind verschiedene Werkstoffbezeichnungen angegeben. Erklären Sie folgende Werkstoffe:
   3.1 (Pos. 101): EN-GJL-250
   3.2 (Pos. 103): 16MnCr5
   3.3 (Pos. 105): GZ-CuSn12Ni / St 52-3
   3.4 (Pos. 154): E295

4. Die Schneckenwelle (Pos. 104) besteht aus dem Werkstoff 16MnCr5.
   4.1 Welche Wärmebehandlung ist geeignet?
   4.2 Was ist das Ziel dieser Wärmebehandlung?
   4.3 Beschreiben Sie die Schritte dieser Wärmebehandlung.

5. Begründen Sie den Einbau der beiden Kegelrollenlager (Pos. 115) und (Pos. 116).

6. Die Abtriebswelle ist als Hohlwelle (Pos. 106) mit einer Innenbohrung von $\varnothing$ 40 H7 ausgelegt. Welche technischen Vorteile bietet die Ausführung einer Hohlwelle?

7. Wegen einer Konstruktionsänderung wird zwischen dem Sicherungsring (Pos. 140) und dem Kegelrollenlager (Pos. 115) eine Passscheibe 50 x 62 x 2 (Pos. 155) eingebaut.
Welche Funktion hat diese Passscheibe?

8. Geben Sie alle Bauteile (Benennung mit Pos.-Nr.) des Getriebes an, die für die Abdichtung und Schmierung von Bedeutung sind.

9. Zur Verbindung des Gehäuses (Pos. 101) mit dem Zwischendeckel (Pos. 202) werden neben den 8 Stück Zylinderschrauben (Pos. 203) noch 2 Stück Spannstifte (Pos. 205) verwendet. Welche Aufgabe haben die Spannstifte (Pos. 205)?

10. Erklären Sie die aus der Stückliste entnommenen folgenden Angaben:
    10.1 (Pos. 125): AS65x100x10 FPM
    10.2 (Pos. 135): B 20 x 12 x 45
    10.3 (Pos. 157): 70 x 90 x 2

11. Warum muss beim Einbau die Dichtlippe der Wellendichtringe (Pos. 125 und 127) stets in das Gehäuseinnere gerichtet sein?

Prüfung 7   **Arbeitsplanung 2: Stirnrad-Schneckengetriebe**

Technologie

12. a) Fertigen Sie eine Handskizze der Schrumpfscheibe (Pos. 112) mit Außenring, Innenring, Spannschraube, Hohlwelle (Pos. 106) und Welle (Pos. 107) in halber Ansicht im Schnitt. Bringen Sie Bezugslinien an die Einzelteile an und ordnen Sie die Benennungen den Einzelteilen zu. Markieren Sie mit einem Pfeil, welche Teile fettfrei gefügt werden müssen.
    b) Beschreiben Sie die Wirkungsfunktion der Schrumpfscheibe.

13. Beschreiben sie die Montage für die Schrumpfscheibenverbindung (Pos. 112).

14. Geben Sie drei positive verkaufsfördernde Qualitätsmerkmale dieses Getriebes an.

15. Das Stirnrad-Schneckengetriebe soll umweltgerecht und kostenbewusst entsorgt werden. Machen Sie drei Vorschläge dazu.

16. In diesem Stirnrad-Schneckengetriebe kommen viele Normteile zum Einsatz. Geben Sie drei Vorteile dafür an.

17. Beschreiben Sie die Lage der Achsen zueinander von Schneckenwelle (Pos. 104) und Schneckenrad (Pos. 105).

18. Wie wird in dem Schneckenrad (Pos. 105) die Passfedernut gefertigt?

19. Wodurch wird sichergestellt, dass alle zu schmierenden Bauteile des Getriebes mit Schmieröl versorgt werden?

20. Einige Maße der Hohlwelle (Pos. 106), die in der Tabelle angegeben sind, sollen überprüft werden. Bestimmen Sie die dafür erforderlichen Prüfmittel.

Lfd. Nr.	Maße	Prüfmittel
1	7,5 + 0,2	
2	20P9	
3	⌀ 40 H7	
4	43,3 + 0,2	
5	⌀ 65 k6	

21. Die Schneckenwelle (Pos. 104) ist verschlissen. Geben Sie in Form einer Tabelle die notwendigen Arbeitsschritte für die Demontage in der richtigen Reihenfolge an.

Lfd. Nr.	Arbeitsgänge, Demontagefolge
1	
2	

Arbeitsplanung 2: Stirnrad-Schneckengetriebe   Prüfung 7

Technologie

22. Wie werden die Innen- u. Außenringe der Rillenkugellager (Pos. 117 und 118) belastet? (Punkt- bzw. Umfangslast).

23. Wodurch zeichnen sich die beiden Kegelrollenlager (Pos. 115 und 116) besonders aus?

24. Die beiden Kegelrollenlager (Pos. 115 und 116) gewährleisten Rechts- und Linkslauf. Begründen Sie dies.

25. Begründen Sie, warum die beiden Innenringe der Kegelrollenlager (Pos. 115 und 116) Umfangslast und die beiden Außenringe Punktlast haben.

26. Beschreiben Sie die notwendigen Arbeitsschritte in der richtigen Reihenfolge, die zum Austausch der Hohlwelle (Pos. 106) und der beiden Rillenkugellager (Pos. 117 und 118) notwendig sind.

Technische Mathematik

27. Auf der Welle des Elektromotors für den Antrieb des Stirnrad-Schneckengetriebes sitzt ein Zahnrad mit z_1 = 21 Zähnen (nicht sichtbar). Die Motorumdrehungsfrequenz beträgt n_A = 1400 min^{-1}. Das Zahnrad z_1 treibt das Zahnrad (Pos. 103) mit z_2 = 60 Zähnen. (Gesamtzeichnung)
    Wie groß ist die Umdrehungsfrequenz dieses Zahnrades z_2?

28. Berechnen Sie das Gesamtübersetzungsverhältnis des Stirnrad-Schneckengetriebes, wenn die Anfangsumdrehungsfrequenz der Elektro-Motorwelle am Getriebe mit n_A = 1400 min^{-1} und die Endumdrehungsfrequenz mit n_E = 28 min^{-1} gegeben ist.

29. Wie groß ist das Übersetzungsverhältnis i_1 zwischen dem Antriebsritzel auf der E-Motorwelle mit z_1 = 21 Zähnen (nicht sichtbar) und Zahnrad (Pos. 103) mit z_2 = 60 Zähnen?

30. Die Schneckenwelle (Pos. 104) ist zweigängig. Das Schneckenrad (Pos. 105) hat z_4 = 35 Zähne und läuft mit einer Umdrehungsfrequenz von n_4 = 28 min^{-1}.
    Berechnen Sie
    1. das Übersetzungsverhältnis i_2.
    2. die Umdrehungsfrequenz n_3 der Schneckenwelle (Pos. 104) und vergleichen Sie diese Lösung mit dem Ergebnis der Aufgabe 27.

31. Überprüfen Sie, ob das Gesamtübersetzungsverhältnis i = 50 richtig ist mittels i_1 und i_2.

Prüfung 7   **Arbeitsplanung 2: Stirnrad-Schneckengetriebe**

Technische Mathematik

32. Die Eingangsleistung des Elektromotors für das Getriebe beträgt P_1 = 2,5 kW bei einer Eingangsumdrehungsfrequenz von n_A = 1400 min^{-1}. Wie groß ist das Drehmoment M_1?

33. Das Abtriebsdrehmoment an dem Schneckenrad (Pos. 105) beträgt M_3 = 691 Nm. Der Wirkungsgrad des Gesamtgetriebes ist 81%. Die Einzelübersetzungen sind i_1 = 2,857 und i_2 = 17,5 groß. Überprüfen Sie als Kontrollrechnung mittels dieser Werte das Eingangsdrehmoment M_1 in Nm.

34. Berechnen Sie die Abtriebsleistung des Getriebes in kW, wenn die Drehfrequenz des Schneckenrades (Pos. 105) n_E = 28 min^{-1} beträgt und das Abtriebsdrehmoment mit M = 691 Nm bei η = 0,81 gegeben ist.

35. Berechnen Sie den Teilkreisdurchmesser des Schneckenrades (Pos. 105) bei einem Modul m = 3,6 mm und einer Zähnezahl von z = 35.

36. Wie groß ist der Teilkreisdurchmesser der Schneckenwelle, wenn der Kopfkreisdurchmesser d_{a1} = 43,2 mm und der Modul mit m = 3,6 mm gegeben sind?

37. Bestimmen Sie den Achsabstand der Schneckenwelle (Pos. 104) und des Schneckenrades (Pos. 105), wenn der Teilkreisdurchmesser der Schneckenwelle mit d = 36 mm und der Teilkreisdurchmesser des Schneckenrades mit 126 mm gegeben sind.

38. Errechnen sie für die zweigängige Schneckenwelle (Pos. 104) mit Modul m = 3,6 mm die Steigungshöhe p_z in mm.

39. Wie groß ist der Kopfkreisdurchmesser d_{a2} des Schneckenrades (Pos. 105) bei einem Modul m = 3,6 mm und einer Zähnezahl von 35?

40. Berechnen Sie den Fußkreisdurchmesser des Schneckenrades (Pos. 105) bei einem gegebenen Kopfspiel von c = 0,601 mm und einem Teilkreisdurchmesser von d = 126 mm und einer Zähnezahl von 35 Zähnen.

41. Die Passfeder (Pos. 135) wird auf Flächenpressung belastet. Rechnen Sie nach, ob die zulässige Flächenpressung p_{zul} = 80 N/mm² bei einem Abtriebsdrehmoment von 691 Nm nicht überschritten wird.

42. Die Passfeder (Pos. 136) wird auf Abscherung belastet. Überprüfen Sie, ob die Scherfestigkeit der Passfeder überschritten wird, wenn an der Abtriebswelle (Pos. 107, 108) ein Drehmoment von M = 691 Nm wirkt.

Arbeitsplanung 2: Stirnrad-Schneckengetriebe   Prüfung 7

Technische Mathematik

43. Die Hohlwelle (Pos. 106) und das Schneckenrad (Pos. 105) sind miteinander gefügt. Die Passungsangabe ist ∅ 66 H7/k6. Bestimmen Sie:
    1. Höchst- und Mindestmaß für die Bohrung des Schneckenrades (Pos. 105) und für den Außendurchmesser der Hohlwelle (Pos. 106).
    2. Höchst- und Mindestspiel- bzw. Höchstspiel und Höchstübermaß.
    3. Passungssystem
    4. Passungsart

Technische Darstellungen

44. Wie groß sind bei der Hohlwelle (Pos. 106) für die Passfedernut 20 P9
    1. Oberes Abmaß?   3. Höchstmaß?
    2. Unteres Abmaß? 4. Mindestmaß?

45. a) Seitenansicht im Schnitt Hohlwelle (Pos. 106):
       Erklären Sie die in der Zeichnung (Pos. 106) neben der Passfederangabe 20 P9 noch stehende zusätzliche Angabe ⌯ 0.052 C .
    b) Hohlwelle (Pos. 106): Wie entsteht die tolerierte Mittelebene der Passfedernut vom Abstand t = 0,052 mm?

46. Die beiden äußeren Enden der Hohlwelle (Pos. 106) haben eine Oberflächenangabe mit w/√
    1. Erklären Sie diese Angabe.
    2. Warum muss die Oberfläche dieser Art so ausgeführt sein?
    3. Welche Funktion haben die beiden 25°- Fasen an den beiden Wellenenden der Hohlwelle (Pos. 106)?
    4. Erklären Sie diese Angabe: $^{0}_{-0,5}$ an den beiden 25°- Fasen der Hohlwelle (Pos. 106) und welche Bedeutung hat sie?
    5. An den beiden Enden der Hohlwelle (Pos. 106) ist rechts und links das Längenmaß 21 mm angegeben und jeweils eine schmale Vollinie gezeichnet. Erklären Sie dies.

47. Für die Hohlwelle (Pos. 106) sind insgesamt sechs Sinnbilder für Toleranzarten mit Toleranzwerten und Bezugsbuchstaben angegeben. Unterscheiden Sie diese
    1. Nach der Formtoleranz
    2. Nach der Lagetoleranz
    3. Nach Lauf-, Orts- und Richtungstoleranzen.

48. Beschreiben Sie die Bedeutung der Rundlauftoleranzangabe für die Hohlwelle (Pos. 106).

49. Interpretieren Sie die Planlauftoleranzangabe rechts und links der Hohlwelle (Pos. 106).

Prüfung 7   **Arbeitsplanung 2: Stirnrad-Schneckengetriebe**

Technische Darstellungen

50. Beschreiben Sie die Koaxialitätsangabe für die Hohlwelle (Pos. 106).

51. Erklären Sie die Freistichangabe DIN 509 - E 0,8 x 0,3 an der Hohlwelle (Pos. 106).

52. Hohlwelle (Pos. 106)
    Beschreiben Sie die Werkstückkanten-Angabe für die Innenkanten auf dieser Zeichnung.

Arbeitsplanung 2: Stirnradgetriebe   Prüfung 8

4.4 Prüfung 8 - Stirnradgetriebe

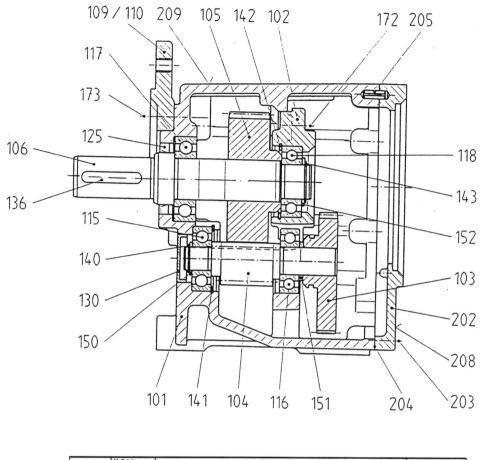

Technologie

1. Beschreiben Sie den Kraftfluss (Positionsnummern in richtiger Reihenfolge) durch das Stirnradgetriebe. Erfolgt die Kraftübertragung durch Stoff-, Form- oder Kraftschluss? Die (Pos. 103) mit (Pos. 104) sowie (Pos. 105) mit (Pos. 106) sind aufgeschrumpft. Zeichnung 1(3).

2. Benennen Sie die Bauteile mit Pos.-Nr., durch welche das Stirnradgetriebe abgedichtet wird.

Prüfung 8   **Arbeitsplanung 2: Stirnradgetriebe**

Technologie

3. Die Montage und die Funktion des Wellendichtringes (Pos. 125) macht es erforderlich, bei der Konstruktion und bei der Fertigung der Welle ganz bestimmte Details zu berücksichtigen.
   Welche Details sind dies und welche Details sind nicht angegeben? Zeichnung 3(3).

4. Die Welle (Pos. 106) hat drei Freistiche eingezeichnet. Die normgerechten Bezeichnungen fehlen auf der Zeichnung. Legen Sie für alle drei Freistiche die normgerechten Bezeichnungen fest, und erklären Sie diese Bezeichnungen. Zeichnung 3(3).

5. Erklären Sie die Funktion von Freistichen an der Welle (Pos. 106) bezogen auf die Rillenkugellager (Pos. 117 und 118).

Stück	Benennung	Normblatt	Werkstoff	Pos.-Nr	Bemerkung
1	Verschlussschraube M16 x 1,5	DIN 910	St	209	
1	Verschlussschraube M16 x 1,5	DIN 910	St	208	
1	Spannstift LG 6 x16	ISO 8752	St	205	
1	Gehäusedichtung		AMF38	204	
8	Zylinderschraube M6 x 20	DIN 912	8.8	203	
1	Zwischendeckel		GG-20	202	
1	Kerbnagel 2,6 x 4	DIN EN-28574	E295	181	
1	Typenschild	DIN 1783	AlMg3 F22	180	
6	Zylinderschraube M8 x 20	DIN 912	8.8	173	
8	Sechskantschraube M8 x 25	DIN EN 24014	8.8	172	
1	Passscheibe 25 x 35 x 2	DIN 988	E295	152	
1	Ausgleichsscheibe 20 x 28 x 3	DIN 988	E295	151	
1	Passscheibe 17 x 24 x 2	DIN 988	E295	150	
1			Federstahl	143	
1			Federstahl	142	
1	Sicherungsring 47 x 1,75	DIN 472	Federstahl	141	
1	Sicherungsring 17 x 1	DIN 471	Federstahl	140	
1	Passfeder A 8 x 7 x 45	DIN 6885	E295+C	136	
1	Verschlussdeckel 35 x 8		NBR	130	
1	WDR A 38 x 52 x 7/8	DIN 3760	BASL	125	
1	Rillenkugellager 6205	DIN 625		118	d=25 ; D=52 ; B=15
1	Rillenkugellager 6206	DIN 625		117	d=30 ; D=62 ; B=16
1	Rillenkugellager 6204	DIN 625		116	d=20 ; D=47 ; B=14
1	Rillenkugellager 6303	DIN 625		115	d=17 ; D=47 ; B=14
1	Flansch		EN-GJL-200	109/110	GG-20 (alte Norm)
1	Welle		42CrMo4	106	
1	Zahnrad		16MnCr5	105	
1	Ritzelwelle		16MnCr5	104	
1	Zahnrad		16MnCr5	103	
1	Deckel		EN-GJL-200	102	GG-20 (alte Norm)
1	Gehäuse		EN-GJL-201	101	GG-20 (alte Norm)
1	2	3	4	5	6

Maßstab:

Allgemeintoleranz nach ISO 2768-m

Stirnradgetriebe

Blatt: 2 (3)

Die Lösungen finden Sie im Lösungsteil auf Seite 125.

Arbeitsplanung 2: Stirnradgetriebe — Prüfung 8

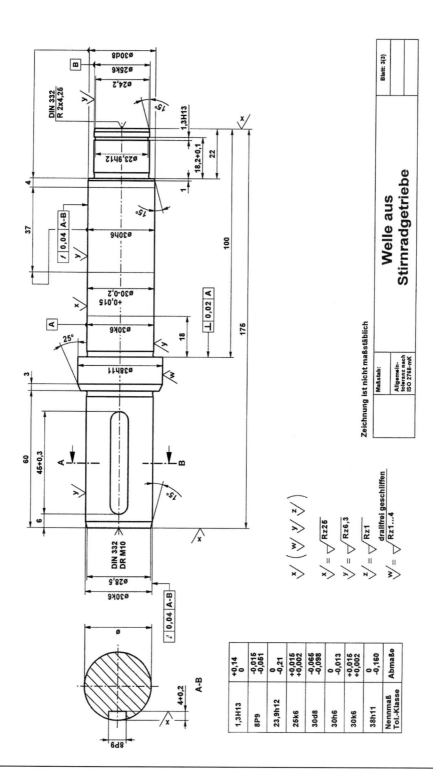

Prüfung 8   Arbeitsplanung 2: Stirnradgetriebe

Technologie

6. Die Welle (Pos. 106) hat am linken Wellenende eine Nut für eine Passfeder. Zeichnung 3(3). In dem Profilschnitt ist die Ortstoleranz mit folgenden Angaben noch nicht eingetragen: Bezugsebene $\boxed{A}$ bei ⌀ 30 k6.
An dem Passmaß 8^{P9} am rechten Maßpfeil soll angehängt werden: $\boxed{= |0,04| A}$
Erläutern Sie diese Angabe.

7. Die Welle (Pos. 106) in der Einzelteilzeichnung zeigt einen Profilschnitt durch die Passfedernut. Warum wendet man diese Darstellungsart an? Zeichnung 3(3).

8. Mit welchen Bauteilen ist das Rillenkugellager (Pos. 118) verbunden und gesichert? Geben Sie alle Bauteile, Verbindungsarten und Funktionen der Bauteile in Form einer Tabelle an. Zeichnung 1(3).

Bauteil	Verbindungsart	Funktion des Bauteils

9. Welche Kräfte können die Rillenkugellager (Pos. 115 und 116) aufnehmen und für welche Drehfrequenzen sind sie geeignet? Zeichnung 1(3).

10. Skizzieren Sie den Flansch (Pos. 109 / 110) normgerecht im Halbschnitt, wobei die Schraffur des Halbschnittes in die untere Hälfte gelegt werden soll. Bemaßung wird nicht verlangt. Zeichnung 1(3).

11. Vervollständigen Sie den vorliegenden Teil der Stückliste mit den noch fehlenden Angaben für die (Pos. 142) und (Pos. 143).

Stück	Benennung	Normblatt	Werkstoff	Pos.-Nr.	Bemerkung
1			Federstahl	143	
1			Federstahl	142	

12. Das Rillenkugellager (Pos. 116) muss ausgetauscht werden. Geben Sie die notwendigen Arbeitsschritte mit der richtigen Demontagefolge an.

Lfd. Nr.	Arbeitsschritte, Demontagefolge	Position
1		

13. Das Zahnrad (Pos. 105) und die Welle (Pos. 106) sind miteinander gefügt. Sie haben die Passungsangabe ⌀ 30 H7/h6. Bestimmen Sie:
    1. Höchst- und Mindestmaß für die Bohrung des Zahnrades (Pos. 105) sowie für die Welle (Pos. 106).
    2. Höchst- und Mindestspiel
    3. Passungsart..

Arbeitsplanung 2: Stirnradgetriebe Prüfung 8

Technische Mathematik

U1. Die Ritzelwelle (Pos. 104) hat eine Umdrehungsfrequenz von n_3 = 405 min⁻¹. Die Zähnezahl der Ritzwelle beträgt z_3 = 15 Zähne. Das Zahnrad (Pos. 105) hat z_4 = 49 Zähne. Berechnen Sie die Umdrehungsfrequenz des Zahnrades (Pos. 105).

U2. Die Welle (Pos. 106) soll auf einen Durchmesser von 38 mm gedreht werden. Berechnen Sie die Umdrehungsfrequenz n in min⁻¹, wenn für den Werkstoff 42CrMo4 eine Schnittgeschwindigkeit v_c = 70 m/min vorgegeben wird.

U3. In das Stirnradgetriebe sind 2640 cm³ Getriebeöl nachgefüllt worden. Wie viel Liter Getriebeöl sind dies, und wie groß ist diese Gewichtskraft des nachgefüllten Getriebeöls. Die Dichte des Getriebeöls beträgt ρ = 0,91 kg/dm³.

U4. 4.1 Wie groß ist das Übersetzungsverhältnis i von (Pos. 104) mit z_3 = 15 Zähnen nach (Pos. 105) mit z_4 = 49 Zähnen?
4.2 Berechnen Sie das Abtriebsdrehmoment M_3 an der (Pos. 106), wenn das Drehmoment M_2 an der Welle (Pos. 104) mit 58,49 Nm gegeben ist und der Wirkungsgrad η = 94% beträgt.
4.3 Wie groß ist die Abtriebsleistung in Watt, wenn die Welle (Pos. 106) sich mit n = 124 min⁻¹ dreht und der Gesamtwirkungsgrad des Getriebes mit 0,9 angegeben wird?

U5. Berechnen Sie den Kopfkreisdurchmesser des Zahnrades (Pos. 105) mit der Zähnezahl z_4 = 49. Der Modul beträgt m = 2 mm.

U6. Das Zahnrad (Pos. 103) wird ausgewechselt und die Zähnezahl von z_2 = 72 Zähne auf z_2 = 36 Zähne halbiert. Welche Auswirkungen hat dies auf die Ritzelwelle (Pos. 104) und auf die Welle (Pos. 106) hinsichtlich der Umdrehungsfrequenzen? Das Ritzel auf der Motorwelle mit z_1 = 21 Zähnen (hier nicht sichtbar) hat die Anfangsumdrehungsfrequenz n_A = 1400 min⁻¹.

U7. Die Welle (Pos. 106) hat eine Länge von 175 mm. Bei der zerspanenden Fertigung erwärmt sich diese Welle von 20°C auf 115°C. Berechnen Sie die Längenänderung Δl, wenn der Längenausdehnungskoeffizient $\alpha = 11 \cdot 10^{-6}$ 1/K beträgt.

U8. Die Zylinderschraube (Pos. 172) wird auf Zugfestigkeit belastet und einer betriebsinternen Kontrolle unterzogen.
8.1 Wie groß ist die Zugkraft beim Erreichen der Streckgrenze R_e bzw. $R_{p0,2}$?
8.2 Bei welcher Zugkraft reißt diese Schraube?

Prüfung 8   Arbeitsplanung 2: Stirnradgetriebe

Technische Mathematik

U9. Wenn das Abtriebsmoment bei der Welle (Pos. 106) wirkt, wird die Paßfeder (Pos. 136) auf Flächenpressung und auf Abscherung beansprucht.
9.1 Berechnen Sie die Fläche S in mm² für die Flächenpressung.
9.2 Wie groß ist die Scherfläche S in mm² für die Abscherung?

U10. Das Abtriebsmoment an der Welle (Pos. 106) beträgt M_3 = 179,79 Nm. Die Scherfläche der Passfeder (Pos. 136) entnehmend Sie Ihrer Lösung von Aufg. 9.2.
1. Berechnen Sie die Kraft F in N an dieser Welle.
2. Wie groß ist die Flächenpressung p in N/mm² an der Passfeder (Pos. 136)?
3. Der Werkstoff der Passfeder (Pos. 136) hat eine Zugfestigkeit von R_m = 560 N/mm².
Welche Höchstscherkraft F_{max} in kN kann die Passfeder aufnehmen?

Technologie

U1. Bei dem Zahnrad (Pos. 103) wird angedeutet, dass das kleine Zahnrad mit z_2 = 21 Zähnen und das größte z_2 mit 72 Zähnen auf die Ritzelwelle (Pos. 104) aufgeschrumpft werden kann. Hier rechts sitzt also der Antrieb; (Motor mit Ritzel nicht eingezeichnet).
Könnte bei diesem Getriebe der Antrieb auch bei der Welle (Pos. 106) liegen? Wie wirkte sich dies aus? Begründen Sie Ihre Antwort.

U2. Bei der Montage des Wellendichtringes (Pos. 125) sowie bei der Herstellung der Welle (Pos. 106) für diese (Pos. 125) gilt es, technische Details zu beachten. Nennen Sie drei technische Details bzw. technische Maßnahmen.

U3. Welche Wälzlager müsste man in dieses Getriebe einbauen, wenn die beiden Zahnräder (Pos. 104 und 105) Schrägverzahnungen erhielten und Axialkräfte eingeleitet würden? Begründen Sie Ihre Antwort.

U4. Das Stirnradgetriebe hat an einem Wälzlager einen Schaden und muss repariert werden. Woran merkt man diesen Schaden, ohne in das Innere des Getriebes hineinzusehen? Geben Sie drei Möglichkeiten des Erkennens an.

U5. In dem Deckel (Pos. 102) sitzt das Rillenkugellager (Pos. 118). Was können Sie über die Genauigkeit der Position dieses Deckels im Gehäuse ausführen, wenn dieser Deckel ein- bzw. ausgebaut wird?

U6. Beschreiben Sie bei der Welle (Pos. 106) die Angaben zur DIN 332.

Arbeitsplanung 2: Doppelexzenter

4.5 Prüfung 9 – Doppelexzenter

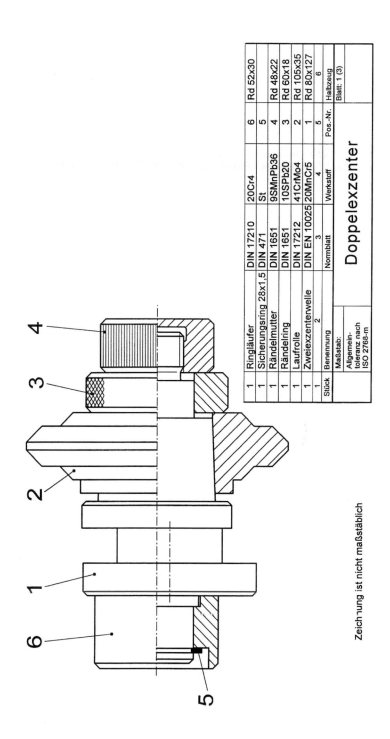

Prüfung 9

Arbeitsplanung 2: Doppelexzenter

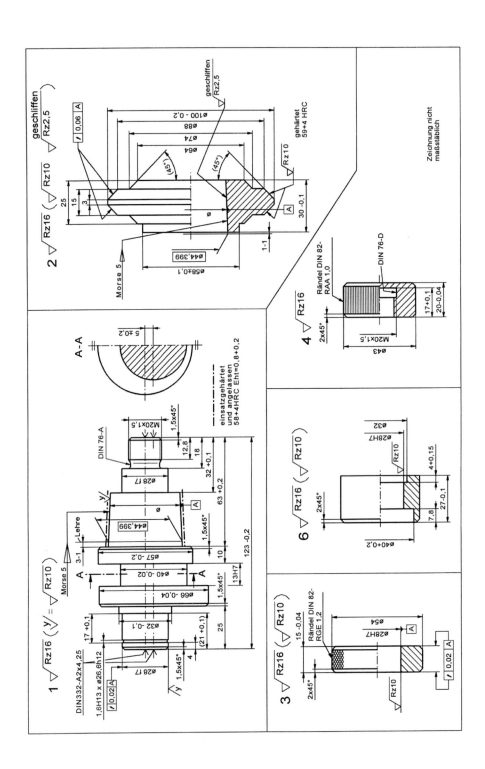

Arbeitsplanung 2: Doppelexzenter

Prüfung 9

Technologie

1. Die Zweiexzenterwelle (Pos. 1) hat an den Wellenenden stirnseitig Symbole angegeben. Erklären Sie die Angaben.

2. Die Zweiexzenterwelle (Pos. 1) soll an der gekennzeichneten Stelle einsatzgehärtet werden. Bestimmen Sie mit Hilfe des Tabellenbuches
   1. Werkstoff - Nr.
   2. Aufkohlungstemperatur
   3. Randhärtetemperatur
   4. Anlasstemperatur.

3. Erklären Sie die auf der Zeichnung angegebenen Härteangaben der Zweiexzenterwelle (Pos. 1).

4. Die Zweiexzenterwelle (Pos. 1) ist mit dem Ringläufer (Pos.6) gefügt. Bestimmen Sie:
   1. Höchst- und Mindestmaße
   2. Höchst- und Mindestspiel
   3. das Passtoleranzfeld.

5. Die Laufrolle (Pos. 2) ist verschlissen und muss neu hergestellt werden. Der Stahl soll durch Induktionshärtung gehärtet werden.
   1. Beschreiben Sie in Stichworten die Induktionshärtung.
   2. Bestimmen Sie mit Hilfe des Tabellenbuches für den Stahl nach dem Vergüten die Zugfestigkeit R_m in N/mm², die Streckgrenze R_e in N/mm² sowie die Bruchdehnung A in %.

6. Die Laufrolle (Pos. 2) erhält einen Morsekegel. Was müssen Sie für die Anfertigung des Morsekegels fertigungstechnisch beachten? Hinsichtlich:
   1. Fertigschleifmaß
   2. Wärmebehandlungsmäßig
   3. Erzeugungswinkel.

7. Wie lässt sich der Morsekegel herstellen?

8. Nach dem Fertigschliff des Morsekegels bei der Laufrolle (Pos. 2) stellen Sie fest, dass der Kegel nicht auf der gesamten Innenfläche trägt.
Nennen Sie zwei mögliche Ursachen.

9. Die Laufrolle (Pos. 2) wird auf einer Leit- und Zugspindeldrehmaschine neu hergestellt. Geben Sie in Form eines Arbeitsplanes, Arbeitsgänge, Fertigungsfolge, Werkzeuge, Spannelemente sowie Hilfs- und Prüfmittel an.
(Prüfmittel und Spannzeuge sind nur einmal zu nennen).

Lfd. Nr.	Arbeitsgänge	Werkzeuge, Spannzeuge, Hilfsmittel
1	Rohmaße prüfen	
2		

Prüfung 9   Arbeitsplanung 2: Doppelexzenter

Technologie

10. Die Zweiexzenterwelle (Pos. 1) wird auf einer CNC-Drehmaschine gefertigt. In der vorliegenden Zeichnung sind alle fehlenden Maße NC-gerecht einzutragen.

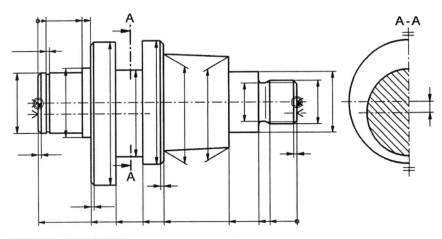

Zeichnung nicht maßstäblich

11. Die Fertigung der Laufrolle (Pos. 2) wird mit großen Stückzahlen in Serie gehen. Daher ist es erforderlich, einen Prüfplan nach unten stehendem Muster zu erstellen. Für die neun Prüfstellen sind alle Angaben den Zeichnungen zu entnehmen.

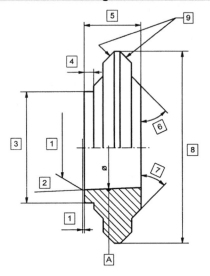

Zeichnung nicht maßstäblich

Prüf schritt	Prüfmerkmal	Maßangabe nach Zeichnung	Maßtoleranz in µm Winkel in Grad		Prüfmittel
			ES, es	EI, ei	
1	Kegelabstand	Ø 4,399 1-1	0	-1000	Kegeldorn Mk5 Messschieber Form C
2					

Die Lösungen finden Sie im Lösungsteil auf Seite 131.

Arbeitsplanung 2: Doppelexzenter

Prüfung 9

Technische Mathematik

12. Bei der Rändelmutter (Pos. 4) muss das Innengewinde durch Schraubendrehen gefertigt werden. Der Gewindefreistich ist bereits vorhanden.
1. Bestimmen Sie alle Kenngrößen für das Gewinde mit Hilfe des Tabellenbuches.
2. Wählen Sie eine geeignete Schnittgeschwindigkeit v_c in m/min, um die Hauptnutzungszeit zu berechnen. Die Schnittiefe ist mit a_p = 0,13 mm gegeben. An- und Überlauf sind mit je 2,5 mm zu berücksichtigen. Die Umdrehungsfrequenz in min^{-1} ist zu berechnen. Bestimmen Sie die Gewindelänge L in mm.

Technologie

U1. Welche Möglichkeiten des Spannens von Werkstücken auf Fräsmaschinen kennen Sie? Geben Sie vier Möglichkeiten an.

U2. In der Prüftechnik unterscheidet man zwischen systematischen und zufälligen Abweichungen. Machen Sie dies an je zwei Beispielen deutlich.

U3. Von welchen Faktoren ist beim Spanen die Schnittgeschwindigkeit v_c im wesentlichen abhängig? Geben Sie drei Faktoren an, und fügen Sie je ein Beispiel an.

U4. Nennen Sie fünf CNC-typische Arbeitsvorgänge, die Sie beim Einrichten einer CNC-Maschine durchführen.

U5. Ordnen Sie den vorgegebenen Temperaturen (Warmhärte, Schneidhaltigkeit) die passenden Schneidstoffe zu:
1. 400°C
2. 600°C
3. 900°C
4. 1200°C

U6. Welche Regeln für die Wartung und Schmierung einer Werkzeugmaschine sind grundsätzlich zu beachten? Geben Sie vier Regeln an.

U7. Erklären Sie den Unterschied: Steuern und Regeln.

U8. Geben Sie je drei Vor- und je drei Nachteile beim Zerspanen mit Schneidkeramik an.

U9. Was bedeutet die Abkürzung MAK-Wert, und erklären Sie die Angabe: MAK-Wert mit 100ml/m³.

U10. Erklären Sie die Aufgabe von Überstromschutzeinrichtungen (Sicherungen) in elektrischen Stromkreisen.

4.6 Prüfung 10 - Kegelradgetriebe

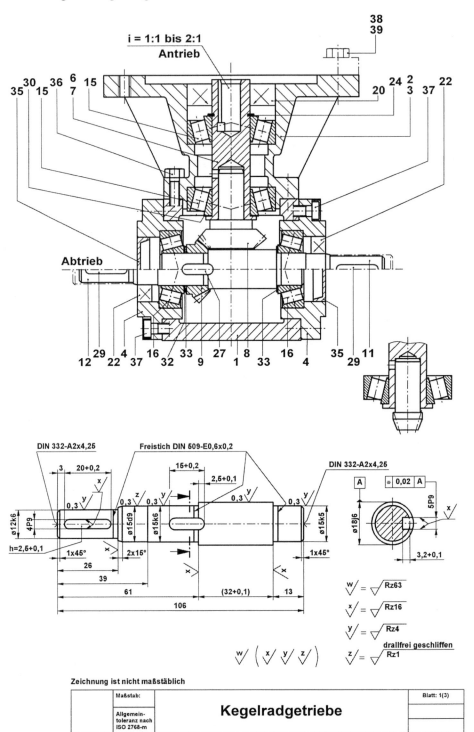

Arbeitsplanung 2: Kegelradgetriebe — Prüfung 10

Stück	Benennung	Normblatt	Werkstoff	Pos.-Nr	Bemerkung
1	Typenschild	DIN 1783	AlMg3 F22	42	
				41	
				40	
4	Sechskantschraube M8 x 20	DIN EN 24017	8.8	39	f.Bgr. 63
4	Sechskantschraube M6 x 16	DIN EN 24017	8.8	38	f.Bgr. 56
8	Innensechskantschraube M5 x 12	DIN 6912	8.8	37	
4	Sechskantschraube M5 x 16	DIN EN 24017	8.8	36	
1	Verschlusskappe 30 x 6		NBR	35	
				34	
2	Passscheibe 15 x 22 x 1	DIN 988	E295	33	
5	Passscheibe 15 x 22 x 0,1	DIN 988	E295	32	
				31	
5	Passscheibe 17 x 24 x 0,1	DIN 988	E295	30	
1	Passfeder A 4 x 4 x 20	DIN 6885	E295+C	29	St 50-2K (alte Norm)
2	Passfeder A 4 x 4 x 20	DIN 6885	E295+C	28	St 50-2K (alte Norm)
1	Passfeder B 5 x 5 x 10	DIN 6885	E295+C	27	St 50-2K (alte Norm)
				26	
				25	
1	Sicherungsring 17 x 1	DIN 471	Federstahl	24	
				23	
1	WDR A15 x 30 x 7	DIN 3760	NBR	22	Wellendichtring
2	WDR A15 x 30 x 7	DIN 3760	NBR	21	Wellendichtring
1	WDR A17 x 40 x 10	DIN 3760	NBR	20	Wellendichtring
				19	
				18	
1	Nilosring	30203 JV		17	
2	Kegelrollenlager 30 202	DIN 720		16	d=15;D=35;B=11,75
2	Kegelrollenlager 30 203	DIN 720		15	d=17;D=40;B=12
				14	
				13	
1	Abtriebswelle		C45E	12	Ck 45 (alte Norm)
1	Abtriebswelle		C45E	11	Ck 45 (alte Norm)
1	Abtriebswelle		C45E	10	Ck 45 (alte Norm)
1	Kegelrad RH		16MnCr5	9	
1	Ritzel LH		16MnCr5	8	
1	Antriebswelle		42CrMo4V	7	Bgr. 63
1	Antriebswelle		42CrMo4V	6	Bgr. 56
				5	
2	Gehäusedeckel		G-AlSi6Cu4	4	
1	Motorflansch		G-AlSi6Cu4	3	f.Bgr. 63
1	Motorflansch		G-AlSi6Cu4	2	f.Bgr. 56
1	Gehäuse		G-AlSi6Cu4	1	
1	2	3	4	5	6

Maßstab:
Allgemeintoleranz nach ISO 2768-m

Kegelradgetriebe

Blatt: 2 (3)

Prüfung 10 Arbeitsplanung 2: Kegelradgetriebe

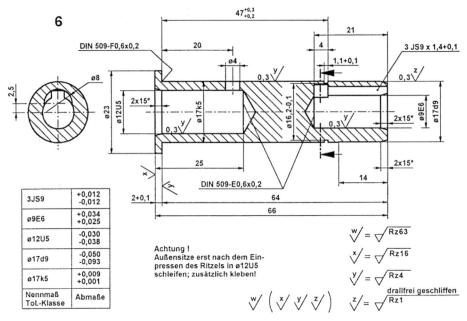

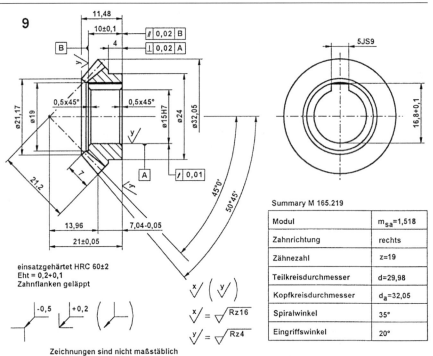

Arbeitsplanung 2: Kegelradgetriebe

Prüfung 10

Technologie

1. **Dieses Kegelradgetriebe, Zeichnung** - Blatt 1(3) -, **wird mit den Übersetzungsverhältnissen** $i = 1 : 1$ **bis** $i = 2 : 1$ **gebaut.**
   Geben Sie drei Aufgaben an, die diese Kegelradgetriebe erfüllen sollen!

2. **Das Kegelradpaar (Pos. 8) und (Pos. 9) ist spiralverzahnt.**
   Welchen wesentlichen Vorteil hat die Spiralverzahnung im Vergleich zu geradverzahnten Kegelrädern in Kegelradgetrieben und gibt es auch Nachteile durch die Spiralverzahnung?

3. **Welche Lastverhältnisse liegen am Außen- und am Innenring des Kegelrollenlagers (Pos. 16) vor? Begründen Sie Ihre Antwort.**

4. **Nennen Sie drei wesentliche Eigenschaften der Kegelrollenlager für (Pos. 15) und (Pos. 16)!**

5. **Wodurch wird das richtige Flankenspiel für das Kegelradpaar (Pos. 8) und (Pos. 9) eingestellt?**

6. **Warum muss bei der Montage des Kegelradpaares von (Pos. 8) und (Pos. 9) das Tragbild der Kegelradflanken geprüft werden und wie kann das Tragbild verändert werden?**

7. **Das Kegelrad (Pos. 9) hat eine Passbohrung von Ø15 H7. Es muss die neue Antriebswelle (Pos. 12), wie unter dem Kegelradgetriebe abgebildet, eingebaut werden;** - Blatt 1(3) -.
   1. Bestimmen Sie die Grenzabmaße beider Teile.
   2. Berechnen Sie das Höchstübermaß und das Höchstspiel.
   3. Um welche Passungsart handelt es sich?

8. **Die neue Abtriebswelle (Pos. 12), wie unter der Gesamtzeichnung des Kegelradgetriebes** - Blatt 1(3) - **abgebildet, muss eingebaut werden. Geben Sie die Arbeitsfolge der Demontage der Reihenfolge nach für die z. Zt. noch eingebaute Abtriebswelle (Pos. 12) in einer Tabelle an. (Getriebeöl ist bereits abgelassen.)**

Lfd. Nr.	Arbeitsfolge
1	
2	

9. **Bei der Demontage wurde der Radial-Wellendichtring (Pos. 22) beschädigt.**
   1. Worauf muss beim Einbau des neuen Radial-Wellendichtringes (Pos. 22) besonders geachtet werden? Geben Sie zwei Gesichtspunkte an.
   2. Warum muss im Bereich des WDR (Pos. 22) auf der Abtriebswelle (Pos. 12) diejenige Oberflächenbeschaffenheit vorhanden sein, wie Sie dies der Zeichnung - Blatt 1(3) - unter der Gesamtzeichnung entnehmen können?

10. **Welchen Zweck hat nach der Montage des Kegelradgetriebes der Probelauf? Geben Sie drei Gesichtspunkte an.**

Prüfung 10   **Arbeitsplanung 2: Kegelradgetriebe**

Technologie

11. Der Probelauf des Kegelradgetriebes zeigt bei hohen Umdrehungsfrequenzen übermäßige Erwärmung des linken Gehäusedeckels (Pos. 4), - Blatt 1(3).
 1. Geben Sie eine mögliche Ursache an.
 2. Wie beheben Sie diesen Fehler?

12. Beim Abstellen des Fehlers der übermäßigen Erwärmung des Kegelradgetriebes ist auf der linken Seite versehentlich Getriebeöl ausgelaufen. Was ist sofort zu tun?

13. Um die Funktion der Passfedernut in der Abtriebswelle (Pos. 12) zum Kegelrad (Pos. 9) zu gewährleisten, hat die Passfedernut der Abtriebswelle eine bestimmte **Lagetoleranz**. Blatt 1(3)
 1. Erklären Sie die folgenden einzelnen Angaben a bis e.

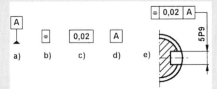

 2. Beschreiben Sie die gesamte Bedeutung dieser Lagetoleranz.
 3. Welche Reihenfolge der Fertigung müssen Sie einhalten, um die geforderte Lagetoleranz zu erzielen?

14. Erklären Sie die Werkstoffbezeichnung der Abtriebswelle (Pos. 12).
 1. Bestimmen Sie für Ck45 die Zugfestigkeit, die Streckgrenze und die Bruchdehnung.
 2. Wie lautet die Werkstoffbezeichnung für die Abtriebswelle (Pos. 12) nach der EURONORM?

15. Beschreiben Sie den Kraftfluss durch das Getriebe, ausgehend von der Antriebswelle (Pos. 6). Blatt 1(3)

16. Nach einer Getriebeinstandsetzung sind die angefallenen Betriebs- und Hilfsmittel als Sondermüll zu entsorgen. Was ist zu entsorgen?

17. An der Abtriebswelle (Pos. 12), sollen sechs Maße überprüft werden. Bestimmen Sie die dafür erforderlichen Prüfmittel in der folgenden Tabelle: Blatt 1(3)

Lfd. Nr.	Prüfgröße	Prüfmittel
1	Ø 12 k6	
2	2,5 + 0,1	
3	Ø 15 d9	
4	Ø 15 k6	
5	15 + 0,2	
6	5 P9	

Die Lösungen finden Sie im Lösungsteil auf Seite 135 - 136.

Arbeitsplanung 2: Kegelradgetriebe Prüfung 10

Technologie

18. Erläutern Sie die Werkstoffangabe für den Gehäusedeckel (Pos. 4).

19. Zu welcher Art von Stählen gehört das Kegelrad (Pos. 9)? Blatt 3(3)

20. Wie wird die Passfedernut in der Bohrung des Kegelrades (Pos. 9) gefertigt? Blatt 3(3)

Technische Mathematik

1. Diese Kegelradgetriebe muss für einen neuen Kunden mit einem Übersetzungsverhältnis i = 2 : 1 geliefert werden.
   Welche Umbaumaßnahme ist dafür erforderlich?
   Vgl. Sie hierzu die Zeichnung - Blatt 1(3) - mit der Einzelheit unterhalb der (Pos. 11).

2. Das Eingangsdrehmoment beträgt M_1 = 11,7 Nm. Berechnen Sie das Ausgangsdrehmoment M_2 in Nm, wenn der Wirkungsgrad des Kegelradgetriebes = 0,97 und das Übersetzungsverhältnis i = 2 :1 beträgt. Blatt 1(3)

3. Die Umdrehungsfrequenz des Antriebsmotors für die (Pos. 6) beträgt n_1 = 1500 min^{-1}. Die Eingangsleistung an der Antriebswelle (Pos. 6) beträgt P_1 = 0,86 kW.
   Wie groß ist die Abtriebsleistung P_2 an der Abtriebswelle (Pos. 12). Blatt 1(3)

4. Während des Betriebes erwärmt sich die Abtriebswelle (Pos. 12) von 20°C auf 80°C. Berechnen Sie die Verlängerung der Abtriebswelle. Der Längenausdehnungskoeffizient für diesen Werkstoff beträgt $12 \cdot 10^{-6} \frac{1}{K}$. Blatt 1(3)

5. Berechnen Sie für das Kegelrad (Pos. 9) den Teilkreisdurchmesser d, wenn der Modul m = 1,578 mm und die Zähnezahl des Kegelrades mit z = 19 gegeben ist.

6. Berechnen Sie die Hauptnutzungszeit t_h für die Vorbohrung im Kegelrad (Pos. 9), wenn folgende Daten gegeben sind:
   Bohrerdurchmesser d = 14 mm, l = 15 mm, f = 0,25 mm
   Anlauf und Überlauf sind mit je = 0,4 mm zu berücksichtigen. Die Schnittgeschwindigkeit v_c beträgt 25 m/min. Blatt 1(3)

7. Die Passfeder (Pos. 29) überträgt ein Abtriebsdrehmoment von M_2 = 22,698 Nm bei einem Wellendurchmesser (Pos. 12) von 12 mm. Berechnen Sie die Umfangskraft F_U (in kN) an der Abtriebswelle (Pos. 12). Blatt 1(3)

Prüfung 10   **Arbeitsplanung 2: Kegelradgetriebe**

Technische Mathematik

8. Prüfen Sie nach, ob die zulässige Flächenpressung von p_{zul} = 230 N/mm² an der Passfeder (Pos. 29) nicht überschritten wird, wenn die Umfangskraft an der Abtriebswelle (Pos. 12) F_U = 4 kN beträgt. Verwenden Sie für die Berechnung der

    Fläche die Formel: $A = (l - b) \cdot (h - t_1)$. Blatt 1(3)

9. Berechnen Sie die Hauptnutzungszeit t_h in min für die Fräsarbeit der Passfedernut für (Pos. 29) in der Abtriebswelle (Pos. 12), wenn die Schnittgeschwindigkeit mit v_c = 13 m/min, der Vorschub f_z = 0,1 mm je Fräserschneide, die Schneidenzahl des Fräsers mit z = 2 sowie die Schnittiefe a_p = 0,85 mm gegeben sind. Blatt 1(3)

10. Die Antriebswelle (Pos. 6), Blatt 3(3) wird mit einem Drehmeißel, der mit Schneidkeramik bestückt ist, überdreht. Die Schnittiefe beträgt a = 1,5 mm, der Vorschub ist f = 0,36 mm, der Einstellwinkel ist χ = 60°, die Schnittgeschwindigkeit beträgt v_c = 150 m/min. Bestimmen Sie folgende Zerspanungskenngrößen:

    1. Spanungsdicke h in mm
    2. Spezifische Schnittkraft k_c in N/mm²
    3. Spanungsquerschnitt A in mm²
    4. Schnittkraft F_c in N
    5. Schnittleistung P_c in kW
    6. Zeitspanungsvolumen Q in cm³/min.

11. Für die Vorbohrung im Kegelrad (Pos. 9), Blatt 3(3), sind folgende Daten gegeben: Bohrerdurchmesser d = 14 mm, Vorschub f = 0,25 mm, Schnittgeschwindigkeit v_c = 25 m/min, Bohrertyp N. Berechnen Sie folgende Zerspanungskenngrößen:

    1. Spanungsdicke h in mm
    2. Spezifische Schnittkraft k_c in N/mm²
    3. Spanungsquerschnitt A in mm²
    4. Schnittkraft F_c in N
    5. Schnittmoment M in Nm
    6. Zeitspanungsvolumen Q in cm³/min
    7. Schnittleistung P_c in kW.

Arbeitsplanung 2: Kegelradgetriebe

Prüfung 10

Technische Darstellungen

1. **Erklären Sie die Oberflächenangabe am rechten Wellenende der Antriebswelle (Pos. 6),** Blatt 3(3)**, bei ⌀ 17 d9, und begründen Sie diese Oberflächenqualität.**

2. **Wozu dient an der Antriebswelle (Pos. 6),** Blatt 3(3)**, die Fase 2 x 15° am ⌀ 17 d9?**

3. **Das Ritzel (Pos. 8) wird in die Antriebswelle (Pos. 6) eingebracht. Welche Passungsart ist hier vorgesehen?** Blatt 3(3)

4. **Wozu dient die ⌀ 4 mm - Bohrung, die in die Bohrung ⌀ 12 U5 eingebracht ist und vom linken Bund der Antriebswelle (Pos. 6) 20 mm entfernt liegt?** Blatt 3(3)

5. **Warum ist an der Antriebswelle (Pos. 6) am linken Bund am Außendurchmesser ⌀ 17 k5 ein Freistich vorhanden?** Blatt 3(3)

6. **Erklären Sie die Angabe 3 JS 9 x 1,4 + 0,1 an der Antriebswelle (Pos. 6).** Blatt 3(3)

7. **Erklären Sie die Angabe DIN 509 - E0,6 x 0,2 und begründen Sie dies an den beiden Bohrungen ⌀ 12 U5 und ⌀ 9 E6 an der Antriebswelle (Pos. 6).** Blatt 3(3)

8. **In der rechten Hälfte der Antriebswelle (Pos. 6)** - Blatt 3(3) - **finden Sie die Maßangabe ⌀ 16,2 + 0,1 und 1,1 + 0,1. Erklären Sie diese Maße und welcher Funktion dient dieser Einstich?**

9. **Erklären Sie am Kegelrad (Pos. 9) die Angabe** // 0,02 B - Blatt 3(3).

10. **Erklären Sie am Kegelrad (Pos. 9) die Angabe** ⊥ 0,02 A - Blatt 3(3).

11. **Die Zeichnung mit dem Kegelrad (Pos. 9) enthält auch Angaben über Werkstückkanten nach DIN 6784. Erklären Sie diese Angaben.** Blatt 3(3)

4.7 Prüfung 11 - Vertikaldruckeinheit

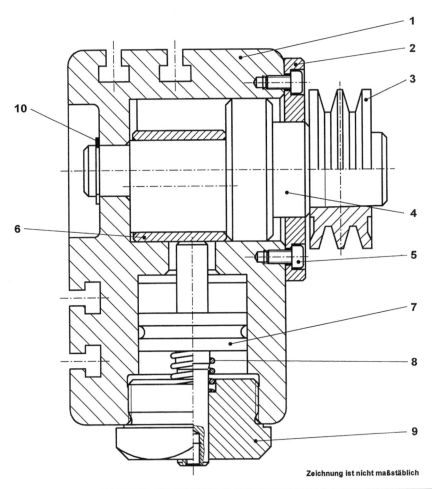

Zeichnung ist nicht maßstäblich

Stück	Benennung	Normblatt	Werkstoff	Pos.-Nr.	Bemerkung
1	Sicherungsring 16x1	DIN 471	Federstahl	10	
1	Führungsschraube	DIN EN 10025	E295	9	
1	Druckfeder 1,6x12,5x24	DIN 2098	CuZn36F70-1,6	8	
1	Kolben		Ck 45	7	gehärtet
1	Buchse		CuZn40Pb2	6	
4	Zylinderschraube mit Innensechskant M4x8	DIN EN ISO 4762	8.8	5	
1	Exzenterwelle	DIN EN 10025	E295	4	
1	Keilriemenscheibe	DIN 7651	AlMg3	3	
1	Deckel	DIN EN 10025	E295	2	
1	Gehäuse	DIN EN 1561	EN-GJL-200	1	

Maßstab: **Vertikaldruckeinheit**   Blatt: 4(4)

Allgemeintoleranz nach ISO 2768-m

Die Lösungen finden Sie im Lösungsteil auf Seite 141.

Arbeitsplanung 2: Vertikaldruckeinheit   Prüfung 11

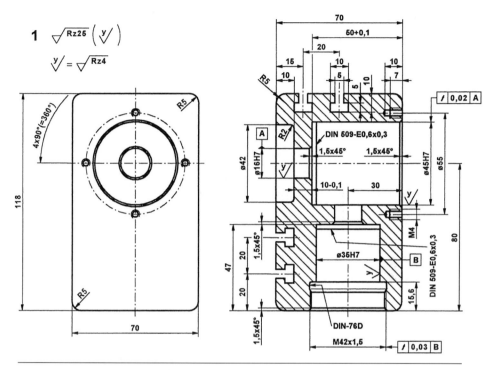

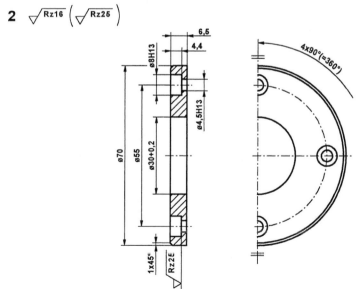

Zeichnungen sind nicht maßstäblich

Maßstab:	Vertikaldruckeinheit	Blatt: 1(4)
Allgemeintoleranz nach ISO 2768-m		

Prüfung 11 Arbeitsplanung 2: **Vertikaldruckeinheit**

3 √Rz16

Radien ohne Maße R=1

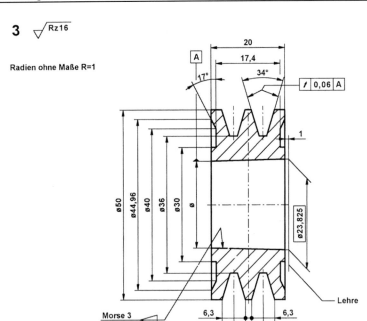

4 √Rz16 (√y)

√y = √Rz4

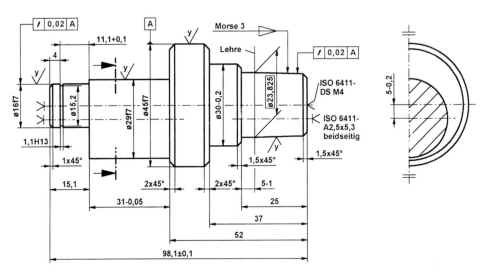

Zeichnungen sind nicht maßstäblich

Maßstab:		Blatt: 2(4)
Allgemeintoleranz nach ISO 2768-m	**Vertikaldruckeinheit**	

Die Lösungen finden Sie im Lösungsteil auf Seite 141.

Arbeitsplanung 2: Vertikaldruckeinheit — Prüfung 11

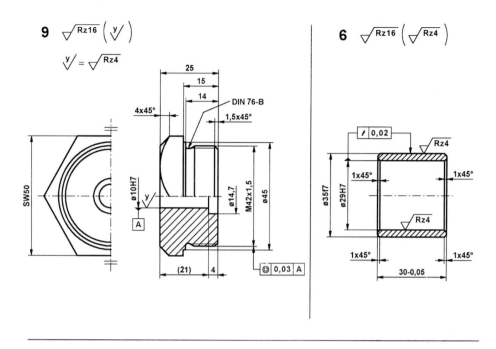

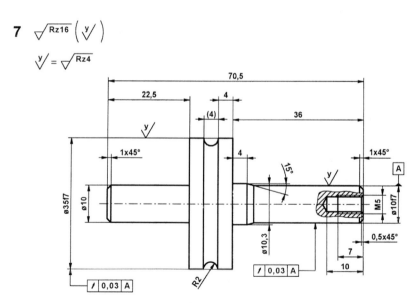

Zeichnungen sind nicht maßstäblich

Maßstab:		Blatt: 3(4)
Allgemein-toleranz nach ISO 2768-m	Vertikaldruckeinheit	

Prüfung 11   **Arbeitsplanung 2: Vertikaldruckeinheit**

Technologie, Technische Mathematik, Technische Darstellungen

1. Die Zeichnung der Exzenterwelle (Pos. 4) zeigt zwei verschiedene Angaben für die Zentrierbohrungen.
   1.1 Erklären Sie alle Bestandteile dieser Normbezeichnungen.
   1.2 Zeichnen Sie im Maßstab 2:1 diejenige Zentrierbohrung, die am Fertigteil nicht vorhanden sein darf. Stellen Sie die Zentrierbohrung als Ausbruch dar. Bemaßen Sie die Zeichnung und tragen Sie das Maß a richtig ein.
   1.3 Wozu dient das Maß a ?
   1.4 Bestimmen Sie für das Bohren der drei Zentrierbohrungen ISO 6411 - A2,5 x 5,3 mit Hilfe des Tabellenbuches eine geeignete Schnittgeschwindigkeit und berechnen Sie die Umdrehungsfrequenz in min^{-1}.
   1.5 Welchen Durchmesser muss man für die Berechnung der Umdrehungsfrequenz zugrunde legen, wenn die drei Zentrierbohrungen angefertigt werden? Begründen Sie ihre Antwort und weisen Sie die Begründung auch rechnerisch nach.
   1.6.1 Bestimmen Sie mit Hilfe des Tabellenbuches die Bohrungstiefe t_{min} für die Zentrierbohrung, die am Fertigteil nicht vorhanden sein darf.
   1.6.2 Berechnen Sie die Hauptnutzungszeit für die drei Zentrierbohrungen. Der Anlauf l_a wird mit 0,3 mm angenommen. Der Vorschub beträgt f = 0,08 mm.

2. Das Feingewinde im Gehäuse (Pos. 1) wird durch Gewindedrehen gefertigt. Bestimmen Sie alle Kenngrößen mit Hilfe des Tabellenbuches und legen Sie sämtliche Gewindeabmessungen und die dafür erforderlichen Prüfmittel fest.

3. Zeichnen Sie von dem Gehäuse (Pos. 1) den Gewindefreistich DIN 76 - D im Maßstab 2:1 und tragen Sie alle Fertigungsmaße ein. Der Freistich ist im Ausbruch darzustellen. Aus fertigungstechnischen Gründen ist der kurze Gewindefreistich erforderlich.

4. Wenn der Kolben (Pos. 7) und die Führungsschraube (Pos. 9) mit dem Gehäuse (Pos. 1) gefügt wird, sind zwei Passungen vorhanden.
   4.1 Erstellen Sie je eine Abmaßtabelle mit Passmaß, Grenzabmaß.
   4.2 Bestimmen Sie jeweils P_{SH} und P_{SM}.
   4.3 Welche Passtoleranzfelder liegen vor?
   4.4 Um welche Passungssysteme handelt es sich?

5. Das Profil der Keilriemenscheibe (Pos. 3) für den Sitz des Keilriemens soll gedreht werden. Das äußere Breitenmaß des Keilriemenscheibenprofils ist mit 6,3 mm aus der Zeichnung zu entnehmen. Das innere, also kleinere Breitenmaß des Keilriemenscheibenprofils fehlt. Berechnen Sie dieses Maß.

6. Um eine Profilverzerrung beim Drehen des Keilriemenscheibenprofils (Pos. 3) zu vermeiden, muss man beim Anschliff des Profildrehmeißels bestimmte Schneidenwinkel festlegen. Welche haben Sie gewählt? Begründen Sie dies.

Arbeitsplanung 2: Vertikaldruckeinheit Prüfung 11

Technologie, Technische Mathematik, Technische Darstellungen

7. Bei der Exzenterwelle (Pos. 4) ist die Oberflächenangabe $\sqrt{}^{Rz16}\left(\sqrt{}^{y}\right)$ vorgeschrieben.
   7.1 Erklären Sie sämtliche Bestandteile dieser Oberflächenangabe.

   7.2 Begründen Sie die Oberflächengüte mit dem Zeichen $\left(\sqrt{}^{y}\right)$

   7.3 Die Prüfung der Oberflächengüte an dem linken Zapfen ⌀ 16 f7 ergab einen größeren R_z-Wert als vorgeschrieben. Nennen Sie fünf Einflusskenngrößen des Zerspanungsvorganges, die größere R_z-Werte verursachen könnten.

8. Geben Sie in einem Arbeitsplan für die Fertigung der Führungsschraube (Pos. 9) die Arbeitsgänge in Fertigungsfolge und die erforderlichen Werkzeuge, Spannzeuge, Prüf- und Hilfsmittel an. Es steht eine Leit- und Zugspindeldrehmaschine zur Verfügung. (Werkzeuge, Spann- und Prüfmittel sind nur einmal anzugeben)

Lfd. Nr.	Arbeitsgänge	Werkzeuge, Spannzeuge, Hilfsmittel
1		
2		

9. An der Führungsschraube (Pos. 9) ist eine Lagetoleranz angegeben.
   9.1 Erklären Sie diese Lagetoleranzangabe.
   9.2 Begründen Sie diese Angabe.

10. Die Buchse (Pos. 6) wird von ⌀ 40 mm in einem Schnitt auf ⌀ 35,1 mm vorgedreht. 36 Stück dieser Buchsen sind vorzudrehen. Es sind dafür einige technologische Daten festzulegen.
    10.1 Ermitteln Sie mit Hilfe des Tabellenbuches die Schnittgeschwindigkeit und den Vorschub. Es wird ein Drehmeißel aus Schnellarbeitsstahl verwendet.
    10.2 Berechnen Sie die Umdrehungsfrequenz.
    10.3 Berechnen Sie die Vorschubgeschwindigkeit.
    10.4 Berechnen Sie die Hauptnutzungszeit, wobei l_a mit 1,5 mm zu berücksichtigen ist.

11. Das Gehäuse (Pos. 1) hat außen vier Stück T-Nuten. Diese T-Nuten werden mit einem Scheibenfräser vorgefräst. Der Scheibenfräser hat eine Breite von 5 mm und einen Durchmesser d = 50 mm.
    11.1 Bestimmen Sie mit Hilfe des Tabellenbuches die Schnittgeschwindigkeit v_c in m/min sowie den Vorschub je Zahn in mm.
    11.2 Der Scheibenfräser hat 20 Zähne. Berechnen Sie die Umdrehungsfrequenz des Fräsers n in min^{-1} sowie die Vorschubgeschwindigkeit des Fräsers v_f in mm/min.
    11.3 Berechnen Sie den Anschnitt l_s in mm sowie die Hauptnutzungszeit t_h in min für die Schruppbearbeitung. Die Nut wird mit dem Scheibenfräser bearbeitet. Der Anlauf und der Überlauf sind mit jeweils 3,5 mm zu berücksichtigen. Die Spantiefe beträgt immer a = 2,5 mm für die Gesamtnuttiefe von 10 mm der Vorfräsarbeit.

Prüfung 11   Arbeitsplanung 2: Vertikaldruckeinheit

Technologie, Technische Mathematik, Technische Darstellungen

12. Die Druckfeder (Pos. 8) soll untersucht und dazu fehlende Angaben gemacht werden:
    12.1 Erklären Sie die Werkstoffbezeichnung der Druckfeder (Pos. 8).
    12.2 In der Stückliste finden Sie die Angabe Druckfeder 1,6 x 12,5 x 24.
         Was bedeuten die einzelnen Angaben?
    12.3 Berechnen Sie die Länge l des Drahtes für die Anfertigung einer Druckfeder (Pos. 8). Die Zahl der federnden Windungen beträgt i_f = 3,5.
    12.4 Die Federrate beträgt R = 9,76 N/mm. Berechnen Sie die Federkraft F, wenn sich die Exzenterwelle (Pos. 4) einmal um 360° gedreht hat.
    12.5 Auf welche Art lassen sich zylindrische Schraubendruckfedern darstellen?

13. Der Kolben (Pos. 7) soll angefertigt werden. Ein Mitarbeiter stellt fest, dass in der Zeichnung ein Längenmaß fehlt.
    13.1 Welches zusätzliche Maß sollte für die Werkstatt eingetragen werden?
    13.2 Berechnen Sie das fehlende Längenmaß.
    13.3 Fertigen Sie eine Skizze an (aber nur den rechten Teil des Kolbens) und tragen Sie nur das fehlende Längenmaß, das sie berechnet haben, ein. Für das Gewinde M5 auf der rechten Seite des Kolbens (Pos. 7) ist die vereinfachende Darstellungsweise von Ihnen in die Skizze einzutragen.

14. Beim Fügen der Exzenterwelle (Pos. 4) mit der Buchse (Pos. 6) stellt ein sehr aufmerksamer Mitarbeiter fest, dass die Buchse (Pos. 6) bei der Drehbewegung der Exzenterwelle (Pos. 4) nicht mitläuft.
    14.1 Suchen Sie die Ursache dieses Problems. Belegen Sie diese Ursache, indem Sie das Höchst- und Mindestspiel nachweisen.
    14.2 Machen Sie einen Verbesserungsvorschlag so, dass die Buchse (Pos. 6) in jedem Falle mitläuft, da ein Auftrag von insgesamt 50.000 Stück Vertikaldruckeinheiten in Produktion gehen sollen.
    14.3 Begründen und belegen Sie mittels einer Kontrollrechnung Ihren Verbesserungsvorschlag.

15. Die vier Bohrungen $\varnothing$ 4,5 H13 in dem Deckel (Pos. 2) sind vorzubohren. Es steht eine Bohrmaschine mit einer verfügbaren Leistung von 1,6 kW in der Werkstatt. Der Elektromotor nimmt bei einer Netzspannung von 230 V einen Strom von 16 A auf.
    15.1 Wie groß ist die zugeführte Leistung P_1 in W?
    15.2 Wie groß ist der Wirkungsgrad η in %?

16. Der Deckel (Pos. 2) muss durch Quer- Plandrehen auf Maß 6,5 mm fertiggedreht werden. Die Bohrung d = 30 mm ist bereits fertig.
    16.1 Bestimmen Sie mit dem Tabellenbuch für diesen Werkstoff die Zugfestigkeit R_m, die Streckgrenze und die Bruchdehnung.
    16.2 Legen Sie für das Quer- Plandrehen die Schnittgeschwindigkeit und den Vorschub fest. Der Drehmeißel: HSS beschichtet mit TiN/TiCN, Bearbeitungsbedingungen: mittel.
    16.3 Berechnen Sie den Vorschubweg L, wobei l_a = 1,5 mm, l_u = 1 mm beträgt.
    16.4 Wie groß ist die Hauptnutzungszeit für i = 2 Schnitte?

Arbeitsplanung 2: Vertikaldruckeinheit Prüfung 11

Technologie, Technische Mathematik, Technische Darstellungen

17. Der Kolben (Pos. 7) muss gehärtet werden.
    17.1 Was ist Ck45 für ein Stahl und wodurch zeichnet er sich aus?
    Wie hoch ist der Kohlenstoffgehalt?
    17.2 Wie wird der Ck45 nach der DIN EN bezeichnet?
    17.3 Bestimmen Sie für diesen Stahl:
    a) Härtetemperatur
    b) Abschreckmittel
    c) Anlasstemperatur
    d) Anlassdauer
    e) Die Härte in HRC
    17.4 Wie groß ist die Längenänderung Δl des Kolbens (Pos. 7) bei der Härtetemperatur von $t = 860°C$?

18. Die Keilriemenscheibe (Pos. 3) wird mit der Exzenterwelle (Pos. 4) mit einem Morsekegel 3 gefügt.
    18.1 Berechnen Sie den kleinen Durchmesser des Morsekegels an der Keilriemenscheibe (Pos. 3).
    18.2 Die Verjüngung des Morsekegels der Keilriemenscheibe (Pos. 3) mit der Größe 3 beträgt 1 : 19,922.
    Berechnen Sie mit dieser Verjüngung über einen anderen Lösungsweg den kleinen Durchmesser der Keilriemenscheibe (Pos. 3) als Kontrollrechnung.

19. Für die Zylinderschraube mit Innensechskant (Pos. 5) sind einige technologische Angaben gesucht. Was können Sie anhand der Stückliste alles angeben?

5 Wirtschafts- und Betriebslehre / Sozialkunde

5.1 Prüfung 1

1. **Welche Aussage über die gesetzliche Regelung der Berufsausbildung ist richtig?**

① Die Gesetzgebung für die Berufsausbildung ist Aufgabe der Landesparlamente.
② Die gesetzliche Regelung der Berufsausbildung ist Angelegenheit der Bezirksregierungen.
③ Die Gesetzgebung der Berufsausbildung ist Bundesangelegenheit.
④ Die Industrie- und Handelskammern haben die Gesetzgebungskompetenz für die Berufsausbildung.
⑤ Die gesetzliche Regelung der Berufsausbildung ist Angelegenheit der Kreishandwerkerschaften.

2. **Was ist das wesentliche Ziel einer erwerbswirtschaftlich orientierten Unternehmung?**

① Arbeitsplatzgarantien bei nur leicht steigenden Löhnen
② Beschaffung von neuen Arbeitsplätzen
③ Ausnutzung vorhandener Betriebskapazitäten
④ Produktionssteigerungen bei gleichem Gewinn
⑤ Erwirtschaften von Gewinnen

3. **In welcher der Zeilen ist Betrieb und entsprechender Wirtschaftsbereich richtig zugeordnet?**

① Autofabrikation — Investitionsgüterindustrie
② Kühlschränkefabrikation — Dienstleistungsbereich
③ Energiegewinnung — Grundstoffindustrie
④ Landwirtschaft — Urproduktion
⑤ Bergbau — Produktionsgüterindustrie

4. **Unterscheiden Sie Betrieb und Unternehmung aus der Sicht der Wirtschaftslehre. Welche Aussage ist falsch?**

① Betriebe gibt es in allen Wirtschaftsordnungen.
② Unternehmungen gibt es nicht in allen Wirtschaftsordnungen.
③ Der Betrieb kann aus mehreren Unternehmungen bestehen.
④ Die Unternehmung ist rechtlich eine selbständige Einheit.
⑤ Zu einer Unternehmung können mehrere Produktionsbetriebe gehören.

5. **Welche Aussage über eine Elektro-GmbH mit über 1500 Mitarbeitern ist richtig?**

① Diese Unternehmensgröße darf nicht als GmbH firmieren. Es ist bereits eine AG.
② Die Hauptversammlung bestellt die Geschäftsführung.
③ Ab 500 Mitarbeitern wählt die Gesellschafterversammlung einen Aufsichtsrat.
④ Der Aufsichtsrat setzt sich nur aus Gesellschaftern zusammen.
⑤ Ein Stammkapital einer GmbH ist nicht zwingend vorgeschrieben.

6. **Wie lang ist bei einem Angestellten, der acht Jahre in dem Unternehmen beschäftigt ist, die gesetzliche Kündigungsfrist bei ordentlicher Kündigung?**

① Zwei Monate jeweils zum Monatsende
② Sechs Monate jeweils zum Monatsende
③ Fünf Monate jeweils zum Monatsende
④ Vier Monate jeweils zum Monatsende
⑤ Drei Monate jeweils zum Monatsende

7. **Welche der genannten Personen und Organisationen sind berechtigt, Tarifverträge abzuschließen?**

① Ein einzelner Arbeitgeber
② Deutscher Industrie- und Handelstag
③ Bundesverband Deutscher Industrie
④ Deutscher Gewerkschaftsbund
⑤ IHK´s

8. **Was versteht man unter Rechtsfähigkeit?**

① Es ist die Fähigkeit, Träger von Rechten und Pflichten zu sein.
② Die Fähigkeit, einkaufen zu können.
③ Die Fähigkeit, auch unüberlegte Geschäfte abzuwickeln.
④ Alle Rechte für sich in Anspruch zu nehmen.
⑤ Das Recht auf seiner Seite zu haben.

9. **Welches Rechtsgeschäft ist ein zweiseitiges Rechtsgeschäft?**

① Mietvertrag
② Steuerbescheid
③ Kündigung
④ Testament
⑤ Vollmachtserteilung

Wirtschafts- und Betriebslehre, Sozialkunde — Prüfung 1

10. Zwei Privatpersonen wollen untereinander ihre Autos verkaufen. Welche Aussage ist richtig?

① Die Abfassung eines Kaufvertrages dürfen diese beiden selbst festlegen.
② Es gibt eine besondere Vorschrift.
③ Sie müssen im Geschäft einen gedruckten Kaufvertrag kaufen und diesen verwenden.
④ Sie benötigen einen Zeugen.
⑤ Man sollte Kaufverträge nur mit Zeugen tätigen.

11. Was sind keine Produktivgüter?

① Erdöl
② Maschinen
③ Naturkräfte
④ Kohle
⑤ Existenzgüter

12. Wie hoch etwa ist der Beitrag zur Krankenversicherung?

① 2-3 %   ③ 18 %   ⑤ 10-14,5 %
② 5-7 %   ④ 19-20 %

13. Welcher Arbeitsunfall ist im Betrieb meldepflichtig?

① Nur schwere Fälle
② Nur die mittelschweren Fälle
③ Jeder Unfall
④ Nur die Fälle mit Rentenfolgen
⑤ Nur die, die nicht auf menschliches Versagen zurückzuführen sind.

14. Für wen gilt das Berufsbildungsgesetz?

① Für die Kapitalgesellschaften
② Nur für die berufsbildenden Schulen bzw. Berufskollegs
③ Für die Auszubildenden
④ Für alle wirtschaftlichen Unternehmen, die ausbilden
⑤ Ausschließlich für die Auszubildenden im öffentlichen Dienst.

15. Welcher Minister ist Herausgeber des Jugendarbeitsschutzgesetzes?

① Der Bundesinnenminister
② Der Bundesinnenminister für Arbeit und Sozialordnung
③ Der Bildungsminister
④ Der Kultusminister
⑤ Der Innenminister des jeweiligen Bundeslandes

16. Wer trägt die Kosten für die ärztlichen Eintritts- und Nachuntersuchungen Jugendlicher im Berufsleben

① Das Arbeitsamt
② Das jeweilige Bundesland
③ Der Arbeitgeber
④ Die Krankenkasse, bei der der Jugendliche versichert ist.
⑤ Die Industrie- und Handelskammer

17. Welche Personengruppe genießt keinen besonderen Kündigungsschutz?

① Wehrpflichtige
② Leitende Angestellte
③ Schwerbeschädigte
④ Werdende Mütter
⑤ Mitglieder des Betriebsrates

18. Wie viel Jugendliche müssen in einem Betrieb beschäftigt sein, um eine Jugend- u. Auszubildenden-Vertretung lt. Betriebsverfassungsgesetz wählen zu dürfen?

① 5   ③ 15   ⑤ 30
② 10   ④ 20

19. Hauptaufgabe der Gewerkschaften ist es:

① Bei Aussperrung der Arbeitnehmer die nötigen Zahlungen an die Arbeitnehmer zu übernehmen.
② Die Interessen der Arbeitnehmer gegenüber den Arbeitgebern und dem Staat zu vertreten.
③ Im Arbeitskampf die Arbeitnehmerschaft finanziell zu unterstützen.
④ In Tarifverhandlungen maximale Löhne auszuhandeln.

Prüfung 1 Wirtschafts- und Betriebslehre, Sozialkunde

20. Welche Aussage zur Jugend- und Auszubildendenvertretung gemäß Betriebsverfassungsgesetz ist nicht richtig?

① Die Amtszeit der Jugend- und Auszubildenden-Vertretung beträgt ein Jahr.
② Die Jugend- und Auszubildenden-Vertretung muss vom Betriebsrat in allen Jugendangelegenheiten des Betriebes informiert werden.
③ Die Wahl der Jugend- und Auszubildenden-Vertretung kann von allen Jugendlichen innerhalb eines Betriebes vorgenommen werden.
④ Betriebe mit mindestens fünf jugendlichen Arbeitnehmern oder Auszubildenden (unter 25 Jahre) können in Jugend- und Auszubildenden-Vertretungen gewählt werden.
⑤ Mitglieder des Betriebsrates können nicht gleichzeitig Mitglied der Jugend- und Auszubildenden-Vertretung sein.

21. Ein Arbeitsloser bezieht Arbeitslosengeld. Er erkrankt an einer schweren Lungenentzündung, die zwei Monate lang dauert. Welche Aussage über die finanzielle Regelung ist richtig?

① Vier Wochen lang erhält der Kranke Krankengeld; danach wieder Arbeitslosengeld.
② Der Kranke erhält vom ersten Tag Arbeitslosenhilfe zwei Monate lang, danach wieder Arbeitslosengeld.
③ Der Lungenkranke erhält zwei Monate Krankengeld; danach wieder Arbeitslosengeld.
④ Der Arbeitslose erhält Arbeitslosengeld die zwei Monate lang.
⑤ Sechs Wochen lang erhält der Kranke Arbeitslosengeld. Danach erhält er Krankengeld von der Krankenkasse bis zu seiner Genesung dieser zwei Monate.

22. Was versteht man unter Volkseinkommen?

① Gesamtbetrag aller Einzeleinkommen in einer Periode einer Volkswirtschaft.
② Summe aller Einkommen aller Arbeitnehmer.
③ Jahreseinkommen einer ganzen Familie.
④ Einkommen aller wirtschaftenden Menschen.

23. Welche der genannten Unternehmensformen gehört zur Gruppe der Genossenschaften?

① eGmbH   ④ KG
② AG   ⑤ Stille Gesellschaft
③ GmbH

24. Ein Auszubildender im Handwerk hat seine Abschlussprüfung nach der 3,5-jährigen Ausbildung bestanden; er wird aber entlassen und findet keine Arbeit. Welche der Aussagen ist richtig?

① Er erhält kein Arbeitslosengeld.
② Er bekommt 12 Monate Arbeitslosenhilfe.
③ Der Arbeitslose hat Anspruch auf Arbeitslosengeld.
④ Die Sozialhilfe zahlt 68% der Ausbildungsvergütung.
⑤ Er erhält keinerlei Unterstützung.

25. Welche Aussage zur Arbeitsgerichtsbarkeit sowie zu den Richtern beim Arbeitsgericht ist nicht richtig?

① Den Verdienstausfall sowie die Fahrtkosten für ehrenamtliche Richter bezahlt nicht der Kläger, sondern der Staat.
② Man muss das 40. Lebensjahr vollendet haben, um zum ehrenamtlichen Richter berufen werden zu können.
③ Man muss das 25. Lebensjahr vollendet haben, um zum ehrenamtlichen Richter berufen werden zu können.
④ Beim Bundesarbeitsgericht ist der Berufsrichter unabhängig und nur dem Gesetz unterworfen.
⑤ Ehrenamtliche Richter beim Arbeitsgericht werden aus der Arbeitnehmerseite und aus der Arbeitgeberseite ausgewählt.

26. Nennen Sie Träger der Krankenversicherung.

27. Geben Sie die Vorteile eines Großbetriebes gegenüber einem Kleinbetrieb aus volkswirtschaftlicher Sicht an.

28. Welche Vertriebswege kennen Sie, um Waren auf verschieden Arten abzusetzen?

29. Welche Zahlungsmöglichkeiten bietet die Post.

30. Was versteht man unter Volkseinkommen?

31. Die Parteien müssen über die Herkunft der finanziellen Mittel öffentlich Rechenschaft geben und die Einnahmequellen ausweisen. Begründen Sie dies.

32. Welches sind wesentliche Aufgaben der Opposition?

Wirtschafts- und Betriebslehre, Sozialkunde — Prüfung 1

33. Innungen, Kreishandwerkerschaft und Handwerkskammer erfüllen im Handwerk eine Vielzahl von Aufgaben. Mehrfachnennungen sind möglich. Bitte kreuzen Sie an!

Aufgabenbereiche	Innung	Kreishand-werkerschaft	Handwerks-kammer
Lehrlingsrolle führen			
Gesellenprüfungen abnehmen			
Meisterprüfungen durchführen			
Interessen selbständiger Handwerker vertreten			
Fachinteressen der Mitglieder vertreten			
Überbetriebliche Ausbildung durchführen			
Ausbildungsvertrag			
Sachverständige berufen			
Fachliche Gutachten erstellen			

5.2 Prüfung 2

1. Bei welcher Aussage wird gegen die Prüfungsordnung für Abschlussprüfungen verstoßen?

① Der Prüfungsausschuss stellt das Prüfungsergebnis fest und teilt es dem Prüfungskandidaten mit.
② Die praktische Prüfung kann vor oder nach der theoretischen Prüfung durchgeführt werden.
③ Die Aufsicht wird bei der schriftlichen Prüfung nur von einem Mitglied des Prüfungsausschusses durchgeführt.
④ Die Kenntnisprüfung wird nicht nur von dem Prüfungsvorsitzenden beurteilt und bewertet.
⑤ Die Industrie- und Handelskammer legt das Prüfungsergebnis fest und teilt es dem Prüfungskandidaten mit.

2. In der Wirtschaftslehre unterscheidet man zwischen Betrieb und Unternehmung. Welche Aussage ist falsch?

① Der Betrieb ist die Produktionsstätte der Unternehmung.
② Die Unternehmung ist eine selbständige Einheit und kann vor Gericht verklagt werden.
③ Die Unternehmung verwaltet und organisiert die Finanzgeschäfte für den Betrieb.
④ Der Betrieb kann nicht vor Gericht verklagt werden.
⑤ Nicht die Unternehmung, sondern nur der Betrieb kann und darf vor Gericht klagen.

3. Welche der Aussagen hinsichtlich der Wirtschaftsverflechtungen und der Kartelle ist falsch?

① Bei der Bildung von Trusts geben die beteiligten Unternehmungen ihre rechtliche und wirtschaftliche Selbständigkeit auf.
② Zusammenschlüsse von Unternehmungen des gleichen Wirtschaftszweiges bezeichnet man als Kartell, und diese wollen in der Regel den Wettbewerb beschränken.
③ Bei der Bildung von Konzernen geben die beteiligten Unternehmungen ihre wirtschaftliche Selbständigkeit auf.
④ Das Bundeskartellamt regelt die Gebietsaufteilung des Marktes unter den Kartellmitgliedern mit dem Ziel einheitlicher Preise.
⑤ Das Kartellgesetz verbietet Absprachen zwischen Unternehmungen zwecks Wettbewerbsbeschränkung.

4. Bei welchen der genannten Interessenverbände besteht eine sogenannte Zwangsmitgliedschaft?

① Deutsche Angestelltengewerkschaft
② Bundesvereinigung der Deutschen Arbeitgeberverbände
③ Deutscher Industrie- und Handelstag
④ Industrie- und Handelskammer
⑤ Bundesverband der Lehrerinnen und Lehrer an beruflichen Schulen

5. Ein Arbeitnehmer wechselt zum 01.09. eines Jahres seine Arbeitsstelle. Den gesetzlichen Mindesturlaub gemäß Bundesurlaubsgesetz hatte der Arbeitnehmer bereits erhalten. Bei dem neuen Arbeitgeber wird Urlaub ebenfalls nach dem Bundesurlaubsgesetz vereinbart. Steht dem Arbeitnehmer für den Rest des Kalenderjahres Urlaub zu?

① Noch 3 Werktage
② Noch 4 Werktage
③ Noch 5 Werktage
④ Noch 6 Werktage
⑤ Nein

6. Wann ist in der Regel eine außerordentliche Kündigung nicht möglich?

① Bei Rückgang der Auftragslage
② Bei Tätlichkeiten am Arbeitsplatz
③ Bei Diebstahl im Betrieb
④ Bei Betrug in der Unternehmung
⑤ Bei Trunkenheit an der Transferstraße

7. Welche Institution kann eine Verlängerung der täglichen Arbeitszeit über die gesetzlich vorgeschriebene, regelmäßige Beschäftigungszeit von acht Stunden hinaus genehmigen?

① Gewerbeaufsichtsamt
② Berufsgenossenschaft
③ Jeder Unternehmer
④ Kreishandwerkerschaft
⑤ Innungsversammlung

Wirtschafts- und Betriebslehre, Sozialkunde — Prüfung 2

8. Welche der Aussagen ist falsch?

① Jeder rechtsfähige Person muss noch nicht voll geschäftsfähig sein.
② Jede voll geschäftsfähige Person muss das 18. Lebensjahr vollendet haben.
③ Beschränkt geschäftsfähig ist man mit 6 Jahren.
④ Beschränkt geschäftsfähig ist jeder, der das 7. Lebensjahr vollendet, aber das 18. noch nicht erreicht hat.
⑤ Die Rechtsfähigkeit einer natürlichen Person endet mit dem Ableben.

9. Welches der genannten Rechtsgeschäfte ist ein einseitiges Rechtsgeschäft?

① Kündigung
② Bausparvertrag
③ Pachtvertrag
④ Werkvertrag
⑤ Berufsausbildungsvertrag

10. Eine Firma kauft für die Schlosserei mehrere Sätze neuer Wendelbohrer. Welche Aussage ist richtig?

① Es ist ein bürgerlicher Kauf
② Es ist ein Kauf zur Probe
③ Es ist ein Handelskauf
④ Es ist ein Kauf auf Probe
⑤ Es handelt sich um einen Typenkauf

11. Vielfach bestimmt die Natur den Standort der Produktion. Nicht standortgebunden ist:

① Forstwirtschaft
② Weinbau
③ Kohleabbau
④ Landwirtschaft
⑤ Erzverarbeitung

12. Welche der genannten Betriebsangehörigen dürfen bei der Wahl der Jugend- und Auszubildenden-Vertretung gemäß Betriebsverfassungsgesetz mitwählen?

① Alle Arbeitnehmer
② Betriebsratsmitglieder unter 25 Jahren
③ Alle Facharbeiter des Betriebes, die das 25. Lebensjahr noch nicht vollendet haben.
④ Alle jugendlichen Arbeitnehmer des Betriebes.
⑤ Alle Auszubildenden, die das 26. Lebensjahr noch nicht vollendet haben.

13. Welche Leistungen trägt die Arbeitslosenversicherung nicht?

① Arbeitsvermittlung
② Umschulung
③ Berufsberatung
④ Zahlung von Arbeitslosenbeihilfe
⑤ Altersruhegeld

14. Wer hat nach dem Berufsbildungsgesetz die persönliche und fachliche Eignung der Ausbilder zu überwachen?

① Der einzelne Unternehmer selbst
② Die IHK
③ Die Gewerkschaft
④ Die Eignung ist nicht zu überwachen, da man sie voraussetzt
⑤ Die örtlichen Aufsichtsbehörden

15. Die Beschäftigung von Kindern und die Beschäftigung von Jugendlichen unter fünfzehn Jahren ist verboten. In welchem Gesetz steht dieses Verbot?

① Jugendschutzgesetz
② Grundgesetz
③ Arbeitsplatzförderungsgesetz
④ Handwerksordnung
⑤ Jugendarbeitsschutzgesetz

16. Wer hat die Einhaltung der Jugendarbeitsschutzgesetze zu überwachen?

① Das Gewerbeaufsichtsamt
② Die Berufsgenossenschaft
③ Der Inhaber des Betriebes
④ Der Betriebsrat
⑤ Die IHK

17. Welche Aufgabe gehört nicht in den Mitbestimmungsbereich des Betriebsrates?

① Investitionen einer neuen Maschine
② Darüber wachen, dass Tarifverträge eingehalten werden.
③ Darüber wachen, dass die Unfallverhütungsvorschriften eingehalten werden.
④ Beschwerden von Arbeitnehmern entgegennehmen.
⑤ Festsetzung der Akkordsätze

Die Lösungen finden Sie im Lösungsteil auf Seite 153.

Wirtschafts- und Betriebslehre, Sozialkunde

18. In welchem Industriebereich ist der Aufsichtsrat paritätisch besetzt?

① Automobilindustrie
② Chemische Industrie
③ Metallindustrie
④ Erdölverarbeitende Industrie
⑤ Montanindustrie

19. Welche Aufgabe erfüllt das Gewerbeaufsichtsamt?

① Drucken von Werbeplakaten für einzelne Gewerbebetriebe
② Überwachen von Arbeitsschutzbestimmungen
③ Schlichten von Streitigkeiten zwischen Handwerk und Industrie
④ Förderung und Ansiedlung kleiner Industriebetriebe in Wohngebieten.

20. Wohin überweist der Arbeitgeber die Beiträge für die gesetzliche Unfallversicherung?

① Örtliche Krankenversicherung
② Gewerbeaufsichtsamt
③ Arbeitgeberverband
④ Berufsgenossenschaft
⑤ Bundesversicherungsanstalt

21. Wohin werden die Beiträge der Rentenversicherung überwiesen, die je zu 50% vom Arbeitgeber und dem Facharbeiter gezahlt werden?

① Bundesversicherungsanstalt
② Berufsgenossenschaft
③ Gewerbeaufsichtsamt
④ Landesversicherungsanstalt
⑤ Bundesanstalt für Arbeit

22. Was versteht man unter dem Bruttosozialprodukt?

① Gesamtbruttoeinkommen eines Arbeitnehmers
② Gesamtwert aller erzeugten Güter und Dienstleistungen eines Volkes in einem bestimmten Zeitraum
③ Einnahmen aus dem Export eines Landes
④ Volkswirtschaftlicher Begriff für hergestellte Produkte

23. In welcher Auswahlantwort sind nur Leistungen und Maßnahmen der Rentenversicherungsträger aufgeführt?

① Waisenrente, Kurzarbeitergeld
② Altersruhegeld, Hinterbliebenenrente
③ Arbeitslosenhilfe, Kurzarbeitergeld
④ Berufshilfe, Kuren
⑤ Krankenhaustagegeld, Konkursausfallgeld

24. Welche Aussage ist falsch?

① Der Aktionär ist von der Mitarbeit in einer AG ausgeschlossen.
② Bei einer AG gibt es einen Vorstand und einen Aufsichtsrat.
③ Die Hauptversammlung ist das Organ der AG.
④ Die Haftung ist auf den Nennwert der Aktie beschränkt.
⑤ Aktien lassen sich nicht weitergeben.

25. Welche Aussage über die Sozialgerichtsbarkeit ist nicht richtig?

① Bevor ein Versicherter vor dem Sozialgericht klagen darf, muss er erst Widerspruch bei derjenigen Behörde einlegen, die die Entscheidung getroffen hat.
② In der Sozialgerichtsbarkeit gibt es nur eine einzige Instanz.
③ Das Bundessozial- und Bundesarbeitsgericht befindet sich in der Stadt Kassel.
④ Jeder Arbeitnehmer muss sich vor dem Bundesarbeitsgericht von einem Anwalt vertreten lassen (Anwaltszwang).
⑤ Das Sozialgericht hat eine Klage-, Berufungs- und Revisionsinstanz.

26. Welche Leistungen erbringt die Krankenversicherung?

27. Beschreiben Sie die Nachteile eines Großbetriebes gegenüber einem Kleinbetrieb aus volkswirtschaftlicher Sicht.

28. Was versteht man unter einem Monopol?

29. Welche wesentlichen Aufgaben erfüllen Banken?

30. Was versteht man unter dem Bruttosozialprodukt?

31. Erklären Sie den Unterschied von aktivem und passivem Wahlrecht.

32. Welche Aufgaben haben Untersuchungsausschüsse des Bundestages?

Wirtschafts- und Betriebslehre, Sozialkunde — Prüfung 2

33. Handelt es sich bei den folgenden Rechtsgeschäften um einseitige oder zweiseitige Rechtsgeschäfte? Bitte kreuzen Sie an!

Art des Rechtsgeschäftes	einseitig	zweiseitig
Arbeitsvertrag		
Bürgschaft		
Erbvertrag		
Erteilung einer Vollmacht		
Kaufvertrag		
Kreditvertrag		
Kündigung		
Mietvertrag		
Schenkung		
Testament		

5.3 Prüfung 3

1. Aus welchem Personenkreis setzt sich der Prüfungsausschuss für die Abschlussprüfung zusammen?

① Vertreter der Bezirksregierung
② Beauftrage des Arbeitsamtes
③ Nur Vertreter der Arbeitnehmerseite
④ Lehrer der Berufsschule, bzw. Berufskollegs und Beauftragte der Arbeitgeberseite.
⑤ Nur Beauftragte des Handwerks und der Industrie

2. Welche Abteilung gehört hinsichtlich des organisatorischen Aufbaus eines Großbetriebes zum kaufmännischen Bereich?

① Betriebsbüro
② Konstruktionsbüro
③ Entwicklungsabteilung
④ Einkaufsabteilung
⑤ Materialprüfungsabteilung

3. Was erreicht ein Betrieb in der Regel durch Rationalisierungsmaßnahmen?

① Steigerung des Auftragsvolumens je Jahr.
② Eine Senkung der Produktivität.
③ Arbeitserschwernisse für die Mitarbeiter.
④ Senkung der Lohnkosten gemessen an den Produktionskosten.
⑤ Steigerung des Mitarbeiterstabes.

4. Welche Aussage über die Gewerkschaften ist nicht richtig?

① Ungefähr 40% aller beschäftigten Arbeitnehmer sind in der Bundesrepublik Deutschland gewerkschaftlich organisiert.
② Die IG-Metall ist die größte Einheitsgewerkschaft.
③ Gewerkschaftsmitglieder erhalten bei einem Arbeitskampf Unterstützungszahlungen von ihrer Gewerkschaft.
④ Die Beendigung der Mitgliedschaft kann nicht nur durch den Beitragszahler erfolgen.
⑤ Bei Arbeitslosigkeit braucht das Mitglied keine Beiträge zu zahlen.

5. Welche Aussage zum Bundesurlaubsgesetz ist falsch?

① Jeder Arbeitnehmer hat in jedem Kalenderjahr Anspruch auf bezahlten Erholungsurlaub.
② Der Urlaub beträgt jährlich mindestens 18 Werktage.
③ Der Arbeitgeber kann den Urlaub nicht ausbezahlen, wenn dies der Arbeitnehmer so wünscht.
④ Der volle Urlaubsanspruch wird erstmalig nach sechsmonatigem Bestehen des Arbeitsverhältnisses erworben.
⑤ Im Manteltarifvertrag werden Sonderregelungen des Bundesurlaubsgesetzes getroffen.

6. Das neue Arbeitszeitgesetz von 1994 regelt die Gleichbehandlung von Frauen und Männern im Arbeitsleben, und es wird eine flexible Gestaltung der Arbeitszeiten verwirklicht. Welche Aussage ist falsch?

① Beschäftigungsverbote für Frauen gibt es nur im Bergbau unter Tage.
② In der Regel stehen jedem Arbeitnehmer mindestens 28 freie Sonntage innerhalb eines Jahres zu.
③ In der Regel stehen jedem Arbeitnehmer mindestens 15 arbeitsfreie Sonntage innerhalb eines Jahres zu. Ausnahmen gelten z. B. für Verkehrsbetriebe, Krankenhäuser, Hotels, Gaststätten, Fernsehen u.a.
④ Sonntagsarbeit muss innerhalb von zwei Wochen durch Freizeit ausgeglichen werden.
⑤ Feiertagsarbeit muss innerhalb von acht Wochen durch Freizeit ausgeglichen werden.

7. Welches Gesetzbuch fasst für die soziale Sicherung die geltenden Vorschriften zusammen?

① Bürgerliches Gesetzbuch (BGB)
② Strafgesetzbuch (StGB)
③ Bundessozialhilfegesetz (BSHG)
④ Sozialgesetzbuch (SGB)
⑤ Reichsversicherungsordnung (RVO)

8. Geschäftsunfähig ist man:

① Unter 12 Jahren
② Mit 6 Jahren
③ Mit 14 Jahren
④ Unter 18 Jahren
⑤ Unter 21 Jahren

Wirtschafts- und Betriebslehre, Sozialkunde — Prüfung 3

9. Welche Aussage ist falsch?

① Bestandteil eines jeden Rechtsgeschäfts ist die Willenserklärung.
② Bei einem zweiseitigen Rechtsgeschäft braucht die Willenserklärung nur von einer Person abgegeben zu werden.
③ Einseitige Rechtsgeschäfte finden ihren Abschluss durch die Willenserklärung einer Person.
④ Zu zweiseitigen Rechtsgeschäften gehören wenigstens zwei Personen.
⑤ Zweiseitige Rechtsgeschäfte kommen durch übereinstimmende Willenserklärungen mehrerer Personen zustande.

10. Beim Erwerb eines Farbfernsehers stehen mehrere Zahlungsmöglichkeiten zur Wahl. Welche Zahlung kostet schließlich am wenigsten?

① Teilzahlungskauf
② Kauf mit Bankkredit
③ Persönlicher Kleinkredit, um 4% Skonto zu erhalten
④ Barzahlung bei 2% Skonto

11. Die drei wesentlichen Produktionsfaktoren heißen:

① Organisation, Rationalisierung, Energie
② Organisation, Kapital, Arbeit
③ Arbeit, Kapital, Boden (Natur)
④ Arbeit, Rohstoffe, Energie
⑤ Automatisierung, Rationalisierung, Kapital

12. Welche Aussage über die Betriebsversammlung gemäß Betriebsverfassungsgesetz ist nicht richtig?

① Eine Betriebsversammlung findet zweimal im Jahr statt.
② Der Vorsitzende des Betriebsrates leitet die Betriebsversammlung.
③ Die in dem Betrieb vertretende Gewerkschaft darf beratend an der Betriebsversammlung teilnehmen.
④ Auf Wunsch des Arbeitgebers darf ein Vertreter des Arbeitgeberverbandes an der Betriebsversammlung teilnehmen.
⑤ Der Arbeitgeber ist einzuladen; er hat das Recht, auf der Versammlung zu sprechen.

13. Welche Versicherung ist eine gesetzliche Zwangsversicherung?

① Lebensversicherung
② Feuerversicherung
③ Hausratversicherung
④ Kfz-Haftpflichtversicherung
⑤ Krankenhaus-Tagegeldversicherung

14. Nach dem Berufsbildungsgesetz besteht der Berufsbildungsausschuss der zuständigen Stellen aus:

① Auszubildenden, Elternvertretern und Gewerkschaftsmitgliedern.
② Auszubildenden, Arbeitgeberverband, Gewerkschaftsmitgliedern.
③ Lehrern berufsbildender Schulen, bzw. Berufskollegs und Arbeitgebern.
④ Lehrern berufsbildender Schulen, bzw. Berufskollegs, Arbeitgebern und Arbeitnehmern.
⑤ Vertretern der IHK, der Innungen und Vertretern der Lehrverbände berufsbildender Schulen.

15. Für wen gilt das Jugendarbeitsschutzgesetz?

① Es gilt für die Beschäftigung junger Menschen unter 18 Jahren.
② Es gilt für die Beschäftigung von Kindern.
③ Es gilt für die Beschäftigung junger Menschen unter 21 Jahren.
④ Es gilt nur für die Beschäftigung von Jugendlichen unter 18 Jahren, aber nicht für Kinder.

16. Wer handelt in der Bundesrepublik Deutschland in der Regel die Löhne und Gehälter aus?

① Die Tarifpartner
② Die Gewerkschaften
③ Jeder Arbeitnehmer mit dem Betriebsrat
④ Die Gewerkschaften zusammen mit den Arbeitnehmern
⑤ Der Arbeitgeberverband mit der IHK

17. In welcher Angelegenheit hat der Betriebsrat kein Mitbestimmungsrecht?

① Aufstellen des Urlaubsplanes
② Beginn und Ende der täglichen Arbeitszeit
③ Ausgestaltung von Sozialeinrichtungen eines Betriebes
④ Fragen der betrieblichen Lohngestaltung
⑤ Bau einer neuen Fabrikhalle

Die Lösungen finden Sie im Lösungsteil auf Seite 154.

Prüfung 3 — Wirtschafts- und Betriebslehre, Sozialkunde

18. Was wird in einem Manteltarifvertrag nicht geregelt?

① Arbeitszeit
② Zuschlag für Mehrarbeit
③ Akkordlohn
④ Urlaub
⑤ Streik

19. Wer gibt die UVV = Unfallverhütungsvorschriften heraus?

① Industrie- und Handelskammern
② Innungen
③ Gewerbeaufsichtsämter
④ Berufsgenossenschaften
⑤ Landesregierungen

20. Welche Kosten können beim Lohnsteuerjahresausgleich als Werbungskosten beim Finanzamt geltend gemacht werden?

① Lebensversicherung
② Kirchensteuer
③ Freiwillige Krankenversicherung
④ Fahrtkosten zum Arbeitsplatz
⑤ Gesetzliche Sozialversicherung

21. Wer ist für die Regelung von Streitigkeiten in der Unfall- und Rentenversicherung zuständig?

① Sozialgerichte
② Landgerichte
③ Amtsgerichte
④ Bundesgerichtshof
⑤ Landesversicherungsanstalt

22. Das Nettosozialprodukt errechnet sich aus dem Bruttosozialprodukt abzüglich:

① Der Steuern
② Der Mehrwertsteuern
③ Der Zinsen
④ Der Staatsverschuldung
⑤ Der Abschreibungen

23. Was versteht man unter Inflation?

① Geldwertstabilität
② Aufwertung der Währung
③ Währungsmaßnahmen
④ Aktive Zahlungsbilanz
⑤ Geldentwertung

24. Worin besteht ein wesentlicher Nachteil, wenn Unternehmen sich zu Konzernen zusammenschließen?

① Die Wirtschaftlichkeit der Unternehmen wird erhöht.
② Die Steigerung der Produktion wird erreicht.
③ Das Gesamtkapital des Konzerns wird erhöht.
④ Es werden Forschungsaufgaben übernommen.
⑤ Die Beherrschung des Marktes (Monopol)

25. Welche Aussage zu den Innungen ist falsch?

① Innerhalb eines Bezirks besteht für jedes Handwerk nur eine Innung.
② Die Mitgliedschaft bei der Innung ist Pflicht.
③ Innungen halten Gesellenprüfungen ab.
④ Ihre Hauptaufgabe ist es, die gemeinsamen Interessen der Mitglieder wahrzunehmen.
⑤ Sie überwacht die Berufsausbildung gemäß den Bestimmungen der Handwerkskammern.

26. Nennen Sie mögliche Ursachen der Kostenexplosion im Gesundheitswesen.

27. Was sind wesentliche Merkmale eines Handwerksbetriebes?

28. Nennen Sie die drei bekanntesten Marktformen und ordnen Sie jeweils ein Beispiel dazu.

29. In den Verträgen von Maastricht wurden die vier Konvergenzkriterien zur Einführung des Euro fomuliert. Welche sind dies?

30. Geben Sie Maßnahmen des Staates an, die die Konjunktur eines Landes ankurbeln.

31. Nach welchem Wahlsystem wird der Bundestag gewählt? Erklären Sie in diesem Zusammenhang auch Persönlichkeitswahl und Listenwahl.

32. Die Voraussetzung einer wirksamen Kontrolle der Staatsgewalt ist die Machtverteilung. Wie ist unsere Gewaltenteilung gegliedert? Geben Sie diese an und nennen Sie jeweils die dazu gehörenden Fremdworte und die entsprechenden Institutionen.

Wirtschafts- und Betriebslehre, Sozialkunde — Prüfung 3

33. Der Arbeitsvertrag enthält Rechte und Pflichten der Vertragspartner. Ordnen Sie die Rechte und Pflichten richtig zu und kreuzen Sie bitte an!

Pflichten	Arbeitgeber	Arbeitnehmer
Anwesenheitspflicht		
Abzug von Steuern und Versicherungsbeiträgen vom Bruttolohn		
Ausführung von Arbeitsanweisungen		
Fürsorgeplan		
Lohnfortzahlung bei Krankheit		
Lohnzahlungspflicht		
Treuepflicht		
Urlaubsgewährung		
Verschwiegenheitspflicht		
Zeugnispflicht		

Die Lösungen finden Sie im Lösungsteil auf Seite 154.

5.4 Prüfung 4

1. Wo ist im einzelnen festgelegt, welche Qualifikationen im Rahmen der Abschluss-Prüfung abgefragt werden können?

① Ausbildungsordnung des jeweiligen Berufes
② Berufsbildungsgesetz
③ Rahmenlehrplan der Berufsschule, bzw. Berufskollegs
④ Prüfungsordnung des jeweiligen Berufes
⑤ Wird je nach Unterrichtsfortschritt in der Ausbildung festgelegt.

2. Mit welcher der genannten Gleichungen kann man die Rentabilität eines Betriebes berechnen?

① $R = \dfrac{\text{Verkaufserlöse}}{\text{Gesamtaufwand}}$

② $R = \dfrac{\text{Arbeitsproduktvität}}{\text{Verkaufserlöse}}$

③ $R = \dfrac{\text{Betriebsleistung in DM je Zeiteinheit}}{\text{Kosten in DM je Zeiteinheit}}$

④ $R = \dfrac{\text{Gewinn} \cdot 100\%}{\text{Kapitaleinsatz}}$

⑤ $R = \dfrac{\text{Kapitaleinsatz}}{\text{Gewinn} \cdot 100\%}$

3. Welcher der genannten Begriffe bzw. Aussagen hat keinen Einfluss auf die Rentabilität einer Unternehmung?

① Löhne und Gehälter
② Jahresgewinn
③ Energiekosten
④ Verkaufspreise der Produkte
⑤ Dauer der Tarifverhandlungen

4. Dem Deutschen Gewerkschaftsbund, DGB, gehören viele Einzelgewerkschaften an. Welche Arbeitnehmerorganisation gehört nicht dazu?

① Gewerkschaft Bergbau, Chemie und Energie
② Gewerkschaft der Polizei
③ IG Metall
④ Gewerkschaft Öffentlicher Dienste Transport und Verkehr
⑤ Deutscher Beamtenbund

5. Welche Aussage zum Akkordlohn und zum Zeitlohn ist richtig?

① Zeitlohn wird nur dann ausgezahlt, wenn alle Produkte fehlerfrei hergestellt sind
② Der Akkordlohn ist von der Taktzeit der Maschine abhängig.
③ Der Akkordlohn ist eine Entlohnung, die nicht von der Leistung abhängig gemacht wird.
④ Die Höhe des Zeitlohnes ist ausschließlich von der Produktionsmenge der gefertigten Teile abhängig.
⑤ Der Zeitlohn errechnet sich aus der geleisteten Arbeitszeit und dem Lohn je Stunde.

6. Welche Aussage zum Schwerbehindertengesetz ist falsch?

① Ein Unternehmen muss 5% Schwerbehinderte beschäftigen, wenn der Betrieb mehr als 15 Mitarbeiter beschäftigt.
② Die Kündigung eines Schwerbehinderten durch den Arbeitgeber bedarf der Zustimmung der Hauptfürsorgestelle.
③ Der Vertrauensmann der Schwerbehinderten darf an allen Betriebsratssitzungen teilnehmen.
④ Nach dem Schwerbehindertengesetz muss der öffentliche Dienst keinen höheren Prozentsatz Schwerbehinderter beschäftigen als die gewerbliche Wirtschaft.
⑤ Für jeden nicht besetzten Arbeitsplatz mit Schwerbehinderten muss der Arbeitgeber eine Ausgleichsabgabe zahlen, die für die berufliche Förderung Schwerbehinderter verwendet wird.

7. Welche Aussage über Betriebsvereinbarungen gemäß Betriebsverfassungsgesetz ist nicht richtig?

① Betriebsvereinbarungen werden zwischen Betriebsrat und Arbeitgeber abgeschlossen und an geeigneter Stelle aushängt
② Tarifverträge werden von Betriebsvereinbarungen nicht berührt.
③ Betriebsvereinbarungen heben Tarifverträge nicht auf.
④ Betriebsvereinbarungen werden nur zwischen dem Betriebsrat und dem Arbeitgeberverband geschlossen.
⑤ Betriebsvereinbarungen gelten für die in einem Betrieb beschäftigten Betriebsangehörigen.

Wirtschafts- und Betriebslehre, Sozialkunde — Prüfung 4

8. Was ist unter Geschäftsfähigkeit zu verstehen?

① Ein Geschäft eröffnen zu dürfen
② Es ist die Fähigkeit, Rechtsgeschäfte selbst und gültig abzuschließen
③ In einem Geschäft arbeiten zu können
④ Geschäftsführer in einem Betrieb zu sein

9. Welche Aussage über Verträge ist nicht richtig?

① Jeder Vertrag bedarf der Schriftform.
② Die meisten Verträge sind mündlicher Art.
③ Viele Verträge können formlos abgeschlossen werden.
④ Grundstückskäufe erfolgen unter Mitwirkung eines Notars.
⑤ Es gibt im deutschen Recht Verträge, die nur mit Zeugen geschlossen werden dürfen.

10. Welche Leistung trägt die Berufsgenossenschaft nicht, wenn ein Mitarbeiter auf dem Arbeitsweg im Auftrag des Betriebes von Werk I nach Werk II mit dem Auto schwer verunglückt?

① Kosten für die Heilbehandlung im Krankenhaus
② Übergangsgeld während der Zeit der Arbeitsunfähigkeit
③ Kosten für die Rehabilitation
④ Die Reparaturkosten für den PKW.
⑤ Unfallrente bei Minderung der Erwerbsfähigkeit von mehr als 20%.

11. Wobei spielt der Produktionsfaktor Arbeit die wichtigste Rolle?

① Beim Anfertigen eines Modellanzuges
② Bei der Förderung von Erdöl
③ Bei der Produktion von Duroplasten
④ Beim Roggenanbau
⑤ Bei der Viehzucht

12. Wie groß sind die Beiträge des Arbeitnehmers zur Unfallversicherung?

① Die Hälfte der Beiträge
② 2%
③ Der Arbeitnehmer zahlt keine UV-Beiträge
④ 3%
⑤ 6%

13. Mit welcher Versicherung kann sich ein Vater vor folgenden Kosten schützen? Sein Kind spielt auf der Straße Fußball; dadurch verunglückt ein Omnibus. Es entsteht ein Sachschaden von DM 170.000,-.

① Lebensversicherung
② Private Haftpflichtversicherung
③ Hausratversicherung
④ Kfz-Haftpflichtversicherung
⑤ Private Zusatzversicherung

14. Wo werden alle Namen mit Ausbildungsverhältnis im gewerblichen Wirtschaftsbereich (ohne Handwerk) geführt?

① Beim Arbeitsamt
② Bei der kommunalen Verwaltungsbehörde
③ Beim Arbeitgeberverband
④ Bei der IHK
⑤ Bei der Berufsgenossenschaft

15. Welches Mindestalter muss man lt. Jugendarbeitsschutzgesetz erreicht haben, um eine Beschäftigung in einem Betrieb aufnehmen zu dürfen?

① 13 Jahre
② 14 Jahre
③ 15 Jahre
④ 16 Jahre
⑤ Es gibt keine Bestimmungen

16. Was versteht man unter Ecklohn?

① Höchster Lohn innerhalb eines Betriebes.
② Niedrigster Lohn innerhalb eines Betriebes.
③ Durchschnittslohn innerhalb eines Betriebes.
④ Grundlohn eines 21jährigen ledigen Facharbeiters.

17. Wie oft soll lt. Betriebsverfassungsgesetz eine Betriebsversammlung einberufen werden?

① Einmal im Jahr
② Zweimal im Jahr
③ Jeden Monat
④ Vierteljährlich
⑤ Keine Vorschrift

Prüfung 4 — Wirtschafts- und Betriebslehre, Sozialkunde

18. Was wird bei einem Tarifvertrag nicht vereinbart?

① Lohnabschlüsse
② Arbeitsbedingungen
③ Laufzeit des Tarifvertrages
④ Mögliche Aussperrungen

19. Wer überwacht die Einhaltungen und Beachtung der Unfallverhütungsvorschriften?

① Beamte des Gewerbeaufsichtsamtes
② Die IHK
③ Die Krankenkassen
④ Der Versicherungsträger der Unfallversicherung
⑤ Der Betriebsinhaber

20. Welche Ausgaben können beim Finanzamt im Lohnsteuerjahresausgleich als Sonderausgaben geltend gemacht werden?

① Arbeitsmittel wie z. B. Arbeitskittel
② Fachliteratur zur Weiterbildung
③ Freiwillige Krankenversicherung
④ Abwesenheit von mehr als 12 Stunden vom Wohnort
⑤ Doppelte Haushaltsführung

21. In welcher Zeile stehen nur Werbungskosten?

① Vorsorgeaufwendungen, Haftpflichtversicherung
② Unfallversicherung, Beiträge zu Berufsverbänden
③ Kirchensteuern, Lebensversicherung
④ Krankenversicherung, Aufwendung für Arbeitsmittel
⑤ Aufwendungen für Arbeitsmittel und Fahrten zwischen Wohnung und Arbeitsstätte

22. Welcher Begriff trifft für einen kräftigen Wirtschaftsaufstieg zu?

① Rezession
② Boom
③ Konjunkturverlauf
④ Lombardsatz
⑤ Preisauftrieb

23. Was ist das Kennzeichen einer Deflation?

① Die Bundesbank druckt mehr Papiergeld.
② Die Bundesregierung bringt mehr Münzgeld heraus.
③ Die Preise steigen, die Geldmenge steigt.
④ Die Geldmenge vermindert sich, die Preise sinken.
⑤ Die Geldmenge nimmt zu bei gleichbleibenden Preisen.

24. Welches Kartell ist in der Bundesrepublik Deutschland in jedem Falle verboten?

① Konditionskartell
② Rabattkartell
③ Preiskartell
④ Gebietskartell
⑤ Produktionskartell

25. Welche Organisation des Handwerks befindet sich auf der Bundesebene?

① Kreishandwerkerschaft
② Handwerkskammer
③ Landeshandwerkskammer
④ Deutscher Handwerkskammertag
⑤ Innungen

26. Welche Rentenleistungen erbringt die Rentenversicherung?

27. Was sind wesentliche Kennzeichen eines Großbetriebes?

28. Welche volkswirtschaftlichen Nachteile hat die zunehmende Konzentration von Industriebetrieben?

29. Beim Zahlungsverkehr mit der Bank gibt es mehrere Zahlungsmöglichkeiten. Welche kennen Sie, und wer benötigt jeweils das Konto?

30. Nennen Sie Maßnahmen des Staates, die die Konjunktur eines Landes dämpfen.

31. Welche Auswirkungen hat 5%-Klausel bei Bundestagswahlen?

32. Stellen Sie stichwortartig die Unterschiede des Wirtschaftssystems der Bundesrepublik gegenüber der ehemaligen DDR heraus.

Wirtschafts- und Betriebslehre, Sozialkunde — Prüfung 4

33. Welches Gericht ist zuständig? Kreuzen Sie an!

Fallbeispiele	Arbeits-gericht	Finanz-gericht	Sozial-gericht	Straf-gericht	Verwal-tungs-gericht	Zivil-gericht
1. Herr Müller nahm bei einer Verkehrsituation Herrn L. die Vorfahrt und verursachte einen Verkehrsunfall grob fahrlässig.						
2. Ein Schlossereibetrieb verklagt einen Kunden auf Zahlung einer Rechnung.						
3. Mitarbeiter Schulz klagt wegen einer ungerechtfertigten Kündigung.						
4. Frau H. erhält vom örtlichen Finanzamt abschlägigen Bescheid gegen ihren Widerspruch ihrer Steuererklärung. Sie will dagegen klagen.						
5. Herr O. ist mit der Anrechnung seiner Rentenansprüche nicht einverstanden. Die Rentenversicherung wies seinen Widerspruch zurück. Er geht vor Gericht.						
6. Durch das Grundstück der Eheleute R. soll eine Straße verlegt werden. Die Eheleute lehnen ab. Die Gemeinde will die Eheleute zwingen. Man trifft sich vor Gericht.						

Die Lösungen finden Sie im Lösungsteil auf Seite 156.

5.5 Prüfung 5

1. Durch welche Institution erfolgt die staatliche Anerkennung der gewerblich-technischen Ausbildungsberufe?

① Durch die Kreishandwerkerschaften und Industrie- und Handelskammern.
② Durch die Kultusminister-Konferenz der Länder.
③ Durch den Minister des jeweiligen Bundeslandes für Wirtschaft.
④ Durch den Bundesminister für Wirtschaft.
⑤ Durch die jeweiligen Landesminister für Kultur.

2. Der zukünftige Inhaber einer Unternehmung fragt nach der Wirtschaftlichkeit, um weitreichende Entscheidungen treffen zu können. Was muss bekannt sein?

① Verkaufserlös
② Arbeitsproduktivität
③ Arbeitsplätze
④ Bildung der Mitarbeiter
⑤ Betriebliche Mitarbeiter

3. Wodurch wird die Rentabilität einer Unternehmung bestimmt?

① Durch Kapitaleinsatz
② Durch den Gewinn
③ Durch Lohn- und Stückkosten
④ Durch Gewinn und Kapitaleinsatz
⑤ Durch Produktivität und Kapitaleinsatz

4. Was ist als Kerngedanke unter dem Begriff „Einheitsgewerkschaft" zu verstehen?

① Den Abschluss einheitlicher Tarifverträge anzustreben.
② In einem Betrieb ist der DGB mit nur einer Einzelgewerkschaft vertreten.
③ Für alle Arbeitnehmer gibt es eine Gewerkschaft.
④ Alle gewerkschaftlich organisierten Arbeitnehmer sind Mitglied einer einheitlichen Partei.
⑤ Jeder Arbeitnehmer sollte Mitglied seiner Einzelgewerkschaft sein.

5. Welche Aussage zum DGB ist falsch?

① Der DGB ist die Dachorganisation verschiedener Einzelgewerkschaften.
② Gewerkschaftsmitglieder erhalten keine Streikgelder aus der Kasse des DGB.
③ Förderung der Fortbildung von Gewerkschaftsmitgliedern ist üblich.
④ Tarifverträge schließt der DGB mit dem Arbeitgeberverband ab.
⑤ Der DGB verlangt, dass das Mittel der Aussperrung abgeschafft wird.

6. Welche Pflicht hat ein Arbeitnehmer innerhalb eines Arbeitsverhältnisses nicht?

① Die Unfallverhütungsvorschriften des Betriebes zu beachten.
② Mit Maschinen und Geräten sorgfältig umzugehen.
③ Die im Arbeitsvertrag vereinbarten Leistungen und Aufgaben zu erfüllen.
④ Das Arbeitsverhältnis neu zu regeln, wenn das Unternehmen mir einen völlig neuen Arbeitsplatz zuweist.
⑤ Aus der Gewerkschaft auszutreten, wenn der Chef des Unternehmens dies dem Mitarbeiter nahe legt.

7. Ein Unternehmen hat 200 Arbeitsplätze. Gemäß Schwerbehindertengesetz muss der Arbeitgeber eine Anzahl Schwerbehinderter beschäftigen? Welche Anzahl ist richtig?

① 4 Schwerbehinderte
② 7 Schwerbehinderte
③ 10 Schwerbehinderte
④ 12 Schwerbehinderte
⑤ 15 Schwerbehinderte

8. Für welche Betriebe gilt das Betriebsverfassungsgesetz nicht?

① Für Betriebe der privaten Wirtschaft mit mehr als 5 Mitarbeitern.
② Betriebe der öffentlichen Hand, die als AG oder GmbH geführt werden.
③ AG's und GmbH's mit weniger als 2.000 Mitarbeitern.
④ Betriebe der öffentlichen Hand wie Verwaltungen, Schulen.
⑤ GmbH's und Genossenschaften mit 501 - 2.000 Beschäftigten.

Wirtschafts- und Betriebslehre, Sozialkunde — Prüfung 5

9. Welcher der genannten Verträge hat nur Gültigkeit, wenn Zeugen dabei sind?

① Grundstückskauf
② Adoption eines Kindes
③ Darlehensvertrag
④ Pachtvertrag
⑤ Testament

10. Welcher der genannten Staatsmänner hatte wesentlich dazu beigetragen, dass die Sozialversicherung eingeführt wurde?

① Konrad Adenauer
② Theodor Heuß
③ Otto von Bismarck
④ Willy Brandt
⑤ Ludwig Erhard

11. Wer gehört nicht zur Gruppe „Selbständige Arbeit"?

① Künstler
② Richter
③ Architekten
④ Zahnärzte
⑤ Notare

12. Die Finanzierung der Sozialversicherungen kostet viele Milliarden DM. Welche Versicherung ist die teuerste?

① Unfallversicherung
② Krankenversicherung
③ Rentenversicherung
④ Arbeitslosenversicherung

13. In einer Wohnung verbrennen Teppiche, Gardinen und der Farbfernseher. Bei welcher Versicherung kann man Ansprüche stellen, sofern man richtig versichert ist?

① Bei der privaten Unfallversicherung
② Bei der Gebäudeversicherung
③ Bei der privaten Haftpflichtversicherung
④ Bei der Hausratversicherung
⑤ Bei der Lebensversicherung

14. Wo ist das Mitspracherecht des Betriebsrates zur Berufsbildung verankert?

① Im Grundgesetz
② In der Betriebsordnung
③ In dem Betriebsverfassungsgesetz
④ In der Landesverfassung
⑤ In jedem Arbeitsvertrag

15. Was kann kein Ziel einer guten Wirtschaftspolitik sein?

① Preisstabilität
② Inflation
③ Wirtschaftswachstum
④ Vollbeschäftigung
⑤ Ausgeglichene Zahlungsbilanz

16. In welcher Zeile stehen nur Kapitalgesellschaften?

① AG, KG
② OHG, GmbH
③ KG, eGmbH
④ GmbH, AG

17. Wer ist in die Jugend- und Auszubildenden-Vertretung des Betriebsrates nicht mehr wählbar?

① Jugendliche, die das 24. Lebensjahr vollendet haben.
② Jugendliche, die das 20. Lebensjahr vollendet haben.
③ Jugendliche, die das 18. Lebensjahr vollendet haben.
④ Jugendliche, die bereits aktiv in der Gewerkschaft arbeiten.

18. Welcher Begriff trifft nicht in den Bereich der Tarifautonomie?

① Tarifkommission
② Sozialpartner
③ Kollektivarbeitsvertrag
④ Arbeitskampf
⑤ Industrie- und Handelskammer

Die Lösungen finden Sie im Lösungsteil auf Seite 156.

Prüfung 5 — Wirtschafts- und Betriebslehre, Sozialkunde

19. Wofür ist die Berufsgenossenschaft zuständig?

① Zusammenschluss ähnlicher Berufe zu Genossenschaften
② Unfallversicherung und Unfallverhütung
③ Förderung neuer Berufe
④ Verwaltung und Verteilung von Gewerbesteuern

20. Mit welchem Alter wird man als Zeuge vor Gericht eidesfähig? Mit:

① 14 Jahren
② 16 Jahren
③ 18 Jahren
④ 20 Jahren
⑤ 21 Jahren

21. Was wird nicht aus Rentenversicherungsbeiträgen finanziert?

① Kurzarbeitergeld
② Rente im Falle der Erwerbsunfähigkeit
③ Altersruhegeld
④ Hinterbliebenenrente
⑤ Waisenrente

22. Welches Wirtschaftssystem haben wir in der Bundesrepublik Deutschland?

① Zentrale Planwirtschaft
② Soziale Planwirtschaft
③ Zentrale Verwaltungswirtschaft
④ Soziale Marktwirtschaft
⑤ Freie, Soziale Wirtschaft

23. Welche Maßnahme ist kein kreditpolitisches Instrumentarium der Bundesbank?

① Vermindern der öffentlichen Ausgaben
② Kreditbeschränkung
③ Erhöhung der Mindestreserven
④ Diskontsatz erhöhen
⑤ Ankauf von Wertpapieren auf dem offenen Markt.

24. In welcher Auswahlantwort ist das höchste Organ der Sozialversicherungsträger genannt?

① Vertreterversammlung
② Mitgliederversammlung
③ Vollversammlung
④ Beirat
⑤ Verwaltungsrat

25. Welche der genannten Maßnahmen bewirkt keine Konjunkturbelebung?

① Steuersenkung
② Steuererhöhung
③ Erhöhung der Abschreibungssätze
④ Preisstabilität
⑤ Vollbeschäftigung

26. Was sind die wesentlichen Aufgaben der Arbeitslosenversicherung?

27. Welche kaufmännischen Abteilungen eines Großbetriebes kennen Sie?

28. Aus welchen Gründen schließen sich heute viele Industrieunternehmen zusammen?

29. Geben Sie die Kennzeichen der Inflation und der Deflation an.

30. Was versteht man unter der Tarifautonomie?

31. Wer wählt den Bundeskanzler, und wie gelangen die Bundesminister in ihr Amt?

32. Was bedeutet die Mitbestimmung und die Mitwirkung nach dem Betriebsverfassungsgesetz? Verdeutlichen Sie dies mit je einem Beispiel.

Wirtschafts- und Betriebslehre, Sozialkunde

33. Kreuzen Sie bitte an, welche Leistungen von den einzelnen Sozialversicherungen gewährt werden!

Art der Leistung	Arbeitslosen-versicherung	Kranken-versicherung	Renten-versicherung	Unfall-versicherung
Altersruhegeld				
Arbeitslosengeld				
Berufshilfe				
Erwerbsunfähigkeitsrente				
Haushaltshilfe				
Heilmittel, Arzneien				
Krankengeld				
Sterbegeld				
Verletztengeld				
Vorsorgeuntersuchung				

5.6 Prüfung 6

1. Welche Inhalte enthält ein Ausbildungsberufsbild?

① Urlaubsregelungen bezogen auf das Berufsbild
② Ausbildungsvergütungen
③ Qualifikationen, die in der Zeit der Berufsausbildung zu vermitteln sind.
④ Arbeitszeitregelungen
⑤ Ausbildungsordnung und Berufsschulunterricht

2. Um in einem Betrieb die Arbeitsproduktivität zu erhöhen, müssen bestimmte Maßnahmen ergriffen werden. Welche Maßnahmen?

① Durch Einsparungen beim Materialeinkauf.
② Durch Steigerung der Mitarbeiterzahl.
③ Durch Vergrößerung der Neuinvestitionen.
④ Erhöhung der Produktionsstückzahl bei Erhöhung der Gesamtarbeitsstunden.
⑤ Gleiche Anzahl der gefertigten Werkzeugmaschinen durch Robotereinsatz bei geringeren eingesetzten Gesamtarbeitsstunden.

3. Welche Aussage zu den betrieblichen Größen wie Produktivität, Rentabilität, Wirtschaftlichkeit ist falsch?

① Ein Betrieb arbeitet unwirtschaftlich, wenn er eine bestimmte Leistung bei geringstem Aufwand an Zeit, größter Kraft und größter Materialmenge erstellt.
② Ein Betrieb arbeitet rentabel, wenn der Gewinn möglichst hoch, das eingesetzte Kapital im Vergleich gering ist.
③ Ein Betrieb arbeitet rentabel, wenn der Gewinn hoch und im Vergleich das eingesetzte Kapital möglichst auch hoch ist.
④ Die Produktivität ist das Verhältnis aus hervorgebrachter Produktionsstückzahl zu eingesetzten Arbeitsstunden.

4. Welche Aussage trifft für einen Handwerksbetrieb zu?

① Der Maschineneinsatz ist erheblich höher als die Handarbeit.
② Serienfertigung ist die Regel.
③ Handwerksbetriebe können sich nicht so schnell auf neue Produkte umstellen wie dies ein Industriebetrieb kann.
④ Die Mitarbeiter sind überwiegend ohne Berufsausbildung.
⑤ Das Rücksichtnehmen auf Kundenwünsche ist die Regel.

5. Frau Wilde wird in einem Chemieunternehmen als Zerspanungsmechanikerin ausgebildet. Welcher Einzelgewerkschaft könnte sie beitreten?

① Industriegewerkschaft Bergbau, Chemie, Energie
② IG-Metall
③ ÖTV
④ Gewerkschaft Erziehung und Wissenschaft
⑤ IG Bauen-Agrar-Umwelt

6. Wie lange muss nach dem Jugendarbeitsschutzgesetz die Ruhepause mindestens sein bei einer Arbeitszeit von mehr als sechs Stunden?

① 60 Minuten
② 45 Minuten
③ 40 Minuten
④ 30 Minuten
⑤ 20 Minuten

7. Für welchen Betrieb lässt das Betriebsverfassungsgesetz die Wahl eines Betriebsrates zu?

① Betriebe mit mindestens fünf ständig wahlberechtigten Arbeitnehmern, von denen drei wählbar sind.
② Betriebe, in denen mindestens vier wahlberechtigte Arbeitnehmer ständig beschäftigt sind, von denen zwei Personen wählbar sind.
③ Betriebe, die wenigstens einen Jahresumsatz von DM 750.000,- haben.
④ Für alle Betriebe der öffentlichen Hand und deren Verwaltungen.
⑤ Für alle Produktionsstätten ohne jede Einschränkung.

8. Mit welchem Alter beginnt die beschränkte Deliktfähigkeit?

① Mit dem vollendeten 6. Lebensjahr
② Mit dem vollendeten 7. Lebensjahr
③ Mit dem vollendeten 12. Lebensjahr
④ Mit dem vollendeten 14. Lebensjahr
⑤ Mit dem vollendeten 16. Lebensjahr

9. Welcher der genannten Verträge bedarf der Mitwirkung eines Notars?

① Kreditvertrag
② Grundstückskauf
③ Bürgschaft
④ Staatsvertrag
⑤ Mietvertrag

Wirtschafts- und Betriebslehre, Sozialkunde — Prüfung 6

10. Welche Aussage über die Zahlungsdauer von Krankengeld aus der gesetzlichen Krankenversicherung ist richtig?

① Bei Krankenhauseinweisung entfällt die Fortzahlung von Krankengeld.
② Krankengeldzahlungen sind zeitlich unbegrenzt, einschränkend allerdings nur achtundsiebzig Wochen, bei stets derselben Krankheit innerhalb von drei Jahren.
③ Die Höhe des Krankengeldes richtet sich stets nach der Zahlungsdauer.
④ Zahlungsdauer von Krankengeld richtet sich nach der Zahl der Beitragsjahre.
⑤ Die Höhe sowie die Zahlungsdauer von Krankengeld sind für alle Personen nach dem Solidaritätsprinzip gleich.

11. Was ist in der Wirtschaftslehre unter Produktion zu verstehen?

① Verladen von Autos
② Verteilung von Autos an die Verbraucher
③ Einsatz von Traktoren auf den Feldern
④ Die Herstellung von Gütern
⑤ Die Verwendung von Gütern und Geräten

12. Was versteht man unter der dynamischen Rente?

① Die Rente ist festgelegt.
② Die Rente wird monatlich gezahlt.
③ Die Rente wird erst ein Jahr später erhöht.
④ Die verschiedenen Rentenarten.
⑤ Die alljährliche Rentenanpassung.

13. Ein Eigenheimbesitzer hat einen erheblichen Schaden durch einen Wasserrohrbruch. Wo kann er diesen Schaden geltend machen?

① Bei der privaten Haftpflichtversicherung
② Bei der Gebäudeversicherung
③ Bei der Lebensversicherung
④ Muss der Hausbesitzer selbst bezahlen
⑤ Bei der privaten Unfallversicherung

14. Darf der Ausbildungsbetrieb betriebliche Nebenleistungen von dem Auszubildenden verlangen?

① Das darf der Betrieb uneingeschränkt.
② Das ist von dem jeweiligen Ausbildungsstand abhängig.
③ Nur, sofern es dem Ausbildungsziel insgesamt zugute kommt.
④ Grundsätzlich nicht.
⑤ Nur bei gegenseitigem Einvernehmen.

15. Um Arbeitslosengeld zu bekommen, müssen ganz bestimmte Kriterien erfüllt sein. Welche gehören nicht dazu?

① Man muss die vorgeschriebene Anwartschaftszeit erfüllt haben.
② Man muss mindestens 22 Jahre alt sein.
③ Man muss in den letzten drei Jahren mindestens 360 Kalendertage in einer beitragspflichtigen Beschäftigung gewesen sein.
④ Vor einem Urlaubsantritt muss dieser vom Arbeitsamt genehmigt werden.
⑤ Man muss der Arbeitsvermittlung zur Verfügung stehen.

16. Welche Beträge werden in der Regel nicht automatisch vom Arbeitslohn einbehalten?

① Lohnsteuer
② Krankenversicherungsbeiträge
③ Kirchensteuer
④ Arbeitslosenversicherungsbeiträge
⑤ Beiträge zum Ratensparvertrag

17. In welchen Zeitabständen wird ein Betriebsrat neu gewählt?

① Er wir erst abgewählt, wenn die Betriebsangehörigen dies wünschen.
② Auf jeder Betriebsversammlung wird neu gewählt.
③ Jedes Jahr
④ Alle zwei Jahre
⑤ Alle vier Jahre

18. Bei den Tarifvereinbarungen handelt es sich um:

① Zahlung übertariflicher Gehälter
② Zahlung übertariflicher Stundenlöhne
③ Mindestbedingungen bzw. Mindestentgelte.
④ Endgültige Akkordlöhne für eine bestimmte Tätigkeit.

19. Wer ist Versicherungsträger der Unfallversicherung?

① Die Gemeindeverwaltung
② Die Berufsgenossenschaft
③ Die IHK
④ Das Gewerbeaufsichtsamt
⑤ Das Arbeitsamt

Die Lösungen finden Sie im Lösungsteil auf Seite 158.

Prüfung 6 — Wirtschafts- und Betriebslehre, Sozialkunde

20. Welche Aussage über Berufsrichter und ehrenamtliche Richter beim Sozialgericht ist falsch?

① Berufsrichter oder ehrenamtliche Richter dürfen einer Partei angehören.

② Jede Kammer ist mit zwei gleichberechtigten ehrenamtlichen Richtern besetzt.

③ Die ehrenamtlichen Richter vertreten nur die Arbeitnehmerseite.

④ Die Berufsrichter und die ehrenamtlichen Richter vertreten die Arbeitgeber- bzw. die Arbeitnehmerseite.

⑤ Ehrenamtliche Richter und Berufsrichter haben dieselben Befugnisse.

21. Wer ist Träger der Arbeitslosenversicherung?

① Landesamt für Besoldung und Versorgung

② Bundesversicherungsanstalt

③ Landesversicherungsanstalt

④ Bundesanstalt für Arbeit

⑤ Finanzministerium des jeweiligen Landes

22. Welche Aussage passt nicht zur Sozialen Marktwirtschaft?

① Lohn- und Preisstopp durch den Staat

② Angebot und Nachfrage regeln den Preis

③ Die Regierung ist nicht Mitglied der Tarifpartner im Industriebereich.

④ Tarifautonomie gehört zur sozialen Marktwirtschaft.

⑤ Rationalisierung ist mit den meisten Gesetzen der Sozialen Marktwirtschaft zu vereinbaren.

23. Welche Maßnahme ist ein kreditpolitisches Instrumentarium der Deutschen Bundesbank?

① Steuern erhöhen

② Zölle senken

③ Die öffentlichen Ausgaben erhöhen

④ Subventionen gewähren

⑤ Mindestreserven senken

24. Welche Zahlungsmöglichkeit gehört zu den unbaren Zahlungsarten?

① Verrechnungsscheck

② Zahlkarte

③ Zahlschein

④ Postanweisung

⑤ Barscheck

25. Welche Aussage ist falsch?

① Handwerkskammern sind Körperschaften des öffentlichen Rechts.

② Alle Handwerksbetriebe sind Pflichtmitglieder der Handwerkskammer.

③ Die Handwerkskammer fördert die Interessen des Handwerks.

④ Die Handwerkskammer führt keine Lehrlingsrollen.

⑤ Die Handwerkskammer fördert das Genossenschaftswesen.

26. Nennen Sie die Ihnen bekannten Produktionsfaktoren.

27. Welche wesentlichen Aufgaben gehören zur Arbeitsvorbereitung?

28. Welche Kartellarten kennen Sie?

29. Wodurch ist hauptsächlich die Stagflation gekennzeichnet?

30. Welches sind die Hauptziele der Gewerkschaften bei Tarifverhandlungen?

31. Wer stellt normalerweise die Vertrauensfrage, und warum wird sie gestellt?

32. Geben Sie an, in welchem militärischen und wirtschaftlichen Bündnis die Bundesrepublik Deutschland einbezogen ist.

Wirtschafts- und Betriebslehre, Sozialkunde

33. Bitten kreuzen Sie die richtige Zahlungsart an!

	bar	halbbar	bargeldlos
Barscheck			
Dauerauftrag			
Lastschriftverfahren			
Nachnahme-Zahlkarte			
Postanweisung			
Überweisung			
Verrechnungsscheck			
Zahlschein			

5.7 Prüfung 7

1. Welche der genannten Pflichten übernimmt ein Auszubildender bei Abschluss eines Berufsausbildungsvertrages?

① Bei Termindruck regelmäßig Überstunden zu leisten
② Regelmäßig an Fortbildungen der Gewerkschaft teilzunehmen.
③ Die für die Berufsausbildung erforderlichen Handwerkzeuge zu beschaffen.
④ Gewerkschaftsmitglied zu werden.
⑤ Die im Berufsbildungsgesetz vorgeschriebenen erforderlichen Prüfungen abzulegen.

2. Welcher tragende Begriff passt mehr zu einem Industriebetrieb statt zu einem Handwerksbetrieb?

① Handarbeit
② Geringe Verwaltung
③ Baustellenfertigung
④ Einzelanfertigung
⑤ Robotereinsatz

3. Robotereinsatz und weitere Automatisierung verändern unsere Betriebe. Was erreicht man dabei aber nicht?

① Die Unabhängigkeit der Chancen auf dem Absatzmarkt
② Rationalisierung der Mitarbeiterzahl
③ Steigerung der Investitionskosten
④ Erhöhung der Fertigungsstückzahlen
⑤ Reduzierung der Anzahl der Teile mit Fehlern

4. Wodurch unterscheiden sich die öffentlich-rechtlichen Unternehmungen von den Privatunternehmungen? Die öffentlich-rechtlichen Unternehmungen:

① Haben bessere Marktchancen.
② Sind in der Öffentlichkeit bekannter.
③ Kalkulieren ihre Preise nicht ausschließlich mit dem Ziel der Gewinnmaximierung, sondern berücksichtigen zum Teil Sozialgesichtspunkte.
④ Fahren vergleichsweise für den Staatshaushalt höhere Steuern ein.
⑤ Zeichnen sich durch größere Flexibilität auf dem Marktgeschehen aus.

5. Rentabilität eines Unternehmens ist gegeben, wenn bestimmte betriebliche Kenngrößen erfüllt sind. Wann ist die Rentabilität nicht positiv?

① Wenn der Gewinn der Unternehmung größer als der Kapitaleinsatz ist.
② Wenn die Steuerbelastung der Unternehmung ansteigt.
③ Wenn zusätzliche Roboter eingesetzt werden.
④ Wenn der Prozentsatz aus Gewinn zu Kapitaleinsatz kleiner als eins ist.
⑤ Wenn der Kapitaleinsatz kleiner als der Gewinn ist.

6. Auf dem Weg von der Arbeit nach Hause stürzen Sie und müssen 10 Tage ins Krankenhaus. Wer trägt die Kosten?

① Krankenkasse
② Berufsgenossenschaft
③ Bundesversicherungsanstalt
④ Landesversicherungsanstalt
⑤ Arbeitgeber

7. Welche Unternehmensform ist am meisten verbreitet?

① GmbH
② AG
③ Einzelunternehmung
④ KG
⑤ OHG

8. Mit welchem Alter ist man zivilrechtlich deliktunfähig?

① Vor dem vollendeten 16. Lebensjahr
② Vor dem vollendeten 14. Lebensjahr
③ Vor dem vollendeten 12. Lebensjahr
④ Vor dem vollendeten 8. Lebensjahr
⑤ Vor dem vollendeten 7. Lebensjahr

9. Welcher der genannten Verträge bedarf der Schriftform?

① Einkauf im Großhandel
② Ein Jugendlicher mit 17 Jahren kauft ein Fahrrad.
③ Versteigerungsgeschäfte
④ Fischkauf auf dem Fischmarkt
⑤ Bürgschaften.

Wirtschafts- und Betriebslehre, Sozialkunde

Prüfung 7

10. Nach dem Jugendarbeitsschutzgesetz steht dem Jugendlichen Erholungsurlaub zu. Wie viel Urlaubstage sind gesetzlich vorgeschrieben, wenn der Jugendliche zu Beginn des Kalenderjahres noch nicht 18 Jahre alt ist?

① 20 Werktage
② 24 Werktage
③ 25 Werktage
④ 27 Werktage
⑤ 30 Werktage

11. Welche Aussage ist falsch?

① Fertigfabrikate sollten möglichst schnell ausgeliefert und verkauft werden.
② Je kürzer die Lagerhaltung der Halbfabrikate, um so höher die Kosten.
③ Wegen der weiteren Verarbeitung der Halbfabrikate ist oft eine längere Lagerhaltung notwendig.
④ Halbfabrikate werden häufig von Zulieferern bezogen.

12. Wer zahlt das Kurzarbeitergeld?

① Arbeitslosenversicherung
② Unfallversicherung
③ Rentenversicherung
④ Privatversicherung
⑤ Krankenversicherung

13. Wer ist Träger der gesetzlichen Unfallversicherung?

① Die Berufsgenossenschaft
② Die Krankenkasse
③ Der Bundesrechnungshof
④ Die Landesversicherungsanstalt
⑤ Die Bundesversicherungsanstalt für Angestellte

14. Wo findet man die Regelungen über die Berufsschulpflicht? Im:

① Ausbildungsvertrag
② Schulpflichtgesetz
③ Betriebsverfassungsgesetz
④ Vertrag der Tarifpartner
⑤ Berufsbildungsgesetz

15. Für welche Betriebe gelten die Regelungen der Samstags-, Sonn- und Feiertagsruhe lt. Jugendarbeitsschutzgesetz nicht?

① Krankenhausanstalten
② Gaststättenbetriebe
③ Hotelgewerbe
④ Verkehrsgewerbe
⑤ Handwerksbetriebe

16. Für die Arbeitnehmer gibt es gesetzlich geregelte Mitbestimmungsgesetze. Welches der Gesetze ist kein Mitbestimmungsgesetz?

① Betriebsverfassungsgesetz
② Mitbestimmungsgesetz
③ Montan-Mitbestimmungsgesetz
④ Personalvertretungsgesetz
⑤ Versammlungsgesetz

17. Welche Bedingungen muss ein Betriebsmitglied erfüllen, um in den Betriebsrat gewählt zu werden?

① Es muss 18 Jahre alt sein.
② Es muss 18 Jahre alt sein und ein halbes Jahr im Betrieb beschäftigt sein.
③ Es muss das 20. Lebensjahr vollendet haben.
④ Es muss das 21. Lebensjahr vollendet haben.

18. Welche Aussage ist falsch?

① Tarifautonomie bedeutet: Beeinflussung durch die Regierung bei Lohnverhandlungen.
② Beim Scheitern von Tarifverhandlungen besteht die Möglichkeit der Schlichtungsvereinbarungen.
③ In der Urabstimmung können sich die Arbeiter für oder gegen den Streik aussprechen.
④ Während der Friedenspflicht wird nicht gestreikt.

19. Welche Steuer ist eine direkte Steuer?

① Tabaksteuer
② Mineralölsteuer
③ Vergnügungssteuer
④ Branntweinsteuer
⑤ Lohnsteuer, Einkommensteuer

Die Lösungen finden Sie im Lösungsteil auf Seite 159.

Prüfung 7 — Wirtschafts- und Betriebslehre, Sozialkunde

20. Welche Personengruppe in einem Betrieb vertritt der Betriebsrat gemäß Betriebsverfassungsgesetz nicht?

① Heimarbeiten des Betriebes
② Leitende Angestellte
③ Auszubildende
④ Praktikanten
⑤ Ausländische Hilfsarbeiter

21. Welche Leistungen erbringt nicht die Arbeitslosenversicherung?

① Schlechtwettergeld
② Kurzarbeitergeld
③ Arbeitslosenhilfe
④ Arbeitslosengeld
⑤ Sterbegeld

22. Bezieher von Arbeitslosengeld sind durch die gesetzliche Krankenversicherung geschützt. Welche der Aussagen darüber ist richtig?

① Arbeitslose bleiben Mitglied ihrer bisherigen Krankenkasse. Die fälligen monatlichen Beiträge zahlt der Arbeitgeber.
② Der ehemalige Arbeitgeber muss die Krankenversicherungsbeiträge auch für die Familienhilfe weiter tragen.
③ Jeder Arbeitslose wird Mitglied der Allgemeinen Ortskrankenkasse.
④ Arbeitslose bleiben zwar Mitglied ihrer Krankenkasse. Die Beitragszahlungen übernimmt die Bundesanstalt für Arbeit mit Sitz in Nürnberg.
⑤ Das Arbeitsamt zahlt keine Beiträge an die Krankenkasse für Bezieher von Arbeitslosengeld.

23. Was sind Subventionen?

① Eine Art Zölle
② Dividende für Aktien
③ Zuschüsse des Staates
④ Vermögensabgaben
⑤ Entwicklungshilfe

24. Um Altersruhegeld oder eine Rente für Berufs- oder Erwerbsunfähigkeit beanspruchen zu können, sind anrechnungsfähige Versicherungszeiten erforderlich. Wie viele Jahre sind mindestens zu erfüllen?

① 2 Jahre
② 3 Jahre
③ 4 Jahre
④ 5 Jahre
⑤ 8 Jahre

25. Welcher Wirtschaftszweig gehört nicht der IHK an?

① Hotelgewerbe
② Industrie
③ Großhandel
④ Banken
⑤ Caritasverband

26. Was versteht man in der industriellen Fertigung unter Rationalisierung?

27. Bei welchen öffentlichen Behörden muss die Neugründung eines Betriebes gemeldet werden?

28. Was versteht man unter:
a) Rechtsfähigkeit
b) Geschäftsfähigkeit

29. Welches sind die vier obersten Grundforderungen der Wirtschaftspolitik?

30. Was bezeichnet man in der Auseinandersetzung zwischen Gewerkschaft und Unternehmer als Aussperrung?

31. Was bedeutet das Konstruktive Misstrauensvotum?

32. Welche obersten Ziele hat man sich in der Charta der UNO gesetzt?

5.8 Prüfung 8

1. Welche rechtliche Verpflichtung übernimmt der Ausbildungsbetrieb, wenn er mit dem Auszubildenden einen Ausbildungsvertrag abschließt?

① Nach bestandener Abschlussprüfung ihn in die fachspezifische Tarifgruppe einzustufen und weiter zu beschäftigen.
② Bei großem Auftrags- und Termindruck vom Besuch des Berufsschulunterrichts zurückzuhalten und im Betrieb zu beschäftigen.
③ Die für die Ausbildung erforderlichen Handwerkzeuge auf einer Bestell-Liste bereitzustellen, die der Auszubildende kauft.
④ Ihn für die vorgeschriebenen Zwischen- und Abschlussprüfungen freizustellen.
⑤ Die erforderlichen Lehr- und Unterrichtsmittel für den Berufsschulunterricht zu beschaffen und die Kosten zu tragen.

2. Welche Aussage zur Kapitalgesellschaft ist falsch?

① Die Gesellschaft ist eine juristische Person.
② Die natürlichen Personen der Gesellschaft treten in den Hintergrund.
③ Die Gesellschaft ist eine eigene Rechtspersönlichkeit.
④ Für die Geschäftsführung werden besondere Organe gebildet.
⑤ Die natürlichen Personen der Kapitalgesellschaft stehen im Vordergrund bei automatischer Geschäftsführung.

3. Welche Aussage über die GmbH ist nicht richtig?

① Die Firmierung darf nicht ohne den Zusatz GmbH erfolgen.
② Die Beteiligung am Unternehmensergebnis richtet sich nach den Geschäftsanteilen der Gesellschafter.
③ Wegen der beschränkten Haftung wird diese Unternehmungsform häufig gewählt.
④ Die Gesellschaftsversammlung bestellt den Geschäftsführer.
⑤ Die Haftung ist auf das Privatvermögen beschränkt.

4. Wer erstellt Unfallverhütungsvorschriften?

① Die Berufsgenossenschaft
② Unfallversicherung
③ Rentenversicherungsträger
④ Arbeitsamt
⑤ Landesregierung

5. Wie lange haben Arbeitnehmer Anspruch auf Erziehungsurlaub nach dem Bundeserziehungsgeldgesetz?

① Bis zur Vollendung des ersten Lebensjahres des Kindes.
② Bis zur Vollendung des zweiten Lebensjahres des Kindes.
③ Bis zur Vollendung des dritten Lebensjahres des Kindes.
④ Solange, bis das Kind einen Kindergartenplatz erhält.
⑤ Solange, bis die Eltern das Kind einer Tagesmutter übergeben können.

6. In der Streik-Praxis gibt es verschiedene Streikarten. Welche Aussage hierzu ist falsch?

① Bei einem Generalstreik legen alle Beschäftigten in allen Wirtschaftszweigen ihre Arbeit nieder.
② Bei einem Schwerpunktstreik streiken nur ausgewählte Betriebe einer bestimmten Branche.
③ Warnstreiks werden nicht vor Ablauf eines Tarifvertrages ausgetragen.
④ Warnstreiks werden durchgeführt, wenn die Tarifverhandlungen abgeschlossen sind; die Gewerkschaftsmitglieder mit dem Ergebnis aber nicht einverstanden sind.
⑤ Beteiligen sich Arbeitnehmer an einem wilden Streik, so können diese fristlos entlassen werden.

7. Warum lässt der Gesetzgeber junge Menschen nach Altersklassen in die volle Geschäftsfähigkeit gelangen?

① Um junge Leute vor unüberlegten Handlungen und deren Folgen zu schützen.
② Damit junge Leute nicht sofort alle Rechte wie Erwachsene erhalten.
③ Da junge Menschen weniger Geld zur Verfügung haben.
④ Um junge Leute noch stärker an das Elternhaus zu binden.

8. Mit welchem Alter beginnt die zivilrechtliche unbeschränkte Deliktfähigkeit?

① Mit vollendetem 6. Lebensjahr
② Mit vollendetem 12. Lebensjahr
③ Mit vollendetem 16. Lebensjahr
④ Mit vollendetem 18. Lebensjahr
⑤ Mit vollendetem 21. Lebensjahr

Die Lösungen finden Sie im Lösungsteil auf Seite 159.

9. Welcher der genannten Verträge gehört zu den öffentlich-rechtlichen Verträgen?

① Werkvertrag
② Erbvertrag
③ Vertrag zwischen zwei Gemeinden
④ Vertrag zwischen einer Bank und einer natürlichen Person
⑤ Pachtvertrag

10. Jeder versicherungspflichtige Arbeitnehmer gehört einer gesetzlichen Krankenkasse an. Hinsichtlich der Zugehörigkeit hat das Gesundheitsstrukturgesetz eine wesentliche Änderung gebracht. Welche?

① Alle Versicherungspflichtigen können selbst entscheiden, bei welcher Krankenkasse sie versichert sein wollen.
② Der Arbeitgeber allein entscheidet über die zuständige Krankenkasse.
③ Das Finanzamt entscheidet über die zuständige Krankenkasse.
④ Die Landesversicherungsanstalt entscheidet über diese Zugehörigkeit zu einer Krankenkasse.
⑤ Die Berufsgenossenschaft entscheidet, welche Krankenkasse zuständig ist.

11. In welchen Arbeitsbereichen gilt das Beschäftigungsverbot für Frauen?

① Webereien
② Werkzeugbau
③ Tiefbau
④ Galvanik
⑤ Bergbau unter Tage

12. Wer ist nicht krankenversicherungspflichtig?

① Arbeiter
② Angestellte, die ein bestimmtes Einkommen nicht überschreiten
③ Anlernlinge
④ Arbeitslose
⑤ Beamte

13. Wer erbringt Leistungen zur Rentenversicherung?

① Nur der Arbeitnehmer
② Arbeitgeber und der Bund je zur Hälfte
③ Arbeitgeber, Arbeitnehmer und der Bund
④ Arbeitnehmer und der Bund je zur Hälfte
⑤ Nur der Arbeitgeber

14. Wie oft darf ein Auszubildender die Abschlussprüfung wiederholen?

① Nur zweimal
② Zweimal, mit Genehmigung des Betriebes
③ Zweimal, mit Genehmigung der Prüfungskommission
④ Zweimal ohne jede Auflage
⑤ Dreimal mit Sondergenehmigung

15. Wonach richtet sich der jährliche Erholungsurlaub gemäß dem Jugendarbeitsschutzgesetz?

① Nach den betrieblichen Verhältnissen und Arbeitsbedingungen
② Nach dem Alter der Jugendlichen
③ Nach Vereinbarung mit dem Betrieb
④ Nach Vereinbarung gemäß dem Betriebsverfassungsgesetz
⑤ Nach den geistigen Anstrengungen in den verschiedenen Betrieben

16. Wie lange zahlt der Arbeitgeber im Krankheitsfall den Lohn weiter?

① Bis zur endgültigen Gesundung des Mitarbeiters
② 6 Monate
③ Bis zu 9 Monaten
④ 6 Wochen
⑤ Die Zahlung übernimmt sofort die Krankenkasse.

17. Ab welchem Alter darf ein Betriebsangehöriger bei der Betriebsratswahl mitwählen? Mit:

① 15 Jahren
② 16 Jahren
③ 18 Jahren
④ 20 Jahren
⑤ 21 Jahren

18. Welche Aussage ist falsch?

① Tarifvereinbarungen zwischen Arbeitgeber und Gewerkschaften gelten nur für Gewerkschaftsmitglieder.
② Streikgelder stammen u. a. aus den Mitgliedsbeiträgen.
③ Während der Laufzeit eines Tarifvertrages ist der Streik untersagt.
④ Häufig ist Aussperrung die Reaktion der Unternehmer auf einen Streik.
⑤ Während der Friedenspflicht gibt es keine Aussperrung.

Wirtschafts- und Betriebslehre, Sozialkunde — Prüfung 8

19. Welche der genannten Steuern ist eine indirekte Steuer?

① Lohnsteuer
② Vermögenssteuer
③ Gewerbesteuer
④ Branntweinsteuer
⑤ Einkommensteuer

20. Welche Aussage über die Betriebsratswahl gemäß Betriebsverfassungsgesetz ist falsch?

① Wahlberechtigte bei der Betriebsratswahl sind alle Arbeitnehmer, die das 18. Lebensjahr vollendet haben.
② Je höher die Zahl der Beschäftigten ist, um so größer ist die Zahl der Betriebsratsmitglieder.
③ Betriebe mit 21 bis 50 wahlberechtigten Arbeitnehmern wählen drei Betriebsräte.
④ Wer in den Betriebsrat gewählt werden will, muss das 18. Lebensjahr vollendet haben und wenigstens 1/2 Jahr in dem Betrieb beschäftigt sein.
⑤ Die normale Amtszeit eines Betriebsrates beträgt drei Jahre.

21. Welche Versicherung gehört in den Bereich der privaten Versicherungen?

① Krankenversicherung
② Hausratversicherung
③ Unfallversicherung
④ Rentenversicherung
⑤ Arbeitslosenversicherung

22. Sind ein Anbieter und viele Nachfrager auf dem Markt, ist die Marktform:

① Oligopol ④ Kartell
② Konkurrenz ⑤ Konsortium
③ Monopol

23. Welche Aussage über die Arbeitslosenhilfe ist richtig?

① Arbeitslosenhilfe wird gezahlt, wenn der Anspruchsteller bedürftig ist, obwohl die Familienangehörigen sehr vermögend sind.
② Die Mittel der Arbeitslosenhilfe werden aus dem Staatshaushalt des Bundes aufgebracht.
③ Die Mittel der Arbeitslosenhilfe werden aus der Arbeitslosenversicherung aufgebracht.
④ Verheiratete Arbeitslose mit Kindern erhalten keinen höheren Prozentsatz des letzten Nettoverdienstes an Arbeitslosenhilfe wie Alleinstehende.
⑤ Der Höchstsatz der Arbeitslosenhilfe beträgt 35% des letzten Nettoeinkommens des entsprechenden Berufes.

24. Welche Aussage gemäß Betriebsverfassungsgesetz zur Mitbestimmung in personellen Angelegenheiten ist falsch?
(Der Betrieb hat mehr als 20 Mitarbeiter.)

① Hat der Betrieb mehr als 20 wahlberechtigte Arbeitnehmer, hat der Arbeitgeber vor jeder Einstellung die Zustimmung des Betriebsrates einzuholen.
② Erhalten Betriebsratsmitglieder oder Jugendvertreter eine fristlose Kündigung, so bedarf dies der Zustimmung des Betriebsrates.
③ Jede ordentliche Kündigung ist unwirksam, wenn der Betriebsrat vorher nicht angehört wird.
④ Bei der Einstellung eines leitenden Mitarbeiters hat der Arbeitgeber die Zustimmung des Betriebsrates einzuholen.
⑤ Verweigert der Betriebsrat die Zustimmung zu einer fristlosen Kündigung eines Jugendvertreters, muss das Arbeitsgericht die letzte Entscheidung treffen.

25. Welche Aufgabe obliegt der IHK nicht?

① Facharbeiterprüfungen durchzuführen
② Bei der Ausbildung von Industriebetrieben zu beraten
③ Auf Verlangen Gutachten abzugeben.
④ Bei der Fahrplangestaltung aller Verkehrsträger mitzuwirken.
⑤ Tarifverhandlungen mit den Sozialpartnern durchzuführen

26. Welche Vorteile bietet die Automation in der industriellen Fertigung?

27. Welche Personengesellschaften und welche Kapitalgesellschaften kennen Sie? Geben Sie die jeweils dazugehörenden Abkürzungen an.

28. Welche Formen für den Abschluss von Verträgen kennen Sie?

29. Welche Möglichkeiten hat der Staat, um Währungsstörungen zu beheben?

30. Was versteht man unter den OPEC-Ländern? Nennen Sie fünf dieser Länder?

31. Nennen Sie wesentliche Aufgaben des Bundestages.

32. Geben Sie stichwortartig Möglichkeiten der Entwicklungshilfe mit Beispielen an.

5.9 Prüfung 9

1. Welche Aussage über die Kündigung eines Auszubildenden innerhalb der Probezeit ist richtig?

① Die mündliche Kündigung ist rechtskräftig.
② Die Kündigung muss in Schriftform erfolgen.
③ Ohne Kündigungsgrund ist die Kündigung nicht rechtskräftig.
④ Bei der Kündigung muss eine Kündigungszeit von wenigstens vier Wochen eingehalten werden.
⑤ Das Einhalten einer Kündigungsfrist ist vorgeschrieben.

2. In welcher Zeile sind Unternehmung und Unternehmensform richtig zugeordnet?

	Unternehmung	Unternehmensform
①	Meier Werkzeugbau	Kapitalgesellschaft
②	Müller GmbH	Kapitalgesellschaft
③	Opel AG	Genossenschaften
④	Faber OHG	Kapitalgesellschaft
⑤	Wolf & Co.	Einzelunternehmung

3. Die Unternehmung Müller OHG muss mangels Aufträge schließen. Wie ist es mit der Haftung?

① Der Gesellschafter Müller haftet mit dem Geschäftsvermögen.
② Herr Müller haftet mit dem Sachvermögen.
③ Alle Gesellschafter haften nur mit den Kapitaleinlagen.
④ Der Kommanditist haftet mit dem Privatvermögen.
⑤ Alle Gesellschafter sind Vollhafter mit dem Geschäfts- und dem Privatvermögen.

4. Welches Organ gehört nicht zu der Unternehmensform der GmbH?

① Generalversammlung
② Gesellschafter
③ Gesellschafterversammlung
④ Aufsichtsrat (ab 500 Arbeitnehmer)
⑤ Geschäftsführer

5. Wonach ist das Stimmrecht des Aktionärs auf der Hauptversammlung einer Aktiengesellschaft geregelt?

① Stimmrecht haben nur diejenigen, die von der Hauptversammlung in den Aufsichtsrat gewählt werden.
② Alle Aktionäre haben gleiches Stimmrecht, unabhängig vom Nennwert der Aktienanteile eines Aktionärs.
③ Stimmrecht hat nur derjenige Aktionär, der persönlich anwesend ist und wenigstens 1% Aktienanteile besitzt.
④ Stimmrecht haben nur diejenigen Aktionäre, die vom Vorstand in den Aufsichtsrat bestellt werden.
⑤ Das Stimmrecht wir nach Aktiennennbeträgen ausgeübt. Jede Aktie gewährt das Stimmrecht.

6. Welche Versicherung gehört nicht zur gesetzlichen Sozialversicherung?

① Unfallversicherung
② Lebensversicherung
③ Krankenversicherung
④ Rentenversicherung
⑤ Arbeitslosenversicherung

7. Welche Aussage zum Arbeitszeugnis bzw. qualifiziertem Zeugnis ist nicht richtig?

① Es gibt einen Unterschied zwischen einem einfachen Arbeitszeugnis und einem qualifiziertem Zeugnis.
② Beim Ausscheiden aus dem Betrieb muss auf Wunsch des Mitarbeiters der Arbeitgeber ein Zeugnis ausstellen.
③ Das einfache Arbeitszeugnis enthält keine Angaben über Art und Dauer der Beschäftigung.
④ Das qualifizierte Zeugnis enthält Zusatzangaben zu Führung und Leistung des Mitarbeiters.
⑤ Im einfachen Arbeitszeugnis ist der Grund zur Beendigung des Arbeitsverhältnisses nicht enthalten.

Wirtschafts- und Betriebslehre, Sozialkunde — Prüfung 9

8. Welche Aussage gemäß Kündigungsschutzgesetz ist nicht richtig?

① Eine Kündigung ist ohne vorherige Anhörung des Betriebsrates unwirksam.
② Betriebsratsmitglieder genießen besonderen Kündigungsschutz.
③ Hält ein Arbeitnehmer die Kündigung für sozial nicht gerechtfertigt, so kann er binnen einer Woche nach der Kündigung Einspruch beim Betriebsrat einlegen.
④ Dem Gekündigten bleibt es unbenommen, binnen vier Wochen nach der Kündigung beim Arbeitsgericht Einspruch zu erheben.
⑤ Schwangeren darf während der Schwangerschaft und bis zum Ablauf von vier Monaten nach der Entbindung nicht gekündigt werden.

9. Welche Aussage zur Kampfmaßnahme „Aussperrung" ist nicht richtig?

① Für die Dauer der Aussperrung erhalten sämtliche Betriebsangehörige, die Mitglied der Gewerkschaft sind, Streikgeld.
② Die Aussperrung gilt für Arbeiter und Angestellte gleichermaßen.
③ Die Aussperrung ist ein legales Arbeitskampfmittel der Arbeitgeber und von der Rechtsprechung als rechtmäßig anerkannt.
④ Nur Mitglieder der Gewerkschaft erhalten während der Aussperrung Streikgeld.
⑤ Bei der Aussperrung müssen diejenigen Betriebsangehörigen, die nicht streiken und nicht in der Gewerkschaft sind, im Betrieb als Notdienst arbeiten.

10. Wer zieht alle Beiträge für die Sozialversicherung ein und leitet diese an die anderen Versicherungsträger weiter?

① Finanzamt
② Arbeitsamt
③ Industrie- und Handelskammer
④ Krankenversicherung
⑤ Gewerbeaufsichtsamt

11. Was passiert, wenn die Wirtschaft „angeheizt" wird?

① Die Preise steigen.
② Die Preise fallen.
③ Die Preise werden stabil.
④ Die Unternehmer investieren weniger.
⑤ Die Vollbeschäftigung wird gefährdet.

12. Welche Krankheit gilt als anerkannte Berufskrankheit?

① Lungenkrebs
② Staublunge
③ Gewebegeschwulst
④ Knochenbruch
⑤ Tumor

13. Darf ein Arbeitgeber Arbeitnehmer aus anderen Betrieben abwerben?

① Nur mit Genehmigung der IHK
② Nein
③ Ja
④ Mit Zustimmung des Arbeitsamtes
⑤ Mit Genehmigung des Arbeitgeberverbandes

14. Vor welchem Gericht kann bei Nichtbestehen der Abschlussprüfung ein Auszubildender klagen?

① Amtsgericht
② Verwaltungsgericht
③ Landgericht
④ Arbeitsgericht
⑤ Finanzgericht

15. Was gehört gemäß Betriebsverfassungsgesetz nicht zu den Aufgaben des Betriebsrates?

① Der Betriebsrat ergreift Maßnahmen des Arbeitskampfes und steuert die Streikwelle.
② Förderung der Beschäftigung älterer Arbeitnehmer
③ Eingliederung ausländischer Arbeitnehmer in den Betrieb
④ Vorbereitung und Durchführung der Wahl einer Jugendvertretung
⑤ Überwachung der Unfallverhütungsvorschriften

16. Welche gesetzliche Mindestkündigungsfrist hat ein Facharbeiter?

① 14 Tage
② 4 Wochen
③ 6 Wochen
④ 3 Monate
⑤ Keine

17. Wo sind die Befugnisse des Betriebsrates festgelegt?

① In den Tarifverträgen
② In den Satzungen der Innungen
③ Im Betriebsverfassungsgesetz
④ In der Gewerbeordnung
⑤ In der Satzung der Industrie- und Handelskammer

Prüfung 9 — Wirtschafts- und Betriebslehre, Sozialkunde

18. Welche Aussage trifft nicht zu?

① Die Tarifpartner sind autonom.
② Die Bundesregierung kann keine Lohnleitlinien für die Metallindustrie festlegen.
③ Die Landesregierung kann den Tarifpartnern Lohnleitlinien vorschreiben.
④ Die Bundesregierung kann den Streik in der Metallindustrie verbieten.

19. Welche Aussage über die Aktivitäten der Betriebsratsmitglieder ist falsch?

① Der Betriebsrat darf während der Arbeitszeit keine Sprechstunden durchführen.
② Werden Sprechstunden innerhalb der Arbeitszeit durchgeführt, wird für diese Zeit Lohn gezahlt.
③ Zu Betriebsratssitzungen müssen Jugendvertretung und der Vertrauensmann der Schwerbeschädigten geladen werden.
④ Der Arbeitgeber ist vor jeder Betriebsratssitzung zu informieren.
⑤ Im Kalenderjahr muss der Betriebsrat eine Betriebsversammlung einberufen.

20. Auf Grund verschiedener Vorkommnisse im Betriebsrat soll ein Mitglied aus dem Betriebsrat vom Arbeitsgericht ausgeschlossen werden. Wer darf diesen Antrag nicht stellen?

① Der Betriebsrat selbst
② Der Arbeitgeber
③ Die Jugend- und Auszubildendenvertretung
④ Wenigstens 25 Prozent der wahlberechtigten Arbeitnehmer
⑤ Die in dem Betrieb vertretende Gewerkschaft

21. Welche Versicherung gehört in den Bereich der gesetzlichen Sozialversicherungen?

① Kfz-Haftpflichtversicherung
② Arbeitslosenversicherung
③ Glasbruchversicherung
④ Gebäudeversicherung
⑤ Lebensversicherung

22. Welche Unternehmensform gehört zur Gruppe der Kapitalgesellschaften?

① Stille Gesellschaft
② GmbH
③ KG
④ OHG
⑤ eGmbH

23. Wann hat ein Staat eine aktive Handelsbilanz?

① Wenn der Import größer als der Export ist.
② Falls die Ausfuhr größer als die Einfuhr ist.
③ Falls die Summen der erzeugten Güter nicht alle verkauft werden können.
④ Einfuhr und Ausfuhr sind ausgeglichen.
⑤ Wenn er nicht in ausreichender Menge Kredite aufnehmen kann.

24. Welche Aussage über die Sozialversicherungen ist nicht richtig?

① Die verschiedenen Sozialversicherungen verwalten sich selbst und sind unabhängig voneinander.
② Das höchste Organ der Sozialversicherungen ist die Vertreterversammlung.
③ Das höchste Organ der Sozialversicherungen ist die Vertreterversammlung, und diese wird alle 6 Jahre gewählt.
④ Arbeitgeber, Versicherte über 16 Jahre sowie Rentner wählen das wichtigste Organ der Sozialversicherungen.
⑤ Der Vorstand setzt die Leistungs- und Beitragssätze fest.

25. In welcher Organisation haben die Industrie- und Handelskammern ihre Gesamtvertretung auf Bundesebene?

① Im Deutschen Industrie- und Handelstag
② Im Zentralverband des Deutschen Handwerks
③ Im Bundesverband der deutschen Industrie
④ In der Bundesvereinigung der deutschen Arbeitgeberverbände.

26. Welche Nachteile liefert die Automation industrieller Fertigung?

27. Welche Genossenschaften unterscheidet man?

28. Man unterscheidet bei Verträgen einseitige und zweiseitige Rechtsgeschäfte. Nennen Sie
a) vier einseitige
b) vier zweiseitige Rechtsgeschäfte

29. Welche Einkommensarten unterscheidet das Einkommensteuergesetz?

30. Was beinhaltet die Gründung der Montanunion am 18.4.1951 in Paris, und welches Fernziel steuerte man bereits damals an?

31. Erklären Sie den Begriff „Fraktion".

32. Welche Gefahr sehen Sie in der Pressekonzentration?

5.10 Prüfung 10

1. Wo ist für die verschiedenen Ausbildungsberufe im einzelnen die Dauer der Ausbildungszeiten festgelegt?

① Wird zwischen dem Betrieb und dem Auszubildenden ausgehandelt
② In den verschiedenen Ausbildungsordnungen
③ Im Betriebsverfassungsgesetz
④ Wird von der Kreishandwerkerschaft festgelegt
⑤ Im Berufsbildungsgesetz

2. Welche Institution fördert - gemäß der gesetzlichen Bestimmungen - berufliche Umschulung und finanziert diese Umschulung?

① Arbeitgeberverband
② Innungen
③ Arbeitsamt
④ Landesversicherungsanstalt
⑤ Bundesversicherungsanstalt

3. Welcher Betrieb gehört zu den Dienstleistungsbetrieben?

① Forstwirtschaftsbetrieb
② Maschinenfabrik
③ Versicherungsgesellschaft
④ Baugewerbe
⑤ Papierfabrik

4. Welche Aussage über den Kommanditist bzw. den Komplementär der Unternehmung Peters KG ist richtig?

① Der Komplementär haftet mit seiner Kapitaleinlage und mit seinem Privatvermögen.
② Die Geschäftsführung wird durch den Kommanditist wahrgenommen.
③ Alle Gesellschafter sind gleichzeitig der Komplementär.
④ Der Komplementär hat nur Kontrollbefugnisse.
⑤ Der Komplementär haftet lediglich mit seiner Kapitaleinlage.

5. Wie lautet die Abkürzung für das Handelsgesetzbuch?

① HGH   ④ BGH
② HAB   ⑤ HGB
③ HBG

6. Welche Aussage zur Unternehmensform der KG ist richtig?

① Auch ein Teilhafter darf der Geschäftsführer sein.
② Im Firmennamen wird nicht nur der Vollhafter genannt.
③ Die Teilhafter (Kommanditisten) sind von der Mitarbeit ausgeschlossen. Es handelt der Vollhafter.
④ Der Vollhafter hat nur eingeschränkte Entscheidungsfreiheit.
⑤ Der Teilhafter erhält kein Recht auf Einsicht in die Geschäftsbücher.

7. Welche Aussage über die Organe einer Aktiengesellschaft ist falsch?

① An der Hauptversammlung nehmen nur Vorstand und Aufsichtsrat teil.
② Der Aufsichtsrat überwacht die Geschäftsleitung der AG, bestellt den Vorstand und kann ihn abberufen.
③ Die jährliche Hauptversammlung ist die Vertretung der Aktionäre.
④ Dem Vorstand obliegt die Geschäftsleitung, und er vertritt die AG nach außen.
⑤ In der Hauptversammlung beschließen die Aktionäre u. a. über die Gewinnverteilung.

8. Welche Aufgabe obliegt der Hauptversammlung einer Aktiengesellschaft nicht?

① Sie entscheidet über Satzungsänderungen.
② Sie wählt die Vertreter der Aktionäre für den Aufsichtsrat.
③ Sie erteilt dem Vorstand der AG Entlastung.
④ Sie überwacht die Arbeit des Vorstandes.
⑤ Sie beschließt über Kapitalerhöhungen bzw. über die Auflösung der Aktiengesellschaft.

9. Für alle Verträge gilt der Rechtsgrundsatz: „Verträge müssen eingehalten werden." Wann nur ist eine Vertragsänderung möglich?

① Durch Krankheitsfälle
② Wenn ein Vertragspartner nicht zahlen will
③ Wenn der andere Vertragspartner, d. h. die Gegenseite, zustimmt
④ Falls Aussichten auf einen besseren Vertrag ausstehen
⑤ Durch veränderte Marktsituationen

Prüfung 10 — Wirtschafts- und Betriebslehre, Sozialkunde

10. Bei welchem Begriff kann man nicht von Dienstleistungen sprechen?

① Bei Schulen
② Bei Versicherungen
③ Bei Verwaltungen
④ Bei Banken
⑤ Bei Fabrikanten

11. Welche Aussage über Kündigungen bzw. Kündigungsschutz ist falsch?

① Das Kündigungsschutzgesetz greift für Betriebe mit mehr als fünf Beschäftigten, die das 18. Lebensjahr vollendet haben und sechs Monate dem Betrieb angehören.
② Während der Probezeit darf keine ordentliche Kündigung erfolgen.
③ Bei schweren Vertragsverletzungen wie z. B. Diebstahl oder Tätlichkeiten greift die außerordentliche Kündigung.
④ Für Angestellte darf die im Arbeitsvertrag vereinbarte Kündigungsfrist vier Wochen nicht unterschreiten.
⑤ Bei einer außerordentlichen Kündigung greifen die gesetzlichen Kündigungsvorschriften in der Regel nicht.

12. Wie lange zahlt die Unfallversicherung die Kosten zur Heilbehandlung?

① Sechs Monate
② Zwölf Monate
③ Achtzehn Monate
④ Bis die Unfallfolgen geheilt sind
⑤ Richtet sich ganz nach der Schuldfrage

13. Hat ein ausscheidender Arbeitnehmer Anspruch auf ein Zeugnis über seine Tätigkeiten?

① Nur, wenn ihm nicht gekündigt wurde
② Wenn ihm gekündigt wurde
③ Der Arbeitgeber ist stets verpflichtet, ein Zeugnis auszustellen.
④ Nur bei einvernehmlicher Lösung des Arbeitsverhältnisses.
⑤ Ja, auf Verlangen des Arbeitnehmers

14. Jedem Arbeitnehmer steht ein Urlaub zu. Wo ist diese Regelung festgelegt?

① Im Bundesurlaubsgesetz
② Mit jedem Arbeitsvertrag wird der Urlaub mitvereinbart.
③ Im Betriebsverfassungsgesetz
④ Es gibt dafür keine einheitliche Regelung.
⑤ Urlaub richtet sich nach den örtlichen Betriebssituationen.

15. Zwischen dem Arbeitgeberverband der Metallindustrie und der IG Metall ist ein Tarifvertrag abgeschlossen worden. Dürfen die Arbeitgeber dennoch Löhne zahlen, die unter den Tarifvereinbarungen liegen? Welche Aussage ist richtig?

① Das ist grundsätzlich verboten.
② Ja, diejenigen Arbeitgeber dürfen dies, die nicht dem Arbeitgeberverband der Metallindustrie angehören.
③ Ja, das ist erlaubt, wenn die Auftragslage dies erforderlich werden lässt.
④ Das ist nur für Betriebe erlaubt, die weniger als 16 Beschäftigte haben.
⑤ Es ist erlaubt, wenn die Industrie- und Handelskammer es genehmigt hat.

16. Wann ist eine Kündigung durch den Unternehmer wirksam?

① Wenn der Mitarbeiter mehr als 5 Jahre dem Betrieb angehört.
② Wenn die Entlassung sozial ungerechtfertigt ist.
③ Wen der Betriebsrat angehört wird.
④ Wenn die Entlassung beim Arbeitsamt nicht rechtzeitig angemeldet wird.

17. Welcher tragende Begriff passt zum Betriebsverfassungsgesetz?

① Mitbestimmung
② Tarifautonomie
③ Berufsgenossenschaft
④ Arbeitsamt
⑤ Grundgesetz

18. Welche Aussage ist falsch?

① Ständige Preissteigerungen erhöhen den Wert des Geldes.
② Ständige Preiserhöhungen in einem Staat führen allmählich zur Inflation.
③ Preiserhöhungen gefährden den Export.
④ Absatzschwierigkeiten der Güter gefährden die Sicherheit der Arbeitsplätze.

Wirtschafts- und Betriebslehre, Sozialkunde — Prüfung 10

19. Das dreijährige Kind einer Alleinerziehenden Mutter, die vollzeitlich tätig ist, wird krank. Helfer stehen nicht zur Verfügung. Die Mutter bleibt fünf Tage der Arbeit fern und versorgt das kranke Kind auf Anraten des Arztes. Hat die Mutter Anspruch auf Entlohnung bzw. Unterstützung?

① Nein, die Mutter muss den Jahresurlaub dafür verwenden.
② Ja, der Arbeitgeber zahlt für die fünf Tage den Lohn.
③ Nein, die Mutter hat kein Anspruch auf Lohnfortzahlung.
④ Ja, die Krankenkasse zahlt für die Höchstdauer von 20 Arbeitstagen je Kalenderjahr Krankengeld.
⑤ Die Mutter muss einen Antrag beim Arbeitsamt stellen. Ist Geld vorhanden, zahlt man aus der Arbeitslosenversicherung.

20. Was legt man in einem Manteltarifvertrag (Rahmentarifvertrag) nicht fest?

① Höhe des Lohnes bzw. Gehaltes
② Länge der Wochenarbeitszeit
③ Länge des Urlaubs
④ Beschreibungen von Tätigkeitsmerkmalen einzelner Lohngruppen
⑤ Kündigungsregeln

21. Welche Aussage über die gesetzlichen Sozialversicherungen ist falsch?

① Die Beitragssätze werden von der Vertreterversammlung festgelegt und sind einkommensabhängig.
② Den Versicherungen werden bestimmte Pflichtleistungen per Gesetze vorgeschrieben.
③ Die Beiträge zur Unfallversicherung werden je zur Hälfte vom Arbeitnehmer und vom Arbeitgeber getragen.
④ Die Sozialversicherung ist keine freiwillige Versicherung sondern eine Pflichtversicherung.
⑤ Zur gesetzlichen Sozialversicherung gehören die Kranken-, Arbeitslosen-, Renten-, Unfall- und die Pflegeversicherung.

22. Wann hat ein Staat eine passive Handelsbilanz?

① Wenn die Einfuhren größer als die Ausfuhren sind.
② Wenn die Einfuhr so groß wie die Ausfuhr ist.
③ Falls die Ausfuhren größer als die Einfuhren sind.
④ Falls der Staat in ausreichender Menge Kredite aufnehmen kann.
⑤ Falls keine neuen Unternehmungen mehr gegründet werden.

23. Welche der Unternehmensformen gehört zur Gruppe der Personengesellschaften?

① KG
② GmbH
③ AG
④ eGmbH
⑤ eGmuH

24. Welcher Betrieb gehört zu Betrieben der Grundstoffindustrie?

① Papierfabrik
② Walzwerk
③ Autoproduktion
④ Kühlschränkefabrik
⑤ Maschinenfabrik

25. Wie nennt man das Zahlungsmittel in einer fremden Währung?

① Dividende
② Devisen
③ Wechsel
④ Verrechnungsscheck
⑤ Barscheck

26. Welche Betriebsarten, gemessen an der Beschäftigtenzahl, kennen Sie?

27. Was versteht man in der Wirtschaftslehre unter Markt?

28. Welche Aufgaben hat das Geld?

29. Mit dem Lohnsteuerjahresausgleich können Vorsorgeaufwendungen beim Finanzamt geltend gemacht werden. Nennen Sie fünf verschiedene Aufwendungen.

30. Welche Einnahmequellen gehören zur Parteifinanzierung?

31. Wer hat das Recht der Gesetzesinitiative? Beschreiben Sie den Weg bis zur Verabschiedung eines Bundesgesetzes.

32. Wie nehmen die Verbände Einfluss auf die Politik?

Musterprüfung Prüfungsvorbereitung / Klassenarbeiten

Name: Datum:

Technologie — 90 Minuten Aufgaben

Programmierte Aufgaben

Thema: **Fertigungstechnik**
Thema: **Werkstofftechnik**
Thema: **Maschinen- und Gerätetechnik**
Thema: **Informationstechnik**

Nr.	Seite	Nr.	Lösung
1.	5	2	
2.	13	11	
3.	14	7	
4.	17	25	
5.	18	2	
6.	19	8	
7.	21	22	
8.	27	5	
9.	31	12	
10.	34	30	
11.	42	8	
12.	43	12	
13.	48	4	
14.	50	6	
15.	52	12	
16.	53	5	
17.	56	11	
18.	57	3	
19.	59	7	
20.	61	1	
21.	62	2	
22.	63	7	
23.	66	14	
24.	69	5	
25.	73	14	
26.	74	7	
27.	77	5	
28.	81	10	
29.	85	17	
30.	88	27	

Fehler:

Technologie — Fortsetzung Aufgaben

Programmierte Aufgaben

Nr.	Seite	Nr.	Lösung
31.	90	41	
32.	94	23	
33.	97	11	
34.	103	44	
35.	114	36	
36.	116	3	
37.	118	7	
38.	120	2	
39.	120	9	
40.	121	11	
41.	121	14	
42.	122	18	
43.	127	4	
44.	128	13	
45.	129	15	

Konventionelle Aufgaben

Nr.	Seite	Nr.	Lösung
46.	17	29	
47.	24	36	
48.	34	35	
49.	40	22	
50.	49	16	
51.	54	6	
52.	60	17	
53.	68	32	
54.	78	19	
55.	90	38	
56.	96	32	
57.	114	42	
58.	122	24	
59.	124	44	
60.	130	26	

Fehler:

Techn. Mathematik — 90 Minuten Aufgaben

Konventionelle Aufgaben

Nr.	Seite	Nr.	Lösung
1.	135	4	
2.	136	3	
3.	136	6	
4.	137	3	
5.	139	9	
6.	142	7	
7.	152	10	
8.	162	11	
9.	172	20	
10.	175	1	
11.	176	5	
12.	180	2	
13.	191	4	
14.	192	1	
15.	193	1	

Programmierte Aufgaben

Nr.	Seite	Nr.	Lösung
16.	137	7	
17.	159	16	
18.	164	30	
19.	165	10	
20.	182	7	
21.	186	1	
22.	187	2	
23.	190	14	
24.	192	3	
25.	196	10	
26.			
27.			
28.			
29.			
30.			

Fehler:

Musterprüfung Prüfungsvorbereitung / Klassenarbeiten

Name: Datum:

Arbeitsplanung

Nr.	60 Minuten Aufgaben		Lö-sung
	Seite	*Nr.*	

Konventionelle Aufgaben

Nr.	Seite	Nr.	Lösung
1.	208	26	

Programmierte Aufgaben

Nr.	Seite	Nr.	Lösung
2.	198	4	
3.	201	15	
4.	204	20	
5.	209	2	
6.	212	11	
7.	214	15	
8.	217	23	
9.	220	4	
10.	230	7	
11.	232	16	
12.			
13.			
14.			
15.			

Wirtschaft / Politik

Nr.	90 Minuten Aufgaben		Lö-sung
	Seite	*Nr.*	

Programmierte Aufgaben

Nr.	Seite	Nr.	Lösung
1.	292	5	
2.	293	18	
3.	294	25	
4.	296	2	
5.	297	16	
6.	298	20	
7.	300	8	
8.	301	11	
9.	302	19	
10.	304	2	
11.	305	13	
12.	306	23	
13.	308	1	
14.	309	14	
15.	310	22	
16.	312	4	
17.	313	17	
18.	314	21	
19.	316	3	
20.	316	6	
21.	317	10	
22.	318	24	
23.	319	7	
24.	320	9	
25.	320	17	

Note.

Datum:

Unterschrift:

Wirtschaft / Politik

Nr.	Fortsetzung Aufgaben		Lö-sung
	Seite	*Nr.*	

Programmierte Aufgaben

Nr.	Seite	Nr.	Lösung
26.	321	22	
27.	322	2	
28.	322	4	
29.	323	13	
30.	323	16	
31.	325	2	
32.	325	9	
33.	327	19	
34.	327	22	
35.	327	25	

Konventionelle Aufgaben

Nr.	Seite	Nr.	Lösung
36.	299	33	
37.	310	27	
38.	318	32	
39.	321	26	
40.	327	28	

Fehler:

Fehler:

Kopiervorlage Prüfungsvorbereitung / Klassenarbeiten

Name: Datum:

Technologie			
Nr.	90 Minuten Aufgaben		Lö-sung
	Seite	Nr.	
Programmierte Aufgaben			
Thema:			
Thema:			
Thema:			
Thema:			
1.			
2.			
3.			
4.			
5.			
6.			
7.			
8.			
9.			
10.			
11.			
12.			
13.			
14.			
15.			
16.			
17.			
18.			
19.			
20.			
21.			
22.			
23.			
24.			
25.			
26.			
27.			
28.			
29.			
30.			

Fehler:

Technologie			
Nr.	Fortsetzung Aufgaben		Lö-sung
	Seite	Nr.	
Programmierte Aufgaben			
31.			
32.			
33.			
34.			
35.			
36.			
37.			
38.			
39.			
40.			
41.			
42.			
43.			
44.			
45.			
Konventionelle Aufgaben			
46.			
47.			
48.			
49.			
50.			
51.			
52.			
53.			
54.			
55.			
56.			
57.			
58.			
59.			
60.			

Fehler:

Techn. Mathematik			
Nr.	90 Minuten Aufgaben		Lö-sung
	Seite	Nr.	
Konventionelle Aufgaben			
1.			
2.			
3.			
4.			
5.			
6.			
7.			
8.			
9.			
10.			
11.			
12.			
13.			
14.			
15.			
Programmierte Aufgaben			
16.			
17.			
18.			
19.			
20.			
21.			
22.			
23.			
24.			
25.			
26.			
27.			
28.			
29.			
30.			

Fehler:

Kopiervorlage Prüfungsvorbereitung / Klassenarbeiten

Name: Datum:

Arbeitsplanung

Nr.	60 Minuten Aufgaben		Lö-sung
	Seite	*Nr.*	

Konventionelle Aufgaben

1.				

Programmierte Aufgaben

2.				
3.				
4.				
5.				
6.				
7.				
8.				
9.				
10.				
11.				
12.				
13.				
14.				
15.				

Wirtschaft / Politik

Nr.	90 Minuten Aufgaben		Lö-sung
	Seite	*Nr.*	

Programmierte Aufgaben

1.				
2.				
3.				
4.				
5.				
6.				
7.				
8.				
9.				
10.				
11.				
12.				
13.				
14.				
15.				
16.				
17.				
18.				
19.				
20.				
21.				
22.				
23.				
24.				
25.				

Note:

Datum:

Unterschrift:

Wirtschaft / Politik

Nr.	Fortsetzung Aufgaben		Lö-sung
	Seite	*Nr.*	

Programmierte Aufgaben

26.				
27.				
28.				
29.				
30.				
31.				
32.				
33.				
34.				
35.				

Konventionelle Aufgaben

36.				
37.				
38.				
39.				
40.				

Fehler:

Fehler:

Stichwortverzeichnis

A

Abdichtung .... 265, 125 Lö
Abkühlgeschwindigkeit 59, 67
–mittel 249
Ablaufsteuerung 106
Abluftdrosselung 101
–regulierung 101
Abmaße 202, 209, 263, 288
Abmaßtabelle .... 288, 143 Lö
Abmessung Werkzeug 246, 255
Abscherstift 80, 109, 114
Abscherung .... 262, 269, 122 Lö
.... 128 Lö
Abschlussprüfung ... 294, 296, 300
.... 319f, 323
Abschrägungen 209
Abschreckmittel .... 291, 148 Lö
Absolutbemaßung ...... 245, 35f Lö
Abtriebsdrehmoment ... 281, 137 Lö
–leistung .. 269, 281, 127 Lö, 137 Lö
–moment .... 270, 128 Lö
–welle .... 277ff, 135ff Lö
Abwerbung 323
Abwicklung Zylinder 213
Aceton 45
Acetylen 27, 41ff
–druck 43f
–flasche 41, 43ff
Achsabstand ... 117f, 170, 172, 262
.... 121 Lö
Achsenbezeichnung CNC 124
Adhäsion 3
Adressbuchstaben CNC .. 120, 126
Adressenzuordnung CNC 121
Akkordlohn 302, 304
Aktiengesellschaft 322, 325
Aktionär 298, 322, 325
Al- Gewinnung 58
Allgemeintoleranzen 31, 34
Altersruhegeld 297f, 310f, 318
Analyse 3f, 70
Angussarten 56
Anlassbäder 68

Anlassdauer .... 91, 148 Lö
Anlassen 41, 60, 64ff, 249
Anlasstemperatur..... 65ff, 273, 291
.... 130 Lö, 148 Lö
Anlauf 255, 275, 281, 288f
.... 132 Lö, 145 Lö
Anreißen 5, 11
Anreißplatte 11
–schablone 11
–werkzeug 11
Anschlussbezeichnung
    pneumatisch 99
Anschnitt 56
Ansteuerung, direkte 102ff
–, indirekte 104ff
Antrieb .... 270, 129 Lö
Antriebsmotor CNC 126
–scheibe .... 238, 240, 245, 109 Lö
–welle .... 277ff, 134 Lö, 136 Lö
.... 140 Lö
Arbeit, elektrische 190
–, mechanische 154, 160
–nehmer 293ff, 296ff, 305ff
Arbeitsamt 293, 300, 305, 313
.... 318f, 323ff
–gang 246f, 255, 260, 273, 289
.... 131 Lö
–gericht 294, 298, 321, 323f
–lohn 313
Arbeitslosengeld 294, 311, 313
.... 318
–hilfe 294, 298, 318, 321
–versicherung 297, 309ff, 317f
.... 321, 324, 327
Arbeitsplan 247, 255, 273, 289
...... 109f Lö, 114 Lö, 131 Lö, 144 Lö
–produktivität 308, 312
–schritte 245, 260f, 268
–schutz 293, 298
–speicher 127, 129
–temperatur Hartlöten 27f
–temperatur Weichlöten 27f
–vorschlag 245

Arbeitszyklen 120, 126
Argon 45
Ärztliche Untersuchung 293
ASCII-Code............................ 127
Atomaufbau 4, 131
Aufbereitungseinheit........ 98, 103f
Aufkohlungstemperatur 273
.... 130 Lö
Auflagerkräfte 147, 149
Aufsichtsrat 292, 298, 322, 325
Ausbildungsberufsbild 312
–ordnung 304, 312, 325
–vertrag 295, 317, 319
–zeit 325
Ausbruch .... 288, 141f Lö
–, Drehteil 215
Ausfräsungen Drehteil 208, 211
Ausgabegeräte 128
Ausgangsdrehmoment 281
.... 137 Lö
Ausgleichsscheibe 265f
–teilen 177f
Ausleger 13
–bohrmaschine 13
Ausscheidungshärten 68
Ausschneiden 188
Ausschneidkraft 254
Aussperrung 293, 306, 308, 318
.... 320, 323
Austenit 64ff
Auszubildende   294, 316, 320, 323
Autogentechnik 192
Automatenstahl 64
Automation 321, 324
Axialbelastung 75
–bewegung 74f
–kolbenpumpe 79
–kraft .... 270, 129 Lö
–kugellager 232
–lager 20, 84, 89
–lagerung 93
–Rillenkugellager 83ff

B

Bahnsteuerung 17, 120ff
Banken 298, 306, 318, 326
BASIC-Anweisung 130
Beanspruchungsarten 70, 114
Bearbeitungszentrum 127

Bemaßung CNC 124
–, fertigungsgerecht 202
–, quadratische Form 223f
Bemaßung unvollständig 203
.... 226f, 231

Bemaßungsfehler 202, 209, 217
.... 226ff
Berufsausbildung 292, 302, 312
.... 316

Stichwortverzeichnis

B

Berufsausbildungsvertrag 297
–bildungsgesetz 293, 297, 301
.... 304, 316f, 325
–genossenschaft....... 296f, 305, 310
.... 313, 316ff, 326
–krankheit 323
–richter 294, 314
–schulpflicht 317
–unfähigkeitsrente..................... 318
Beschleunigung 4, 96, 111
Betrieb 292ff
Betriebsrat 294f, 297, 301, 304
.... 313, 317, 321, 323
–ratswahl 320f
–system 122, 129f
–vereinbarung 304
–verfassungsgesetz 293f, 297, 301
.... 304f, 308ff, 312, 317- 326
–versammlung ... 301, 305, 313, 324
Bewegungsgewinde 73ff
Bezugsbuchstabe .... 280, 136 Lö

–ebene ..... 268, 280, 125 Lö, 136 Lö
Biegen 12
Binär-Code............................... 124
Binäre Signale 128f
Bismarck 309
Bit 128ff
Blasformherstellung................... 56
–wirkung...................................43f
Blei......... 3, 11f, 16, 28, 38f, 57ff, 72
.... 78f, 92, 100 - 115, 127f
Bodenplatte 245, 247
Bohrarbeiten .... 245, 254f, 108 Lö
–buchse............................. 10, 115
Bohren................. 12ff, 51, 73f, 120
Bohrerbruch 13
Bohrfehler................................. 13
–maschine............................... 13
–vorrichtung 13
Bolzen 90, 111, 113f
Brennschneiden 42, 132

Brinell-Härteprüfung 50, 70
Bruchdarstellung..................... 203
–dehnung ......273, 280, 290, 130 Lö
..................................136 Lö, 148 Lö
Bruttolohn................................ 303
–sozialprodukt 298, 302
Bundesanstalt für Arbeit 298, 314
.... 318
–bank................302, 306, 310, 314
–gesetze 327
–kabinett................................... 327
–kanzler 310
Bundesrepublik Deutschland ....
.............................300f 306, 310, 314
Bundestag 298, 302, 306, 321
–urlaubsgesetz 296, 300, 326
–wirtschaftsminister 308
Bus m. ROM 127f
Byte... 128ff

C

Chemische Elemente.... 3f, 53, 55ff
Chip.. 128
CNC-Arbeitsvorgänge   275, 132f Lö

–Bearbeitung.................... 245, 254
–Bemaßung....... 245, 108 Lö, 131 Lö
–Drehmaschine .... 274, 131 Lö

–Fräsmaschine 245f
Computer 127ff
CPU 127f

D

Datenspeicher 128
–träger 124, 130
–zugriff..................................... 130
Deflation 306, 310
Dehnschraube 89, 110, 112f
Deliktfähigkeit.................... 312, 319
–unfähigkeit 316
Demontagefolge .... 268, 126 Lö
–plan .... 279, 135 Lö
DGB.. 304, 308
Diamantkegel 50
Dichte 3, 20, 40, 91f, 111
Dichtlippe .... 259, 117 Lö
Dichtung 37, 83ff, 88ff, 91ff
Dienstleistungen 292, 298, 326
Differentialteilen 177f
Dimetrie .... 225, 229, 235, 103 Lö
Doppelexzenter .... 271 - 275
–härtung 60
–hubberechnungen 182, 186

Drahterodieren.................. 18, 120
–erodiermaschine....................255
Dreharbeitsgänge 247
–dorn 15
Drehen............. 14ff, 41, 51, 74, 108
.... 120, 122, 125
– zwischen Spitzen 15
Drehkörper abgefräst........ 220, 236
–maschine............. 14ff, 37, 74, 107f
–maschinenbett........................ 16
–meißel 14ff, 21, 26
Drehmoment 4, 20, 23, 72, 80ff
... 111, 114, 154, 158, 174, 262, 269
.... 120 Lö, 122 Lö, 127 Lö
–schlüssel 111
Drehzahl 247
–, Bohren 180
–, Fräsen 184ff
–, Kegeltrieb 172
–, Senken 181
Drei-D-Bahnsteuerung............ 125

Dreieck-Schaltung 134
Dreisatz 135
Drei-zwei-Wegeventil..........98, 100
....103ff
Drosselrückschlagventil..... 79, 96
...................................99ff, 103ff
Druckbegrenzungsventil 77ff
–feder ....290, 146 Lö
–luftvorsteuerung...................... 99
–manometer 43
–minderer 43
–regelventil 99
Durchdringung, Drehteil ...204, 210
.................................218, 99 Lö
–, Kegel 226, 236
–, Zylinder 226, 232
Durchhärtung........................... 68
Duromere 54ff
Duroplaste 12, 25, 52, 54ff

Stichwortverzeichnis

E

Ecklohn 305
Ehrenamtliche Richter 294, 314
Eidesfähigkeit 310
Eingabegeräte 127
Eingangsdrehmoment 281, 137 Lö
–leistung .... 281, 137 Lö
Einheiten umwandeln 135
Einheitsbohrung 30ff, 33ff
–gewerkschaft 300, 308
Einkommensteuer 317, 321, 324
Einsatzhärten 59ff
–stahl .... 60, 64, 68, 259, 116 Lö
Einspannzapfen 116
Einstellwinkel .... 282, 138 Lö
–, Kegel 194
Einzelantriebsmotor 126
–gewerkschaft 304, 308, 312
–teilzeichnung 245, 268

Eisenerz 3, 53
Eisen-Kohlenstoff-Schaubild 61
Elastizität 41, 69, 70
Elektrische Arbeit 134, 190
– Größen 133
– Leistung 134, 190
– Leitfähigkeit 57, 131
– Schutzmaßnahme 130
– Widerstände 131, 133
Elektrochemische
  Spannungsreihe 131
–hydraulischer Schaltplan 78
Elektrolyt 18, 54
Elektromagnetismus 78, 81, 131
–motor 134
–pneumatischer Schaltplan 99
 .... 103ff, 22ff Lö
–technik 131, 134

Endmaße 3, 6ff, 26
Entwicklungshilfe 318, 321
Erodieren 7, 18, 26, 41, 72
 .... 110, 120
Erwerbsunfähigkeitsrente 311
 318
Erzeugungswinkel .... 273, 130 Lö
EU 314
EURONORM .... 280, 136 Lö
Eutektoider Stahl 61, 68
Excenter 206f, 240, 245, 247
–presse .... 238ff, 108ff Lö
–schraube 206f, 238
–welle .... 284, 286, 289f, 144 Lö
 .... 146f Lö
Extrudieren 55ff

F

Fallschnecke 14, 16ff
Fase .... 283, 140 Lö
Federkraft .... 290, 146 Lö
–rate .... 193, 290, 146 Lö
–stahl .... 268, 126 Lö
Fehlerhafte Darstellung 230
Feinbearbeitung 26
–gewinde ...... 5, 114, 288, 142 Lö
–schneidwerkzeug 116
Fertigungsfolge .... 273, 131 Lö
–verfahren 35, 41, 72
Festigkeit 25, 28, 38, 40, 47ff, 50
 .... 55, 66, 67, 70, 109, 112
Festigkeitsberechnung 187f
Festigkeitsklasse .... 149 Lö
–, Schrauben 109
Festkörperreibung 107
Festlager 94
Flächenberechnung 138f
–pressung 189, 262, 269, 282
 .... 121 Lö, 128 Lö, 137 Lö
Flachschleifmaschine 255
Flamme neutral 45ff
Flammhärten 60
Flankenspiel .... 279, 134 Lö
–winkel 9, 73, 75

Flansch 39, 110, 112, 255
 .... 265f, 268
Flaschenzug 151
Flügelzellenpumpe 79
Flüssigkeitsdruck 79
Flussmittel 27ff, 44
Folgeschneidwerkzeug 116
Form- und Lagetoleranz .. 218, 263
 .... 283, 140 Lö
Formdrehmeißel 15
Formelumstellung 137f
Formfräser 19, 23, 110
–pressen 56ff
–schluss .... 265, 125 Lö
–toleranz .... 8, 263, 123 Lö
Fotodiode 131
Fraktion 324
Fräsen 19ff, 35, 41, 51, 75, 110
 .... 118, 120, 122, 124ff
Fräser 10, 19ff, 72, 74, 124, 131
–, hinterdreht 23ff
–, schleifen 19
–, spannen 20
–, spiralverzahnt 20
–arten 19
–drehzahl 247

–schneide .... 247, 282, 138 Lö
–vorschub 247, 289
–winkel 19
Fräsmaschine ... 21ff, 24, 121, 124ff
– CNC 21, 121, 124ff
Fräsprogramm CNC 120ff, 124ff
Freistich .... 264ff, 283, 124f Lö
 .... 140 Lö
Freiwinkel 15, 19, 29, 47ff
Frequenz 134
Fügen 109
– von Passteilen 238, 245, 254
 .... 109 Lö, 113 Lö
Fühlerlehre 6ff, 10
Führungsbahnen Werkzm. 60
–platte .... 254f, 113 Lö, 115 Lö
Fünf-%-Klausel 306
Fünf-zwei-Wegeventil 103ff
Funkenerosion 7, 18, 26, 35
 .... 41, 110
Funktionsdiagramm 78, 105
Fußkreisdurchmesser 117, 262
 .... 121 Lö

334

Stichwortverzeichnis

G

Galvanisieren 132
Gasdruck 42
–menge.. 192
Gasschweißen.................. 42ff, 45
Gebotszeichen 4
Gefügeveränderungen... 25, 41, 49
Gegenlauffräsen 21ff
Gehäuse 265f, 277, 284f
–dichtung 265f
Geld................................... 315, 327
Gelenkkupplungen 81
–welle.. 72
Geradverzahnung .... 279, 134 Lö
Geräuschdämpfer 99
Gerichtsbarkeit 294, 298
Gesamtschneidwerkzeug 116
–übersetzungsverhältnis 152
.... 168ff, 174
–wirkungsgrad 162f
–zeichnung .... 261, 279, 135 Lö
Geschäftsfähigkeit ... 297, 305, 318f
–unfähigkeit 300
Geschwindigkeit / Zeit 165f
Geschwindigkeitsberechnung......
.... 135, 165f, 169, 174, 178ff, 195
Gesenkschmieden 40
Gesetzgebung 292
Getriebe 14, 37, 71ff, 83ff, 93ff

.... 110, 118ff, 199
–, stufenlos................................ 71ff
–art.. 71ff
–öl............................... 269, 127 Lö
Gewaltenteilung 302
Gewerbeaufsichtsamt.... 296ff, 302
.... 306, 313, 323
Gewerkschaft.......... 293, 297, 300f
.... 304, 308f, 312ff, 323
Gewinde 14ff, 73ff, 120
–, mehrgängig 73ff
–abmessungen............. 288, 142 Lö
–angaben 75
–arten 16, 75
–bezeichnung 75
–bohrer...................................... 73ff
–darstellung....................... 215f, 226
–drehmeißel 15
–freistich .... 288, 142 Lö
–grenzlehrdorn 6ff, 31
–grenzrachenlehre 7ff
–herstellung................................. 75
–kenngrößen .... 275, 132 Lö
–programmierung CNC 122
–schleifen 74
–schneiden 14ff, 17, 73ff
–steigung.................................. 122
Gleichlauffräsen 21ff

Gleichrichter 43, 134
Gleichstrom....... 21, 43ff, 131ff, 134
–motor 134
Gleitlager 37, 89, 91ff
– einschaben 37
–, geteilt.................................... 93
–schmierung 92, 107
Gleitreibung 94
Glühen 41, 64ff, 74
Glühtemperaturen 67
–verfahren 68
GmbH........ 292, 294, 308f, 316, 319
.... 322, 324, 327
Graphiteinlagerung 49
Grat beim Schneiden............. 254
Grauguss........................... 11, 48
Grenzabmaß 254, 279, 288
.... 134 Lö, 143 Lö
–lehrdorn 6ff
–rachenlehre............................. 7ff
–taster, magnetischer 106
Grobkorn 67ff
Großbetrieb 294, 298, 300
.... 306, 310
Gültigkeitsdauer 125
Gusseisen 16, 26, 40, 48f, 53
.... 60, 62, 69, 92, 259, 116 Lö
–werkstoffe 48ff, 49

H

Haarwinkel 6, 11
Halbschnitt 198, 214f, 218, 233f
.... 268, 126 Lö
Handelsbilanz 324, 327
–gesetzbuch 325
Handwerksbetrieb..... 302, 312, 314
.... 316f
–kammer 295, 302, 306, 314
–organisation 306
Hardware 130
Härte................. 28, 38, 48, 50f, 54
.... 65ff, 70, 108
–angabe... 273, 291, 130 Lö, 148 Lö
–gefüge 40, 60, 64, 66ff
Härten 59f, 64, 66ff
Härteprüfung 50, 69
–temperatur .. 249, 273, 291, 148 Lö
–verzug 58
Hartguss......................... 16, 53
–lot 28

–löten 25, 27f
Hartmetall....... 7, 14, 17f, 20, 24, 26f
.... 38, 46, 51f, 108
–arten 52
–herstellung................................ 52
–schneide............... 14, 17, 20, 27
Hauptbewegungsachsen CNC 125
Hauptnutzungszeit 247, 255
.... 275, 281f, 288ff, 110 Lö, 132 Lö
.... 137f Lö, 142 Lö, 145 Lö, 148 Lö
–, Bohren......... 180f, 255, 281, 288
.... 115 Lö
–, Drehen 183
–, Fräsen ..... 184ff, 247, 282, 110 Lö
–, Hobeln 181f
–, Reiben 180f
–, Sägen 178f
–, Schleifen 186
–, Senken 180
–, Stoßen 181
Hauptspindelantrieb CNC-M.... 123

Hebelkräfte 153, 155f, 191
Hinterbliebenenrente........ 298, 310
Hochofen 52f
–prozess 53
Höchstmaß 254, 263, 268, 273
...... 113 Lö, 122f Lö, 126 Lö, 130 Lö
–spiel 254, 263, 268, 273, 279
290, 122 Lö, 126 Lö, 130 Lö, 134 Lö
.... 147 Lö
–spiel, P_{SH}................ 288, 143 Lö
–übermaß.............. 263, 279, 122 Lö
.... 134 Lö
Hohlwelle..........268ff, 263f, 116ff Lö
.... 122ff Lö
Honen 7, 26
Honstein 26
Hubgeschwindigkeit...... 174, 178ff
.... 184ff
Hydraulik 191f
–anlage 76, 79
–bauelemente 77, 79

335

Stichwortverzeichnis

H

—konstantpumpen 77, 79
—öle 76f, 79
—pumpen 76, 79

—, Schaltplan 77
—systeme 79
—zylinder 77, 79

Hydraulische Presse 191f
—, Steuerung 77f
Hydrospeicher .... 79, 134 Lö

I

Induktionshärten 59, 131, 273
.... 130 Lö
—spannung 134
Industrie- und Handelskammer ....
.... 292f, 296, 302, 308f, 323f, 326
Industriebetrieb 298, 306, 312
.... 316, 321

—roboter 127
Inflation 302, 309f, 326
Inkrementalbemaßung 124
Innenverzahnung 35, 72, 170
Innungen 295, 301f, 306, 323
.... 325
Interessenverband 296

ISO-Code DIN 124
Isometrie 222, 227
ISO-Passmaßtabelle 240, 249
.... 147 Lö
—Passsystem .... 30ff, 238, 108 Lö
—Passungen .... 30, 32ff, 226, 104 Lö
—Passungsauswahl 238

J

Jugend- und Auszubildenden-
Vertretung... 293f, 297, 309, 324

Jugendarbeitsschutzgesetz 293
.... 297, 301, 305, 312, 317, 320

K

Karbide 3, 26, 38, 42, 51f
Kartell 296, 306, 314, 321
Kaufarten 297
—vertrag 293, 299
Kegel 10, 15f, 40, 120
—angabe 10, 15
—drehen 14, 16, 194
—durchdringung 226, 236
—lehren 10
—neigung 194
—rad .... 71, 84, 277, 283, 140 Lö
—radgetriebe .... 84, 276 – 283
.... 134f Lö, 137 Lö
—rollenlager 85, 91, 94, 277, 279
.... 134 Lö
—schnitte 209
—stift 109f, 113
—stumpf 217
—trieb 119
—verhältnis 55
—verjüngung 193f
Keil 112f
—, Passfeder 245
—nabenprofil 84, 109
—riemenscheibe ... 89, 284, 288, 286
.... 291, 148 Lö
—verbindung 111
Kenntnisprüfung 296
Kerbnagel 265f
—schlagzähigkeit 69
—stifte 109, 113f

Kettentrieb 90
Klauenkupplung 80ff
Kleben 25, 109
Koaxialität .... 264, 124 Lö
Kohäsion 3
Kommanditgesellschaft 325
Komplementär 325
Konjunktur 302, 306, 310
Kontaktkorrosion 54
Kontern 83, 113
Konzern 292, 296, 302
Koordinaten .... 245, 254, 108 Lö
.... 114 Lö
—Ebenen 125
Kopfkreisdurchmesser 262, 269
.... 121 Lö, 127 Lö
—platte .... 254, 114 Lö
—spiel .... 117f, 262, 121 Lö
Körnung 38f
—, Schleifscheibe 38f
Korrosion 44, 54f, 57f
.... 61, 112, 131
—, elektrochemische 54
—, interkristalline 54
Korrosionsarten 54
—beständigkeit 57, 61
Kräfte am Hebel 153, 155f, 191
— an der Räderwinde 149f
— an der Schraube 154, 188
Kraftfluss ..... 259, 265, 280, 125 Lö
.... 136 Lö

Krankengeld 294, 311, 313, 327
—versicherung 293f, 298, 302, 306
.... 309, 313, 317f, 320ff
Kreisbahnberechnung CNC 126
—handwerkerschaft 295f, 306, 308
.... 325
—programmierung CNC 126
—säge 19f
Kreuzgelenkkupplung 81
Kristallgitter 68
Kugelbemaßung 212
—durchdringung 232
—schnitte 233
—umlaufspindel 120, 123, 126
Kündigung 292, 296f, 299, 304
.... 307, 321ff, 326
Kündigungsfrist 292, 296
—schutzgesetz 323, 326
Kunststoff ... 11, 15, 26, 46, 54ff, 92
—arten 57
—aufbau 55, 57
—herstellung 55
—verarbeitung 54, 56
Kupolofen 49, 52
Kupplung, elastisch 80, 81
—, formschlüssig 81
Kupplungen 35, 80ff
Kurbelschwinge 24
Kurzarbeitergeld 298, 310, 317f

Stichwortverzeichnis

L

Labyrinthdichtung 83ff, 88ff, 95
Lage- u. Formtoleranzen 218
.... 263
Lager 16, 37, 39, 83ff, 91, 93ff
.... 96, 119
–haltung 317
–spalt 91
–spiel 37, 85ff, 93, 95
–verschleiß 96
–werkstoffe 91, 96
Lagetoleranz 263, 280, 289
.... 123 Lö, 136 Lö, 145 Lö
Lamellenkupplung 80ff
Landesversicherungsanstalt ....
.... 298, 302, 314, 316,f, 320, 325
Längenänderung .. 192, 291, 148 Lö
–ausdehnungskoeffizient ... 269, 281
.... 128 Lö, 137 Lö
–berechnung 193
Langhobelmaschine 25

–lochbohren 13
Läppen 7, 26
Läppmittel 26
Laserstrahl 5
Laufrolle .... 271 - 275, 130 Lö
–toleranz .... 63, 123 Lö
Lebensgefahr, elektrische
Spannung 134
Leerrücklaufrolle 98
Legieren .... 52, 132, 12 Lö
Legierung 4, 27, 40, 53, 57f, 61
.... 63, 68, 92
Legierungselemente .... 53 - 63
Leichtmetalle 52, 57f, 74
Leistung .... 290, 147 Lö
–, elektrische 190
–, mechanische 160f
Leistungsteil,
 elektropneumatisch .. 102f, 105f
Leitende Angestellte 293, 318

Leiterwiderstand 131
Leitfähigkeit elektr. 57, 131
–lineal 16
–spindel 14, 16f, 71
Lesespeicher 127
Lichtbogenlänge 42f
–ofen 52, 62
–schweißen 42ff, 127, 131
Lichtspaltverfahren 8
Linienart 198, 225
Lochstreifen 124
Logik-Funktion 97
Löten 27f, 109
Lötkolben 27, 131
–prozess 27
–spalt 27f

M

Magneteisenstein 3
MAK-Wert .... 275, 133 Lö
Mangan 53, 61, 63
Manteltarifvertrag 300, 302, 327
Markt und Marktformen ... 310, 321
.... 327
Martensit 64ff, 67f
Maschinenbaustahl ..... 259, 116 Lö
Massenberechnung 143
Maßstäbe 198, 235, 288
–toleranz 31ff
Materialprüfung 70
Mechanische Leistung. 262, 120 Lö
–, Leistungsgrößen 4
Mehrspindelbohrmaschine 13
Meißeln 29
Messen 5, 7, 9, 32, 132

–, pneumatisch 6
–, Symmetrie 8
Messerkopf 19f, 23
Messmikroskop 6
–schraube 5ff, 10
–schraube innen 7f
–spitzen 5
–verfahren 6f, 123
–werkzeug 5f
Metallkarbide 51f
Mikrocomputer 129
–prozessor 120, 128
Mindestmaß 254, 263, 268, 273
.... 113 Lö, 122f Lö, 126 Lö, 130 Lö
–passung .... 254, 113 Lö
–spiel ..... 263, 268, 273, 290, 122 Lö
.... 126 Lö, 130 Lö, 147 Lö

–spiel, P_{SM} .... 288, 143 Lö
–zugfestigkeit 62f, 70, 109
Misstrauensvotum 318
Mitbestimmung 310, 321, 326
Modul 73, 117f, 262, 269, 281
.... 121 Lö, 127 Lö, 137 Lö
Monopol 298, 302, 321
Montanunion 324
Morsekegel ..... 10, 273, 291, 130 Lö
.... 148 Lö
Motorflansch 277
–merkmale CNC-M. 123
–strom 190
Multiplikatoren 62f
Muskelkraftventile 99
Muttern 14, 16f, 22, 39, 75, 89f
.... 109ff

N

Nabennutbreite .... 140 Lö
–tiefe .... 140 Lö
Nachschneidewerkzeug 116
Nadellager 85, 91f
NATO 314
NC-Bohrmaschine ..... 254, 113f Lö
–Drehen 122
–Steuerungen 126

–Fräsmaschine .... 254, 113f Lö
Neigung 112, 151f, 194
NE-Metalle 44, 46, 57, 109
Nettosozialprodukt 302
Neutrale Flamme 45f
Newton 4
Niederhalter 116
Nietverbindung 111f

Nitrieren 58ff, 65
Nortongetriebe 71f
Notlaufeigenschaften 85, 87
.... 94, 96
Nullpunktverschiebung 120
.... 123, 126
Nur-Lese-Speicher 128
Nutmutter 90, 111, 114

337

Stichwortverzeichnis

O

Oberes Abmaß .... 263, 123 Lö
– Grenzabmaß 254, 279, 288
.... 113 Lö
Oberflächenangabe 263, 283
.... 289, 123 Lö, 140 Lö, 144 Lö
–beschaffenheit .... 279, 135 Lö

–güte .... 289, 144 Lö
–härte .... 49, 58ff, 249, 112 Lö
.... 130 Lö
–qualität .... 283, 140 Lö
–zeichen 212, 235
Ohmsche Gesetz 131f

OPEC-Länder 321
Ortstoleranz .... 263, 268, 123 Lö
.... 125 Lö
Oxidation 3, 44
Oxidkeramische
  Schneidestoffe 14, 108

P

Parteienfinanzierung 294, 327
Passfeder 20, 29, 109ff, 257, 262
.... 265f, 268f, 277, 281f, 117 Lö
...... 121 Lö, 125f Lö, 128 Lö, 137 Lö
–, Keil .... 245, 109 Lö
–nut ..... 260, 263, 268, 280ff, 123 Lö
.... 125 Lö, 136 Lö, 138 Lö
Passmaß .... 268, 125 Lö
–tabelle .... 240, 249, 147 Lö
Passscheibe 257, 265f, 277
.... 117 Lö
–stift 109, 113
–system 30ff
–toleranzfeld .... 273, 288, 130 Lö
.... 143 Lö
Passung .... 30ff, 263, 268, 122 Lö
.... 126 Lö
Passungsart 263, 268, 279,
.... 122 Lö, 126 Lö, 134 Lö
–auswahl 238
–system ... 263, 288, 122 Lö, 143 Lö
Peripheriegeräte 128
Perlit 64ff
Pfeilverzahnung 118f
Physikalische Größen 4
Plandrehen 17
Planetengetriebe 71, 119
Planglasplatten 8
–lauftoleranz .... 263, 123 Lö
–scheibe 15
–wirtschaft 306, 310

Pleuelstange 238, 240
Pneumatik 79, 96ff, 134
–, Vorteile 96
–anlagen 96
–bauelemente .... 96, 99, 26 Lö
–motor 134
–Schaltpläne 99ff, 101
.... 105
–Steuerung 99, 101ff
–ventile 96ff
Polymerisation 56
Positioniergenauigkeit 21, 122
Presse 324
Pressen Kunststoffe 55ff
–kraft 254
–ständer 245, 247
Presswerkzeug-Aufbau 115
PRINT-Anweisung 130
Prisma 206f, 232
Prismatische Körper 201, 213
.... 222, 229, 237
Probelauf .... 279, 280, 135 Lö
Produktion 297, 302, 305, 313
Produktionsverfahren 301, 305
.... 314
Produktivgüter 293
Produktivität 300, 308, 312
Profildrehmeißel .... 288, 143 Lö
–schnitt .... 268, 125 Lö
Programm CNC 120ff, 124ff

–ablauf 130
–ablaufplan 130
–blatt CNC 125
–eingabe 120ff
–satz CNC 120
–speicher 120, 126
–verzweigung 129
Prozentrechnung 136f
Prüfen 5, 7f, 31
–, Bohren 8
–, Rundlauf 10
Prüfgegenstand 246f, 255
.... 110f Lö, 115 Lö
Prüfmaß 223
Prüfmittel 8, 10, 246, 255, 260
.... 273f, 280, 288f, 110 Lö, 115 Lö
.... 31 Lö, 136 Lö, 142 Lö
–plan .... 280, 136 Lö
Prüfplan 246f, 255, 260, 273f, 280
.288f, 110f Lö, 115 - 118 Lö, 131 Lö
–technik .... 275, 132 Lö
Prüfungsausschuss 296, 300
–ordnung 296, 304
Prüfverfahren zerstörungsfrei .. 70
Pumpenleistung 164
Punktlast .... 261, 279, 119 Lö
.... 134 Lö
–schweißen 44, 127, 131
–steuerung CNC 120, 127
Pyramidenstumpf 213

Q

Quer-Plandrehen .... 290, 148 Lö

Querschneidewinkel 12

Querschnittfläche, geklappt ... 199

R

$R_{P0,2}$-Grenze .... 149 Lö
R-, W-Koordinate CNC-M 122
Rachengrenzlehre 31
Räderwinde 149f
Radialbohrmaschine 13

–Wellendichtring .... 257, 279, 117 Lö
.... 135 Lö
RAM-Speicher 127
Randbreite, Schneidstreifen 249
.... 112 Lö
Rändelmutter .... 271 - 275, 132 Lö

–ring .... 271 - 275
Randhärtetemperatur 273, 130 Lö
Rationalisierung ..... 301, 314 - 318
Ratsche 5, 10
Rattermarken 40

Stichwortverzeichnis

R

Räumen 35, 46, 110
Räumnadel 35
Rechte-Hand-Regel CNC 125
Rechtsfähigkeit 292, 297, 318
Rechtsgeschäfte 297, 299, 301
.... 305, 324
Referenzpunkt 123
Regeln-Steuern ... 129, 275, 133 Lö
Regelung Werkzeugmaschine 126
Reibahle Sackloch 36
–, verstellbar 36
Reibahlen 20f, 24, 36
Reiben 36, 41
Reibmoment 159
Reibung ... 15, 22, 29, 47f, 107, 112
Reibungsart 107

–kraft 36, 157f
–kupplung 80ff
–kurve 107
Relais 132
Rentabilität 304, 308, 312, 316
Rente dynamische 313
Rentenversicherung 298, 302
.... 306f, 309f, 317, 319ff
–versicherungsträger 298
Rettungszeichen 4
Richter 294, 309, 314
Richtungstoleranz ...... 263, 123 Lö
Riemengeschwindigkeit 166
–trieb 166, 168
Rillenkugellager 261, 265f, 268
.... 119 Lö, 125 Lö

Ringläufer .... 271 - 275
Ritzel .... 277, 283, 140 Lö
–welle .... 269f, 127 Lö, 129 Lö
Rockwell-Härteprüfung 50, 249
.... 112 Lö
Roheisen 52f, 62
–, grau 52
–, weiß 62
Rollenlager 84, 86, 91, 93f
Rollflügelmotor 79
–reibung 90, 94
ROM 127f
Rückschlagventil 78f, 96, 99f
.... 103f, 15 Lö
Rundlauftoleranz ...... 263, 123 Lö
–schleifen spitzenlos 37

S

Sägengewinde 16, 75
Salzsäure 3
Satz CNC 125
Sauerstoff-Flasche 43, 46, 48
–Schlauch 47
Säulengestell 117
Schaben 37
Schaftfräser 247
Schalenzementit 66ff
Schaltoperationen 103
Schaltplan Biegemaschine
    pneumatisch 107
Schaltplan pneum./elektropneum.
–, Presse 107
–, Schieber 106
–, Tor 106
Schaltpläne
    elektropneum. 104ff, 21Lö
Scheibenfeder 114f
–fräser .... 289, 145 Lö
Scherfestigkeit ..... 249, 262, 112 Lö
.... 122 Lö
–fläche .... 269, 128 Lö
–kraft, -festigkeit .. 187f, 269, 128 Lö
Schiefe Ebene 151ff
Schleifen 14, 26, 37, 84
Schleifmittel 38, 52
Schleifscheibe.. 15, 26, 37ff, 52, 87
–, aufspannen 39
Schleifscheibenangaben 37
–härte 38

–wahl 40
Schleifspindel 83, 88, 93
–vorrichtung 205
Schleuderguss .... 259, 116 Lö
Schließeinheit 57
–geschwindigkeit pneumatisch .. 105
Schlittenführung CNC-M. 122
Schmelzpunkt Eisen 53
Schmiedbarkeit 61
Schmieden 40f, 60, 68
Schmiedetemperatur 41
Schmierung 85, 87, 92, 107
–, Gleitlager 95
Schmierwirkung 107
Schnecke 71f
Schneckengetriebe ... 14, 71f, 118
.... 256f, 259
–rad ...... 14, 71f, 260f, 263, 118ff Lö
.... 122 Lö
–trieb 173, 177
–welle .... 259ff, 116 Lö, 118ff Lö
Schneidbrenner 42
Schneidenzahl .... 282, 138 Lö
Schneiderodieren 18
–haltigkeit .... 275, 133 Lö
–keramik .... 275, 133 Lö
–platte .... 249f, 254f, 112 Lö, 114 Lö
–spalt .... 116, 249, 112 Lö
–stempel 249f, 254
–stoffe .... 14, 108, 275, 133 Lö
–stoffe oxidkeramisch 14, 108

–werkzeug 26, 116, 248ff
Schnellarbeitsstahl ...... 289, 145 Lö
–entlüftungsventil 104
Schnittarten 214, 226
–darstellung 198f, 203, 205, 215
.... 217, 222, 231
Schnittgeschwindigkeit 14, 20, 22
...... 37f, 51, 73, 120, 122, 178 - 186
...... 255, 275, 281f, 288ff, 110f Lö
..... 115 Lö, 127 Lö, 132f Lö, 145 Lö
–, Schleifen 37
Schnittigkeit 114
Schnittkennzeichnung 198, 224
.... 228
Schnittkraft .... 282, 138f Lö
–, Fräsen 23
Schnittleistung .... 282, 138f Lö
–moment .... 282, 138f Lö
–tiefe .... 275, 282, 132 Lö, 138 Lö
Schraffuren, Schnitte 214, 225
.... 259, 290
Schrägschnitte 200
–verzahnung .... 270, 129 Lö
Schrauben ... 74, 85, 109ff, 199, 207
.... 211, 221f
–bezeichnung 109
–klassifikation 109
–sicherung 112
–verbindungen 221
–vorspannung 111
Schraublehre 6
Schreib-Lesespeicher 127

339

Stichwortverzeichnis

S

Schrumpfscheibe .... 260, 117 Lö
–, kraftschlüssig .... 117 Lö
–, reibschlüssig .... 117 Lö
Schrumpfscheibenverbindung .....
.... 260, 118 Lö
Schütz 132
Schutzmaßnahme, elektrische .. 130
–vorrichtung 5
Schweißelektrode 42f, 44f, 47
–, nackt 42, 44, 47
Schweißen 25, 41, 43ff, 65, 109
–, NE-Metall 44
Schweißflamme 45
–flammentemperatur 45
–lage 46
–naht 42f, 46f, 65, 80, 210, 222
.... 231
–position 42
–spannungen 65
–umformer 43f
–verfahren 44
Schwenkmotor 97
Schwerbehindertengesetz 304
.... 308
–metalle 57
–punkt 4
Seilkräfte 146
Selbständigkeit 309
Senken 227
Senkerodieranlage 18
Senkerodieren 18
Setzstock 14
Sicherheit Schweißen 46
Sicherheitszahl 187f
Sicherung, elektrische 132
–, formschlüssig 90
–, kraftschlüssig 90
Sicherungsring 259, 265f, 271ff
.... 277, 284, 117 Lö, 126 Lö, 140 Lö
–scheibe 83
Siemens-Martin-Stahl 62
–Verfahren 62
Signallinien 78, 102
Silizium 26, 38, 51ff, 61
Sinterlager 107
–metall 60, 92
Sintern 51f, 65
Sinuslineal 10
Software 130

Sollbruchstelle 80
Sonderausgaben 306
–müll .... 280, 136 Lö
Soziale Marktwirtschaft 310
Sozialgericht 298, 302, 314
–versicherung 302, 309ff, 322ff
.... 327
–versicherungsträger 310
Spanbildung 12, 48, 108
–brechernuten 13, 23
–brüchigkeit 61
Spanneisen 115
Spannen 15, 20, 106
Spannstift .... 257, 265f, 117 Lö
Spannung elektrische 190
Spannungs-
–Dehnungs-Schaubild 69
–Messgerät 132
–reihe, elektrochemische 131
Spannvorrichtung,
    pneumatische. 105f
Spantiefe .... 289, 145 Lö
Spanungsdicke .... 282, 138f Lö
–querschnitt .... 17, 282, 138f Lö
Spanwinkel 12, 15, 19, 23, 29
.... 47f, 108
–, Drehen 15
Speicherkapazität 130
Spektralanalyse 70
Sperrventile 96
Spezifische Schnittkraft 282
.... 138f Lö
Spindelpresse 75
–schlagpresse 116
–stock 14, 16
Spiralverzahnung .... 279, 134 Lö
Spitzenweite 16
Spritzgießen 56f
–gießmaschine 57
–pressen 56
Stagflation 314
Stahl, hoch legiert 63
–, schweißbar 46
–arten .... 281, 136 Lö
–eigenschaften 61
–gefüge 64f, 67
–guss 11, 46, 48, 64
–herstellung 61f
–normung 62f

Standort-Produktion 297
Standzeit 13, 17, 22, 51, 108
Stegbreite .... 249, 112 Lö
Steignaht 41
Steigungshöhe .... 262, 121 Lö
Stellglied .... 99f, 103f, 21ff Lö
Stempelmaß .... 249, 112 Lö
Stern-Dreieck-Schaltung 134
–Schaltung 134
Steuerdiagramm 78
–leitung 104
Steuern 302f, 306, 310, 314, 316
.... 321
–Regeln .... 129, 275, 133 Lö
Steuerteil,
    elektropneumatisch 103, 105
Steuerung CNC 121f
Steuerungsarten 125f
Stickstoffgasblase 79
Stifte 109, 112ff, 219, 239, 259
Stiftschraube 211, 221
–verbindung 109, 114
Stirnradgetriebe 256f, 259, 265
.... 269f, 127 Lö, 129 Lö
–Schneckengetriebe .... 256 – 264
.... 116 – 124 Lö
Stoffschluss .... 265, 125 Lö
Stößel 240, 243
Stoßen 24, 35, 72
Streckenteilungen 193
Streckgrenze 69f, 110, 269, 273
.... 280, 290, 128 Lö, 130 Lö, 136 Lö
.... 148f Lö
Streifenbreite .... 249, 112 Lö
Streik 302, 308, 317, 319f, 323f
Strichmaßstäbe 6f
Stromlaufplan 102f, 105f, 132
–, elektropneumatisch 103, 105f
.... 22 Lö, 24ff Lö
Strom-Messgerät 132
–regelventil .... 77, 79, 103, 17 Lö
.... 19 Lö
Struktogramm 129f
Stückliste 245, 249, 259, 268
.... 290f
Stücklistenanalyse .... 149 Lö
Stufengetriebe 73
Subventionen 314, 318
Symmetrie 229, 263, 268, 280
.... 123 Lö, 125 Lö, 136 Lö
Synthese 3f

340

Stichwortverzeichnis

T

Tangentenkeil 111, 113
Tarifautonomie 309f, 314, 317
.... 326
–partner 301, 314, 317, 324
–verhandlung 292f, 304, 314, 317
.... 319, 321
–vertrag 306, 326
Technologiewerte CNC 126
Technologische Daten CNC.... 122
Teilen 19, 21
–, direkt 175ff
–, indirekt 175ff
Teileprogramm CNC 125

Teilkopf 19, 20f, 24
–kreisdurchmesser 262, 281
.... 120f Lö, 137 Lö
Teleskopspindeln 81
Temperaturbeständigkeit 51, 54
Temperguss 16, 46, 48f, 53
–, weiß 15, 48f
Thermomere 54f
Tiefungsversuch 70
Tiefziehen 52, 57, 116
Tiefziehniederhalter 116
Tiegelofen 62

Toleranzfeld 30ff, 34
–feldart .... 288, 238, 108 Lö
–klasse 30ff, 107
–rahmen .... 280, 136 Lö
Toleriertes Element ..... 280, 136 Lö
Tragbild .... 279, 134 Lö
Transformator 43f, 134
Transportweg .... 313, 112 Lö
Trapezgewinde 16, 73, 75, 89
Trennscheibe 39
Trockengleichrichter 134
Trust 296

U

Überlauf 247, 255, 275, 281, 289
...... 110 Lö, 115 Lö, 137 Lö, 145 Lö
–setzungsverhältnis 71ff, 134
149, 151, 166f, 172ff, 261, 269, 279
281, 120 Lö, 127 Lö, 134 Lö, 137 Lö
–stromschutzeinrichtung 275
.... 133 Lö
Umdrehungsfrequenz 247, 261
.... 269, 275, 280f, 288f
Umfangskraft .... 281f, 137 Lö
–last .... 261, 279, 119 Lö, 134 Lö
Umschulung 297, 325

Umsteuerung zeitverzögert 104
Umweltschutz .... 280, 135 Lö
Unfall 293, 316
–verhütungsvorschrift 37, 297
.... 302, 306, 308, 319, 323
–versicherung 298, 305f, 309f
.... 313, 317, 319, 321f, 326f
Universalbohrmaschine 246, 255
–fräsmaschine 19f, 24, 246, 255
–winkelmesser 6, 11
–winkelschleifer 38

UNO 318
Unteres Abmaß .... 263, 123 Lö
Unternehmensformen 294, 327
Unternehmung 292, 296, 304
.... 308, 316, 319, 322, 325, 327
Unterprogramm CNC 126
Unterpulverschweißen 44
Urlaub 296, 300ff, 312f, 317
.... 319f, 326f

V

Ventilarten, pneumatisch 98
.... 19ff Lö, 44 Lö
Verbände .. 296, 301, 306, 324, 327
Verbindungsart .... 268, 125f Lö
–technik 109
Verbotszeichen 4
Verchromen 132
Vergüten 60, 64ff, 68, 273
.... 130 Lö
Vergütungsstahl .... 291, 148 Lö
Verjüngung .... 291, 148 Lö
Verschleiß 240
Verschleißfestigkeit 17, 51
–, Hartmetall 17, 51
Verschlusskappe 277
–schraube 257, 265f
Versicherungen 309, 311, 321
.... 324, 326f

Versicherungsträger 306, 313
.... 323
–zeiten 318
Vertikaldruckeinheit .... 284 – 291
.... 141 – 149 Lö
Verträge 305, 309, 312, 316
.... 320, 325
Vertrauensfrage 314
Vertrieb 294
Verzögerung 4, 106
Vier-drei-Wegeventil ..... 77ff, 15 Lö
.... 17 Lö
Vier-zwei-Wegeventil ... 77, 98, 103
.... 22f Lö, 26 Lö
V-Koordinate CNC-M 122
Volkseinkommen 294
–wirtschaft 294, 298, 306
Volumenänderung 192
–berechnung 135, 142f

–strom 76f, 79, 193
Vorderführung 240, 246
Vorlaufgeschwindigkeit,
  pneumatisch 101
Vorrichtungen 105, 115
Vorrichtungsbau 115
Vorschub 247, 249, 255, 282
.... 288ff
–antrieb CNC-Maschine 122
–antrieb hydraul. 79
–begrenzungsart 116
–berechnung 174, 178ff
Vorschubgeschwindigkeit 174
  178ff, 247, 289, 110 Lö, 145 Lö
–, Fräsen 19

341

Stichwortverzeichnis

W

Waagerecht-Stoßmaschine 24
Wahlrecht 298, 306
Währung 302, 327
Walzen 68
–fräser 19f, 23
Wälzlager .... 91, 94f, 270, 129 Lö
–, Betriebstemperatur 92, 94
–belastung 94
Wälzlagerung 95
Walzrichtung 12
Wälzstoßen 72
Warmbadhärten 68
Wärmeausbreitung 3
–behandlung 52, 54, 58, 64, 66ff
.... 259, 261, 116 Lö, 119 Lö
Warmhärte .... 275, 133 Lö
Warnzeichen 4f
WDR = Wellendichtring 279
.... 135 Lö
Wechselstrom b. Schweißen 43
–ventile 96f, 99f, 103
Wegbedingung G 02, G 03 126
–, G 40, G 03 .... 120, 126
–, G 41, G 42 126
–, G 90 .... 124f
–, G 94, G 95 .... 122, 126

Wegeventile 77ff, 98, 100, 103f
Wegmessung, digital-absolut 123
–, digital-inkremental 123
–, direkt 7
–, indirekt 7, 123
Weg-Schritt-Diagramm 78, 102
Weichlot 27f
–löten 27
Wellendichtring 84, 92, 259, 266
.... 270, 277, 117 Lö, 125 Lö, 129 Lö
–lagerung 93f
Wendelbohrer 12f, 20f, 24
–, ausgespitzt 12f
Wendeschneidplatten 19
Werbungskosten 302, 306
Werkstoffangabe .... 281, 136 Lö
–bezeichnung .... 280, 290, 136 Lö
.... 146 Lö
–normung 62f
–nummer .. 249, 273, 112 Lö, 130 Lö
–prüfung, zerstörungsfrei 70
Werkstückkante 263f, 283
.... 123f Lö, 140 Lö
–Nullpunkt 120, 124, 126
Werkzeugbahnkorrektur CNC . 126
Werkzeuge 246f, 255, 273, 289
Werkzeugmaschine 96, 108, 123

.... 126, 254f, 275, 113 Lö, 133 Lö
–, Schmierung .... 275, 133 Lö
–, Wartung .... 275, 133 Lö
–, CNC 122ff, 126
Werkzeugmaschinenführung ... 90
Werkzeugplan .... 246, 255, 109 Lö
.... 114 Lö
–stahl 14, 46, 51, 60, 62f, 67f
Widerstand elektrischer 44
.... 131ff, 190
Widerstandsschweißen 44
WIG-Schweißen 44f
Winderhitzer 52
Winkel Drehmeißel 29
–berechnung 145f, 151f, 174, 194
–endmaße 6
–funktionen 145
–hebel 147
–maße 219, 231
Wirbelstrom 59
Wirkungsgrad 134, 150, 161ff
.... 190, 281, 290, 137 Lö, 147 Lö
Wirtschaftlichkeit 302, 308, 312
Wirtschaftsaufschwung 312
–politik 309f, 318
–verflechtungen 296
–wachstum 309

X, Y, Z

Zähigkeit 41, 51, 61, 64ff, 68f
Zahlungsart 293f, 297, 301ff
.... 306f, 309, 313ff, 318, 320, 327
Zahnnabenprofil 110
Zahnrad 110, 117
–abmessungen 117
–berechnung 170ff
Zahnräder 59, 68, 72f, 83, 86
.... 117ff
–, schrägverzahnt 117f
–betrieb 170ff
Zahnradkenngrößen 117
–nabe 24
–pumpe 76, 79
Zahnstange 174
Zeichnungsfehler .... 245, 109 Lö
Zeit / Geschwindigkeit 165f
–lohn 304
–spanungsvolumen ...... 282, 138f Lö

–Temperatur-Schaubild 254
.... 113 Lö
–verzögerte Umsteuerung 104
Zementit 64ff
–schalen 65
Zentrierbohrung 272f, 288
.... 130 Lö, 141 Lö
Zerspanungskenngrößen 282
.... 138f Lö
–technik 52
Zeugnis 303, 322, 326
Zink 3, 57f
Zinn 3, 28, 58, 92
Zugfestigkeit 187f, 269f, 273, 280
290, 113 Lö, 128 Lö, 130 Lö, 136 Lö
.... 148f Lö
–kraft .... 269, 128 Lö
–versuch 57, 69f
Zuluftdrosselung 101
–regulierung 101

Zusammenbauzeichnung 256
.... 265, 271, 276, 284
Zusatzfunktionen CNC 120f
Zustellung Fräsen 22
Zwangsversicherung 301
Zweidruckventil 97, 103f
–exzenterwelle .... 271f, 131 Lö
–gängig .... 262, 121 Lö
–komponentenkleber 25
Zylinder doppeltwirkend 79, 104
–, einfachwirkend 98
–arten pneumat. 98, 100ff
–durchdringung 226, 232
–rollenlager 86, 91
–schnitte 201, 209
–schraubenbezeichnung 90
–stift 90, 109, 114, 239f, 254
.... 114 Lö
–stiftbezeichnungen 90